공업수학

이상민 著

21세기사

머리말

공업수학은 대부분의 공과대학에서 2학년 학생들이 전공과정의 공부를 시작하면서 반드시 이수하여야 하는 필수 교과목이다. 그런데 지난 수년 간 공업수학 강의를 해오면서 느낀 점 중의 하나는 공업수학을 수강하는 학생들 중 상당히 많은 학생들이 공업수학의 본격적인 주제들에 대한 공부를 제대로 수행할 수 있을 정도의 기초 실력과 흥미를 갖추지 못한 상태로 수업에 들어 온다는 것이다.

여기에는 여러가지 이유가 있을 것이다. 최근의 이공계 기피 추세에 따라 공과대학 신입생의 수학 실력이 전반적으로 저하된 탓도 있겠고, 또 문과 학생의 공과대학 교차 지원 허용, 입학사정관 전형, 동일계 전형 등 대학 입시 전형 방법의 다양화에 따라 미분 적분학을 공부해 보지 못한 상태로 공과대학에 입학하는 학생들이 많아지게 된 탓도 있을 것이다. 게다가 군복무를 마치고 복학하는 2학년 학생들의 경우, 어느 정도 지니고 있던 기초 지식 마저 2년간의 군 복무 기간 동안 상당 부분 잃어 버린 상태에서 공업수학을 수강하게 되는 것도 큰 이유일 것이다. 이유가 무엇이든 학생들이 이러한 상태에서 곧바로 공업수학 주제들에 대한 강의를 수강하는 경우, 기초 부족으로 인하여 교과 내용에 흥미를 갖는 것도 효과적으로 학습 내용을 소화하는 것도 불가능하게 된다.

그러다 보니 학생들이 쉽게 공업수학에 적응하고 흥미를 가질 수 있도록 하기 위하여 기초 수학에 대한 어느 정도의 복습이 꼭 필요하지만, 기존의 교과서들은 미분적분학의 기초적인 내용은 다루지 않기 때문에 그동안 별도의 기초 수학 복습용 교재를 찾아 헤메는 번거로움이 있었다. 게다가 기존의 교과서들은 수학적인 완성도를 높이려는 목적으로 필요한 내용에 비해 범위가 지나치게 방대한데다가 수준이 너무 어렵게 만들어져서, 많은 학생들이 교과서만 보고도 위압감을 느껴 공부에 흥미를 잃고 공업수학을 회피의 대상으로 여기는 경우가 많기 때문에 좀 더 볼륨이 작고 내용이 쉬운 교과서의 필요성을 느껴 왔다.

이책은 기초에서 응용까지 꼭 필요한 내용을 모두 포함하면서도 양이 방대하지 않고 지나치게 어렵지도 않아 내용이 술술 읽히는 교과서를 만들고자 하는 목적으로 쓰여졌다. 이 책의 내용을 보면 전체 7 개의 Part로 구성되어 있는데 Part 1 부터 Part 2 까지는 함수와 그래프, 미분, 적분 등 미적분학의 기초적인 주제에 대한 복습을 포함하고 있고, Part 3부터 Part 7까지는 공과대학의 전공 과정에서 가장 널리 응용되는 수학 분야인 미분 방정식, 라플라스변환, 복소해석학, 선형대수, 푸리에 해석을 각각 다루고 있다. 각 Part의 내용은 가급적 이론적인 증명이나 추상적인 설명보다는 예제를 통한 개념의 습득과 실제 공학 문제에의 응용에 초점을 두고 내용을 구성하였다.

쉽고 읽기 쉬운 교과서를 만들어 보겠다는 목표하에 이 책의 집필에 많은 시간과 노력을 들였으나, 막상 출판을 앞두고 보니 원래 의도하였던 목표가 달성되었는지도 걱정스럽고, 보완할 점도 많아 보인다. 부족한 점이 많이 있음에도 책을 출판토록 도와주신 21세기 출판사 이범만 대표님께 감사드린다. 지난 1년간 큰 소득도 없이 지루하기만 한 집필 과정에서 중도에 포기하지 않고 책의 마무리에 이르기까지는 나의 가족의 끊임 없는 격려와 지원이 큰 뒷받침이 되었다. 언제나 나의 새로운 힘의 원천인 나의 가족, 은숙, 윤섭, 윤우에게 큰 고마움을 표한다.

2014년 3월 이상민

차례

Part I
함수와 그래프

Chapter 1
함수와 그래프

1.1 함수의 개념

변수 y의 값이 변수 x의 값에 따라서 정해지는 의존 관계가 있을 때, 우리는 "y는 x의 **함수** *이다*"라고 말하며, 이 것을 기호로

$$y = f(x) \tag{1.1}$$

라고 쓴다. 예를 들어, 한 변의 길이가 x인 정사각형의 둘레를 y라고 하면, x와 y 사이에는 $y = 4x$의 의존 관계, 즉 y의 값이 주어진 x 값의 4배로 정해지는 의존 관계가 존재한다. 따라서 y는 x의 함수이며, 이 함수의 경우 $f(x) = 4x$이다.

y가 x의 함수일 때, x를 **독립변수**, y를 **종속변수**라고 부른다. 독립변수 x가 취할 수 있는 값의 집합을 함수의 **정의역**이라고 부르고, 정의역 내의 각 x값에 대응하는 y값의 집합을 함수의 **치역**이라고 부른다. 치역은 정의역을 어떻게 정하느냐에 따라서 달라진다. 함수 $y = 4x$의 경우 정의역을 $0 < x < 10$ 으로 정하면, 치역은 $0 < y < 40$ 이고, 정의역을 $0 < x$ 으로 정하면, 치역이 $0 < y$ 이며, 정의역을 모든 실수의 집합으로 정하면, 치역도 모든 실수의 집합이다.

실수함수에서 함수의 식만 표시하고 정의역을 별도로 명시하지 않은 경우, 우리는 주어진 함수의 식으로부터 독립변수 x가 취할 수 있는 최대 범위를 구할 수가 있다. 독립변수 x가 취할 수 있는 이 최대 범위를 **자연정의역**이라고 부른다. 예를 들면, 함수 $y = 4x$ 의 자연정의역은 모든실수의 집합이고, 함수 $y = \frac{1}{x}$ 의 자연정의역은 $x = 0$을 제외한 모든 실수의 집합이며, 함수 $y = \sqrt{x}$의 자연정의역은 $x \geq 0$ 범위의 실수의 집합이다.

연습문제

1.1. $f(x) = x^2 - 1$일 때, 다음 값을 구하여라.
(a) $f(-2)$ (b) $f(t)$ (c) $f(t^5)$ (d) $f(x-5)$ (e) $f(1/x^2)$

1.2. 함수 f 와 g는 각각 $f(x) = x^2$ 과 $g(x) = x + h$이다. 다음 값을 구하여라.
(a) $f(g(x))$ (b) $g(f(x))$ (c) $f(f(x))$ (d) $g(g(x))$

1.3. 넓이가 4 cm^2인 직각삼각형의 밑변이 x cm, 높이가 y cm 라고 하면 y는 x의 함수이다. 이 함수를 $y = g(x)$ 꼴로 나타낼 때, $g(x)$의 식을 구하여라.

1.4. 넓이가 s cm^2인 원의 반지름을 r cm 라고 하면 r은 s의 함수이다. 이 함수를 $r = f(s)$ 꼴로 나타낼 때, $f(s)$의 식을 구하여라.

1.2 함수의 그래프

함수 $y = f(x)$의 **그래프**란 방정식 $y = f(x)$를 만족시키는 점 (x,y)의 집합을 말한다. 함수의 그래프를 그린다는 것은 이 점들을 모두 xy-평면 위에 찍어서 도시하는 것을 의미한다. 하지만 함수의 그래프에는 무수히 많은 점들이 있기 때문에 모든 점들의 좌표를 다 계산해서 도시하는 것은 불가능하다. 대신에 우리는 대표적인 몇몇 x값을 선택하여 그에 대응하는 y 값을 계산하고, 계산한 값 (x,y)를 좌표로 갖는 점들을 도시한 후에, 그 점들을 매끄러운 곡선으로 이어주는 방법으로 그래프를 그린다.

예제 1.1 함수 $y = x$의 그래프를 스케치하여라.

풀이:

x의 몇몇 값(예를 들어 $x = \cdots, -3, -2, -1, 0, 1, 2, 3, \cdots$)을 선택한 후, 방정식 $y = x$을 이용하여 x값에 대응하는 y값을 구한다.

x	⋯	-3	-2	-1	0	1	2	3	⋯
y	⋯	-3	-2	-1	0	1	2	3	⋯

계산한 값 (x,y)를 좌표로 갖는 점들을 xy-평면 위에 도시하고, 그 점들을 매끄럽게 연결하면, 그림 1.1에 보인 직선 그래프를 얻게 된다.

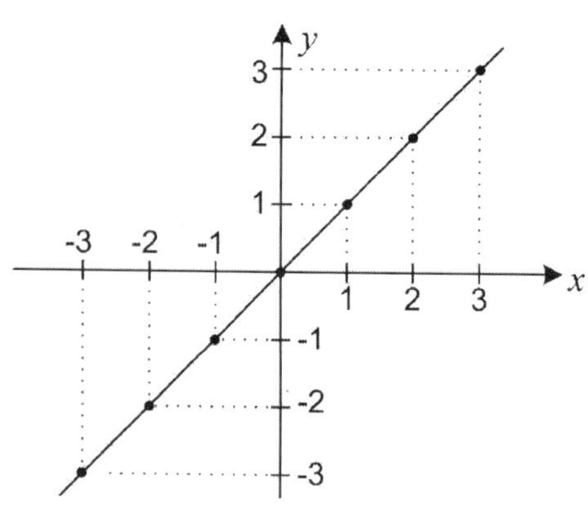

그림 1.1 함수 $y = x$ 의 그래프는 $+x$축과 45°의 각도를 이루는 기울기를 가지면서 원점을 통과하는 직선이다.

예제 1.2 함수 $y = x^2$의 그래프를 스케치하여라.

풀이:

x의 몇몇 값(예를 들어 $x = \cdots, -2, -\frac{3}{2}, -1, -\frac{1}{2}, 0, \frac{1}{2}, 1, \frac{3}{2}, 2, \cdots$)을 선택한 후, 방정식 $y = x^2$을 이용하여 x값에 대응하는 y값을 구한다.

x	$\cdots$	-2	$-\frac{3}{2}$	-1	$-\frac{1}{2}$	0	$\frac{1}{2}$	1	$\frac{3}{2}$	2	$\cdots$
y	$\cdots$	+4	$+\frac{9}{4}$	+1	$+\frac{1}{4}$	0	$\frac{1}{4}$	1	$\frac{9}{4}$	4	$\cdots$

계산한 값 (x, y)를 좌표로 갖는 점들을 xy-평면 위에 도시하고, 그 점들을 매끄러운 곡선으로 연결하면, 그림 1.2 의 포물선 그래프를 얻게 된다..

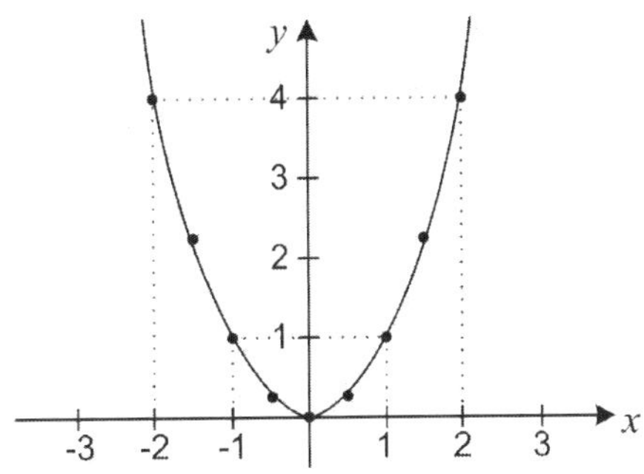

그림 1.2 함수 $y = x^2$의 그래프는 꼭지점이 원점에 있고 아래로 볼록(위로 오목)한 포물선이다.

연습문제

1.5. 다음 각 함수의 그래프를 그리고, 자연정의역과 치역을 구하여라.
(a) $y = 2$ (b) $y = x^3$ (c) $y = \sqrt{x}$ (d) $y = \frac{1}{x}$

1.3 그래프의 평행이동

평행이동이란 모양이나 크기를 바꾸지 않고 그래프를 상하 또는 좌우로 이동시키는 것을 말한다. 평행이동이 그래프의 방정식을 어떻게 변경시키는지를 이해하기 위해서 그림 1.3과 1.4에 보인 예를 살펴보자.

그림 1.3에서, $y = g(x)$ 의 그래프는 $y = f(x)$의 그래프를 위로 b 만큼 평행이동하여 얻어진다. 그림으로부터 우리는 임의의 값 $x = x_1$에 대하여

$$g(x_1) = f(x_1) + b$$

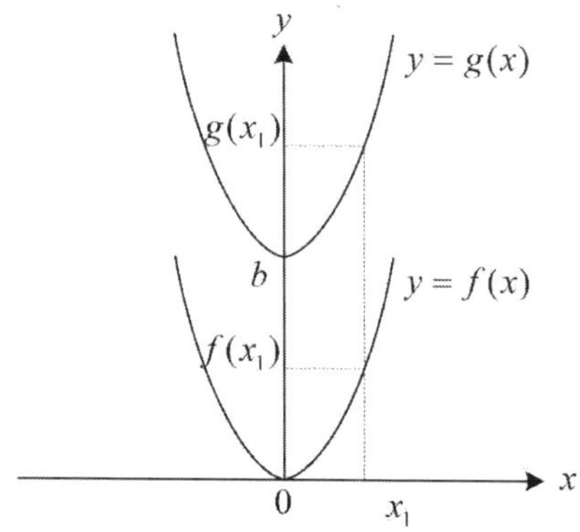

그림 1.3 그래프의 수직방향 평행이동

임을 알 수 있다. x_1 은 임의의 값이므로 x_1 대신 x를 대입해도 된다. 따라서

$$g(x) = f(x) + b$$

즉 $y = f(x)$의 그래프를 윗 방향으로 b 만큼 평행이동하여 얻어지는 그래프의 방정식은 $y = f(x) + b$가 된다. 예를 들어 $y = x^2$의 그래프를 윗 방향으로 1 만큼 평행이동하면 $y = x^2 + 1$이 되고, $y = x^2$을 아랫쪽으로 1만큼(즉 윗쪽으로 -1만큼) 평행이동하면 $y = x^2 - 1$이 된다.

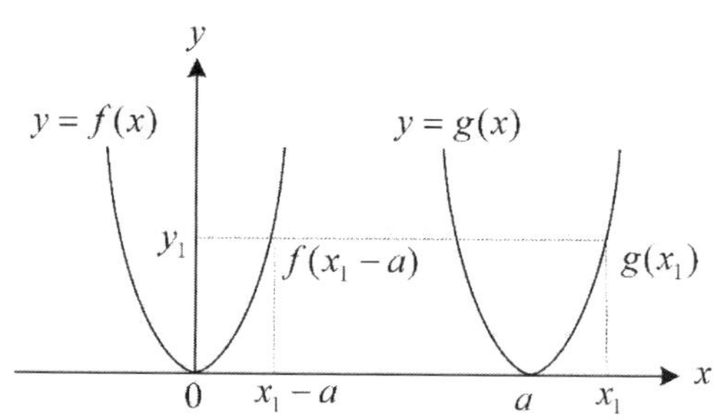

그림 1.4 그래프의 수평방향 평행이동

그림 1.4에서, 함수 $y = g(x)$의 그래프는 함수 $y = f(x)$ 의 그래프를 오른 쪽으로 a 만큼 평행이동하여 얻어진다. 그림에서 알 수 있듯이 임의의 x값 $x = x_1$에 대하여

$$g(x_1) = f(x_1 - a)$$

이 성립한다. x_1은 임의의 값이므로 x_1 대신 x를 사용하면

$$g(x) = f(x - a)$$

의 관계식을 얻을 수 있다. 즉 함수 $y = f(x)$의 그래프를 오른쪽으로 a 만큼 평행이동하여 얻어지는 그래프의 방정식은 $y = f(x - a)$ 이다. 예를 들면 함수 $y = x^2$ 을 오른 쪽으로 1 만큼 평행이동하면 $y = (x - 1)^2$ 이 되고, 함수 $y = x^2$ 을 왼쪽으로 1만큼(즉 오른쪽으로 -1만큼) 평행이동하면 $y = (x + 1)^2$이 된다.

물론 수평, 수직 방향의 평행이동을 모두 시행하는 것도 가능하며, 이 경우에 평행이동으로 생기는 그래프의 방정식은 다음과 같다.

함수 $y=f(x)$의 그래프를 오른쪽(+x축) 방향으로 a만큼 윗쪽(+y축) 방향으로 b 만큼 평행이동하여 생기는 그래프를 나타내는 함수는

$$y=f(x-a)+b \tag{1.2}$$

예를 들면 함수 $y=x^2$의 그래프를 오른쪽으로 1 만큼 윗쪽으로 2만큼 평행이동하여 얻어지는 그래프를 나타내는 함수는 $y=(x-1)^2+2$이다.

연습문제

1.6. 함수 $y=x$의 그래프를 그리고, 이 그래프를 평행이동하여 다음 각 함수의 그래프를 그려라.
(a) $y=x-3$ (b) $y=x+3$

1.7. 함수 $y=x^2$의 그래프를 그리고, 이 그래프를 평행이동하여 다음 각 함수의 그래프를 그려라.
(a) $y=(x-3)^2$ (b) $y=(x+3)^2+1$

1.8. 함수 $y=\sqrt{x}$의 그래프를 그리고, 이 그래프를 평행이동하여 다음 각 함수의 그래프를 그려라.
(a) $y=\sqrt{x-2}+1$ (b) $y=\sqrt{x+2}-1$

1.9. 함수 $y=\frac{1}{x}$의 그래프를 그리고, 이 그래프를 평행이동하여 다음 각 함수의 그래프를 그려라.
(a) $y=\frac{1}{x-1}-2$ (b) $y=\frac{1}{x+1}+1$

1.4 그래프의 대칭이동

그래프를 x축 및 y축에 대하여 대칭이동 시키는 경우에 그래프의 방정식이 어떻게 바뀌는지를 살펴 보기 위해 그림 1.5와 그림 1.6에 보인 예를 살펴 보자.

그림 1.5에서, $y=g(x)$의 그래프는 $y=f(x)$의 그래프를 y축에 대해 대칭이동시켜서 얻어진다. 그림에서 알 수 있듯이 임의의 값 $x=x_1$에 대하여

$$g(x_1)=f(-x_1)$$

이 성립한다. x_1은 임의의 값이므로 x_1 대신 x를 사용하면

$$g(x)=f(-x)$$

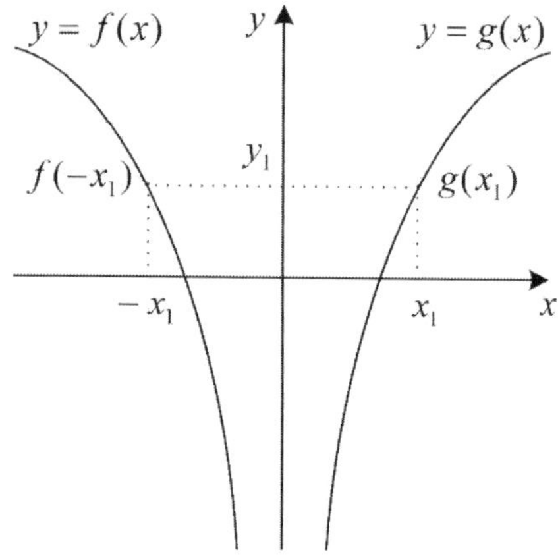

그림 1.5 그래프의 y축에 대한 대칭이동

의 관계식을 얻을 수 있다. 즉 함수 $y=f(x)$의 그래프를 y축에 대해 대칭이동시켜서 얻어지는 그래프의 방정식은 $y=f(-x)$이다. 예를 들어 함수 $y=\sqrt{x}$의 그래프를 y축에 대해 대칭이동시키면, $y=\sqrt{-x}$ 가 된다.

그림 1.6에서, $y=g(x)$의 그래프는 $y=f(x)$의 그래프를 x축에 대해 대칭이동시켜서 얻어진다. 그림에서 알 수 있듯이 임의의 값 $x=x_1$에 대하여

$$g(x_1)=-f(x_1)$$

이 성립한다. x_1은 임의의 값이므로 x_1 대신 x를 사용하면

$$g(x)=-f(x)$$

의 관계식을 얻을 수 있다. 즉 함수 $y=f(x)$의 그래프를 x축에 대해 대칭이동시켜서 얻어지는 그래프의 방정식은 $y=-f(x)$이다. 예를 들어 함수 $y=\sqrt{x}$의 그래프를 x축에 대해 대칭이동시키면, $y=-\sqrt{x}$ 가 된다.

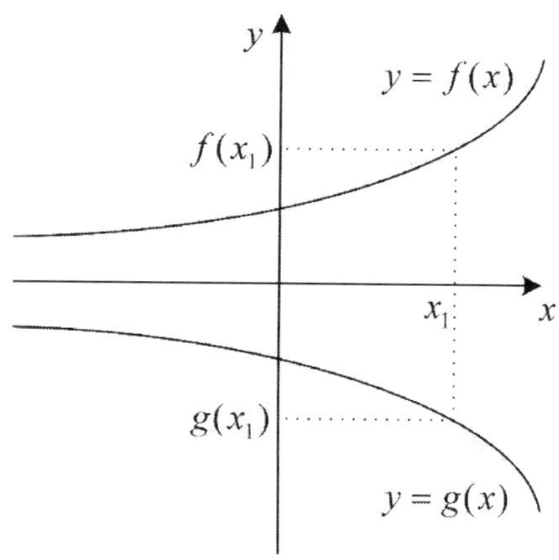

그림 1.6 그래프의 x축에 대한 대칭이동

그래프를 원점에 대해서 대칭이동시킨다는 것은 그래프를 x축에 대하여 대칭이동 시킨 후 다시 y축에 대하여 대칭이동시키는 것을 말한다. 따라서 함수

$y = f(x)$를 원점에 대칭이동시켜서 얻어지는 그래프의 방정식은 $y = -f(-x)$가 된다. 함수의 대칭이동을 요약하면 다음과 같다.

$y = f(x)$ 의 그래프를 y축에 대하여 대칭이동시킨 그래프의 방정식은

$$y = f(-x) \tag{1.3}$$

$y = f(x)$ 의 그래프를 x축에 대하여 대칭이동시킨 그래프의 방정식은

$$y = -f(x) \tag{1.4}$$

$y = f(x)$ 의 그래프를 원점에 대하여 대칭이동시킨 그래프의 방정식은

$$y = -f(-x) \tag{1.5}$$

연습문제

1.10. 함수 $y = x$의 그래프를 그리고, 이 그래프를 평행이동 및 대칭이동하여 다음 각 함수의 그래프를 그려라.
(a) $y = -x$ (b) $y = -x+3$ (c) $y = -x-3$

1.11. 함수 $y = x^2$의 그래프를 그리고, 이 그래프를 평행이동 및 대칭이동하여 다음 각 함수의 그래프를 그려라.
(a) $y = -x^2$ (b) $y = -(x-3)^2$ (c) $y = -(x+3)^2+1$

1.12. 함수 $y = \sqrt{x}$의 그래프를 그리고, 이 그래프를 평행이동 및 대칭이동하여 다음 각 함수의 그래프를 그려라.
(a) $y = \sqrt{-x}$ (b) $y = -\sqrt{x}$ (c) $y = -\sqrt{-x-1}$ (d) $y = \sqrt{-x+2}+1$

1.13. 함수 $y = \frac{1}{x}$의 그래프를 그리고, 이 그래프를 평행이동 및 대칭이동하여 다음 각 함수의 그래프를 그려라.
(a) $y = -\frac{1}{x}$ (b) $y = \frac{1}{-x+1}+2$

1.5 그래프의 확대와 축소

그래프를 수평 방향 또는 수직 방향으로 확대 또는 축소하는 경우에 그래프의 방정식이 어떻게 바뀌는지 살펴 보기 위해 그림 1.7 과 1.8에 보인 예를 살펴 보자.

그림 1.7에서, $y = g(x)$의 그래프는 $y = f(x)$의 그래프를 수직방향으로 c배 만큼 확대해서 얻어진다. 그림에서 알 수 있듯이 임의의 값 $x = x_1$에 대하여

$$g(x_1) = cf(x_1)$$

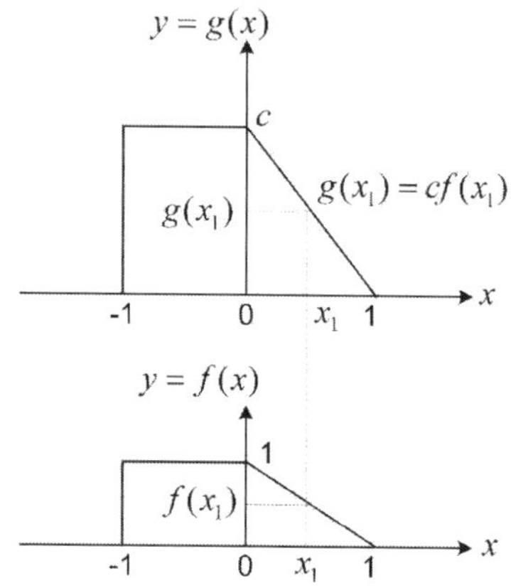

그림 1.7 그래프의 수직 방향 확대

이 성립한다. x_1은 임의의 값이므로 x_1 대신 x를 사용하면

$$g(x) = cf(x)$$

의 관계식을 얻을 수 있다. 즉 함수 $y = f(x)$의 그래프를 수직 방향으로 c배 확대하여 얻어지는 그래프의 방정식은 $y = cf(x)$이다. 예를 들어 함수 $y = x^2$의 그래프를 수직방향으로 3배 확대한 그래프의 방정식은 $y = 3x^2$ 이 되고, $y = x^2$의 그래프를 수직방향으로 $\frac{1}{3}$ 배 확대한 (즉 3분의 1로 축소한) 그래프의 방정식은 $y = \frac{1}{3}x^2$ 이 된다.

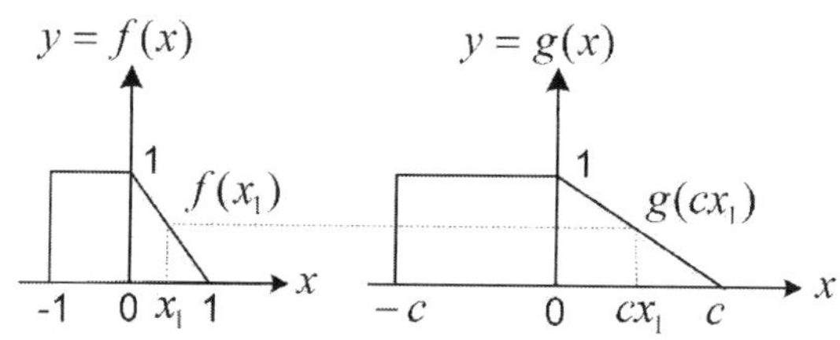

그림 1.8 그래프의 수평 방향 확대

그림 1.8에서, $y = g(x)$의 그래프는 $y = f(x)$의 그래프를 수평방향으로 c배 만큼 확장해서 얻어진다. 그림에서 알 수 있듯이 임의의 값 $x = x_1$에 대하여

$$g(cx_1) = f(x_1)$$

이 성립한다. x_1 은 임의의 값이므로 x_1 대신 $\frac{x}{c}$를 사용하면

$$g(x) = f\left(\frac{x}{c}\right)$$

의 관계식을 얻을 수 있다. 즉 함수 $y = f(x)$의 그래프를 수평 방향으로 c배 확대하여 얻어지는 그래프의 방정식은 $y = f\left(\frac{x}{c}\right)$이다. 예를 들어 $y = x^2$의 그래프를 수평방향으로 3배 확대한 그래프의 방정식은 $y = \left(\frac{x}{3}\right)^2$이 되고, $y = x^2$의

그래프를 수평 방향으로 $\frac{1}{3}$ 배 확대한 (즉 3분의 1로 축소한) 그래프의 방정식은 $y = \left(\frac{x}{1/3}\right)^2 = (3x)^2$이 된다.

$y = f(x)$ 의 그래프를 x축 방향으로 c배 확대한 그래프의 방정식은

$$y = f\left(\frac{x}{c}\right) \tag{1.6}$$

$y = f(x)$ 의 그래프를 y축 방향으로 c배 확대한 그래프의 방정식은

$$y = cf(x) \tag{1.7}$$

연습문제

1.14. 함수 $y = x$의 그래프를 그리고, 이 그래프를 확대 및 이동하여 다음 각 함수의 그래프를 그려라.
(a) $y = \frac{1}{2}x$ (b) $y = -2x$ (c) $y = -2x + 3$

1.15. 함수 $y = x^2$의 그래프를 그리고, 이 그래프를 확대 및 이동하여 다음 각 함수의 그래프를 그려라.
(a) $y = \frac{1}{2}x^2$ (b) $y = -2x^2$ (c) $y = 2(x-1)^2 - 2$ (d) $y = -\frac{1}{2}(x+2)^2 + 2$

1.16. 함수 $y = f(x)$의 그래프가 그림 1.9 에 보인 것과 같을 때, 이 그래프를 확대 및 이동하여 다음 각 함수의 그래프를 그려라.
(a) $y = -f(x)$ (b) $y = f(x-1)$ (c) $y = f(2x)$ (d) $y = f(-\frac{1}{2}x)$

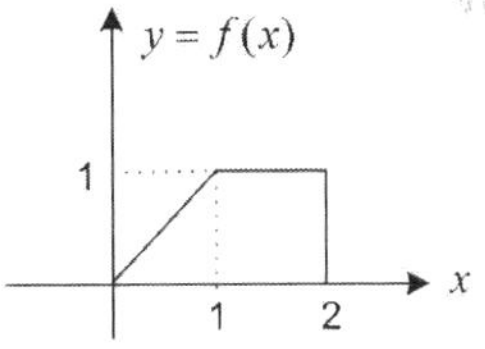

그림 1.9 문제 1.16 의 그래프

1.6 일차 함수와 이차함수의 그래프

일차함수의 그래프

일차함수 $y = ax$의 그래프는 일차함수 $y = x$의 그래프를 수직방향으로 a배 확대한 그래프이다. 그런데 $y = x$의 그래프가 원점을 지나는 직선이므로 $y = ax$의

그래프도 원점을 지나는 직선이다. 다만 직선의 기울어진 방향과 정도는 a의 값에 따라서 달라진다.

그림 1.10은 서로 다른 a 값에 대한 일차함수 $y = ax$의 그래프를 한 좌표 평면위에 겹쳐서 그린 것이다. 그림에서 알 수 있듯이, 일차함수 $y = ax$의 그래프는 $a > 0$ 이면 오른쪽으로 기울어진 직선이고 $a < 0$이면 왼쪽으로 기울어진 직선이다. 또 $|a|$ 의 값이 클 수록 직선이 바로 서서 수직선에 가까워진다.

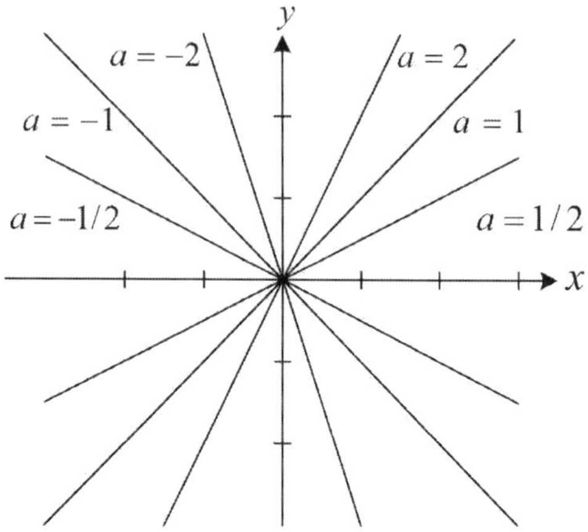

그림 1.10 일차함수 $y = ax$ 의 그래프

상수 a는 **기울기**라고 불리며 그림 1.11에 보인 것처럼

$$a = \frac{y\text{의 증가량}}{x\text{의 증가량}} = \frac{y_2 - y_1}{x_2 - x_1}$$

의 값을 가진다. $a > 0$ 일 때는 x가 증가할 때 y도 증가하므로 직선이 오른쪽으로 기울고, $a < 0$일 때는 x가 증가할 때 y는 반대로 감소하므로 직선이 왼쪽으로 기운다. 또 $|a|$의 값이 클수록 같은 x의 증가량에 대한 y의 증가량 비율의 절대값이 커지므로 직선이 수직선에 가까워지게 된다.

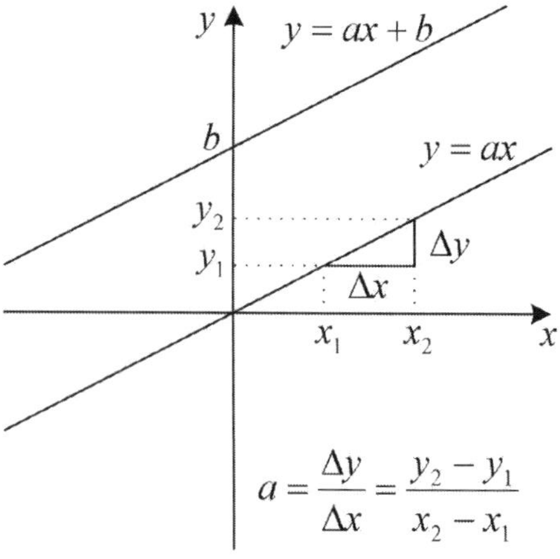

그림 1.11 일차함수의 그래프와 기울기

일반식

$$y = ax + b \quad (a, b\text{는 상수}, a \neq 0) \tag{1.8}$$

꼴로 주어진 일차함수의 그래프는 그림 1.11에 보인 것과 같이 $y = ax$의 그래프를 $+y$축 방향으로 b만큼 평행이동한 그래프이다.

이차함수의 그래프

이차함수 $y = ax^2$의 그래프는 이차함수 $y = x^2$의 그래프를 수직방향으로 a배 확대한 그래프이다. 그런데 $y = x^2$의 그래프가 꼭지점이 원점에 있는 포물선이므로 $y = ax^2$의 그래프도 꼭지점이 원점에 있는 포물선이다. 다만 포물선의 방향과 폭은 a의 값에 따라서 달라진다. 그림 1.12는 서로 다른 a 값에 대한 이차함수 $y = ax^2$의 그래프를 한 좌표 평면위에 겹쳐서 그린 것이다. 그림에서 알 수 있듯이, 이차함수 $y = ax^2$의 그래프는 $a > 0$ 이면 아래로 볼록한 포물선이고 $a < 0$이면 위로 볼록한 포물선이다. 또 $|a|$ 의 값이 클 수록 포물선의 폭이 좁아지고, 반대로 $|a|$의 값이 작을 수록 포물선의 폭이 넓어진다.

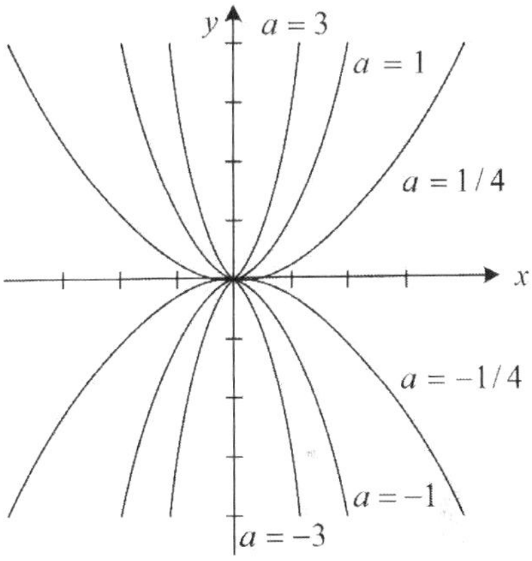

그림 1.12 함수 $y = ax^2$ 의 그래프

이차함수가 일반식

$$y = ax^2 + bx + c \quad (a, b, c\text{는 상수}, a \neq 0) \tag{1.9}$$

꼴로 주어진 경우엔 아래의 예제 1.3에서처럼 주어진 식을 표준형 식

$$y = a(x - p)^2 + q \tag{1.10}$$

꼴로 변형시키면 쉽게 그래프를 그릴 수있다. 이차함수 $y = a(x - p)^2 + q$의 그래프는 $y = ax^2$의 그래프를 $+x$ 방향으로 p만큼, $+y$ 방향으로 q만큼 평행이동한 그래프이다.

예제 1.3 이차함수 $y = -x^2 + 2x + 1$ 의 그래프를 그려라.

풀이:

주어진 함수를 표준형으로 변환하면

$$y = -x^2 + 2x + 1 = -(x^2 - 2x + 1) + 2 = -(x-1)^2 + 2$$

이므로 이차함수 $y = -x^2 + 2x + 1$ 의 그래프는 그림 1.13에 보인 것과 같이 $y = -x^2$의 그래프를 x축 방향으로 1만큼, y축 방향으로 +2만큼 평행이동한 그래프이다.

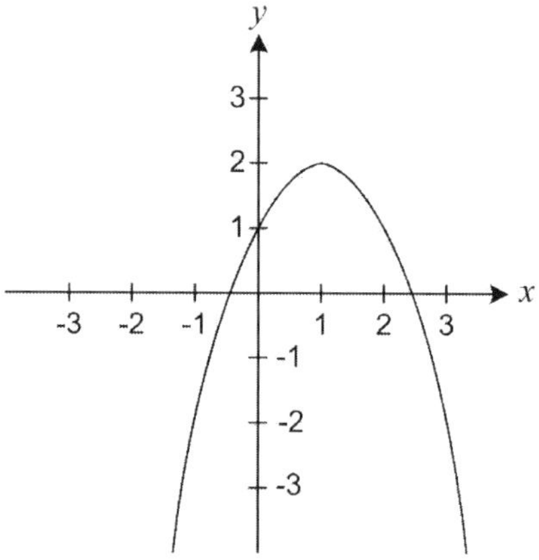

그림 1.13 이차함수 $y = -x^2 - 2x + 1$ 의 그래프

연습문제

1.17. 다음 일차함수의 그래프를 그려라. 그래프가 x축, y축과 만나는 점의 좌표를 명시하여라.
(a) $y = 3x - 1$ (b) $y = -\frac{1}{3}x + 1$

1.18. 다음 이차함수의 그래프를 그려라. 그래프가 x축, y축과 만나는 점의 좌표를 명시하여라.
(a) $y = x^2 - 4x + 3$ (b) $y = 2x^2 - 4x + 3$ (c) $y = -\frac{1}{3}x^2 - 2x - 2$

1.19. 다음 함수의 그래프를 그려라. 그래프가 x축, y축과 만나는 점의 좌표를 명시하여라.
(a) $y = \begin{cases} -x^2 - x + 2 & ,x < 0 \\ -\frac{1}{2}x + 2 & ,x \geq 0 \end{cases}$ (b) $y = |x+2| + 1$ (c) $y = |x^2 - 2x - 3|$

Chapter 2
삼각 함수

2.1 각의 측정 단위: 라디안과 도

한 점에서 만나는 두 반직선으로 이루어진 도형을 우리는 **각**이라고 부른다. 각을 이루는 두 반직선은 각각 변이라 부르고, 두 변이 만나는 점은 꼭지점이라고 부른다. 그림2.1은 한 점 O에서 만나는 두 변 OA와 OB로 이루어진 각을 보여준다. 우리는 이러한 각을 기호로 $\angle AOB$라고 표시하며, '각 AOB'라고 읽는다. $\angle AOB$ 대신에 기호 $\angle BOA$, $\angle O$, $\angle a$라고 써도 모두 같은 각을 나타낸다.

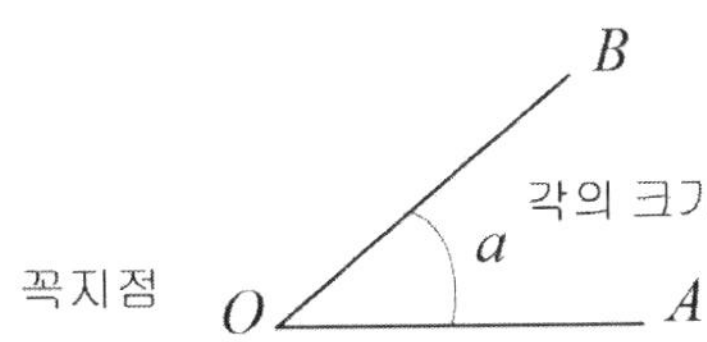

그림 2.1 각 *AOB*

각의 크기를 측정하기 위해서 우리는 각의 꼭지점을 좌표평면 위의 원점에 위치시키고, 한 변을 양의 수평축(+x축)에 일치시킨다. 각을 이렇게 위치 시키는 경우, 그 각은 **표준 위치**에 있다고 말한다. 그림2.2는 표준 위치에 놓인 각 AOB를 보여준다. '각의 크기'란 $+x$축에 놓인 기준 변 OA로부터 다른 변 OB가 반시계방향으로 얼마나 많이 돌아가 있는 지를 나타내는 양이다.

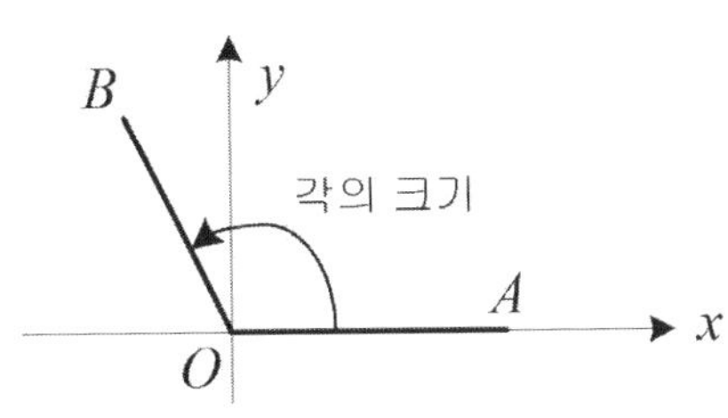

그림 2.2 표준 위치에 놓인 각

각의 크기를 측정하는 단위로는 **도**와 **라디안** 두 가지를 사용한다. 일상 생활에서 보통 사용하는 단위는 도(°)이다. 1°는 원의 원주 한 바퀴의 360분의 1 크기로 정의한다. 따라서 원주를 한 바퀴 도는 각의 크기는 360°이고, 반 바퀴는 180°이며, 1/4 바퀴, 즉 직각은 90°이다.

일상 생활에서 일반적으로 사용되는 각의 측정 단위는 도이지만, 과학이나 공학의 계산에서는 도보다 라디안(radian)이라는 단위가 더 자주 쓰인다. 1 라디안은 반지름이 1인 원에서 호의 길이가 1인 부채꼴의 중심각의 크기로 정의한다. 그런데 반지름이 1인 원에서 원주 한 바퀴의 호의 길이는 2π이므로 원주를 한 바퀴 도는 각의 크기는 2π 라디안이다. 따라서 반바퀴는 π 라디안이며, 1/4 바퀴, 즉 직각은 $\pi/2$ 라디안이다. 라디안 단위로 각을 표시할 때, 단위 표시는 줄여서 rad로 표시하기도 하고, 아무 것도 표시하지 않기도 한다.

$$\text{원의 원주 한 바퀴의 각} = 360° = 2\pi \text{ rad}$$

예제 2.1 다음에서 도(°)로 표시된 각도는 라디안으로 표시하고, 라디안으로 표시된 각도는 도(°)로 표시하여라.

(a) 120° (b) $\pi/3$ rad (c) $a°$ (d) b rad

풀이:

(a) 360°가 2π 라디안이므로, 120°를 x 라디안이라 하면, $360° : 2\pi = 120° : x$ 의 비례관계가 성립한다. 따라서

$$x = \frac{120}{360} 2\pi = \frac{2\pi}{3}$$

(b) $\frac{\pi}{3}$를 $y°$라 하면, $360° : 2\pi = y° : \pi/3$ 이다. 따라서

$$y = \frac{\pi/3}{2\pi} 360 = 60°$$

(c) $a°$를 x 라디안이라 하면, $360° : 2\pi = a° : x$ 이다. 따라서

$$x = \frac{a}{360} 2\pi$$

(d) b 라디안을 $y°$라 하면, $360° : 2\pi = y° : b$ 이다. 따라서

$$y = \frac{b}{2\pi} 360°$$

연습문제

2.1. 다음에서 도(°)로 표시된 각도는 라디안으로 표시하고, 라디안으로 표시된 각도는 도(°)로 표시하라.
(a) $150°$ (b) $300°$ (c) $11°$ (d) $7\pi/6$ rad (e) $\pi/12$ rad (f) 11 rad

2.2. 아래의 표에 0°와 360° 사이의 각 중에서 30°와 45°의 배수인 각을 크기 순서로 모두 나열하고자 한다. 윗 행에는 각을 도(°)로 표시하고, 아래 행에는 각을 라디안으로 나타내어 표를 완성시켜라.

도(°)	0°	30°	45°													360°
rad	0	$\pi/6$	$\pi/4$													2π

2.2 예각에 대한 삼각함수

각 θ가 예각, 즉 0도와 90 도 사이의 각일 때, 각 θ에 대한 삼각함수 값을 그림2.3과 같은 직각 삼각형을 이용하여 다음과 같이 정의한다.

$$\sin\theta \triangleq \frac{\text{높이}}{\text{빗변}} = \frac{a}{c} \tag{2.1}$$

$$\cos\theta \triangleq \frac{\text{밑변}}{\text{빗변}} = \frac{b}{c} \tag{2.2}$$

$$\tan\theta \triangleq \frac{\text{높이}}{\text{밑변}} = \frac{a}{b} = \frac{\sin\theta}{\cos\theta} \tag{2.3}$$

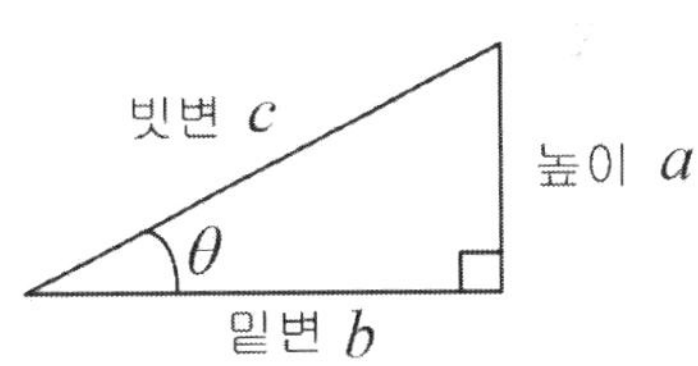

그림 2.3 직각 삼각형에서 직각의 대변을 빗변, 각도 θ를 사이에 두고 빗변과 이웃한 변을 밑변, 각 θ의 대변을 높이라고 부른다.

예제 2.2 다음 삼각함수 값을 구하여라.
(a) $\sin 30°$ (b) $\cos 45°$ (c) $\tan 60°$ (d) $\sin 0°$ (e) $\sin 90°$

풀이:

(a) 그림 2.4 (a)에 보인 것과 같이 세 각이 30°, 60°, 90°인 직각 삼각형의 세 변의 길이의 비는 $1 : \sqrt{3} : 2$이다. 따라서 $\sin 30° = \frac{\text{높이}}{\text{빗변}} = \frac{1}{2}$

(b) 그림 2.4 (b)에 보인 것과 같이, 세 각이 45°, 45°, 90°인 직각 삼각형의 세변의 길이의 비는 $1:1:\sqrt{2}$이다. 따라서 $\cos 45^\circ = \frac{\text{밑변}}{\text{빗변}} = \frac{1}{\sqrt{2}} = \frac{\sqrt{2}}{2}$
(c) 그림 2.4 (a)에서 $\tan 60^\circ = \frac{\text{높이}}{\text{밑변}} = \frac{\sqrt{3}}{1} = \sqrt{3}$.
(d) 한 예각이 한없이 0°에 가까워 질 때, 직각 삼각형의 높이는 0이 된다. 따라서 $\sin 0^\circ = \frac{\text{높이}}{\text{빗변}} = \frac{0}{\text{빗변}} = 0$
(e) 한 예각이 한없이 90°에 가까워 질 때, 직각 삼각형의 높이는 빗변의 길이와 같아지게 된다. 따라서 $\sin 90^\circ = \frac{\text{높이}}{\text{빗변}} = \frac{\text{빗변}}{\text{빗변}} = 1$

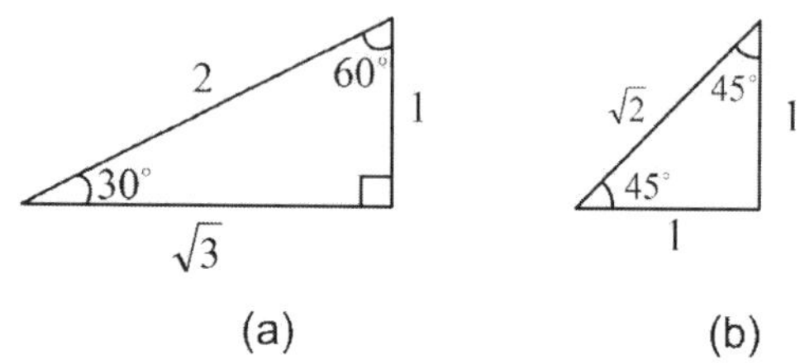

그림 2.4 세 각이 30°, 60°, 90°인 직각 삼각형의 세변의 길이의 비는 $1:\sqrt{3}:2$이고, 세 각이 45°, 45°, 90°인 직각 삼각형의 세변의 길이의 비는 $1:1:\sqrt{2}$이다.

연습문제

2.3. 표의 첫 행에 있는 각 θ에 대한 삼각 함수값을 구하여 표를 완성시켜라.

θ	0	$\frac{\pi}{6}$	$\frac{\pi}{4}$	$\frac{\pi}{3}$	$\frac{\pi}{2}$
$\sin\theta$					
$\cos\theta$					
$\tan\theta$					

2.4. 그림 2.3의 직각삼각형에서 $\cos\theta$값이 다음과 같이 주어질 때, $\sin\theta$, $\tan\theta$의 값을 구하라.
(a) $\cos\theta = 4/5$ 일 때 (b) $\cos\theta = 9/41$ 일 때 (c) $\cos\theta = 15/17$ 일 때

2.3 임의의 각에 대한 삼각함수

직각 삼각형을 이용한 삼각함수 값의 계산은 간편하기는 하지만, 각이 예각이 아니라 임의의 각인 경우에는 이용하기에 불편한 점이 있다. 따라서, 임의의 각에 대해서는 다음과 같이 단위원, 즉 중심이 원점에 있고 반경이 1인 원을 이용하여 삼각함수를 정의한다.

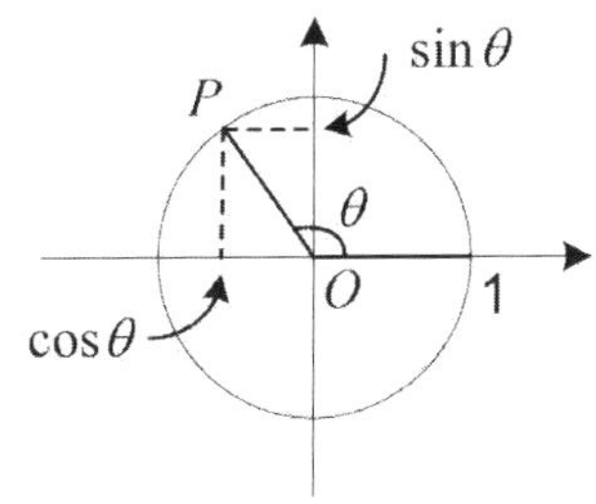

그림 2.5 단위원을 이용한 삼각함수의 정의

그림 2.5과 같이 중심이 원점에 있고 반경이 1인 원의 원주상에서 $+x$축으로 부터 반시계방향으로 돌아간 각의 크기가 θ인 점을 P라고 할 때

$$\sin\theta \triangleq \text{점 } P\text{의 } y \text{ 좌표} \tag{2.4}$$

$$\cos\theta \triangleq \text{점 } P\text{의 } x \text{ 좌표} \tag{2.5}$$

$$\tan\theta \triangleq \frac{\text{점 } P\text{의 } y \text{ 좌표}}{\text{점 } P\text{의 } x \text{ 좌표}} = \frac{\sin\theta}{\cos\theta} \tag{2.6}$$

예제 2.3 다음 삼각함수 값을 구하여라.

(a) $\sin 120°$ (b) $\cos 120°$ (c) $\tan 120°$ (d) $\sin 225°$ (e) $\tan 225°$

풀이:

(a) 그림 2.6 (a) 에서 $\sin 120° =$ 점 P의 y 좌표 $= \frac{\sqrt{3}}{2}$
(b) 그림 2.6 (a) 에서 $\cos 120° =$ 점 P의 x 좌표 $= -\frac{1}{2}$
(c) $\tan 120° = \frac{\sin 120°}{\cos 120°} = \frac{\sqrt{3}/2}{-1/2} = -\sqrt{3}$
(d) 그림 2.6 (b) 에서 $\sin 225° =$ 점 P의 y 좌표 $= -\frac{\sqrt{2}}{2}$
(e) 그림 2.6 (b) 에서 $\cos 225° =$ 점 P의 x 좌표 $= -\frac{\sqrt{2}}{2}$. 따라서
$\tan 225° = \frac{\sin 225°}{\cos 225°} = \frac{-\sqrt{2}/2}{-\sqrt{2}/2} = 1$

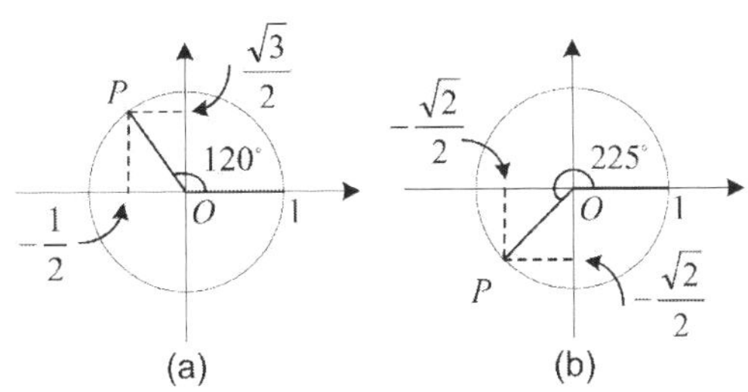

그림 2.6 예제 2.3.

식 (2.4)-(2.6)의 정의를 이용하면, θ가 제 몇 사분면의 각인지에 따라 $\sin\theta$, $\cos\theta$, $\tan\theta$의 부호를 쉽게 알 수 있다. 즉 θ가 제 1 사분면의 각이면, 그림 2.7 (a)에 보인 것과 같이 단위원에서 각 θ를 나타내는 점 P의 x좌표와 y좌표가 둘 다 양수이다. 따라서 $\sin\theta$, $\cos\theta$, $\tan\theta$의 부호는 모두 +이다. θ가 제 2 사분면의 각이면, 그림 2.7 (b) 에 보인 것과 같이 단위원에서 각 θ를 나타내는 점 P의 x좌표는 음수 y좌표는 양수이다. 따라서 $\sin\theta$는 양수, $\cos\theta$는 음수, $\tan\theta$는 음수이다. θ가 제 3 사분면의 각이면, 그림 2.7 (c)에 보인 것과 같이 단위원에서 각 θ를 나타내는 점 P의 x좌표와 y좌표는 둘 다 음수이다. 따라서 $\sin\theta$와 $\cos\theta$는 음수, $\tan\theta$는 양수이다. 마지막으로 θ가 제 4 사분면의 각이면, 그림 2.7 (d)에 보인 것과 같이 단위원에서 각 θ를 나타내는 점 P의 x좌표는 양수, y좌표는 음수이다. 따라서 $\sin\theta$는 음수, $\cos\theta$는 양수, $\tan\theta$는 음수이다.

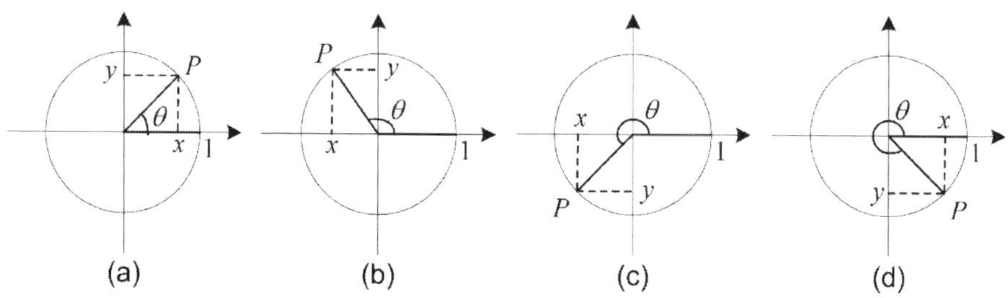

그림 2.7 각 θ의 위치에 따른 삼각함수의 부호

θ가 제 1 사분면의 각일 때, $\sin\theta$, $\cos\theta$, $\tan\theta$ 모두 양수
θ가 제 2 사분면의 각일 때, $\sin\theta$만 양수, $\cos\theta$와 $\tan\theta$는 음수
θ가 제 3 사분면의 각일 때, $\tan\theta$만 양수, $\sin\theta$와 $\cos\theta$는 음수
θ가 제 4 사분면의 각일 때, $\cos\theta$만 양수, $\sin\theta$와 $\tan\theta$는 음수

삼각함수를 사용하다 보면 $\sin\theta$, $\cos\theta$, $\tan\theta$의 역수, 즉 $\frac{1}{\sin\theta}$, $\frac{1}{\cos\theta}$, $\frac{1}{\tan\theta}$를 자주 접하게 된다. 이 것들을 간단히 나타내기 위해서, 함수 $\csc\theta$, $\sec\theta$, $\cot\theta$를 다음과 같이 정의한다.

$$\csc\theta \triangleq \frac{1}{\sin\theta} \tag{2.7}$$

$$\sec\theta \triangleq \frac{1}{\cos\theta} \tag{2.8}$$

$$\cot\theta \triangleq \frac{1}{\tan\theta} \tag{2.9}$$

연습문제

2.5. 그림과 같이 중심이 원점이고 반경 1인 원의 원주상에서 점 $P=(-0.6, 0.8)$로 표시되는 각도 (+수평축으로 부터 점 P까지 시계 반대방향으로 돌아간 각도) X에 대하여 다음 값을 구하라.

(a) $\cos X$ (b) $\sin X$ (c) $\tan X$ (d) $\csc X$ (e) $\sec X$ (f) $\cot X$

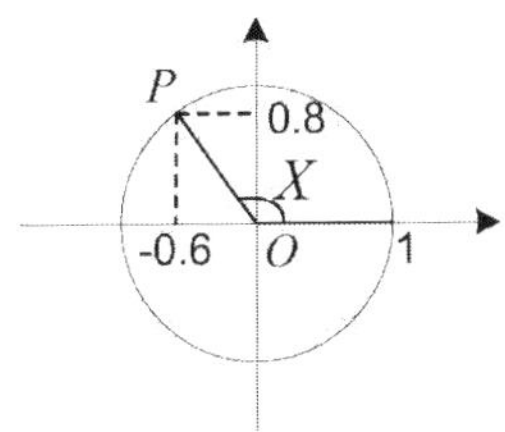

2.6. 다음 표의 첫째 행에 있는 각도 θ에 대한 $\sin\theta$, $\cos\theta$, $\tan\theta$ 값을 구하여 표를 완성 시켜라.

θ	0	$\frac{\pi}{6}$	$\frac{\pi}{4}$	$\frac{\pi}{3}$	$\frac{\pi}{2}$	$\frac{2\pi}{3}$	$\frac{3\pi}{4}$	$\frac{5\pi}{6}$	π	$\frac{7\pi}{6}$	$\frac{5\pi}{4}$	$\frac{4\pi}{3}$	$\frac{3\pi}{2}$	$\frac{5\pi}{3}$	$\frac{7\pi}{4}$	$\frac{11\pi}{6}$	2π
$\sin\theta$																	
$\cos\theta$																	
$\tan\theta$																	

2.4 삼각함수의 성질

그림 2.5에서 OP는 직각삼각형의 빗변이고, $|\sin\theta|$는 높이, $|\cos\theta|$는 밑변이다. $OP=1$이므로 피타고라스 정리에 의해 다음 성질이 성립한다.

$$\sin^2\theta+\cos^2\theta=1 \tag{2.10}$$

식 (2.10)의 양변을 $\cos^2\theta$ 또는 $\sin^2\theta$로 나누어 주면, 다음 성질이 성립함을 알 수 있다.

$$1+\tan^2\theta=\sec^2\theta \tag{2.11}$$
$$1+\cot^2\theta=\csc^2\theta \tag{2.12}$$

2π는 360° 즉 원주 한 바퀴의 각도이므로, 단위원에서 각 $\theta+2\pi$을 나타내는 점과 각 θ를 나타내는 점은 같은 점이다. 따라서 다음 성질이 성립한다.

$$\sin(\theta+2\pi) = \sin\theta \tag{2.13}$$
$$\cos(\theta+2\pi) = \cos\theta \tag{2.14}$$
$$\tan(\theta+2\pi) = \tan\theta \tag{2.15}$$

그림2.8에 보인 것과 같이, 단위원에서 각 $-\theta$를 나타내는 점 P'와 각 θ를 나타내는 점 P는 x좌표는 같고 y좌표는 크기만 같고 부호는 반대이다. 따라서 다음 성질이 성립한다.

$$\sin(-\theta) = -\sin\theta \tag{2.16}$$
$$\cos(-\theta) = \cos\theta \tag{2.17}$$
$$\tan(-\theta) = -\tan\theta \tag{2.18}$$

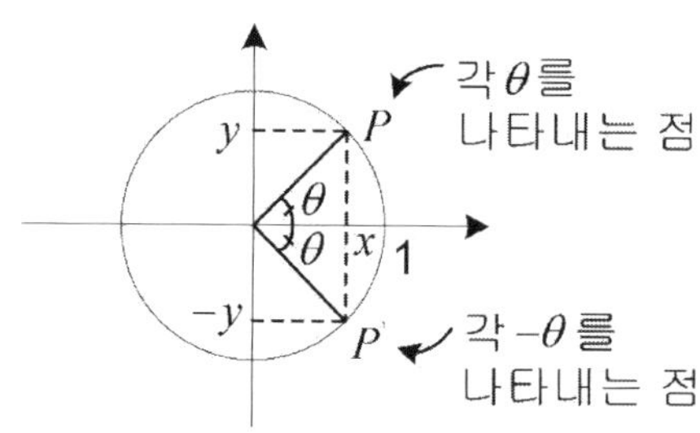

그림 2.8 $-\theta$의 삼각함수
$\sin(-\theta) = -y = -\sin\theta$
$\cos(-\theta) = x = \cos\theta$
$\tan(-\theta) = \frac{-y}{x} = \frac{-\sin\theta}{\cos\theta} = -\tan\theta$

그림2.9에 보인 것과 같이, 단위원에서 각 $\theta+\pi$를 나타내는 점 P'와 각 θ를 나타내는 점 P는 x좌표와 y좌표 모두 크기는 같고 부호는 서로 반대이다. 따라서 다음 성질이 성립한다.

$$\sin(\theta+\pi) = -\sin\theta \tag{2.19}$$
$$\cos(\theta+\pi) = -\cos\theta \tag{2.20}$$
$$\tan(\theta+\pi) = \tan\theta \tag{2.21}$$

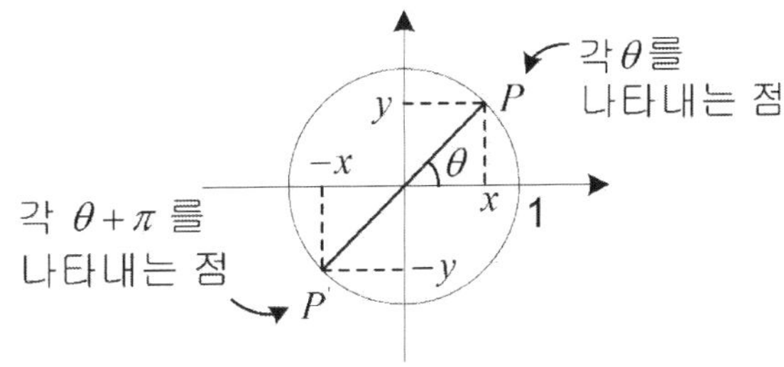

그림 2.9 $\theta+\pi$의 삼각함수
$\sin(-\theta)=-y=-\sin\theta$
$\cos(-\theta)=-x=-\cos\theta$
$\tan(-\theta)=\frac{-y}{-x}=\frac{-\sin\theta}{-\cos\theta}=\tan\theta$

그림2.10에 보인 것과 같이, 단위원에서 각 $\theta+\pi/2$를 나타내는 점을 P', 각 θ를 나타내는 점을 P라 하면, P'의 y좌표는 P의 x좌표와 같고, P'의 x좌표는 P의 y좌표에 -부호 붙인 값과 같다. 따라서 다음 성질이 성립한다.

$$\sin(\theta+\frac{\pi}{2})=\cos\theta \tag{2.22}$$
$$\cos(\theta+\frac{\pi}{2})=-\sin\theta \tag{2.23}$$
$$\tan(\theta+\frac{\pi}{2})=-\cot\theta \tag{2.24}$$

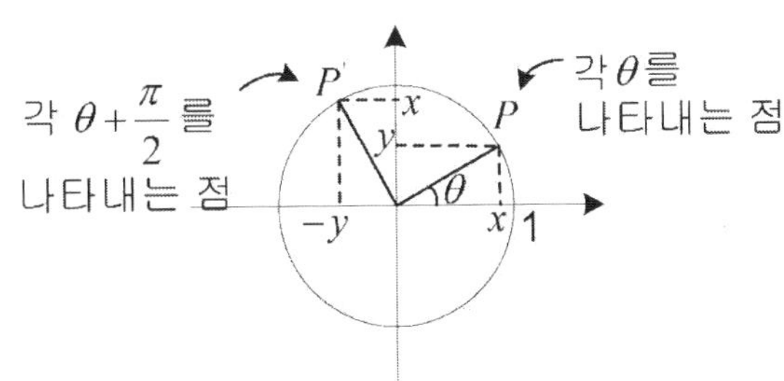

그림 2.10 $\theta+\frac{\pi}{2}$의 삼각함수
$\sin(\theta+\frac{\pi}{2})=x=\cos\theta$
$\cos(\theta+\frac{\pi}{2})=-y=-\sin\theta$
$\tan(\theta+\frac{\pi}{2})=\frac{x}{-y}=\frac{\cos\theta}{-\sin\theta}=-\frac{1}{\tan\theta}=-\cot\theta$

그림2.11에 보인 것과 같은 단위원에서 각 $\alpha+\beta$를 나타내는 점을 P라고 하고, 각 α를 나타내는 점을 P'라 하자. 점 P에서 동경 OP'에 내린 수선의 발을 C라 할 때, 직각삼각형 OCP에서

$$OC=OP\cos\beta=\cos\beta\ ,\quad CP=OP\sin\beta=\sin\beta$$

이다. 그러므로

$$\sin(\alpha+\beta)=OE=AC+DP=OC\sin\alpha+CP\cos\alpha=\cos\beta\sin\alpha+\sin\beta\cos\alpha$$
$$\cos(\alpha+\beta)=OB=OA-CD=OC\cos\alpha-CP\sin\alpha=\cos\beta\cos\alpha-\sin\beta\sin\alpha$$

따라서 중간과정을 생략하고 결과만 정리하면 다음과 같다.

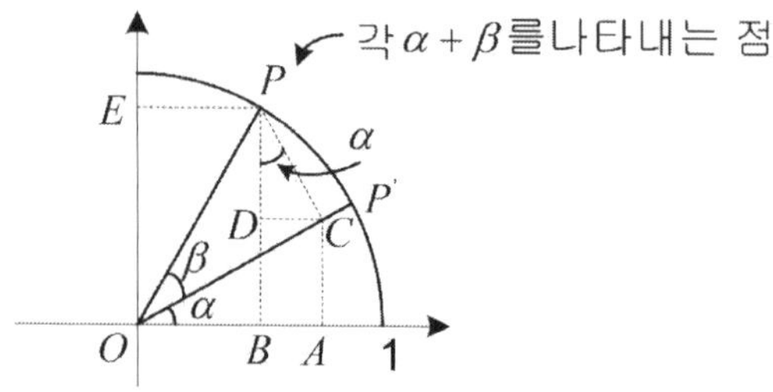

그림 2.11 두 각의 합 $\alpha+\beta$의 삼각함수 공식 유도

$$\sin(\alpha+\beta) = \sin\alpha\cos\beta + \cos\alpha\sin\beta \tag{2.25}$$
$$\cos(\alpha+\beta) = \cos\alpha\cos\beta - \sin\alpha\sin\beta \tag{2.26}$$

식 (2.25)-(2.26)에 β 대신 α를 대입하면 다음에 보인 2배각 공식을 얻을 수 있다.

$$\sin(2\alpha) = 2\sin\alpha\cos\alpha \tag{2.27}$$
$$\cos(2\alpha) = \cos^2\alpha - \sin^2\alpha \tag{2.28}$$

연습문제

2.7. 다음 삼각함수 값을 $\sin\theta$, $\cos\theta$, $\tan\theta$의 식으로 나타내어라.
(a) $\sin(\pi-\theta)$ (b) $\cos(\pi-\theta)$ (c) $\tan(\pi-\theta)$
(d) $\sin(\frac{\pi}{2}-\theta)$ (e) $\cos(\frac{\pi}{2}-\theta)$ (f) $\tan(\frac{\pi}{2}-\theta)$
(g) $\sin(\frac{3\pi}{2}+\theta)$ (h) $\cos(\frac{3\pi}{2}+\theta)$ (i) $\tan(\frac{3\pi}{2}+\theta)$
(j) $\sin(\frac{3\pi}{2}-\theta)$ (k) $\cos(\frac{3\pi}{2}-\theta)$ (l) $\tan(\frac{3\pi}{2}-\theta)$

2.8. 각도 X에 대하여 $\cos X = 0.8$, $\sin X = 0.6$ 임을 알 때, 다음 값을 구하라.
(a) $\sin(-X)$ (b) $\cos(-X)$ (c) $\sin(X+\pi/2)$ (d) $\cos(X+\pi/2)$
(e) $\sin(X+\pi)$ (f) $\cos(X+\pi)$ (g) $\tan(X+3\pi/2)$

2.9. 각도 α, β에 대하여 $\cos\alpha = 0.8$, $\sin\alpha = 0.6$, $\cos\beta = -0.8$, $\sin\beta = -0.6$ 임을 알 때, 다음 값을 구하라.
(a) $\sin(\alpha+\beta)$ (b) $\cos(\alpha+\beta)$ (c) $\tan(\alpha-\beta)$ (d) $\cos(2\alpha)$ (e) $\sin(2\alpha)$

2.5 삼각함수의 그래프

$y = \sin x$의 그래프

$0 \le x \le 2\pi$ 범위 내의 몇몇 특정 값 x에 대해 함수 $y = \sin x$의 값을 구해 표로 만들면 다음과 같다.

x	$\cdots$	0	$\frac{\pi}{6}$	$\frac{\pi}{4}$	$\frac{\pi}{3}$	$\frac{\pi}{2}$	$\frac{2\pi}{3}$	$\frac{3\pi}{4}$	$\frac{5\pi}{6}$	π	$\frac{7\pi}{6}$	$\frac{5\pi}{4}$	$\frac{4\pi}{3}$	$\frac{3\pi}{2}$	$\frac{5\pi}{3}$	$\frac{7\pi}{4}$	$\frac{11\pi}{6}$	2π	$\cdots$
y	$\cdots$	0	$\frac{1}{2}$	$\frac{\sqrt{2}}{2}$	$\frac{\sqrt{3}}{2}$	1	$\frac{\sqrt{3}}{2}$	$\frac{\sqrt{2}}{2}$	$\frac{1}{2}$	0	$-\frac{1}{2}$	$-\frac{\sqrt{2}}{2}$	$-\frac{\sqrt{3}}{2}$	-1	$-\frac{\sqrt{3}}{2}$	$-\frac{\sqrt{2}}{2}$	$-\frac{1}{2}$	0	$\cdots$

위의 표에 나열된 좌표 (x, y)인 점들을 xy-평면 위에 도시하고, 그 점들을 매끄러운 곡선으로 연결하면, 그림. 2.12의 그래프를 얻게 된다. 임의의 값 x에 대하여 $\sin(x + 2\pi) = \sin x$ 이므로, 함수 $y = \sin x$의 그래프는 x값이 2π만큼 변할 때마다 같은 y값이 반복된다. 즉 $y = \sin x$는 주기가 2π인 주기함수이다. 따라서 그림 2.12에는 그래프를 $0 \le x \le 2\pi$범위에 대해서만 그리고 그 밖의 범위는 그리지 않았는데, 만약 이 범위 밖의 x 값에 대해서 그래프를 그리고 싶으면 그림에 보인 곡선을 반복해서 그리면 된다.

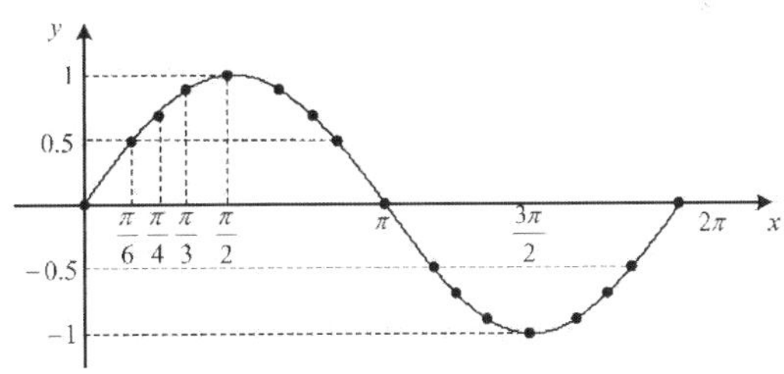

그림 2.12 함수 $y = \sin x$의 그래프

$y = \cos x$의 그래프

$0 \le x \le 2\pi$ 범위 내의 몇몇 특정 값 x에 대해 함수 $y = \cos x$의 값을 구해 표로 만들면 다음과 같다.

x	$\cdots$	0	$\frac{\pi}{6}$	$\frac{\pi}{4}$	$\frac{\pi}{3}$	$\frac{\pi}{2}$	$\frac{2\pi}{3}$	$\frac{3\pi}{4}$	$\frac{5\pi}{6}$	π	$\frac{7\pi}{6}$	$\frac{5\pi}{4}$	$\frac{4\pi}{3}$	$\frac{3\pi}{2}$	$\frac{5\pi}{3}$	$\frac{7\pi}{4}$	$\frac{11\pi}{6}$	2π	$\cdots$
y	$\cdots$	1	$\frac{\sqrt{3}}{2}$	$\frac{\sqrt{2}}{2}$	$\frac{1}{2}$	0	$-\frac{1}{2}$	$-\frac{\sqrt{2}}{2}$	$-\frac{\sqrt{3}}{2}$	-1	$-\frac{\sqrt{3}}{2}$	$-\frac{\sqrt{2}}{2}$	$-\frac{1}{2}$	0	$\frac{1}{2}$	$\frac{\sqrt{2}}{2}$	$\frac{\sqrt{3}}{2}$	1	$\cdots$

위의 표에 나열된 좌표 (x, y)인 점들을 xy-평면 위에 도시하고, 그 점들을 매끄러운 곡선으로 연결하면, 그림. 2.13의 그래프를 얻게 된다. 임의의 값 x에 대하여 $\cos(x + 2\pi) = \cos x$ 이므로, 함수 $y = \cos x$의 그래프는 x값이 2π만큼 변할 때마다 같은 y값이 반복된다. 즉 $y = \cos x$는 주기가 2π인 주기함수이다. 따라

서 그림 2.13에서 $0 \le x \le 2\pi$ 범위 밖의 x 값에 대한 그래프는 그림에 보인 곡선을 반복해서 그리면 된다.

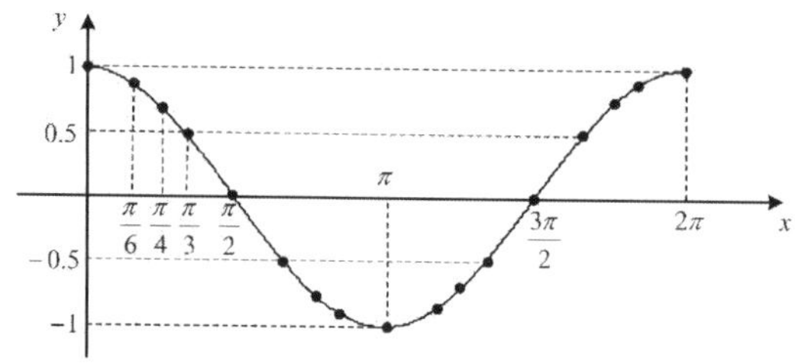

그림 2.13 함수 $y = \cos x$의 그래프

$y = \tan x$의 그래프

$0 \le x \le 2\pi$ 범위 내의 특정 값 x에 대해 함수 $y = \tan x$의 값을 구해 표로 만들면 다음과 같다.

x	$\cdots$	0	$\frac{\pi}{6}$	$\frac{\pi}{4}$	$\frac{\pi}{3}$	$\frac{\pi}{2}$	$\frac{2\pi}{3}$	$\frac{3\pi}{4}$	$\frac{5\pi}{6}$	π	$\frac{7\pi}{6}$	$\frac{5\pi}{4}$	$\frac{4\pi}{3}$	$\frac{3\pi}{2}$	$\frac{5\pi}{3}$	$\frac{7\pi}{4}$	$\frac{11\pi}{6}$	2π	$\cdots$
y	$\cdots$	0	$\frac{1}{\sqrt{3}}$	1	$\sqrt{3}$	$\pm\infty$	$-\sqrt{3}$	-1	$-\frac{1}{\sqrt{3}}$	0	$\frac{1}{\sqrt{3}}$	1	$\sqrt{3}$	$\pm\infty$	$-\sqrt{3}$	-1	$-\frac{1}{\sqrt{3}}$	0	$\cdots$

위의 표에 나열된 좌표 (x, y)인 점들을 xy-평면 위에 도시하고, 그 점들을 매끄러운 곡선으로 연결하면, 그림. 2.14의 그래프를 얻게 된다. 임의의 값 x에 대하여 $\tan(x+\pi) = \tan x$ 이므로, 함수 $y = \tan x$의 그래프는 x값이 π만큼 변할 때마다 같은 y값이 반복된다. 즉 $y = \tan x$는 주기가 π인 주기함수이다. 따라서 그림 2.14에서 $0 \le x \le \pi$ 범위 밖의 x 값에 대한 그래프는 이 범위에 보인 곡선을 반복해서 그리면 된다.

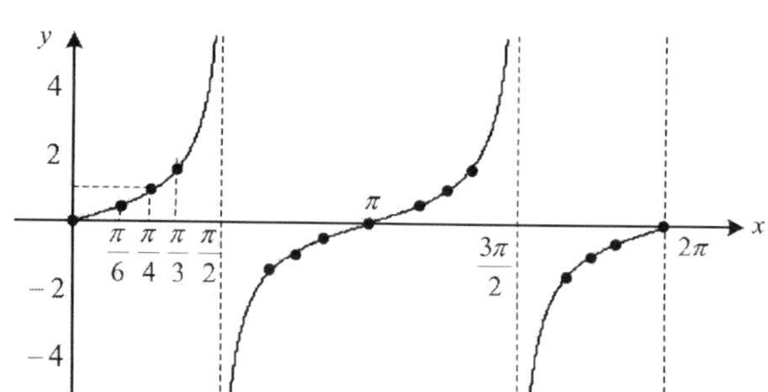

그림 2.14 함수 $y = \tan x$의 그래프

예제 2.4 다음 삼각함수의 그래프를 스케치하여라.
(a) $y = \sin 2x$ (b) $y = \sin \frac{x}{2}$ (c) $y = \sin \omega x$ (ω는 양의 상수)

풀이:

(a) $y = \sin(2x)$의 그래프는 $y = \sin x$의 그래프를 수평방향으로 1/2배가 되도록 축소한 그래프이다. 따라서 그림 2.15 (a) 에 보인 것과 같이 $y = \sin x$의 그래프와 모양은 같고, 주기는 π인 그래프이다.

(b) $y = \sin\left(\frac{x}{2}\right)$의 그래프는 $y = \sin x$의 그래프를 수평방향으로 2배가 되도록 확대한 그래프이다. 따라서 그림 2.15 (b) 에 보인 것과 같이 $y = \sin x$의 그래프와 모양은 같고, 주기는 4π인 그래프이다.

(c) $y = \sin(\omega x)$의 그래프는 $y = \sin x$의 그래프를 수평방향으로 $\frac{1}{\omega}$배가 되도록 축소한 그래프이다. 따라서 그림 2.15 (c) 에 보인 것과 같이 $y = \sin x$의 그래프와 모양은 같고, 주기는 $\frac{2\pi}{\omega}$인 그래프이다.

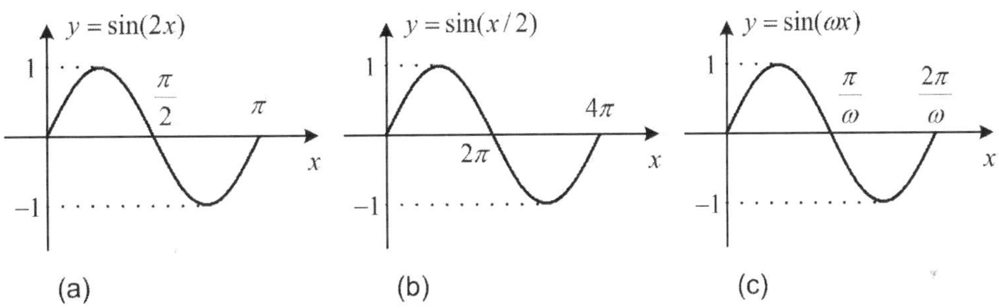

그림 2.15 예제 2.4

함수 $y = A\sin(2\pi fx + \alpha)$의 그래프

함수 $y = \sin(2\pi fx)$의 그래프는 $y = \sin x$ 의 그래프를 수평 방향으로 $\frac{1}{2\pi f}$배로 축소한 그래프이다. 따라서 $y = \sin(2\pi fx)$의 그래프는 그림 2.16 (a)에 보인 것과 같이 $y = \sin x$의 그래프와 모양은 같고, 주기는 $\frac{1}{f}$인 그래프이다. 변수 x가 시간을 나타낸다고 하면, 주기가 $1/f$ 초라는 말은 매 $1/f$ 초마다 1번씩 그래프가 반복된다는 말이다. 따라서, 1 초 당 그래프가 반복되는 횟수, 즉 주파수는 f (Hz)이다. 주파수 f에 2π를 곱한 값 $\omega = 2\pi f$ (라디안/초)는 단위 시간 당 위상각의 변화를 나타내는 값으로서 각 주파수라고 부른다.

함수 $y = A\sin(2\pi fx)$ (단 A는 양의 상수)의 그래프는 $y = \sin(2\pi fx)$의 그래프를 수직 방향으로 A배 확대한 것이다. 따라서 그림 2.16 (b)에 보인 것과 같이 최대값 A, 최소값 $-A$ 사이에서 진동한다. A를 진폭이라고 부른다.

함수 $y = A\sin(2\pi fx + \alpha)$에서 α는 초기 위상각이라고 부른다. $2\pi fx + \alpha$를 x의 계수 $2\pi f$로 묶으면

$$y = A\sin(2\pi fx + \alpha) = A\sin 2\pi f(x + \frac{\alpha}{2\pi f})$$

이므로 함수 $y = A\sin(2\pi fx + \alpha)$의 그래프는 그림 2.16 (c)에 보인 것과 같이 함수 $y = A\sin(2\pi fx)$의 그래프를 수평방향으로 $-\frac{\alpha}{2\pi f}$ 만큼 평행이동시킨 그래프이다.

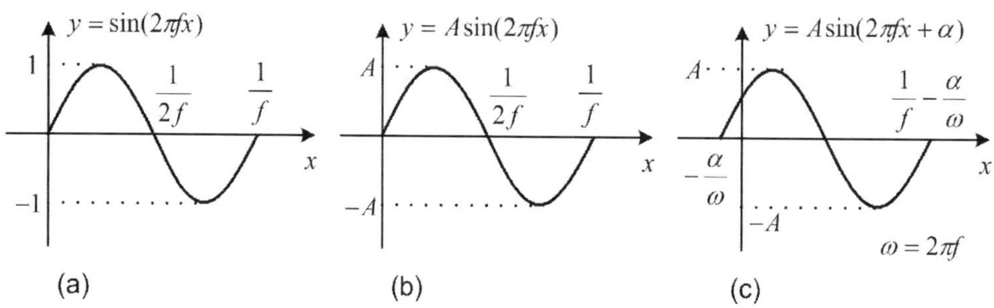

그림 2.16 삼각함수의 그래프

연습문제

2.10. 다음 함수의 그래프를 그려라. 그래프가 x축 및 y 축과 만나는 점은 반드시 그 좌표값을 표시하여라.

(a) $y = 2\sin(8x)$ ($0 \le x \le \pi$ 범위 그릴 것)

(b) $y = \cos(6\pi x)$ ($0 \le x \le 1$ 범위 그릴 것)

(c) $y = \sin(\frac{x}{4})$ ($0 \le x \le 8\pi$ 범위 그릴 것)

2.11. 다음 함수의 그래프를 그려라. 그래프가 t축 및 y 축과 만나는 점은 반드시 그 좌표값을 표시하라.

(a) $y = \cos(4\pi t)$ ($0 \le t \le 1$ 범위 그릴 것)

(b) $y = 3\sin(4t)$ ($0 \le t \le \pi/2$ 범위 그릴 것)

(c) $y = \cos(\frac{\pi}{4}t - \frac{\pi}{2})$ ($0 \le t \le 8$ 범위 그릴 것)

2.12. 정현파 신호 $y = 4\cos(200\pi t + \pi/4)$ 에 대하여 다음을 구하라.

(a) 진폭 (b) 주파수 (c) 주기 (d) 각 주파수 (e) 위상각

Chapter 3
지수 함수와 로그 함수

3.1 지수 함수

지수함수란 $y = a^x$ 꼴의 함수를 말한다. 지수함수에서 a는 밑이라고 부르며, 1이 아닌 양의 상수인 것으로 가정한다(즉 $a > 0$이고 $a \neq 1$). 지수 함수는 모든 실수 x에 대해서 정의된다. 지수함수의 함수값 a^x 은 다음과 같이 계산한다.

지수가 정수일 때의 지수함수 값

지수 x가 자연수 n $(n = 1, 2, 3, \ldots)$ 일 때의 함수값 a^n은

$$a^n = a \cdot a \cdot a \cdots a \quad (n \text{ 개 곱하기}) \tag{3.1}$$

라고 정의한다. 예를 들면, $2^4 = 2 \cdot 2 \cdot 2 \cdot 2 = 16$ 이다. 지수 x가 0 일 때의 함수값 a^0은

$$a^0 = 1 \tag{3.2}$$

이라고 정의한다. 지수 x가 음의 정수일 때, 즉 $x = -n$ (n은 양의 정수)일 때의 함수값 a^{-n}은

$$a^{-n} = \frac{1}{a^n} \tag{3.3}$$

이라고 정의한다. 예를 들면 $2^{-4} = \frac{1}{2^4} = \frac{1}{16}$이다. 따라서 정수 $m = \ldots$, -3, -2,-1,0,1,2, 3, …에 대하여 10^m의 값을 계산하면 다음과 같다.

$\cdots$	10^{-3}	10^{-2}	10^{-1}	10^0	10^1	10^2	10^3	$\cdots$
$\cdots$	$\frac{1}{1000}$	$\frac{1}{100}$	$\frac{1}{10}$	1	10	100	1000	$\cdots$

지수가 유리수일 때의 지수함수 값

m이 양의 정수일 때 $a^{\frac{1}{m}}$은'm제곱하면 a가 되는 수'로 정의한다. 즉

$$b^m = a \quad \longleftrightarrow \quad a^{\frac{1}{m}} = b \ . \tag{3.4}$$

따라서 m이 양의정수일 때 $a^{\frac{1}{m}}$은 a의 m제곱근 $\sqrt[m]{a}$이다. 예를 들면, $5^2 = 25$이므로 $25^{\frac{1}{2}} = 5$이다. 지수가 양의 유리수 $\frac{n}{m}$ $(m, n$은 양의 정수)일 때의 지수함수 값 $a^{\frac{n}{m}}$은 $a^{\frac{1}{m}}$을 이용하여

$$a^{\frac{n}{m}} = \left(a^{\frac{1}{m}}\right)^n \tag{3.5}$$

으로 정의한다. 또 지수가 음의 유리수일 때의 지수함수값은

$$a^{-p} = \frac{1}{a^p} \quad (p\text{는 양의 유리수}) \tag{3.6}$$

으로 정의한다.

예제 3.1 다음 값을 구하여라.
(a) $1000^{\frac{1}{3}}$ (b) $32^{\frac{1}{5}}$ (c) $8^{\frac{2}{3}}$ (d) $625^{-\frac{3}{4}}$

풀이:

(a) $10^3 = 1000$이므로 $1000^{\frac{1}{3}} = 10$

(b) $2^5 = 32$이므로 $32^{\frac{1}{5}} = 2$

(c) $8^{\frac{2}{3}} = \left(8^{\frac{1}{3}}\right)^2 = 2^2 = 4$

(d) $625^{-\frac{3}{4}} = \frac{1}{625^{\frac{3}{4}}} = \frac{1}{(625^{\frac{1}{4}})^3} = \frac{1}{5^3} = \frac{1}{125}$

지수가 무리수일 때의 지수함수 값

x가 무리수 일 때, 우리는 $p < x < q$를 만족시키는 두 유리수 p와 q를 찾을 수 있으며, 더우기 p와 q를 얼마든지 원하는 만큼 x에 가깝게 만들 수 있다. 예를 들면 $x = \sqrt{2} = 1.4142\cdots$ 일 때, 다음과 같이 x에 한없이 가까워지는 유리수 p와 q의 수열을 찾을 수 있다.

p	$<$	x	$<$	q
1.4	$<$	$\sqrt{2}$	$<$	1.5
1.41	$<$	$\sqrt{2}$	$<$	1.42
1.414	$<$	$\sqrt{2}$	$<$	1.415
1.4142	$<$	$\sqrt{2}$	$<$	1.4143
$\vdots$		$\vdots$		$\vdots$

이와 같이 유리수 p와 q를 한없이 x에 가깝게 접근시키면, a^p과 a^q도 어느 하나의 값으로 수렴한다는 것이 잘 알려져 있다. 이 수렴값을 우리는 a^x라고 정의한다. 즉 a^x는 유리수 p와 q를 한없이 x에 가깝게 접근시킬 때의 a^p 및 a^q의 수렴값이다.

지수 법칙

앞에서 살펴 본 바와 같이 지수 함수 a^x은 모든 실수 지수 x에 대해서 정의되는 함수이다. 아래의 식 (3.7)에 보인 지수 법칙은 임의의 실수 지수 r, s에 대해서 성립함이 알려져 있으므로, 이 지수 법칙을 이용하면 지수함수를 더욱 편리하고 다양하게 사용할 수 있다.

$$(1)\ a^{r+s} = a^r a^s \quad (2)\ a^{r-s} = \frac{a^r}{a^s} \quad (3)\ (a^r)^s = a^{rs} \quad (4)\ (ab)^r = a^r b^r \tag{3.7}$$

연습문제

3.1. 다음 값을 구하여라.
(a) $9^{-1/2}$ (b) $27^{2/3}$ (c) $27^{-2/3}$ (d) $\left(\frac{16}{25}\right)^{-3/2}$
(e) $4^{1/3}4^{1/6}$ (f) $\frac{8^{1/2}}{8^{1/6}}$ (g) $\left(10^{2/3}\right)^{-9/2}$ (h) $(\sqrt{217}+1)^{2/3}(\sqrt{217}-1)^{2/3}$

3.2. 주어진 식을 지수형태로 바꾸어라.
(a) $a\sqrt{a}$ (b) $\frac{a^2}{\sqrt[3]{a}}$ (c) $\frac{\sqrt[5]{a+1}}{\sqrt{a+1}}$

3.3. 주어진 식을 만족시키는 실수 a값을 구하여라.
(a) $a^{1/5} = 7$ (b) $a^{5/3} = 32$ (c) $(a-1)^{3/4} = 64$

3.4. $a^{0.1} = 10$ 일 때, $a^{1/2}$의 값을 구하여라.

3.2 지수함수의 그래프

앞절에서 무리수 지수 x에 대한 지수함수 값을 x로 수렴하는 인접한 유리수 지수에 대한 지수함수 값으로 정의하였다. 이는 지수함수가 모든 실수에 대해서 연속이라는 것을 의미한다. 하지만 지수함수의 연속성을 수학적으로 엄밀하게 증명하는 것은 복잡하므로, 여기서는 지수함수가 연속이라는 성질을 증명 없이 그냥 받아 들이기로 한다. 따라서 지수함수의 그래프를 그리려면, 우선 몇몇 대표적인 x값에 대해서 함수값 y를 구한 후, 이를 이용하여 좌표가 (x, y)인 점들을 도시하고 그 점들을 매끈한 곡선으로 이으면 된다.

예제 3.2 지수함수 $y = 2^x$, $y = \left(\frac{1}{2}\right)^x$의 그래프를 스케치하여라.

<u>풀이 :</u>

x의 몇몇 값에 대한 함수 값을 구해 표로 만들어 보자.

x	$\cdots$	-2	-1	$-\frac{1}{2}$	0	$\frac{1}{2}$	1	2	$\cdots$
$y = 2^x$	$\cdots$	$\frac{1}{4}$	$\frac{1}{2}$	$\frac{1}{\sqrt{2}}$	1	$\sqrt{2}$	2	4	$\cdots$

x	$\cdots$	-2	-1	$-\frac{1}{2}$	0	$\frac{1}{2}$	1	2	$\cdots$
$y\left(\frac{1}{2}\right)^x$	$\cdots$	4	2	$\sqrt{2}$	1	$\frac{1}{\sqrt{2}}$	$\frac{1}{2}$	$\frac{1}{4}$	$\cdots$

좌표 (x, y)인 점들을 xy-평면 위에 도시하고, 그 점들을 매끄러운 곡선으로 연결하면, 그림 3.1에 보인 것과 같은 그래프가 된다.

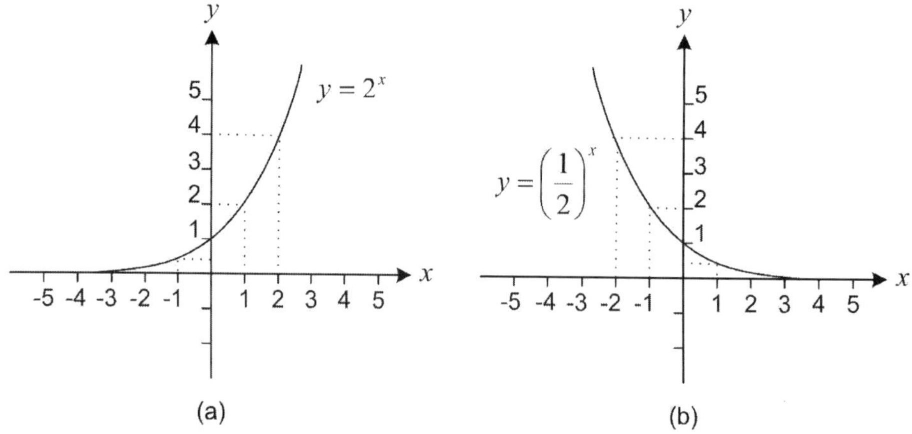

그림 3.1 지수함수 $y = 2^x$와 $y = \left(\frac{1}{2}\right)^x$ 의 그래프

그림 3.2는 서로 다른 a 값에 대하여 함수 $y = a^x$의 그래프를 그린 것이다. 함수 $y = a^x$의 그래프는 a값에 상관 없이 점 $(0, 1)$을 지나는 곡선이다. 곡선의 모양은 a 값이 $a > 1$인지 아니면 $0 < a < 1$ 인지에 따라 달라진다. $a > 1$일 때는 x가 커질 수록 y도 같이 커지는 증가함수로서, x가 ∞로 커지면 y도 ∞로 커지며, x가 $-\infty$로 작아지면 y값은 0에 한 없이 가까워진다. 반면에 $0 < a < 1$인 경우에는 x가 커질 수록 반대로 y가 작아지는 감소함수로서 x가 ∞로 커지면 y는 한 없이 0에 가까워지고, x가 $-\infty$로 작아지면 y값은 ∞로 커진다.

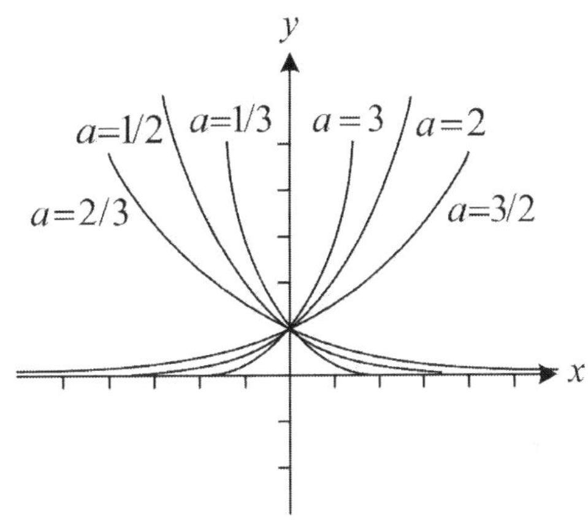

그림 3.2 지수함수 $y = a^x$의 그래프

지수함수 $y = e^x$의 그래프

그림 3.2를 보면, $x = 0$인 점에서 $y = a^x$의 접선의 기울기는 a값에 따라 달라진다. $x = 0$인 점에서 $y = a^x$의 접선의 기울기가 1일 때의 a값을 e라고 부르는데, e는 값이 $e = 2.718281828\ldots$ 인 상수이다. 공학에서는 지수함수 중에서 밑이 e인 지수함수 $y = e^x$를 주로 사용한다. e는 2와 3 사이의 값이므로, 만약 $y = e^x$의 그래프를 그림 3.2에 그려 넣는다면 그림의 $a = 2$일 때의 그래프와 $a = 3$일 때의 그래프 사이에 위치하게 된다.

예제 3.3 다음 함수의 그래프를 스케치하여라.
(a) $y = e^{x-1}+1$ (b) $y = -e^{-x-2}+2$

풀이:

(a) $y = e^x$의 그래프를 x축 방향으로 1만큼, y축 방향으로 1 만큼 평행이동하면 그림 3.3 (a)의 그래프가 된다.

(b) $y = e^x$의 그래프를 x축과 y축에 대하여 대칭이동한 후에 x축 방향으로 -2만큼 y축 방향으로 2만큼 평행이동하면 그림 3.3 (b)의 그래프가 된다.

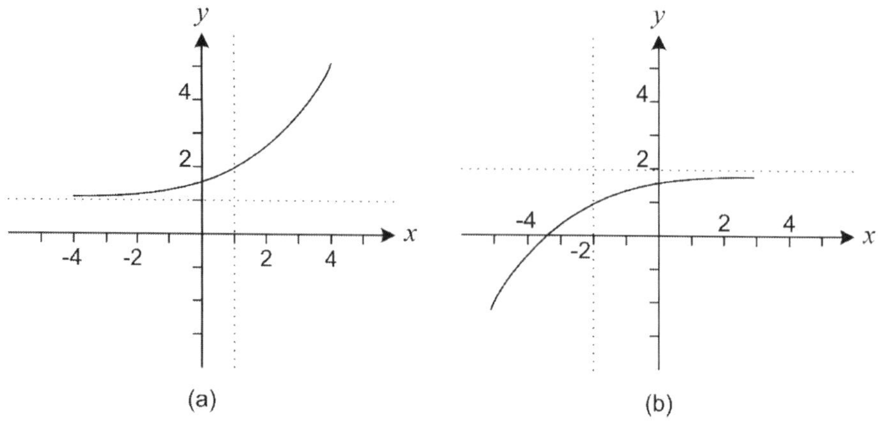

그림 3.3 예제 3.3 : 함수 $y=e^{x-1}+1$ 과 $y=-e^{-x-2}+2$ 의 그래프

연습문제

3.5. 하나의 xy-평면에 $y=2^x$, $y=e^x$, $y=5^x$의 그래프를 스케치하고, 이 그림을 보면서 밑 a 가 1보다 큰 양수 일 때, 지수함수 $y=a^x$의 그래프는 a값에 따라 어떻게 다른지 설명하여라.

3.6. 하나의 xy-평면에 $y=2^{-x}=\left(\frac{1}{2}\right)^x$, $y=e^{-x}=\left(\frac{1}{e}\right)^x$, $y=5^{-x}=\left(\frac{1}{5}\right)^x$의 그래프를 스케치하고, 이 그림을 보면서 밑 a가 0과 1 사이의 수 일 때, 지수함수 $y=a^x$의 그래프는 a값에 따라 어떻게 다른지 설명하여라.

3.7. 하나의 xy-평면에 $y=e^{\frac{1}{2}x}$, $y=e^x$, $y=e^{2x}$의 그래프를 스케치하고, 이 그림을 보면서 r이 양수일 때, 지수함수 $y=e^{rx}$의 그래프는 r값에 따라 어떻게 다른지 설명하여라.

3.8. 하나의 xy-평면에 $y=e^{-\frac{1}{2}x}$, $y=e^{-x}$, $y=e^{-2x}$의 그래프를 스케치하고, 이 그림을 보면서 r가 음수일 때, 지수함수 $y=e^{rx}$의 그래프는 r값에 따라 어떻게 다른지 설명하여라.

3.9. 다음 함수의 그래프를 그려라.
(a) $y=e^{-(x-2)}$ (b) $y=2e^{2x-2}+1$ (c) $y=-e^{x/2-1}-1$

3.3 로그 함수

변수 x가 변수 y의 지수 함수일 때, 즉 x와 y 사이에

$$x=a^y$$

의 관계가 있을 때, "y는 x의 로그함수이다"라고 말하며, 이를 기호로

$$y=\log_a x$$

라고 쓴다.

$$y = \log_a x \quad \longleftrightarrow \quad x = a^y \tag{3.8}$$

상수 a는 밑이라고 부르며, 1이 아닌 양수인 것으로 가정한다. a가 양수일 때, $x = a^y > 0$ 이므로, 로그함수 $y = \log_a x$ 의 정의역은 $0 < x < \infty$ 이다. 밑 a 의 값이 10인 경우의 로그 즉 $\log_{10} x$를 상용로그라고 부르고, 밑 a의 값이 e인 경우의 로그, 즉 $\log_e x$를 자연로그라고 부른다. 상용로그 $\log_{10} x$는 보통 밑을 생략하여 $\log x$라고 쓰며, 자연로그 $\log_e x$는 보통 $\ln x$라고 쓴다.

예제 3.4 다음 로그함수 값을 구하여라.
(a) $\log_2 16$ (b) $\log_2 \frac{1}{8}$ (c) $\log_a a^2$ (d) $\log 1000$ (e) $\ln\left(\frac{1}{e}\right)$

풀이:

(a) $y = \log_2 16$ 이라 하면, $16 = 2^y$, 즉 $2^4 = 2^y$. 따라서 $y = 4$.

(b) $y = \log_2 \frac{1}{8}$ 이라 하면 $\frac{1}{8} = 2^y$, 즉 $2^{-3} = 2^y$. 따라서 $y = -3$.

(c) $y = \log_a a^2$ 이라 하면, $a^2 = a^y$. 따라서 $y = 2$.

(d) $y = \log 1000$ 이라 하면, $1000 = 10^y$, 즉 $10^3 = 10^y$. 따라서 $y = 3$.

(e) $y = \ln\left(\frac{1}{e}\right)$ 이라 하면, $\frac{1}{e} = e^y$, 즉 $e^{-1} = e^y$. 따라서 $y = -1$.

로그함수의 성질

로그함수의 정의 (3.8)을 이용하면 지수함수의 기본적인 성질로부터 다음의 식 (3.9)-(3.16)에 보인 로그함수의 성질을 얻을 수 있다. 지수의 성질

$$a^0 = 1\,, \quad a^1 = a\,, \quad a^x = a^x$$

으로부터 우리는 다음 성질이 성립함을 즉각 알 수있다.

$$\log_a 1 = 0 \tag{3.9}$$

$$\log_a a = 1 \tag{3.10}$$

$$\log_a a^x = x\ . \tag{3.11}$$

이제 $r = \log_a x$, $s = \log_a y$ (즉 $a^r = x, a^s = y$)라고 하자. 그러면 $a^{r+s} = a^r a^s = xy$이고, 따라서 $\log_a xy = r + s$이다. 그러므로 다음 성질이 성립한다.

$$\log_a xy = \log_a x + \log_a y \ . \tag{3.12}$$

$a^{r-s} = \frac{a^r}{a^s} = \frac{x}{y}$이므로 $\log_a \frac{x}{y} = r - s$ 이고, 따라서 다음 성질이 성립한다.

$$\log_a \frac{x}{y} = \log_a x - \log_a y \ . \tag{3.13}$$

$a^r = x$로부터 $a^{tr} = (a^r)^t = x^t$이므로 $\log_a x^t = tr$ 이고, 따라서 다음 성질이 성립한다.

$$\log_a x^t = t \log_a x \ . \tag{3.14}$$

$a^r = x$에서 지수 r에 $r = \log_a x$를 대입하면 다음 성질이 성립함을 알 수 있다.

$$a^{\log_a x} = x \ . \tag{3.15}$$

마지막으로, $a^r = x$, $a^s = y$로부터 $y = a^s = (a^r)^{s/r} = x^{s/r}$이므로 $\log_x y = s/r$이고, 따라서 다음 성질이 성립한다.

$$\log_x y = \frac{\log_a y}{\log_a x} \ . \tag{3.16}$$

연습문제

3.10. 다음 값을 구하여라.
(a) $\log_3 \frac{1}{81}$ (b) $\log 0.001$ (c) $\ln e$ (d) $\ln \sqrt{e} + \ln \sqrt[3]{1/e}$ (e) $\ln \frac{(\sqrt[5]{e})^2}{e}$

3.11. 다음 방정식의 해를 구하여라.
(a) $\log x = -2$ (b) $\log_2 x = 3$ (c) $\ln x = 3$ (d) $\log_8 x = -\frac{4}{3}$
(e) $\log x^4 - \log x^3 = \log 5x - \log 2x$ (f) $\log 2t^3 - \log t = \log 16 + \log t$

3.12. 데시벨(decibel: dB)은 전력의 비율울 나타내기 위해 사용되는 단위이다. 기준 전력 p_0 (W)에 대한 전력 p_1 (W)의 비율 p_1/p_0을 데시벨 단위로 나타낸 값 L은

$$L = 10 \log \frac{p_1}{p_0} \tag{3.17}$$

로 정의된다. 다음 물음에 답하여라.
(a) 전력의 비율 $p_1/p_0 = 2, 4, 10, 20$ 을 각각 dB 단위로 나타내라.
(b) $L = 10, 20, 30, 40$ dB 일 때, 이 각각의 경우에 대하여 전력 비율 p_1/p_0의 값을 구하여라.

3.13. 데시벨은 전압의 비율울 나타내기 위해서도 사용되는데, 기준 전압 v_0 (V)에 대한 전압 v_1 (V)의 비율 v_1/v_0을 데시벨 단위로 나타낸 값 G는

$$G = 20 \log \frac{v_1}{v_0} \tag{3.18}$$

로 정의된다. 식 (3.17)에서는 로그 앞에 10이 곱해지는데 식 (3.18) 에서는 로그 앞에 20이 곱해진다. 전력비와 전압비에 대한 데시벨 값 계산 식이 달라지는

이유는 전력비는 전압비의 제곱이기 때문이다. 즉 식 (3.17)에 $p_1/p_0 = v_1^2/v_0^2$ 을 대입하면 식 (3.18)을 얻을 수 있다. 다음 물음에 답하여라.
(a) 전압의 비율 $v_1/v_0 = 2, 4, 10, 20$ 을 각각 dB 단위로 나타내라.
(b) $G = 10, 20, 30, 40$ dB 일 때, 이 각각의 경우에 대하여 전압 비율 v_1/v_0의 값을 구하여라.

3.14. dBm은 기준 전력 $p_0 = 1$ (mW)에 대한 측정 전력 p_1 (mW)의 비율을 dB 단위로 나타낸 것이다. 즉 측정 전력 p_1 의 dBm 값을 L_1이라고 하면

$$L_1 = 10\log\frac{p_1}{1} = 10\log p_1 \quad (p_1 \text{ 은 mW 단위}) \tag{3.19}$$

로 정의된다. 다음 물음에 답하여라.
(a) 측정 전력이 p_1 =2 mW, 10 mW, 20 mW, 1 W, 1 kW 일 때, 이 전력을 각각 dBm 단위로 나타내어라.
(b) 측정 전력 L_1 이 10, 20, 30, 50 , 80 dBm 일 때, 이 각각의 경우에 대하여 측정 전력의 크기를 mW 단위로 구하여라.

3.4 로그함수의 그래프

로그함수는 지수함수의 역함수이다. 즉 지수함수에서 독립변수 x와 종속변수 y를 서로 바꾼 것이 로그함수이다. 따라서 로그함수의 그래프는 지수함수의 그래프를 직선 $y = x$에 대해서 대칭이동한 그래프이다. 따라서 밑이 1보다 클 때의 그래프는 그림 3.4 (a)에 보인 것 처럼 점 (1,0)을 지나면서 x 가 커질수록 점점 값이 커지는 곡선이고, 반면에 밑이 0과 1사이의 값일 때의 그래프는 그림 3.4 (b)에 보인 것 처럼 점 (1,0)을 지나면서 x 가 커질수록 점점 값이 작아지는 곡선이다.

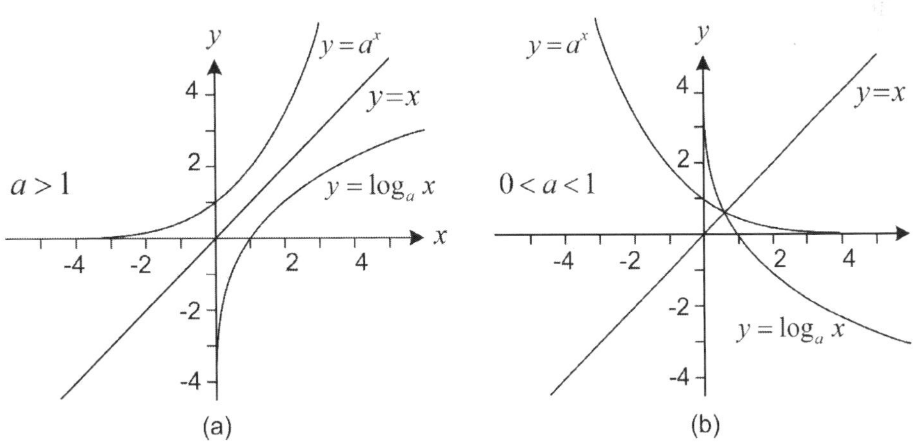

그림 3.4 로그함수 $y = \log_a x$ 의 그래프 (a) $a > 1$ 인 경우, (b) $0 < a < 1$인 경우

예제 3.5 함수의 $y=\ln(x-1)+2$의 그래프를 스케치하여라.

풀이:

$y=\ln x$의 그래프를 x축 방향으로 1만큼, y축 방향으로 2 만큼 평행이동하면 그림 3.5에 보인 것과 같은 그래프가 된다.

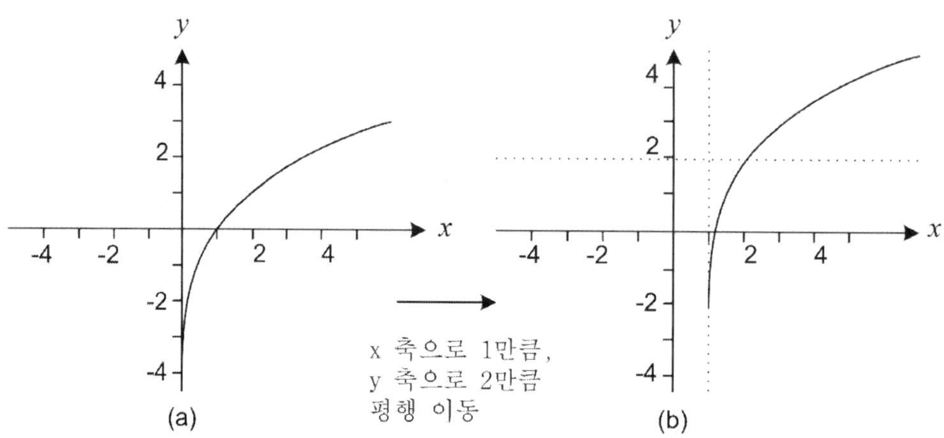

그림 3.5 로그함수 $y=\ln(x-1)+2$의 그래프

연습문제

3.15. 다음 함수의 그래프를 스케치하여라.
(a) $y=\ln(-x)$ (b) $y=\ln(2x+4)$

Part II
미분과 적분

Chapter 4
함수의 극한

4.1 함수의 극한

변수 x가 a에 한 없이 가까워질 때, 우리는 이 것을 기호로

$$x \to a \tag{4.1}$$

라고 표현한다. x가 a에 한 없이 가까워지는 방법에는 왼쪽($-$쪽)으로부터 a에 접근하는 방법과 오른쪽($+$쪽)으로부터 a에 접근하는 방법이 있다. x가 왼쪽으로부터 a에 한 없이 가까워지는 경우, 이 것을 기호

$$x \to a- \tag{4.2}$$

로 나타내며, 반대로 x가 오른쪽으로부터 a에 한 없이 가까워지는 경우, 기호

$$x \to a+ \tag{4.3}$$

로 나타낸다. 기호 $x \to a$ 는 x가 오른쪽으로부터 a에 한 없이 가까워지는 경우와 왼쪽으로부터 a에 한 없이 가까워지는 경우를 모두 포함하여 나타낸다.

x가 a에 한 없이 가까워진다는 것은 x의 값이 실제로 a가 된다는 의미가 아니라, x가 a에 한 없이 접근해서 두 수의 차이의 절대값이 임의의 주어진 작은 숫자보다(주어진 숫자가 아무리 작더라도 그 것보다) 더 작게 될 수 있다는 뜻이다. 예를 들어 변수 x가 수열

$$1.9 \quad 1.99 \quad 1.999 \quad 1.9999 \quad 1.99999 \quad \cdots \tag{4.4}$$

의 값들을 차례로 취하면, x의 값은 실제로 2가 되지 않으면서 한 없이 2에 가까워져서 x와 2의 차이의 절댓값은 임의의 작은 값이 될 수 있다. 또 다른 예로 변수 x가 수열

$$2.1 \quad 2.01 \quad 2.001 \quad 2.0001 \quad 2.00001 \quad \cdots \tag{4.5}$$

의 값들을 차례로 취하는 경우에도, x의 값은 실제로 2가 되지 않으면서 한 없이 2에 가까워져서 x와 2의 차이의 절댓값은 임의의 작은 값이 될 수 있다. x가

식 (4.4)의 수열 값을 차례로 갖는 경우는 왼쪽으로부터 2에 접근하는 경우이므로 기호 $x \to 2-$로 나타내고, x가 식 (4.5)의 수열 값을 차례로 갖는 경우는 오른쪽으로부터 2에 접근하는 경우이므로 기호 $x \to 2+$로 나타낸다. $x \to 2-$의 경우와 $x \to 2+$ 의 경우를 모두 포함하는 의미로서 'x가 2에 한 없이 가까워진다"라고 말하는 경우에는 $x \to 2$ 라고 쓴다.

함수의 극한

x가 a에 한 없이 가까워질 때 함수 $f(x)$의 값이 일정한 값 L에 한 없이 가까워지면, 즉

$$x \to a \quad \text{일 때} \quad f(x) \to L \tag{4.6}$$

이면, 우리는 'x가 a에 한 없이 가까워질 때 함수 $f(x)$의 **극한값**이 L이다'라고 말하고 이 것을 기호로

$$\lim_{x \to a} f(x) = L \tag{4.7}$$

이라고 나타낸다. 식 (4.7) 은 x가 a로 접근하는 방향에 상관없이 함수의 극한값이 L이라는 뜻이다. 즉 x가 왼쪽으로부터 a로 접근할 때의 극한값(**좌극한값**이라고 부른다)을 $\lim_{x \to a-} f(x)$ 라 하고, x가 오른쪽으로부터 a로 접근할 때의 극한값(**우극한값**이라고 부른다)을 $\lim_{x \to a+} f(x)$ 라 하면 식 (4.7) 은

$$\lim_{x \to a-} f(x) = \lim_{x \to a+} f(x) = L \tag{4.8}$$

임을 의미한다. 좌극한과 우극한이 같지 않은 경우, 우리는 극한값이 존재하지 않는다고 말한다.

> **예제 4.1** 함수 $y = f(x)$의 그래프가 그림 4.1과 같을 때, 다음 각 극한값을 구하여라.
> (a) $\lim_{x \to -2} f(x)$ (b) $\lim_{x \to 1} f(x)$ (c) $\lim_{x \to 3} f(x)$

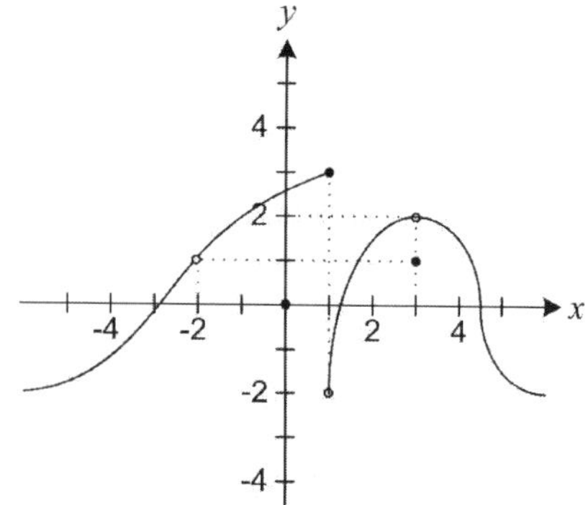

그림 4.1 예제 4.1의 그래프. 그림에서 비어 있는 점은 그 자리에 점이 없음을 나타내고, 채워진 점은 그 자리에 점이 있음을 나타낸다.

풀이:

(a) $\lim_{x\to-2-} f(x) = 1$ 이고 $\lim_{x\to-2+} f(x) = 1$ 이다. 좌극한과 우극한이 같으므로 극한값이 존재하며, 그 값은 $\lim_{x\to-2} f(x) = 1$.

(b) $\lim_{x\to1-} f(x) = 3$ 이고 $\lim_{x\to1+} f(x) = -2$ 이다. 좌극한과 우극한이 서로 다르므로 극한값 $\lim_{x\to1} f(x)$ 는 존재하지 않는다.

(c) $\lim_{x\to3-} f(x) = 2$ 이고 $\lim_{x\to3+} f(x) = 2$ 이다. 좌극한과 우극한이 같으므로 극한값이 존재하며, 그 값은 $\lim_{x\to3} f(x) = 2$.

함수의 연속

함수가 어떤 점에서 연속이라함은 그 점에서 함수의 그래프가 끊기지 않고 연결되어 있음을 의미한다. 예를 들어 함수 $y = f(x)$의 그래프가 그림 4.1과 같다고 하자. 이 그래프는 $x = -2, 1, 3$에서는 끊겨 있고, 나머지 다른 x값에서는 이어져 있다. 따라서 함수 $y = f(x)$는 $x = -2, 1, 3$에서 불연속이고, 나머지 다른 x값에서는 연속이다.

불연속인 점에서 극한값과 함수값이 어떤 관계를 갖는지 그림 4.1을 통하여 살펴보자. $x = 1$ 일 때는 그래프에 점프가 있고 좌극한과 우극한이 일치하지 않는다. 즉 극한값이 존재하지 않는다. $x = -2$ 일 때는 그래프에 어떤 점도 표시되어 있지 않은데, 이는 $x = -2$일 때의 함수값이 정의되어 있지 않음을 의미한다. $x = 3$일 때는 극한값과 함수값이 둘 다 존재하지만 두 값은 각각 2와 1로서 서로 같지 않다. 세 경우를 종합해 보면, 불연속인 점에서는 극한값 또는 함수값이 존재하지 않거나, 혹은 존재하더라도 극한값과 함수값이 일치하지 않는다는 것을 알 수 있다.

한 편 $x = -2, 1, 3$ 이외의 다른 x값에서는 함수의 그래프가 연속인데, 이들 연속인 점에서는 함수값과 극한값이 모두 존재하며 두 값이 서로 같다. 이와 같은 관찰로부터 함수의 연속성은 다음과 같이 정의된다.

'함수 $y = f(x)$가 $x = a$에서 **연속이다**'라는 말은 '$x = a$에서 함수값과 극한값이 같다'라는 뜻이다. 즉

$$\lim_{x\to a} f(x) = f(a) \tag{4.9}$$

임을 의미한다.

4.2 극한값의 계산

식 (4.9)의 정의에 의하면, 함수 $y = f(x)$가 점 $x = a$에서 연속일 때 극한값 $\lim_{x\to a} f(x)$ 은 함수값 $f(a)$와 같다. Part I 에서 우리는 일차함수, 이차함수, 삼각함수, 지수함수, 로그함수 등 공학에서 자주 쓰이는 기본 함수의 그래프를 그려 보았고 따라서 이들 함수가 어느 점에서 연속이고 어느 점에서 불연속인지를 잘 알고 있다. 연속인 점에서 이들 함수의 극한값은 함수값과 같으므로 자주 쓰이는 기본 함수에 대하여 다음 성질이 성립한다.

기본 함수의 극한값

$$\lim_{x\to a} 1 = 1 \tag{4.10}$$

$$\lim_{x\to a} x = a \tag{4.11}$$

$$\lim_{x\to a} x^2 = a^2 \tag{4.12}$$

$$\lim_{x\to a} \sin x = \sin a \tag{4.13}$$

$$\lim_{x\to a} \cos x = \cos a \tag{4.14}$$

$$\lim_{x\to a} \tan x = \tan a \quad (\text{단 } a \neq \cdots, -\tfrac{3\pi}{2}, -\tfrac{\pi}{2}, \tfrac{\pi}{2}, \tfrac{3\pi}{2}, \cdots) \tag{4.15}$$

$$\lim_{x\to a} e^x = e^a \tag{4.16}$$

$$\lim_{x\to a} \ln x = \ln a \quad (\text{단 } a > 0) \tag{4.17}$$

$$\lim_{x\to a} \sqrt{x} = \sqrt{a} \quad (\text{단 } a > 0) \tag{4.18}$$

$$\lim_{x\to a} \frac{1}{x} = \frac{1}{a} \quad (\text{단 } a \neq 0) \tag{4.19}$$

극한값의 합, 차, 곱, 비, 거듭제곱에 대하여 다음과 같은 성질이 성립한다는 것이 알려져 있다.

극한값의 성질

$$\lim_{x\to a} cf(x) = c \lim_{x\to a} f(x) \quad (c\text{는 상수}) \tag{4.20}$$

$$\lim_{x\to a} [f(x) \pm g(x)] = \lim_{x\to a} f(x) \pm \lim_{x\to a} g(x) \tag{4.21}$$

$$\lim_{x\to a} [f(x)g(x)] = \lim_{x\to a} f(x) \lim_{x\to a} g(x) \tag{4.22}$$

$$\lim_{x\to a} \frac{f(x)}{g(x)} = \frac{\lim_{x\to a} f(x)}{\lim_{x\to a} g(x)} \quad (\text{단 } \lim_{x\to a} g(x) \neq 0) \tag{4.23}$$

$$\lim_{x\to a} [f(x)]^r = \left[\lim_{x\to a} f(x)\right]^r \tag{4.24}$$

이 성질들을 이용하면 기본 함수들의 합, 차, 곱, 비, 거듭제곱으로 만들어지는 좀 더 복잡한 함수의 극한값을 쉽게 구할 수 있다. 예를 들어, $x \to a$ 일 때 다항식 $p(x) = 2x^3 + 3x + 4$ 의 극한값을 위의 성질을 이용하여 구하면 다음과 같다.

$$\begin{aligned}
\lim_{x\to a} p(x) &= \lim_{x\to a}(2x^3 + 3x + 4) \\
&= \lim_{x\to a} 2x^3 + \lim_{x\to a} 3x + \lim_{x\to a} 4 && \text{식 (4.21) 적용} \\
&= 2\lim_{x\to a} x^3 + 3\lim_{x\to a} x + 4\lim_{x\to a} 1 && \text{식 (4.20) 적용} \\
&= 2\left[\lim_{x\to a} x\right]^3 + 3\lim_{x\to a} x + 4\lim_{x\to a} 1 && \text{식 (4.24) 적용} \\
&= 2a^3 + 3a + 4 && \text{기본함수의 극한값 적용} \\
&= p(a)
\end{aligned}$$

즉 다항식 $p(x) = 2x^3 + 3x + 4$ 의 극한값은 함수값 $p(a)$와 같다. 이와 같은 성질은 위에서 예로 들은 다항식 $p(x) = 2x^3 + 3x + 4$에 대해서 뿐 만 아니라 임의의 다항식에 대해서도 성립한다는 사실을 극한값의 성질로부터 쉽게 유추할 수 있다. 즉

임의의 다항식 $p(x)$에 대하여

$$\lim_{x\to a} p(x) = p(a) \ . \tag{4.25}$$

두 다항식의 나눗셈 꼴로 주어진 함수를 유리함수라고 부른다. 극한값의 성질 식 (4.23)으로부터 유리함수의 극한값도 함수값과 같음을 알 수 있다. 즉

임의의 두 다항식 $p(x), q(x)$에 대하여

$$\lim_{x\to a}\frac{p(x)}{q(x)} = \frac{\lim_{x\to a} p(x)}{\lim_{x\to a} q(x)} = \frac{p(a)}{q(a)} \quad (\text{단 } q(a) \neq 0 \text{ 일 때}) \ . \tag{4.26}$$

유리함수의 극한값을 구할 때, 분모의 극한값이 0 이면 함수값이 존재하지 않는다. 이 경우 분모의 극한값을 0으로 만드는 인수를 약분해서 없애 버리면 극한값을 구할 수 있다. 분모의 극한값을 0으로 만드는 인수를 약분하려면 분자에도 그 인수가 있어야 하므로 분모의 극한값과 분자의 극한값이 동시에 0인 경우에만 약분이 가능하다. 만약 분모의 극한값은 0인데 분자의 극한값이 0이 아니면, 이 경우 유리함수의 극한값이 존재하지 않고 $\pm\infty$로 발산한다.

예제 4.2 다음 극한값을 구하여라.
(a) $\lim_{x\to 1}\frac{x^2+4x-12}{x^2-2x}$ (b) $\lim_{x\to 2}\frac{x^2+4x-12}{x^2-2x}$ (c) $\lim_{h\to 0}\frac{2(-3+h)^2-18}{h}$

풀이:

(a) $\lim_{x\to 1}\frac{x^2+4x-12}{x^2-2x}=\frac{1^2+4\cdot 1-12}{1^2-2\cdot 1}=7$.

(b) 만약 $x=2$ 를 주어진 함수에 대입하여 극한값을 구하려고 시도하면

$$\lim_{x\to 2}\frac{x^2+4x-12}{x^2-2x}=\frac{2^2+4\cdot 2-12}{2^2-2\cdot 2}=\frac{0}{0}\ (\,?\,)$$

꼴이 된다. 분모의 극한값이 0 이므로 $x=2$를 이렇게 주어진 식에 바로 대입하는 방법으로는 극한값의 계산이 불가능하다. 이런 경우에는 분모의 극한값을 0으로 만드는 인수 $x-2$ 를 약분해서 없애야 한다. 주어진 함수의 경우 분자의 극한값도 0 이므로 분모, 분자가 모두 $x-2$를 인수로 갖는다. 따라서 다음과 같이 약분한 후에 극한값을 구할 수 있다.

$$\lim_{x\to 2}\frac{x^2+4x-12}{x^2-2x}=\lim_{x\to 2}\frac{(x+6)(x-2)}{x(x-2)}=\lim_{x\to 2}\frac{x+6}{x}=\frac{2+6}{2}=4$$

(c) 역시 분모, 분자의 극한값이 0 이 되는 경우이다. 분모, 분자의 극한값을 0으로 만드는 인수 h를 약분한 후에 극한값을 구한다.

$$\lim_{h\to 0}\frac{2(-3+h)^2-18}{h}=\lim_{h\to 0}\frac{2h(-6+h)}{h}=\lim_{h\to 0}2(-6+h)=-12\ .$$

연습문제

4.1. 다음 극한값을 구하여라.
(a) $\lim_{x\to 2}\frac{x^2-7x+10}{x^2-4}$ (b) $\lim_{x\to 1}\frac{x^2+x-2}{x^2-1}$ (c) $\lim_{x\to 0}\frac{(x+3)^3-27}{x}$
(d) $\lim_{x\to\infty}\frac{x^2+x-8}{2x^2-5x+1}$ (e) $\lim_{x\to\infty}\frac{x-8}{2x^2-5x+1}$ (f) $\lim_{x\to\infty}\frac{\sqrt{x^2}}{x}$
(g) $\lim_{x\to-\infty}\frac{\sqrt{x^2}}{x}$

4.2. 함수 $f(x)=\begin{cases}\sqrt{x-1} & ,x\geq 1\\ x & ,x<1\end{cases}$ 는 $x=1$에서 연속인가? 이유를 설명하시오.

Chapter 5
미분

5.1 변화율과 기울기

평균변화율

그림 5.1에 보인 것과 같이 함수 $y = f(x)$에서 x의 값이 x_1 에서 $x_1 + \Delta x$ 까지 변하면 함수값 y는 $f(x_1)$ 에서 $f(x_1 + \Delta x)$ 까지 변한다. 따라서 x의 변화량 Δx 에 대응하는 함수값 y의 변화량 Δy는 $\Delta y = f(x_1 + \Delta x) - f(x_1)$ 이다. x의 변화량 Δx에 대한 함수값의 변화량 Δy의 비율, 즉

$$\frac{\Delta y}{\Delta x} = \frac{f(x_1 + \Delta x) - f(x_1)}{\Delta x} \tag{5.1}$$

을 구간 $[x_1, x_1 + \Delta x]$ 에서 함수 $y = f(x)$의 **평균변화율**이라고 부른다. 그래프 상에서 보면, 평균변화율 (5.1)은 구간의 양 끝 점, 즉 $x = x_1$인 점 A와 $x = x_1 + \Delta x$인 점 B 를 잇는 직선 AB의 기울기를 나타낸다.

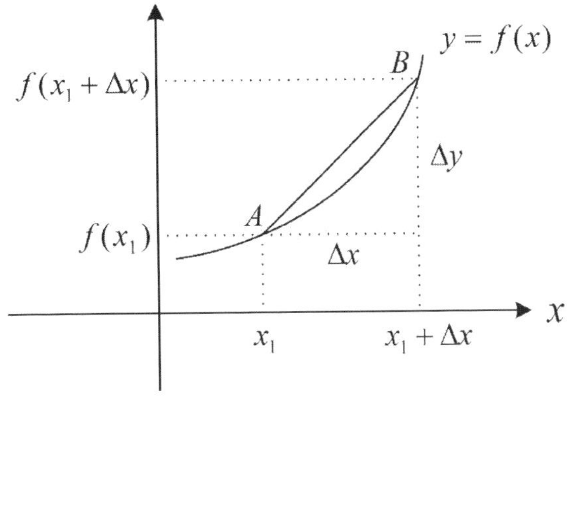

그림 5.1 함수 $y = f(x)$의 구간 $[x_1, x_1 + \Delta x]$ 에서의 평균변화율.

순간변화율

Δx가 한 없이 0에 가까워지면, 구간 $[x_1, x_1+\Delta x]$는 점 x_1이 되고, 따라서 구간 $[x_1, x_1+\Delta x]$에서의 평균변화율은 점 $x = x_1$에서의 순간변화율을 나타내게 된다. 그러므로 $\Delta x \to 0$일 때 평균변화율 (5.1)의 극한값을 '점 $x = x_1$에서 함수 $y = f(x)$ 의 **순간변화율**'이라 부르고, 이 것을 기호로 $f'(x_1)$으로 나타낸다. 즉

$$f'(x_1) = \lim_{\Delta x \to 0} \frac{f(x_1+\Delta x) - f(x_1)}{\Delta x} \quad . \tag{5.2}$$

순간변화율은 보통 간단히 줄여서 **변화율**이라고 부르기도 하고 또 다른 말로 **미분계수**라고 부르기도 한다.

순간변화율의 그래프 상에서의 의미를 그림 5.2를 이용하여 살펴 보자. 평균변화율 (5.1)은 그래프에서 현 AB의 기울기이다. 따라서 순간변화율 (5.2)는 $\Delta x \to 0$일 때 현 AB의 기울기의 극한값이다. 그런데, $\Delta x \to 0$이면 점 B가 점 A로 한 없이 접근하게 되므로 현 AB는 점 $x = x_1$ 에서의 접선 AT 에 한 없이 가까워진다. 따라서 $\Delta x \to 0$일 때 현 AB의 기울기의 극한값은 점 $x = x_1$ 에서의 접선 AT 의 기울기이다. 즉 순간변화율 $f'(x_1)$은 점 $x = x_1$ 에서 함수 $y = f(x)$의 그래프의 접선의 기울기를 나타낸다.

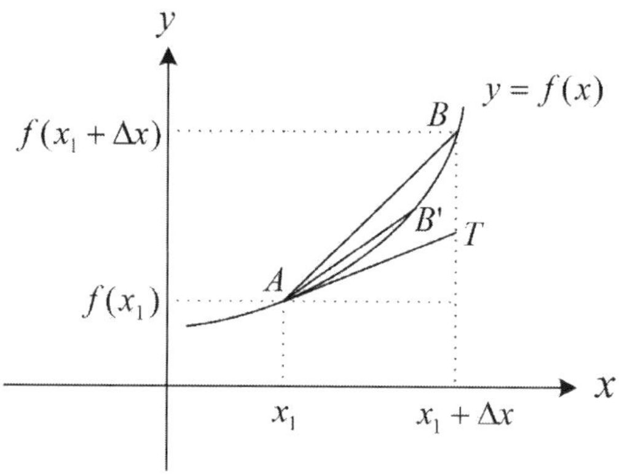

그림 5.2 함수 $y = f(x)$의 점 $x = x_1$ 에서의 순간변화율.

5.2 미분의 정의

식 (5.2) 에서 x_1은 임의의 점이므로 x_1 대신 변수 x를 사용하여 다시 쓰면

$$f'(x) = \lim_{\Delta x \to 0} \frac{f(x+\Delta x) - f(x)}{\Delta x} \tag{5.3}$$

가 된다. 식 (5.3) 의 $f'(x)$ 는 주어진 임의의 x값에 대하여 그 점에서의 미분계수를 대응시키는 함수를 나타내는데, 이 함수를 우리는 함수 $f(x)$의 **미분** 또는 **도함수**라고 부른다. 도함수를 구하는 것을 '미분한다'라고 말한다.

$y = f(x)$일 때 도함수 $f'(x)$를 $\frac{dy}{dx}$ 라고 표기하기도 한다. 기호 $\frac{dy}{dx}$는 변수 y를 변수 x 에 대해 미분한 것임을 나타낸다. 도함수를 이와 같이 표기하는 것을 라이프니츠(Leibniz) 식 표기라고 한다. 도함수를 나타내는 기호로 $f'(x)$대신 $\frac{dy}{dx}$를 사용하는 경우에, 미분계수 $f'(x_1)$은 기호 $\left.\frac{dy}{dx}\right|_{x=x_1}$ 으로 나타낸다.

예제 5.1 미분의 정의를 이용하여 다음 각 함수의 도함수를 구하여라.
(a) $f(x) = 1$ (b) $f(x) = x$ (c) $f(x) = \sqrt{x}$

풀이:

(a) $f(x+\Delta x) = 1$, $f(x) = 1$ 이므로 식 (5.3)에 대입하면

$$(1)' = \lim_{\Delta x \to 0} \frac{1-1}{\Delta x} = \lim_{\Delta x \to 0} 0 = 0 \tag{5.4}$$

(b) $f(x+\Delta x) = x+\Delta x$, $f(x) = x$ 를 식 (5.3)에 대입하면

$$(x)' = \lim_{\Delta x \to 0} \frac{(x+\Delta x)-x}{\Delta x} = \lim_{\Delta x \to 0} 1 = 1 \tag{5.5}$$

(c) $f(x+\Delta x) = \sqrt{x+\Delta x}$, $f(x) = \sqrt{x}$ 를 식 (5.3)에 대입한 후, 분자를 유리화해서 분모를 0 으로 만드는 인수 Δx를 약분한다.

$$\begin{aligned}(\sqrt{x})' &= \lim_{\Delta x \to 0} \frac{\sqrt{x+\Delta x}-\sqrt{x}}{\Delta x} \\ &= \lim_{\Delta x \to 0} \frac{(\sqrt{x+\Delta x}-\sqrt{x})(\sqrt{x+\Delta x}+\sqrt{x})}{\Delta x(\sqrt{x+\Delta x}+\sqrt{x})} \\ &= \lim_{\Delta x \to 0} \frac{1}{\sqrt{x+\Delta x}+\sqrt{x}} \\ &= \frac{1}{2\sqrt{x}}\end{aligned} \tag{5.6}$$

도함수도 함수이므로 그 것을 다시 미분하는 것이 가능하다. 도함수 $f'(x)$를 한 번 더 미분하여 얻는 도함수를 이차 도함수라 부르고 기호로 $f''(x)$라고 표시한다. 즉

$$f''(x) = \lim_{\Delta x \to 0} \frac{f'(x+\Delta x)-f'(x)}{\Delta x} \tag{5.7}$$

이차 도함수 $f''(x)$를 한 번 더 미분하여 얻는 도함수는 삼차도함수라 부르고 기호로 $f'''(x)$라고 표시한다. 같은 원리로 4차도함수, 5차도함수 등을 구하는 것도 가능하다. n차 도함수를 기호로 $f^{(n)}(x)$ 라고 표시한다. 이차, 삼차 및 n차 도함수 $f''(x)$, $f'''(x)$, $f^{(n)}(x)$ 를 라이프니츠식 표기법으로는 $\frac{d^2y}{dx^2}$, $\frac{d^3y}{dx^3}$, $\frac{d^ny}{dx^n}$ 으로 나타낸다.

연습문제

5.1. 도함수의 정의 식 (5.3)을 이용하여 다음 각 함수의 도함수를 구하여라.
(a) $f(x) = 2x^2$ (b) $f(x) = x^3$ (c) $f(x) = \sqrt{2x}$ (d) $f(x) = 1/x$

5.2. 문제 5.1에서 구한 도함수를 이용하여 다음 물음에 답하여라.
(a) $f(x) = x^3$ 이다. $x = 2$ 일 때 함수 $y = f(x)$의 접선의 기울기를 구하여라.
(b) $f(x) = 1/x$ 이다. $x = 1$ 일 때 $y = f(x)$의 순간변화율을 구하여라.
(c) $f(x) = \sqrt{2x}$ 이다. $x = 1$ 일 때 $y = f(x)$의 미분계수를 구하여라.

5.3 미분의 성질

극한값의 성질과 미분의 정의를 이용하면 함수의 합, 곱, 나눗셈 및 합성함수의 미분에 관하여 다음과 같은 성질이 성립함을 어렵지 않게 증명할 수 있다.

f, g가 함수 $f(x), g(x)$를 나타낼 때, 다음 성질이 성립한다.

1. 합의 미분

$$(f+g)' = f' + g' \tag{5.8}$$

2. 상수배의 미분

$$(cf)' = cf' \quad (c\text{는 상수}) \tag{5.9}$$

3. 곱의 미분

$$(fg)' = f'g + fg' \tag{5.10}$$

4. 몫의 미분

$$\left(\frac{f}{g}\right)' = \frac{f'g - fg'}{g^2} \tag{5.11}$$

5. 합성 함수의 미분 : $y = f(u)$, $u = g(x)$일 때,

$$[f(g(x))]' = f'(g(x))\,g'(x) \quad \text{즉} \quad \frac{dy}{dx} = \frac{dy}{du}\frac{du}{dx} \tag{5.12}$$

이 성질들을 이용하면 기본적인 함수들의 합, 곱, 나눗셈 및 합성함수로 만들어지는 좀 더 복잡한 함수의 미분을 쉽게 구할 수 있다.

예제 5.2 예제 5.1 로부터 이미 알고 있는 미분공식 $(x)' = 1$ 과 미분의 성질 식 (5.10) 을 이용하여 다음 각 함수의 도함수를 구하여라.
(a) $y = x^2$ (b) $y = x^3$ (c) $y = x^4$ (d) $y = x^n$ (n은 자연수)

풀이 :

(a) $f(x) = x$, $g(x) = x$ 라고 생각하고 식 (5.10)을 적용한다.

$$(x^2)' = (xx)' = (x)'x + x(x)' = x + x = 2x \tag{5.13}$$

(b) $f(x) = x^2$, $g(x) = x$ 라고 생각하고 식 (5.10)을 적용한다.

$$(x^3)' = (x^2x)' = (x^2)'x + x^2(x)' = (2x)x + x^2 = 3x^2 \tag{5.14}$$

(c) $f(x) = x^3$, $g(x) = x$ 라고 생각하고 식 (5.10)을 적용한다.

$$(x^3)' = (x^3x)' = (x^3)'x + x^3(x)' = (3x^2)x + x^3 = 4x^3 \tag{5.15}$$

(d) $(x)' = 1$, $(x^2)' = 2x$, $(x^3)' = 3x^2$, $(x^4)' = 4x^3$, $\cdots$ 이므로

$$(x^n)' = nx^{n-1} \quad (\ n \text{ 은 자연수}) \tag{5.16}$$

예제 5.3 예제 5.1 과 5.2 로부터 이미 알고 있는 미분 공식 $(1)' = 0$, $(x^n)' = nx^{n-1}$ (n은 자연수) 와 미분의 성질 식 (5.8)-(5.11)을 이용하여 다음 각 함수의 도함수를 구하여라.
(a) $y = x^3 + 2x^2$ (b) $y = \frac{x^2}{x+1}$ (c) $y = \frac{1}{x}$ (d) $y = x^n$ (n은 음의 정수)

풀이 :

(a) 미분의 성질 (5.8) 과 (5.9)를 적용한다.

$$(x^3 + 2x^2)' = (x^3)' + (2x^2)' = (x^3)' + 2(x^2)' = 3x^2 + 4x$$

(b) 미분의 성질 (5.11) 과 (5.8)을 적용한다.

$$\left(\frac{x^2}{x+1}\right)' = \frac{(x^2)'(x+1) - x^2(x+1)'}{(x+1)^2} = \frac{2x(x+1) - x^2(1)}{(x+1)^2} = \frac{x^2+2x}{(x+1)^2}$$

(c) 미분의 성질 (5.11)을 적용한다.

$$\left(\frac{1}{x}\right)' = \frac{(1)'(x) - (1)(x)'}{x^2} = -\frac{1}{x^2} \tag{5.17}$$

(d) m 이 자연수일 때 미분의 성질 (5.11) 을 적용하면

$$(x^{-m})' = \left(\frac{1}{x^m}\right)' = \frac{(1)'(x^m) - (1)(x^m)'}{x^{2m}} = -\frac{mx^{m-1}}{x^{2m}} = -mx^{-m-1}$$

이므로 음의 정수 n을 $n = -m$ 이라고 생각하면

$$(x^n)' = nx^{n-1} \quad (n \text{ 은 음의 정수}) \tag{5.18}$$

식 (5.4), (5.16), (5.18)로 부터 우리는 n이 0, 자연수, 음의 정수인지에 상관없이 다음 미분 공식이 성립함을 알 수 있다.

$$(x^n)' = nx^{n-1} \quad (n \text{ 은 정수}) \tag{5.19}$$

예제 5.4 미분의 성질 식 (5.12)를 이용하여 다음 각 함수의 도함수를 구하여라.
(a) $y = (x^2+3x)^4$ (b) $y = \sqrt{3x+2}$ (c)$y = [h(x)]^n$

풀이 :

(a) $u = x^2+3x$ 라 두면, $y = u^4$. 따라서

$$\frac{dy}{dx} = \frac{dy}{du}\frac{du}{dx} = \frac{d(u^4)}{du}\frac{d(x^2+3x)}{dx} = 4u^3(2x+3) = 4(x^2+3x)^3(2x+3)$$

(b) $u = 3x+2$ 라 두면, $y = \sqrt{u}$. 식 (5.6) 로부터 $\frac{d(\sqrt{u})}{du} = \frac{1}{2\sqrt{u}}$. 따라서

$$\frac{dy}{dx} = \frac{dy}{du}\frac{du}{dx} = \frac{d(\sqrt{u})}{du}\frac{d(3x+2)}{dx} = \frac{1}{2\sqrt{u}}(3) = \frac{3}{2\sqrt{3x+2}}$$

(c) $u = h(x)$ 라 두면, $y = u^n$. 따라서

$$\frac{dy}{dx} = \frac{dy}{du}\frac{du}{dx} = \frac{d(u^n)}{du}\frac{d(h(x))}{dx} = nu^{n-1}h'(x) = n[h(x)]^{n-1}h'(x)$$

연습문제

5.3. 다음 각 함수의 도함수를 구하여라.
(a) $y=(x^6-3x+2)(x^3+1)$ (b) $y=(x^2-2x)\sqrt{x}$ (c) $y=\frac{1}{x^5}$ (d) $y=\frac{x^2-2x}{\sqrt{x}}$

5.4. 다음 각 함수의 도함수를 구하여라.
(a) $y=(x^2-2)^3$ (b) $y=\frac{1}{x^2-2x}$ (c) $y=\sqrt{x^3+1}$ (d) $y=\frac{1}{h(x)}$ (e) $y=\sqrt{h(x)}$

5.4 지수함수와 로그함수의 미분

상수 e의 정의

그림 3.2에 보인 것처럼, $a>1$ 일 때 지수함수 $f(x)=a^x$의 그래프는 점 $(0,1)$을 지나는 곡선으로서, a 값이 커질 수록 수직에 가깝게 일어서고, a값이 작을 수록 수평에 가깝게 눕는 그래프이다. 따라서 $x=0$ 에서의 접선의 기울기도 a값에 따라 다르다.

$x=0$에서 지수함수 $f(x)=a^x$의 접선의 기울기가 1 이 되도록 하는 a의 값을 e 라고 부른다. 따라서 $x=0$에서 지수함수 $f(x)=e^x$의 접선의 기울기는 1 이다. 즉 $f(x)=e^x$ 일 때, $f'(0)=1$이다. 그런데 식 (5.2)를 이용하여 $f(x)=e^x$의 $x=0$에서의 미분계수 $f'(0)$를 구해보면

$$f'(0)=\lim_{\Delta x\to 0}\frac{e^{0+\Delta x}-e^0}{\Delta x}=\lim_{\Delta x\to 0}\frac{e^{\Delta x}-1}{\Delta x} \tag{5.20}$$

이므로 $f'(0)=1$ 이려면

$$\lim_{\Delta x\to 0}\frac{e^{\Delta x}-1}{\Delta x}=1 \tag{5.21}$$

이어야 한다. 즉 상수 e는 식 (5.21)을 만족시키는 수이다.

지수함수의 미분

미분의 정의 (5.3)과 식 (5.21)을 이용하여 지수함수 $f(x)=e^x$의 도함수를 구해보면, 다음과 같이 지수함수 e^x의 도함수는 자기 자신임을 알 수 있다.

$$(e^x)'=\lim_{\Delta x\to 0}\frac{e^{x+\Delta x}-e^x}{\Delta x}=e^x\lim_{\Delta x\to 0}\frac{e^{\Delta x}-1}{\Delta x}=e^x\cdot 1=e^x\ .$$

$$(e^x)'=e^x \tag{5.22}$$

예제 5.5 합성함수에 대한 미분의 성질 (5.12)를 이용하여 다음 각 함수의 도함수를 구하여라.

(a) $y=e^{2x}$ (b) $y=e^{-3x^2}$ (c) $y=e^{h(x)}$ (d) $y=a^x$

풀이 :

(a) $u=2x$ 라 두면 $y=e^u$.

$$\frac{dy}{dx}=\frac{dy}{du}\frac{du}{dx}=\frac{d(e^u)}{du}\frac{d(2x)}{dx}=e^u 2=2e^{2x}$$

(b) $u=-3x^2$ 라 두면 $y=e^u$.

$$\frac{dy}{dx}=\frac{dy}{du}\frac{du}{dx}=\frac{d(e^u)}{du}\frac{d(-3x^2)}{dx}=e^u(-6x)=-6xe^{-3x^2}$$

(c) $u=h(x)$ 라 두면 $y=e^u$.

$$\frac{dy}{dx}=\frac{dy}{du}\frac{du}{dx}=\frac{d(e^u)}{du}\frac{d(h(x))}{dx}=e^u h'(x)=e^{h(x)}h'(x)$$

(d) $y=a^x=\left(e^{\ln a}\right)^x=e^{x\ln a}$ 이므로 $u=x\ln a$ 라 두면 $y=e^u$.

$$\frac{dy}{dx}=\frac{dy}{du}\frac{du}{dx}=\frac{d(e^u)}{du}\frac{d(x\ln a)}{dx}=e^u\ln a=e^{x\ln a}\ln a=a^x\ln a$$

로그함수의 미분

로그함수의 미분은 지수함수의 미분을 이용하여 수행한다. 로그함수

$$y=\ln x \tag{5.23}$$

를 지수함수 형태로 다시 쓰면 다음과 같다.

$$e^y=x \tag{5.24}$$

식 (5.24) 의 양변을 x에 대해 미분하면

$$\frac{d(e^y)}{dy}\frac{dy}{dx}=\frac{d(x)}{dx} \tag{5.25}$$

$$e^y y'=1 \tag{5.26}$$

따라서

$$y' = \frac{1}{e^y} = \frac{1}{x} \ . \tag{5.27}$$

$$(\ln x)' = \frac{1}{x} \tag{5.28}$$

예제 5.6 다음 각 함수의 도함수를 구하여라.
(a) $y = \ln 2x$ (b) $y = \ln x^2$ (c) $y = \ln h(x)$ (d) $y = x^r$ (r 은 실수)

풀이 :

(a) $u = 2x$ 라 두면 $y = \ln u$.

$$\frac{dy}{dx} = \frac{dy}{du}\frac{du}{dx} = \frac{d(\ln u)}{du}\frac{d(2x)}{dx} = \frac{1}{u}2 = \frac{1}{2x}2 = \frac{1}{x}$$

(b) $u = x^2$ 이라 두면 $y = \ln u$.

$$\frac{dy}{dx} = \frac{dy}{du}\frac{du}{dx} = \frac{d(\ln u)}{du}\frac{d(x^2)}{dx} = \frac{1}{u}2x = \frac{1}{x^2}2x = \frac{2}{x}$$

(c) $u = h(x)$ 라 두면 $y = \ln u$.

$$\frac{dy}{dx} = \frac{dy}{du}\frac{du}{dx} = \frac{d(\ln u)}{du}\frac{d(h(x))}{dx} = \frac{1}{u}h'(x) = \frac{1}{h(x)}h'(x) = \frac{h'(x)}{h(x)}$$

(d) $y = x^r$ 의 양변에 로그를 취하면

$$\ln y = r \ln x \ .$$

양변을 x에 대해서 미분하면

$$\frac{y'}{y} = \frac{r}{x} \ .$$

따라서

$$y' = \frac{r}{x}y = \frac{r}{x}x^r = rx^{r-1} \ .$$

$$(x^r)' = rx^{r-1} \quad (r\text{은 임의의 실수}) \tag{5.29}$$

연습문제

5.5. 다음 각 함수를 미분하여라.
(a) $y = e^{-x}$ (b) $y = x^2 e^{3x}$ (c) $y = e^x\sqrt{x}$ (d) $y = \frac{e^x+1}{e^x-1}$ (e) $y = \frac{2x+1}{xe^x}$

5.6. 다음 각 함수를 미분하여라.
(a) $y = \ln(3x^2+9x+4)$ (b) $y = 3e^{(x^2-4)}$ (c) $y = (3x+1)^{1/3}$ (d) $y = \ln(-x)$

5.5 삼각함수의 미분

$y = \sin x$ 의 미분

도함수의 정의 식 (5.3)에 $f(x) = \sin x$를 대입하고, 식 (2.25)를 적용하면

$$\begin{aligned}(\sin x)' &= \lim_{\Delta x \to 0} \frac{\sin(x+\Delta x) - \sin x}{\Delta x} \\ &= \lim_{\Delta x \to 0} \frac{\sin x \cos \Delta x + \cos x \sin \Delta x - \sin x}{\Delta x} \\ &= \lim_{\Delta x \to 0} \frac{\sin x(\cos \Delta x - 1) + \cos x \sin \Delta x}{\Delta x} \\ &= -\sin x \lim_{\Delta x \to 0} \frac{(1-\cos \Delta x)}{\Delta x} + \cos x \lim_{\Delta x \to 0} \frac{\sin \Delta x}{\Delta x} \end{aligned} \tag{5.30}$$

식 (5.30) 에서 극한값 $\lim_{\Delta x \to 0} \frac{\sin \Delta x}{\Delta x}$ 은 그림5.3 에 보인 것과 같이 반지름의 길이가 1이고 각의 크기가 Δx인 부채꼴을 이용하여 구할 수 있다. 즉 부채꼴 OAB에서 선분 OB의 연장선 위에 $OA \perp AT$ 되도록 점 T를 잡으면

$$\text{삼각형 OAB} < \text{부채꼴 OAB} < \text{삼각형 OAT}$$

이므로

$$\frac{1}{2}\sin \Delta x < \frac{1}{2}\Delta x < \frac{1}{2}\tan \Delta x \tag{5.31}$$

$\Delta x \to 0+$ 라고 하면, $\Delta x > 0$, $\sin \Delta x > 0$ 이다. 따라서 식 (5.31) 의 각 변을

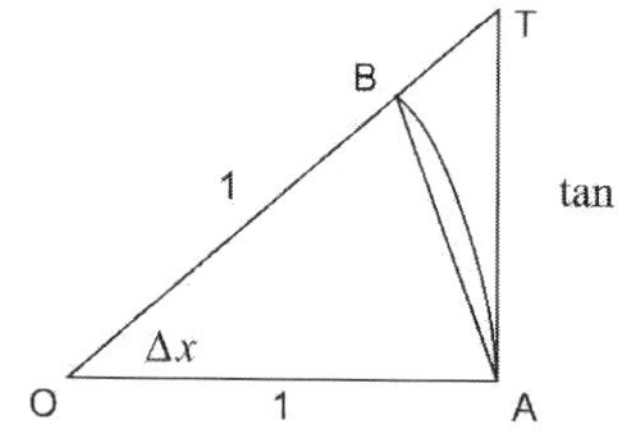

그림 5.3 극한값 $\lim_{\Delta x \to 0} \frac{\sin \Delta x}{\Delta x}$ 을 구하기 위한 부채꼴

$\frac{1}{2}\sin\Delta x$로 나누면

$$1 < \frac{\Delta x}{\sin\Delta x} < \frac{1}{\cos\Delta x} \quad \text{즉} \quad 1 > \frac{\sin\Delta x}{\Delta x} > \cos\Delta x \tag{5.32}$$

$\Delta x \to 0+$ 일 때의 극한값을 구하면

$$1 = \lim_{\Delta x\to 0+} 1 > \lim_{\Delta x\to 0+} \frac{\sin\Delta x}{\Delta x} > \lim_{\Delta x\to 0+} \cos\Delta x = 1 \tag{5.33}$$

이므로

$$\lim_{\Delta x\to 0+} \frac{\sin\Delta x}{\Delta x} = 1 \tag{5.34}$$

$\Delta x \to 0-$ 일 때는 $h = -\Delta x > 0$ 으로 치환한 후에 식 (5.34)을 적용하면

$$\lim_{\Delta x\to 0-} \frac{\sin\Delta x}{\Delta x} = \lim_{h\to 0+} \frac{\sin(-h)}{-h} = \lim_{h\to 0+} \frac{\sin h}{h} = 1 \tag{5.35}$$

우극한과 좌극한이 모두 1이므로

$$\lim_{\Delta x\to 0} \frac{\sin\Delta x}{\Delta x} = 1 \tag{5.36}$$

한편 식 (5.30) 에 있는 극한값 $\lim_{\Delta x\to 0} \frac{(1-\cos\Delta x)}{\Delta x}$ 은 식 (5.36) 을 이용하여 구할 수 있다. 즉

$$\begin{aligned}
\lim_{\Delta x\to 0} \frac{1-\cos\Delta x}{\Delta x} &= \lim_{\Delta x\to 0} \frac{(1-\cos\Delta x)(1+\cos\Delta x)}{\Delta x(1+\cos\Delta x)} \\
&= \lim_{\Delta x\to 0} \frac{1-\cos^2\Delta x}{\Delta x(1+\cos\Delta x)} \\
&= \lim_{\Delta x\to 0} \frac{\sin^2\Delta x}{\Delta x(1+\cos\Delta x)} \\
&= \lim_{\Delta x\to 0} \frac{\sin\Delta x}{\Delta x} \frac{\sin\Delta x}{(1+\cos\Delta x)} \\
&= \lim_{\Delta x\to 0} \frac{\sin\Delta x}{\Delta x} \lim_{\Delta x\to 0} \frac{\sin\Delta x}{(1+\cos\Delta x)} \\
&= 1\cdot 0 = 0
\end{aligned} \tag{5.37}$$

이제 식 (5.36) 과 (5.37) 을 식 (5.30) 에 대입하면

$$(\sin x)' = \cos x \tag{5.38}$$

$y = \cos x$ 의 미분

$y = \cos x$의 도함수는 식 (5.38) 을 이용하여 다음과 같이 구할 수 있다.

$$y = \cos x = \sin\left(x + \frac{\pi}{2}\right)$$

이므로 $u = x + \frac{\pi}{2}$ 라 두면 $y = \sin u$. 따라서

$$\frac{dy}{dx} = \frac{dy}{du}\frac{du}{dx} = \frac{d(\sin u)}{du}\frac{d(x+\pi/2)}{dx} = (\cos u)(1) = \cos\left(x + \frac{\pi}{2}\right) = -\sin x$$

$$(\cos x)' = -\sin x \tag{5.39}$$

예제 5.7 다음 각 함수의 도함수를 구하여라.
(a) $y = \tan x$ (b) $y = \sec x$ (c) $y = \cos(3x+1)$

풀이 :

(a) 식 (5.38) , (5.39) 와 미분의 성질 식 (5.11) 을 이용한다.

$$\begin{aligned}(\tan x)' &= \left(\frac{\sin x}{\cos x}\right)' \\ &= \frac{(\sin x)'(\cos x) - (\sin x)(\cos x)'}{\cos^2 x} \\ &= \frac{\cos^2 x + \sin^2 x}{\cos^2 x} = \frac{1}{\cos^2 x} = \sec^2 x\end{aligned}$$

(b) 식 (5.39) 와 미분의 성질 식 (5.11) 을 이용한다.

$$\begin{aligned}(\sec x)' &= \left(\frac{1}{\cos x}\right)' \\ &= \frac{(1)'(\cos x) - (1)(\cos x)'}{\cos^2 x} \\ &= \frac{\sin x}{\cos^2 x} = \sec x \tan x\end{aligned}$$

(c) $u = 3x+1$ 이라 두면 $y = \cos u$. 따라서

$$\frac{dy}{dx} = \frac{dy}{du}\frac{du}{dx} = \frac{d(\cos u)}{du}\frac{d(3x+1)}{dx} = (-\sin u)(3) = -3\sin(3x+1)$$

예제 5.8 함수 $y=\arcsin x$ 와 $y=\arctan x$ 는 각각 함수 $y=\sin x$ 와 $y=\tan x$의 역함수로서 다음과 같이 정의된다.

$$x=\sin y \longleftrightarrow y=\arcsin x \tag{5.40}$$

$$x=\tan y \longleftrightarrow y=\arctan x \tag{5.41}$$

함수 $y=\arcsin x$ 와 $y=\arctan x$ 의 도함수를 구하여라.

풀이 :

$y=\arcsin x$ 를 다시 쓰면

$$x=\sin y$$

양변을 x에 대해서 미분하면

$$\begin{aligned} 1 &= (\cos y)y' \\ y' &= \frac{1}{\cos y}=\frac{1}{\sqrt{1-\sin^2 y}}=\frac{1}{\sqrt{1-x^2}} \end{aligned}$$

즉

$$(\arcsin x)'=\frac{1}{\sqrt{1-x^2}} \tag{5.42}$$

$y=\arctan x$ 를 다시 쓰면

$$x=\tan y$$

양변을 x에 대해서 미분하면

$$\begin{aligned} 1 &= (\sec^2 y)y' \\ y' &= \frac{1}{\sec^2 y}=\frac{1}{1+\tan^2 y}=\frac{1}{1+x^2} \end{aligned}$$

즉

$$(\arctan x)'=\frac{1}{1+x^2} \tag{5.43}$$

연습문제

5.7. 다음 각 함수의 도함수를 구하여라.

(a) $y=x\sin x$ (b) $y=e^x\sin x$ (c) $y=(\ln x)\cos x$

(d) $y=\frac{\tan x}{x}$ (e) $y=\csc x$ (f) $y=\cot x$

5.8. 다음 각 함수의 도함수를 구하여라.
(a) $y = 5\sin(x^2+1)$ (b) $y = \tan(\sqrt{x})$ (c) $y = \sqrt{\sin(2x)}$
(d) $y = \sec(9x^2)$ (e) $y = \sin(\cos 4x)$ (f) $y = 2^{\cos x}$

5.9. $y = e^{-2t}\sin 3t$ 일 때, $\frac{d^2y}{dt^2}$을 구하여라.

5.10. 원통형의 수영장에 소방 호스를 이용하여 초당 5 m^3 의 속도록 물을 채워 넣는다. 수영장의 지름은 40 m , 깊이는 4 m 이다. 수영장에 물이 정확히 반 채워진 순간에 물의 높이는 얼마나 빨리 증가하고 있는지 구하여라. (Hint: 물의 부파 V를 물의 높이 h의 식으로 구하여라.)

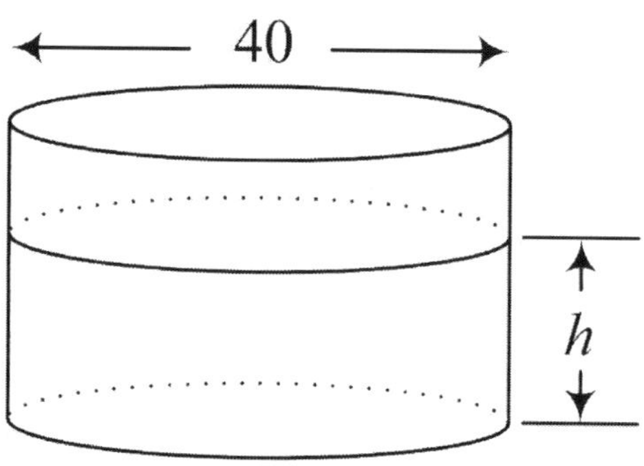

5.6 편미분

공학에서는 종종 변수가 여러 개인 함수를 다루어야 할 필요가 생긴다. 예를 들어 반지름이 r, 높이가 h인 원통의 부피를 v라고 하면, v와 r, h 사이에는

$$v = \pi r^2 h \tag{5.44}$$

의 관계식이 성립한다. 이 경우 v는 r에도 의존하고 h에도 의존하므로, 독립 변수가 2개인 함수이다. 또, 이웃하는 세 모서리의 길이가 각각 x, y, z인 직육면체의 부피를 v라고 하면 v와 x, y, z 사이에는

$$v = xyz \tag{5.45}$$

의 관계식이 성립한다. 이 경우 v는 x에도 의존하고 y에도 의존하며, z에도 의존하므로, 독립 변수가 3개인 함수이다.

편미분이란 독립변수가 2개 이상인 함수에서 하나의 변수만 변수로 생각하고 나머지 변수는 상수로 간주한 상태에서 계산하는 미분을 말한다. 편미분은 기호 ∂을 이용하여 나타낸다. 예를 들면 2변수 함수 $u = f(x,y)$에서 y는 상수로 간주하고 x만 변수로 간주하여 계산한 편미분은 기호 $\frac{\partial u}{\partial x}$로 나타내고, 반

대로 x는 상수로 간주하고 y만 변수로 간주하여 계산한 편미분은 기호 $\frac{\partial u}{\partial y}$로 나타낸다.

예제 5.9 $u = 5x^4 + 2x^2y^3 - 2y$ 일 때 $\frac{\partial u}{\partial x}$와 $\frac{\partial u}{\partial y}$를 구하여라.

풀이 :

$u = 5x^4 + (2y^3)x^2 - 2y$ 에서 y는 상수로 간주하고 x 만 변수로 생각하면

$$\begin{aligned}\frac{\partial u}{\partial x} &= 5\frac{dx^4}{dx} + (2y^3)\frac{d(x^2)}{dx} - 2y\frac{d(1)}{dx} \\ &= 5 \cdot 4x^3 + (2y^3) \cdot 2x - 2y \cdot 0 \\ &= 20x^3 + 4y^3 \ .\end{aligned}$$

$u = 5x^4 + (2x^2)y^3 - 2y$에서 x는 상수로 간주하고 y 만 변수로 생각하면

$$\begin{aligned}\frac{\partial u}{\partial y} &= 5x^4\frac{d(1)}{dy} + (2x^2)\frac{dy^3}{dy} - 2\frac{d(y)}{dy} \\ &= 5x^4 \cdot 0 + (2x^2) \cdot 3y^2 - 2 \cdot 1 \\ &= 6x^2y^2 - 2 \ .\end{aligned}$$

예제 5.10 $u = \cos(xy)$ 일 때 $\frac{\partial u}{\partial x}$와 $\frac{\partial u}{\partial y}$를 구하여라.

풀이 :

y는 상수로 간주하고 x 만 변수로 생각하면

$$\frac{\partial u}{\partial x} = -y\sin(xy) \ .$$

x는 상수로 간주하고 y 만 변수로 생각하면

$$\frac{\partial u}{\partial y} = -x\sin(xy) \ .$$

편미분한 결과를 한 번 더 편미분하는 것을 2계 편미분이라고 한다. 2변수 함수 $u = f(x,y)$의 경우에 다음 4가지의 2계 편미분을 고려할 수 있다.

$$\frac{\partial^2 u}{\partial x^2} \ , \ \frac{\partial^2 u}{\partial y^2} \ , \ \frac{\partial^2 u}{\partial x \partial y} \ , \ \frac{\partial^2 u}{\partial y \partial x} \ .$$

$\frac{\partial^2 u}{\partial x^2}$은 x에 대해서만 2번 편미분하는 것을 나타내고, $\frac{\partial^2 u}{\partial y^2}$은 y에 대해서만 2번 편미분하는 것을 나타내며, $\frac{\partial^2 u}{\partial x \partial y}$와 $\frac{\partial^2 u}{\partial y \partial x}$는 한 번은 x에 대해서 한 번은 y에 대해서 편미분 하는 것을 나타낸다.

예제 5.11 $u = x^2y^2 + x^3 + y^2$ 일 때 $\frac{\partial^2 u}{\partial x^2}$, $\frac{\partial^2 u}{\partial y^2}$, $\frac{\partial^2 u}{\partial x \partial y}$, $\frac{\partial^2 u}{\partial y \partial x}$를 구하여라.

풀이 :

$$\frac{\partial^2 u}{\partial x^2} = \frac{\partial}{\partial x}\left(\frac{\partial u}{\partial x}\right) = \frac{\partial}{\partial x}\left(2y^2x + 3x^2\right) = 2y^2 + 6x$$

$$\frac{\partial^2 u}{\partial y^2} = \frac{\partial}{\partial y}\left(\frac{\partial u}{\partial y}\right) = \frac{\partial}{\partial y}\left(2x^2y + 2y\right) = 2x^2 + 2$$

$$\frac{\partial^2 u}{\partial x \partial y} = \frac{\partial}{\partial x}\left(\frac{\partial u}{\partial y}\right) = \frac{\partial}{\partial x}\left(2x^2y + 2y\right) = 4xy$$

$$\frac{\partial^2 u}{\partial y \partial x} = \frac{\partial}{\partial y}\left(\frac{\partial u}{\partial x}\right) = \frac{\partial}{\partial y}\left(2y^2x + 3x^2\right) = 4xy \quad .$$

연습문제

5.11. 다음 각 함수에 대하여 편미분 $\frac{\partial u}{\partial x}$와 $\frac{\partial u}{\partial y}$를 구하여라.

(a) $u = x^3 - 2xy + y^2$ (b) $u = e^x \sin y$ (c) $u = (\ln x)\cos y$
(d) $u = 4\sin 3x \cos 2y$ (e) $u = \frac{1}{\sqrt{x^2+y^2}}$ (f) $u = \frac{x}{y}$

5.12. 다음 각 함수에 대하여 편미분 $\frac{\partial^2 u}{\partial x^2}$, $\frac{\partial^2 u}{\partial y^2}$, $\frac{\partial^2 u}{\partial x \partial y}$, $\frac{\partial^2 u}{\partial y \partial x}$를 구하여라.

(a) $u = 4x^2y^3 - 2x^3 + 7y^2$ (b) $u = e^{-x}\sin y$ (c) $u = \frac{x}{y}\ln y$
(d) $u = (2x - 3y)^2$ (e) $u = \frac{x-y}{x+y}$ (f) $u = \sinh x \cosh 2y$

Chapter 6
부정적분

6.1 부정적분의 정의

부정적분은 미분의 역과정을 일컫는다. 예를 들어 $(x^2)' = 2x$ 일 때, 우리는 "x^2을 미분하면 $2x$가 된다"라고 말하기도 하지만 역으로 "$2x$를 부정적분하면 x^2이 된다" 또는 "$2x$의 부정적분은 x^2이다"라고 말하기도 한다. 함수 $f(x)$의 부정적분을 기호로 $\int f(x)dx$ 라고 나타낸다. $\int$는 적분을 나타내는 기호이고 dx는 변수 x에 대해서 적분함을 나타낸다. 예를 들어 $x^2 = \int 2xdx$ 라고 쓰면, 이 것은 x^2이 $2x$의 부정적분임을 나타낸다.

$F'(x) = f(x)$ 일 때

$F(x)$를 $f(x)$의 **부정적분**이라 부르고 기호 $\int f(x)dx$ 로 나타낸다.

$F'(x) = f(x)$ 일 때, $F(x)$에 상수 c를 더하여 얻어지는 함수 $G(x) = F(x) + c$는 $G'(x) = f(x)$ 를 만족시킨다. 즉 $F(x)$ 뿐 아니라 $F(x)$에 임의의 상수 c를 더하여 얻어지는 함수 $G(x) = F(x) + c$ 도 $f(x)$의 부정적분이다. 따라서 주어진 하나의 함수 $f(x)$의 부정적분은 하나가 아니라 무수히 많이 존재한다. 이와 같은 이유 때문에 부정적분은 보통 적분 상수라고 불리는 상수 c를 더해서 나타낸다.

$$F'(x) = f(x) \longleftrightarrow \int f(x)dx = F(x) + c \tag{6.1}$$

적분은 미분의 역과정이므로 주어진 함수를 적분했다가 다시 미분하면 원래의 함수가 된다. 또 주어진 함수를 미분했다가 다시 적분해도 원래의 함수가 나온다. 다만 후자의 경우에는 적분 상수가 추가 된다. 즉

$$\frac{d}{dx}\int f(x)dx = f(x) \tag{6.2}$$

$$\int g'(x)dx = g(x) + c \tag{6.3}$$

예제 6.1 다음 각 부정적분을 구하여라.

(a) $\int x^r dx \quad (r \neq -1)$ (b) $\int \frac{1}{x} dx$ (c) $\int \sin x dx$ (d) $\int \cos x dx$

(e) $\int \sec^2 x dx$ (f) $\int e^x dx$ (g) $\int \frac{1}{\sqrt{1-x^2}} dx$ (h) $\int \frac{1}{1+x^2} dx$

풀이 :

(a) $(\frac{1}{r+1} x^{r+1})' = x^r$ 이므로

$$\int x^r dx = \frac{1}{r+1} x^{r+1} + c \ . \tag{6.4}$$

(b) $x > 0$일 땐 $(\ln x)' = \frac{1}{x}$이고 $x < 0$일 땐 $\{\ln(-x)\}' = \frac{1}{x}$이므로

$$\int \frac{1}{x} dx = \ln|x| + c \ . \tag{6.5}$$

(c) $(-\cos x)' = \sin x$ 이므로

$$\int \sin x dx = -\cos x + c \ . \tag{6.6}$$

(d) $(\sin x)' = \cos x$ 이므로

$$\int \cos x dx = \sin x + c \ . \tag{6.7}$$

(e) $(\tan x)' = \sec^2 x$ 이므로

$$\int \sec^2 x dx = \tan x + c \ . \tag{6.8}$$

(f) $(e^x)' = e^x$ 이므로

$$\int e^x dx = e^x + c \ . \tag{6.9}$$

(g) $(\arcsin x)' = \frac{1}{\sqrt{1-x^2}}$ 이므로

$$\int \frac{1}{\sqrt{1-x^2}} dx = \arcsin x + c \ . \tag{6.10}$$

(h) $(\arctan x)' = \frac{1}{1+x^2}$ 이므로

$$\int \frac{1}{1+x^2} dx = \arctan x + c \ . \tag{6.11}$$

예제 6.2 미분의 성질 (5.8)-(5.9)를 이용하여, 부정적분에 대하여 다음과 같은 성질이 성립함을 증명하여라.

$$\int cf(x)dx = c\int f(x)dx \tag{6.12}$$

$$\int [f(x)+g(x)]\,dx = \int f(x)dx + \int g(x)dx \tag{6.13}$$

풀이 :

$F(x) = \int f(x)dx$, $G(x) = \int g(x)dx$ 라 하자. 그러면 $F'(x) = f(x)$, $G'(x) = g(x)$ 이다. 식 (5.9) 에 의해서 $(cF(x))' = cF'(x) = cf(x)$ 이므로

$$\int cf(x)dx = cF(x) = c\int f(x)dx$$

또, 식 (5.8) 에 의해서 $[F(x)+G(x)]' = F'(x)+G'(x) = f(x)+g(x)$ 이므로

$$\int (f(x)+g(x))dx = F(x)+G(x) = \int f(x)dx + \int g(x)dx$$

예제 6.3 쌍곡선 코사인 함수 $\cosh x$ 와 쌍곡선 사인 함수 $\sinh x$ 는 다음과 같이 정의되는 함수이다.

$$\sinh x = \frac{e^x - e^{-x}}{2} \quad , \quad \cosh x = \frac{e^x + e^{-x}}{2} \tag{6.14}$$

다음 부정적분을 구하여라.

(a) $\int \sinh x\, dx$ (b) $\int \cosh x\, dx$

풀이 :

(a) $(\cosh x)' = \left(\frac{e^x+e^{-x}}{2}\right)' = \frac{e^x-e^{-x}}{2} = \sinh x$ 이므로

$$\int \sinh x\, dx = \cosh x + c \tag{6.15}$$

(b) $(\sinh x)' = \left(\frac{e^x-e^{-x}}{2}\right)' = \frac{e^x+e^{-x}}{2} = \cosh x$ 이므로

$$\int \cosh x\, dx = \sinh x + c \tag{6.16}$$

연습문제

6.1. 다음 각 부정적분을 계산하여라.

(a) $\int 3x^4dx$ (b) $\int \frac{2}{x^2}dx$ (c) $\int \sqrt{x}dx$ (d) $\int 8dx$

(e) $\int 2t^3dt$ (f) $\int(3x+2x^2-5)dx$ (g) $\int \frac{2x^3-3x}{4x}dx$ (h) $\int \frac{-5}{9\sqrt[4]{t^3}}dt$

6.2. 다음 각 부정적분을 계산하여라.

(a) $\int(1-t)^2dt$ (b) $\int \frac{(1+\theta)^2}{\sqrt{\theta}}d\theta$ (c) $\int \frac{(2m+1)^2}{m}dm$ (d) $\int \left(\frac{1}{t}+2t\right)^2 dt$

6.3. 함수 $\cot x$, $\csc x$, $sec x$의 도함수를 각각 구해 보고, 그 결과를 이용하여 다음 각 부정적분을 계산하여라.

(a) $\int csc^2xdx$ (b) $\int \frac{1}{2}\csc x\cot xdx$ (c) $\int 3\sec x\tan xdx$

6.2 변수 치환을 이용한 부정적분의 계산

6.1 절에서는 식 (6.4)-(6.16) 에서처럼 미분과 적분의 역관계를 이용하여 자주 접하는 기본 함수들의 부정적분을 구하였다. 그런데 기본함수보다 좀 더 복잡한 함수의 경우에는 식 (6.4)-(6.16) 에서처럼 미분과 적분의 역관계를 이용하여 간단히 부정적분을 구하는 것이 어려울 수 있다. 이런 경우, 변수치환이나 부분적분같은 기법을 이용하여 주어진 피적분 함수를 식 (6.4)-(6.16) 에 보인 기본함수의 꼴로 변형할 수 있다면 부정적분을 구하는 것이 가능해진다.

변수치환에 의한 적분은 **치환적분**이라고 부르는데 일반적으로

$$\int f'(g(x))g'(x)dx \tag{6.17}$$

꼴의 부정적분에서 피적분 함수를 기본함수 꼴로 변형하기 위하여 사용할 수 있다. 즉 $u=g(x)$ 라고 치환하면 $\frac{du}{dx}=g'(x)$이므로 $dx=\frac{1}{g'(x)}du$ 즉 $g'(x)dx=du$ 이다. 따라서 식 (6.17) 의 부정적분은 다음과 같다.

$$\int f'(g(x))g'(x)dx=\int f'(u)du=f(u)+c=f(g(x))+c \tag{6.18}$$

예제 6.4 변수치환을 이용하여 다음 각 부정적분을 계산하여라.

(a) $\int(3x+1)^ndx$ (b) $\int \sin(\frac{x+5}{3})dx$ (c) $\int e^{ax+b}dx$

(d) $\int \frac{f'(x)}{f(x)}dx$ (e) $\int xe^{x^2}dx$ (f) $\int \frac{\cos x}{1+\sin^2 x}dx$

풀이 :

(a) $u=3x+1$ 이라고 치환하면 $\frac{du}{dx}=3$이므로 $dx=\frac{1}{3}du$. 따라서

$$\int (3x+1)^n dx = \int u^n \frac{1}{3} du = \frac{1}{3}\int u^n du = \frac{u^{n+1}}{3(n+1)} + c = \frac{(3x+1)^{n+1}}{3(n+1)} + c$$

(b) $u = \frac{x+5}{3}$ 이라고 치환하면 $\frac{du}{dx} = \frac{1}{3}$이므로 $dx = 3du$. 따라서

$$\int \sin(\frac{x+5}{3})dx = \int (\sin u)3du = 3\int \sin u du = -3\cos u + c = -3\cos\frac{x+5}{3} + c$$

(c) $u = ax+b$ 이라고 치환하면 $\frac{du}{dx} = a$이므로 $dx = \frac{1}{a}du$. 따라서

$$\int e^{ax+b}dx = \int e^u \frac{1}{a} du = \frac{1}{a}\int e^u du = \frac{1}{a}e^u + c = \frac{1}{a}e^{ax+b} + c$$

(d) $u = f(x)$ 라고 치환하면 $\frac{du}{dx} = f'(x)$이므로 $f'(x)dx = du$. 따라서

$$\int \frac{f'(x)}{f(x)}dx = \int \frac{1}{u}du = \ln|u| + c = \ln|f(x)| + c$$

(e) $u = x^2$ 이라고 치환하면 $\frac{du}{dx} = 2x$이므로 $xdx = \frac{1}{2}du$. 따라서

$$\int xe^{x^2}dx = \int e^u \frac{1}{2}du = \frac{1}{2}\int e^u du = \frac{1}{2}e^u + c = \frac{1}{2}e^{x^2} + c$$

(e) $u = \sin x$ 라고 치환하면 $\frac{du}{dx} = \cos x$이므로 $\cos x dx = du$. 따라서

$$\int \frac{\cos x}{1+\sin^2 x}dx = \int \frac{1}{1+u^2}du = \arctan u + c = \arctan(\sin x) + c$$

연습문제

6.4. 변수치환을 이용하여 다음 각 부정적분을 계산하여라.

(a) $\int \cos(3x+7)dx$ (b) $\int (2x-3)^7 dx$ (c) $\int \frac{5}{2x-3}dx$

(d) $\int 3x(4x^2+1)^5 dx$ (e) $\int \frac{2e^t}{\sqrt{e^t+4}}dt$ (f) $\int 3\sin(2\theta-5)d\theta$

(g) $\int \cos^2 x \sin x dx$ (h) $\int t^2 e^{-4t^3}dt$ (i) $\int \frac{x^2}{7-x^3}dx$

(j) $\int x^3\cos(5x^4)dx$ (k) $\int \frac{1}{25+x^2}dx$ (l) $\int \frac{2x}{\sqrt{4x^2-1}}dx$

6.5. 변수치환을 이용하여 다음 각 부정적분을 계산하여라.

(a) $\int \tan x dx$ ($u = \cos x$로 치환) (b) $\int 3\tan 2t dt$

(c) $\int \frac{\ln x}{x}dx$ ($u = \ln x$로 치환) (d) $\int \frac{1}{a^2+x^2}dx$

(e) $\int 3\sec^2 3x \tan 3x dx$ (f) $\int \frac{1}{\sqrt{16-x^2}}dx$

6.3 부분적분

두 함수의 곱의 미분 공식 (5.10) 을 다시 쓰면

$$fg' = (fg)' - f'g$$

양변을 x에 대해서 적분하면 다음과 같은 공식을 얻는다.

$$\int fg'dx = fg - \int f'gdx \tag{6.19}$$

식 (6.19)에서 f, g는 각각 함수 $f(x), g(x)$를 나타낸다. 피적분함수가 두 함수의 곱으로 이루어져 있는 경우에, 공식 (6.19)를 적용하면 종종 피적분함수를 적분 가능한 형태로 변형하는 것이 가능하다. 이와 같이 공식 (6.19)를 이용하여 적분하는 것을 **부분적분**이라고 부른다.

예제 6.5 부분적분을 이용하여 다음 각 부정적분을 계산하여라.
(a) $\int xe^x dx$ (b) $\int x^2 \cos x dx$ (c) $\int e^x \cos x dx$

풀이 :

(a) x를 f로, e^x를 g'으로 생각하고 부분적분한다.

$$\int xe^x dx = xe^x - \int 1 \cdot e^x dx = xe^x - e^x + c \tag{6.20}$$

(b) x^2을 f로, $\cos x$를 g'으로 생각하고 부분적분한다.

$$\int x^2 \cos x dx = x^2 \sin x - \int 2x \sin x dx \ . \tag{6.21}$$

식 (6.21)의 두번째 항을 한 번 더 부분적분한다. $2x$를 f로, $\sin x$를 g'으로 생각하면

$$\begin{aligned} \int 2x \sin x dx &= 2x(-\cos x) - \int 2 \cdot (-\cos x) dx \\ &= -2x \cos x + 2 \sin x + c_1 \ . \end{aligned} \tag{6.22}$$

식 (6.22) 를 식 (6.21) 에 대입하고 새 적분 인수 $c = -c_1$을 사용하면

$$\int x^2 \cos x dx = x^2 \sin x + 2x \cos x - 2 \sin x + c \tag{6.23}$$

(c) e^x을 f로, $\cos x$를 g'으로 생각하고 부분적분한다.

$$\int e^x \cos x dx = e^x \sin x - \int e^x \sin x dx \tag{6.24}$$

식 (6.24)의 두번째 항을 한 번 더 부분적분한다. e^x를 f로, $\sin x$를 g' 으로 생각하고 한 번 더 부분적분하면

$$\begin{aligned}\int e^x \sin x dx &= e^x(-\cos x) - \int e^x(-\cos x)dx \\ &= -e^x \cos x + \int e^x \cos x dx \ . \end{aligned} \tag{6.25}$$

식 (6.25)를 식 (6.24) 에 대입하면

$$\int e^x \cos x dx = e^x \sin x + e^x \cos x - \int e^x \cos x dx$$

$$2\int e^x \cos x dx = e^x(\sin x + \cos x) \ .$$

양변을 2로 나누고, 적분 상수 c를 추가하면

$$\int e^x \cos x dx = \frac{1}{2}e^x(\sin x + \cos x) + c \ . \tag{6.26}$$

연습문제

6.6. 부분적분을 이용하여 다음 부정적분을 구하여라.
(a) $\int x\cos x dx$ (b) $\int 3te^{2t}dt$ (c) $\int x^2 \sin x dx$ (d) $\int \frac{4x}{e^{3x}}dx$
(e) $\int 5\theta \cos 2\theta d\theta$ (f) $\int x \ln x dx$ (g) $\int \ln x dx$ (h) $\int x^2 \ln x dx$

6.7. 부분적분을 이용하여 다음 부정적분을 구하여라.
(a) $\int (3x+2)e^{5x}dx$ (b) $\int (3-5x)\cos(4x)dx$ (c) $\int (x^3+5)\ln x dx$
(d) $\int \arcsin(3x)dx$ (e) $\int x^2 \sin(4x)dx$ (f) $\int (x^2+x)e^{-5x}dx$
(g) $\int e^{2x}\sin(3x)dx$ (h) $\int e^{-3x}\cos(2x)dx$ (i) $\int 2\theta \sec^2\theta d\theta$

Chapter 7
정적분과 그 응용

7.1 정적분의 정의

그림 7.1 에 보인 것처럼 x 축 상의 구간 (a,b)를 N 개의 부분구간으로 나누었을 때, 나누어진 각 부분구간의 경계점의 x 좌표를 $a = x_0, x_1, x_2, \ldots, x_{N-1}, x_N = b$라고 하고, 각 부분구간의 길이를 Δx라 하자. 즉

$$\Delta x = x_{i+1} - x_i = \frac{b-a}{N}$$

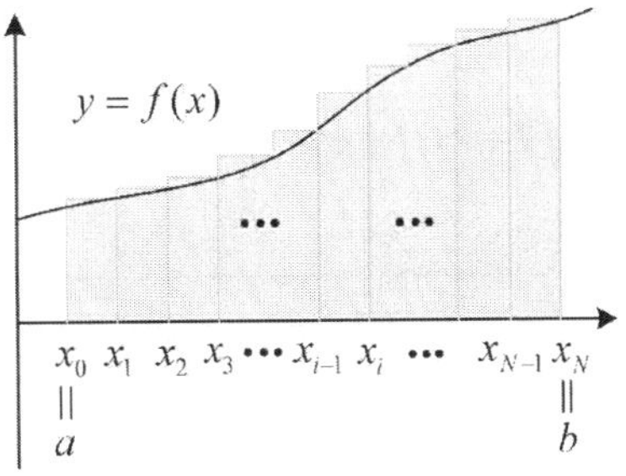

그림 7.1 정적분의 정의

이 때 극한값

$$\lim_{N\to\infty}\sum_{i=1}^{N} f(x_i)\Delta x$$

을 "구간 (a,b)에서의 함수 $f(x)$의 **정적분**"이라고 부르고 기호로는

$$\int_a^b f(x)dx$$

라고 나타낸다.

$$\int_a^b f(x)dx = \lim_{N\to\infty}\sum_{i=1}^{N} f(x_i)\Delta x \tag{7.1}$$

정적분의 의미

그림 7.1 에서처럼 함수 $y=f(x)$의 그래프가 x축 윗쪽에 있는 경우, 식 (7.1)의 우변에 있는 합계

$$\sum_{i=1}^{N} f(x_i)\Delta x \tag{7.2}$$

는 그림에서 색칠한 부분의 면적을 나타낸다. 따라서 식 (7.2) 는 곡선 $y=f(x)$와 x축 그리고 두 수직선 $x=a$와 $x=b$ 로 둘러쌓인 영역의 면적에 대한 근사값이다. 근사값을 더욱 정밀하게 만들어서 실제의 면적과 같게 하려면 어떻게 하면 될 까? 부분구간의 갯수 N을 무한히 크게해서 부분구간의 길이 Δx를 한없이 작게 만들면, 그림 7.1 의 색칠한 부분에서 함수 $y=f(x)$의 그래프 윗쪽으로 삐져 나간 부분이 한 없이 작아져서 없어지게 된다. 그러면 색칠한 부분의 면적을 나타내는 식 (7.2) 의 값은 함수 $y=f(x)$의 그래프와 x축 사이의 면적에 한 없이 가까워지게 될 것이다. 따라서 극한값

$$\lim_{N\to\infty}\sum_{i=1}^{N} f(x_i)\Delta x \tag{7.3}$$

는 구간 (a,b)에서 함수 $y=f(x)$의 그래프와 x축 사이의 면적을 나타낸다. 즉 함수 $y=f(x)$의 그래프가 x축 윗쪽에 있는 경우, 정적분 $\int_a^b f(x)dx$는 구간 (a,b)에서 함수 $y=f(x)$의 그래프와 x축 사이의 면적을 나타낸다.

한편 그림7.2에서처럼 함수 $y=f(x)$의 그래프가 x축 아래에 있는 경우에는 식 (7.3)에서 $f(x_i)$ 의 값이 음수이기 때문에 식 (7.3) 의 값, 즉 정적분 $\int_a^b f(x)dx$는 구간 (a,b)에서 함수 $y=f(x)$의 그래프와 x축 사이의 면적에 $-$를 붙인 값을 나타낸다.

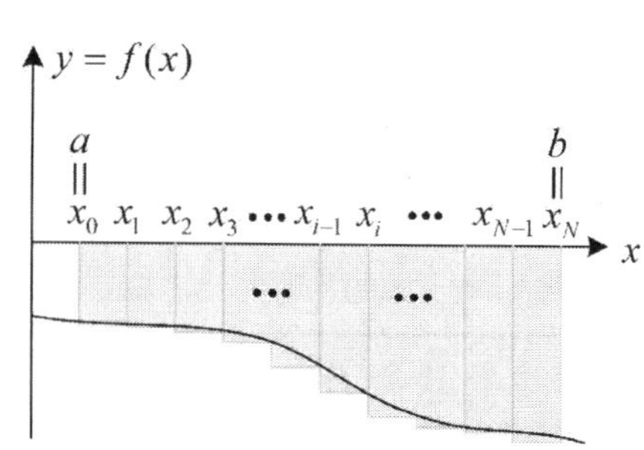

그림 7.2 x 축 아래에 있는 곡선의 정적분

예제 7.1 함수 $y = f(x)$ 의 그래프가 그림과 같을 때 다음 각 정적분의 값을 구하여라.

(a) $\int_{-2}^{4} f(x)dx$ (b) $\int_{-5}^{-2} f(x)dx$ (c) $\int_{-5}^{4} f(x)dx$

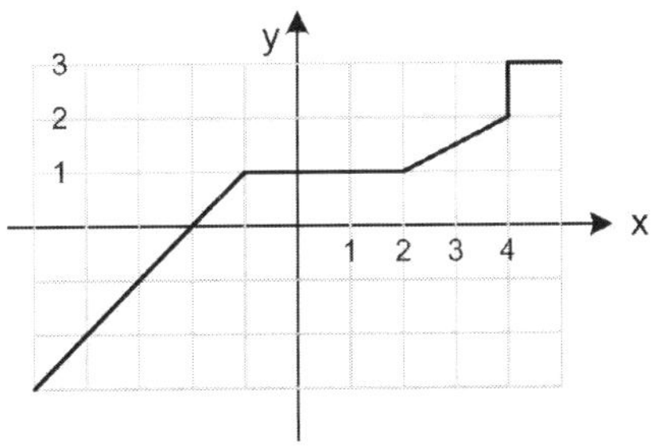

풀이 :

구간 $(-5,-2)$ 범위에서 $f(x)$와 x 축 사이의 면적을 S_1이라 하고, 구간 $(-2,4)$ 범위에서 $f(x)$와 x 축 사이의 면적을 S_2라 하자. 그림에서 작은 정사각형 갯수를 세어 면적 S_1과 S_2를 구하면 $S_1 = 4.5$, $S_2 = 6.5$ 이다. 따라서

(a) $\int_{-2}^{4} f(x)dx = S_2 = 6.5$

(b) $\int_{-5}^{-2} f(x)dx = -S_1 = -4.5$

(c) $\int_{-5}^{4} f(x)dx = -S_1 + S_2 = -4.5 + 6.5 = 2$

부정적분을 이용한 정적분의 계산

부정적분은 미분의 역 연산으로 정의되는 반면, 정적분은 미분과는 관계 없이 식 (7.1)로 정의된다. 따라서 얼핏 보기엔 정적분과 부정적분 사이에 그다지 큰 관련이 있어 보이지 않는다. 하지만 아래에 소개한 정리 7.1에 의하면 정적분과 부정적분 사이에는 매우 긴밀한 관계가 있으며, 이 관계를 이용하면 정적분의 값을 부정적분을 이용하여 쉽게 계산할 수 있음을 알 수 있다. 정리 7.1은 '미적분학의 기본 정리'라고 불리며 다음과 같다.

정리 7.1 함수 $f(t)$가 구간 $[a,b]$에서 연속일 때,

(a) $G(x) = \int_{a}^{x} f(t)dt$ 이면 $G'(x) = f(x)$

(b) $F(x)$가 $f(x)$의 부정적분이면 $\int_{a}^{b} f(x)dx = F(b) - F(a)$

증명 :

(a)
$$
\begin{aligned}
G'(x) &= \lim_{h\to 0}\frac{G(x+h)-G(x)}{h} \\
&= \lim_{h\to 0}\frac{1}{h}\left(\int_a^{x+h} f(t)dt - \int_a^{x} f(t)dt\right) \\
&= \lim_{h\to 0}\frac{1}{h}\int_x^{x+h} f(t)dt \ . \qquad (7.4)
\end{aligned}
$$

$h>0$ 일 때, f가 연속 함수이므로 $f(t)$는 구간 $[x,x+h]$에서 최대값과 최소값을 갖는다. 최대값을 M, 최소값을 m이라 하면

$$
\begin{aligned}
mh \le &\int_x^{x+h} f(t)dt \le Mh \\
m \le &\frac{1}{h}\int_x^{x+h} f(t)dt \le M \\
\lim_{h\to 0} m \le &\lim_{h\to 0}\frac{1}{h}\int_x^{x+h} f(t)dt \le \lim_{h\to 0} M \ . \qquad (7.5)
\end{aligned}
$$

f가 연속이므로 $h\to 0$일 때, 구간 $[x,x+h]$ 내에서 f의 함수값은 모두 $f(x)$로 접근하며, 따라서 m, M의 값도 $f(x)$로 접근한다. 그러므로 식 (7.5)로부터

$$
\lim_{h\to 0}\frac{1}{h}\int_x^{x+h} f(t)dt = f(x) \ . \qquad (7.6)
$$

$h<0$일 때도 비슷한 방법으로 식 (7.6)이 성립함을 증명할 수 있다. 식 (7.6)을 식 (7.4)에 대입하면

$$
G'(x) = f(x) \ .
$$

(b) $G(x)$와 $F(x)$는 $f(x)$의 부정적분이다. 따라서

$$
G(x) = F(x) + c \ .
$$

그런데 $G(a)=0$ 이므로 $0=F(a)+c$, 즉 $c=-F(a)$이다. 따라서

$$
G(x) = F(x) - F(a) \ .
$$

따라서

$$
\int_a^b f(x)dx = \int_a^b f(t)dt = G(b) = F(b) - F(a) \ .
$$

(증명 끝)

따라서 정적분의 값을 구하기 위해서는 먼저 부정적분을 구한 후, 구한 부정적분에 적분 구간의 끝 값과 시작 값을 대입한 후 그 차이를 구하면 된다. 부정 적분을 이용하여 정적분의 값을 계산할 때 기호

$$[F(x)]_a^b \quad \text{또는} \quad F(x)\Big|_a^b$$

는 $F(b)-F(a)$를 나타낸다.

예제 7.2 다음 각 정적분을 계산하여라.
(a) $\int_1^2 (x+\frac{1}{x})dx$ (b) $\int_0^{\frac{\pi}{2}} 3\sin 2x dx$

풀이 :

(a)

$$\int_1^2 (x+\frac{1}{x})dx = \left[\frac{x^2}{2}+\ln|x|\right]_1^2 = \left(\frac{4}{2}+\ln|2|\right)-\left(\frac{1}{2}+\ln|1|\right) = \frac{3}{2}+\ln 2$$

(b)

$$\int_0^{\frac{\pi}{2}} 3\sin 2x dx = \left[-\frac{3}{2}\cos 2x\right]_0^{\frac{\pi}{2}} = \left(-\frac{3}{2}\cos\pi\right)-\left(-\frac{3}{2}\cos 0\right) = \frac{3}{2}+\frac{3}{2} = 3$$

아래의 예제 7.3에 보인 바와 같이, 적분을 계산할 때 만약 변수 치환을 하는 경우에는 적분 구간도 치환된 변수에 맞추어 바꾸어 주어야 한다.

예제 7.3 다음 각 정적분을 계산하여라.
(a) $\int_1^3 3x\sqrt{2x^2+7}dx$ (b) $\int_0^{\frac{\pi}{4}} 5\cos^5 x\sin x dx$

풀이 :

(a) $u=2x^2+7$ 로 치환하면 $\frac{du}{dx}=4x$ 즉 $dx=\frac{du}{4x}$이고, x의 값이 1,3일 때 u의 값은 각각 9,25이다. 따라서

$$\int_1^3 3x\sqrt{2x^2+7}dx = \int_9^{25} 3x\sqrt{u}\frac{du}{4x} = \int_9^{25}\frac{3}{4}u^{\frac{1}{2}}du$$
$$= \left[\frac{1}{2}u^{\frac{3}{2}}\right]_9^{25} = \frac{1}{2}\left(25^{\frac{3}{2}}-9^{\frac{3}{2}}\right) = \frac{1}{2}(125-27) = 49$$

(b)$u=\cos x$ 로 치환하면 $\frac{du}{dx}=-\sin x$ 즉 $\sin x dx=-du$이고, x의 값이 $0, \frac{\pi}{4}$일 때 u의 값은 각각 $1, \frac{\sqrt{2}}{2}$이다. 따라서

$$\int_0^{\frac{\pi}{4}} 5\cos^5 x \sin x dx = \int_1^{\sqrt{2}/2} -5u^5 du = \left[-\frac{5}{6}u^6\right]_1^{\sqrt{2}/2}$$
$$= -\frac{5}{6}\left\{\left(\frac{\sqrt{2}}{2}\right)^6 - 1^6\right\} = -\frac{5}{6}\left(\frac{1}{8}-1\right) = \frac{35}{48}$$

연습 문제

7.1. 다음 각 정적분을 계산하여라.

(a) $\int_{-1}^{1} -\frac{3}{4}x^2 dx$ (b) $\int_0^{\pi} \sin(4x)dx$ (c) $\int_0^{\frac{\pi}{4}} 4\cos 3t dt$ (d) $\int_1^3 \frac{2x^2+1}{x}dx$
(e) $\int_1^4 \frac{x+2}{\sqrt{x}}dx$ (f) $\int_1^2 4e^{2x}dx$ (g) $\int_0^{\pi/6} 3\sec^2 2t dt$ (h) $\int_1^2 \csc^2 4\theta d\theta$

7.2. 적절한 변수 치환을 이용하여 다음 각 정적분을 계산하여라.

(a) $\int_0^e \frac{x^2}{x^3+1}dx$ (b) $\int_0^1 3te^{2t^2-1}dt$ (c) $\int_0^{\pi/2} 3\sin^4 x \cos x dx$
(d) $\int_0^2 \frac{3x}{\sqrt{2x^2+1}}dx$ (e) $\int_0^2 \frac{1}{4+x^2}dx$ (f) $\int_0^3 \frac{1}{\sqrt{9-x^2}}dx$

7.2 두 곡선 사이의 면적

함수 $f(x)$의 그래프가 x축보다 윗쪽에 있을 때 정적분의 값은 함수의 그래프와 x축 사이의 면적을 나타낸다. 반면 함수 $f(x)$의 그래프가 x축의 아랫쪽에 있을 때 정적분의 값은 함수의 그래프와 x축 사이의 면적에 $-$를 붙인 값을 갖는다. 따라서 그림 7.3에서 구간 (a,b)에서 함수 $y=f(x)$의 그래프와 x 축 사이의 빗금친 부분의 면적은 다음과 같다.

$$\int_a^b f(x)dx - \int_b^c f(x)dx + \int_c^d f(x)dx$$

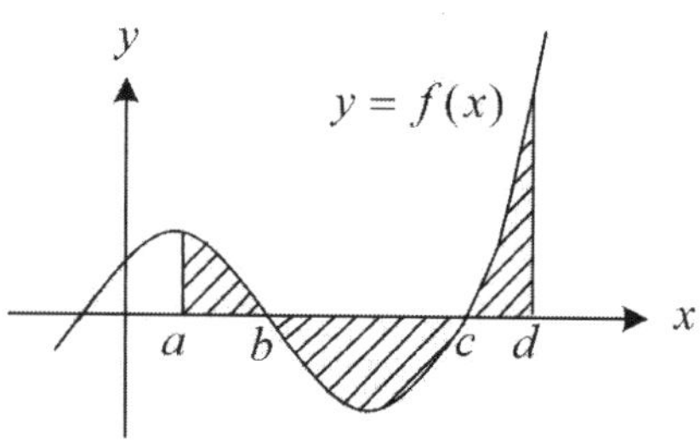

그림 7.3 곡선과 x 축 사이의 면적

예제 7.4 함수 $y = x^3 - 2x^2 - 8x$의 그래프는 그림 7.4와 같다. 함수의 그래프와 x축 사이의 빗금친 부분의 면적을 구하여라.

풀이 :

$$\begin{aligned} \text{빗금친 면적} &= \int_{-2}^{0} (x^3 - 2x^2 - 8x)dx - \int_{0}^{4} (x^3 - 2x^2 - 8x)dx \\ &= \left[\frac{1}{4}x^4 - \frac{2}{3}x^3 - 4x^2\right]_{-2}^{0} - \left[\frac{1}{4}x^4 - \frac{2}{3}x^3 - 4x^2\right]_{0}^{4} \\ &= \frac{20}{3} - \left(-\frac{128}{3}\right) = \frac{148}{3} \end{aligned}$$

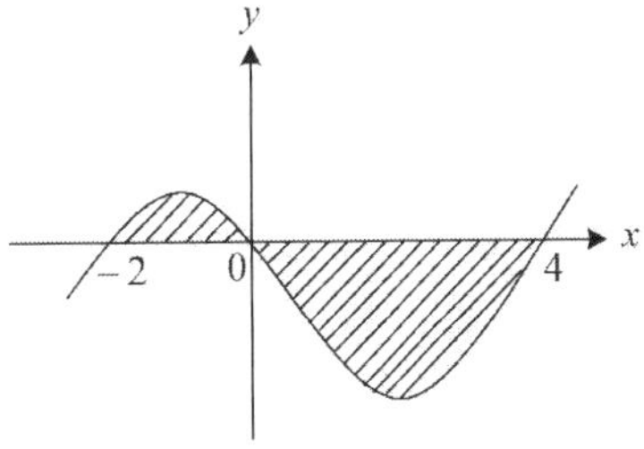

그림 7.4 예제 7.4

그림 7.5와 같이 구간 (a,b)에서 함수 $y = f(x)$의 그래프가 함수 $y = g(x)$의 그래프보다 윗 쪽에 있을 때, 구간 (a,b)에서 함수 $y = f(x)$의 그래프와 함수 $y = g(x)$의 그래프 사이의 빗금친 부분의 면적은 다음과 같다.

$$\int_{a}^{b} f(x)dx - \int_{a}^{b} g(x)dx$$

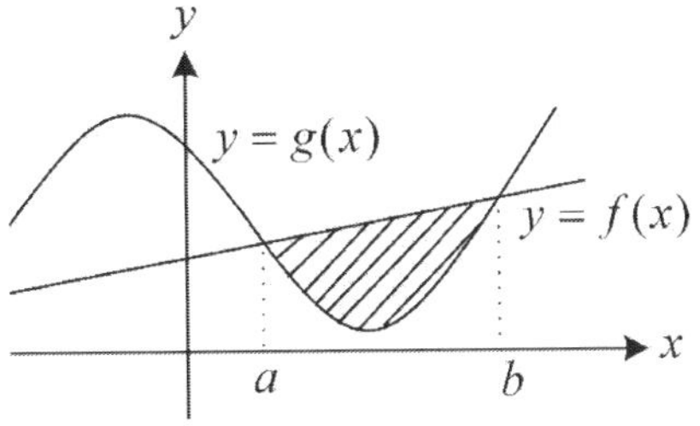

그림 7.5 두 곡선 사이의 면적

예제 7.5 함수 $y=x^2+1$의 그래프와 함수 $y=x-7$ 의 그래프로 둘러 쌓인 부분의 면적을 구하여라.

풀이 :

함수 $y=x^2+1$의 그래프와 함수 $y=-x+7$ 의 그래프로 둘러 쌓인 부분은 그림 7.6에 보인 것과 같다. 두 그래프가 만나는 점을 찾아 보자.

$$\begin{aligned} x^2+1 &= -x+7 \\ x^2+x-6 &= 0 \\ (x+3)(x-2) &= 0 \end{aligned}$$

따라서 $x=-3$, $x=2$일 때 두 그래프가 만난다. 구간 $(-3,2)$ 에서 함수 $y=-x+7$이 윗쪽에 있으므로 두 곡선 사이의 면적은

$$\begin{aligned} \text{빗금친 면적} &= \int_{-3}^{2}(-x+7)dx - \int_{-3}^{2}(x^2+1)dx \\ &= \int_{-3}^{2}(-x^2-x+6)dx \\ &= \left[-\frac{1}{3}x^3-\frac{1}{2}x^2+6x\right]_{-3}^{2} \\ &= \frac{22}{3}-\left(-\frac{27}{2}\right)=\frac{125}{6} \end{aligned}$$

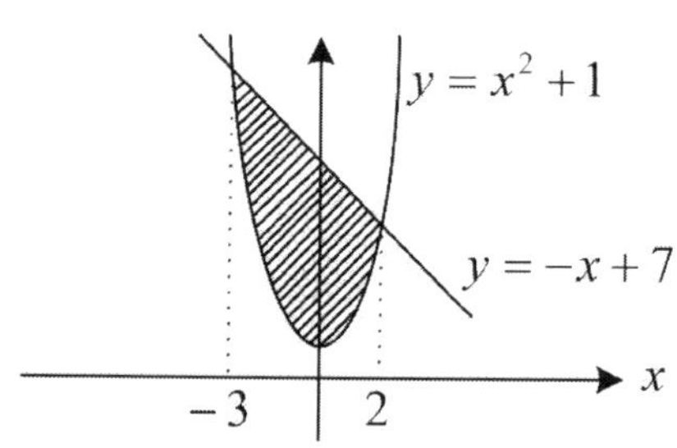

그림 7.6 예제 7.5

연습 문제

7.3. 구간 $\left(0,\frac{\pi}{6}\right)$에서 함수 $y=\cos 3x$의 그래프와 x 축 사이의 면적을 구하여라.

7.4. 구간 $0\le x\le 3$ 범위에서 함수 $y=\frac{1}{4}x$의 그래프와 함수 $y=\sqrt{x}$의 그래프 사이의 면적을 구하여라.

7.5. 함수 $y = x^2 + 3$의 그래프와 함수 $y = 7 - 3x$의 그래프로 둘러 쌓인 부분의 면적을 구하여라.

7.6. 직선 $y = 3x$, $y = -x + 4$, $y = \frac{1}{3}x$ 로 둘러 쌓인 부분의 면적을 구하여라.

7.3 회전체의 부피

그림 7.7와 같이 구간 $[a,b]$ 범위에서 함수 $y = f(x)$와 x 축 사이에 있는 면적을 x축을 중심축으로 하여 360° 회전시킬 때 생기는 회전체의 부피 V는 다음과 같이 구할 수 있다.

구간 $[a,b]$를 N 등분하여 각 부분 구간의 경계점의 좌표를 $x_0, x_1, \ldots, x_N$이라 하고, 부분 구간의 길이를 Δx라 하자. 밑변이 부분 구간 $[x_{i-1}, x_i]$이고 높이가 $f(x_i)$인 직사각형을 x축을 중심축으로 360° 회전시켜 얻어지는 원반의 부피는

$$\pi f^2(x_i)\Delta x$$

이다. 따라서 각 부분 구간에서 마찬가지 방법으로 얻을 수 있는 원반들의 부피를 모두 더한 합

$$\sum_{i=1}^{N} \pi f^2(x_i)\Delta x$$

는 부피 V의 근사값이 된다. 만약 N을 무한히 크게하여 부분 구간의 길이를 한없이 적게 하면 위의 근사값은 실제의 부피가 된다. 즉

$$V = \lim_{N\to\infty} \sum_{i=1}^{N} \pi f^2(x_i)\Delta x$$

즉

$$V = \int_a^b \pi f^2(x)dx \tag{7.7}$$

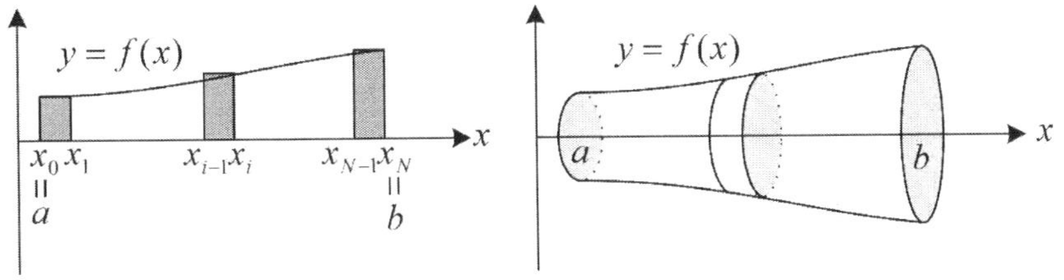

그림 7.7 $y = f(x)$ 아래의 면적을 x축을 중심축으로 360° 회전하여 얻어지는 회전체

예제 7.6 구간 $1 \le x \le 4$ 범위에서 함수 $y = x^2 + 4$ 의 그래프와 x 축 사이의 면적을 x축을 중심축으로 360° 회전하여 얻어지는 회전체의 부피 V를 구하여라.

풀이 :

$f(x) = x^2 + 4$에 대하여 식 (7.7)을 적용한다.

$$\begin{aligned} V &= \int_1^4 \pi(x^2+4)^2 dx = \int_1^4 \pi(x^4+8x^2+16)dx \\ &= \pi\left[\frac{x^5}{5} + \frac{8x^3}{3} + 16x\right]_1^4 = \pi\left\{\left(\frac{1024}{5} + \frac{512}{3} + 64\right) - \left(\frac{1}{5} + \frac{8}{3} + 16\right)\right\} \\ &= \frac{6309}{15}\pi \end{aligned}$$

예제 7.7 $y = x^2$ 의 그래프와 $y = \sqrt{8x}$의 그래프에 의해 둘러 쌓인 부분을 x축을 중심축으로 360° 회전하여 얻는 회전체의 부피 V를 구하여라.

풀이 :

두 그래프가 만나는 점의 x좌표를 구해 보자.

$$\begin{aligned} x^2 &= \sqrt{8x} \\ x^4 - 8x &= 0 \\ x(x-2)(x^2+2x+4) &= 0 \end{aligned}$$

따라서 두 그래프는 $x = 0, x = 2$ 인 점에서 만나며, 두 그래프에 둘러 쌓인 부분은 구간 $0 \le x \le 2$ 범위 안에 있다. 이 구간에서 $y = \sqrt{8x}$가 $y = x^2$ 보다 위에 있으므로 V는 $y = \sqrt{8x}$ 아래의 면적을 회전 시킨 회전체의 부피에서 $y = x^2$ 아래의 면적을 회전 시킨 회전체의 부피를 뺀 값이다.

$$\begin{aligned} V &= \int_0^2 \pi(\sqrt{8x})^2 dx - \int_0^2 \pi(x^2)^2 dx = \pi\int_0^2 8x dx - \pi\int_0^2 x^4 dx \\ &= \pi\left[4x^2\right]_0^2 - \pi\left[\frac{1}{5}x^5\right]_0^2 = 16\pi - \frac{32}{5}\pi = \frac{48}{5}\pi \end{aligned}$$

Part III
미분방정식

Chapter 8
제1계 상미분 방정식

8.1 미분 방정식의 정의

미분 방정식이란 미지함수 y의 미분을 포함하고 있는 방정식을 말한다. 예를 들면 방정식

$$2y + x^2 = 0 \tag{8.1}$$

은 미분을 포함하고 있지 않으므로 미분 방정식이 아니다. 이러한 방정식은 대수 방정식이라고 불린다. 반면

$$y' + 3y = x \tag{8.2}$$

$$y'' + 2y' - 3y = 0 \tag{8.3}$$

과 같은 방정식은 미지 함수 y의 미분을 포함하고 있다. 따라서 이 것들은 미분 방정식이다.

미분 방정식은 방정식 내에 편미분이 포함되어 있는지 아닌지를 기준으로 상미분 방정식과 편미분 방정식의 두 종류로 분류할 수 있다. 편미분을 포함하는 미분 방정식을 **편미분 방정식**이라 부르고 편미분을 포함하지 않는 미분 방정식을 **상미분 방정식**이라고 부른다. 예를 들면

$$y' + y = \cos x \tag{8.4}$$

$$y'' + y' + 4y = 0 \tag{8.5}$$

$$\frac{dy}{dx} = x^2 + 3 \tag{8.6}$$

과 같은 미분 방정식은 편미분을 포함하고 있지 않으므로 상미분 방정식이다. 하지만

$$\frac{\partial u}{\partial x} + \frac{\partial u}{\partial y} = 3 \tag{8.7}$$

$$\frac{\partial^2 u}{\partial x^2} + \frac{\partial^2 u}{\partial y^2} + \frac{\partial^2 u}{\partial z^2} = 2u \tag{8.8}$$

와 같은 미분 방정식은 편미분을 포함하고 있으므로 편미분 방정식이다.

미분 방정식은 또한 방정식 내의 미지 함수가 최대로 몇 번이나 미분되어 있는지에 따라 1계, 2계, ..., n계 미분 방정식 등으로 분류한다. 예를 들면

$$y' + y = \cos x \tag{8.9}$$

는 1계 미분방정식이고,

$$y'' + 3y' + y^5 = x \tag{8.10}$$

는 2계 미분 방정식이다.

미분방정식의 해

미분방정식의 **해**란 그 미분 방정식을 만족시키는 함수를 말한다.

예제 8.1 다음 각 질문에 대하여 답하여라.
(a) 함수 $y = x^2$ 은 미분 방정식 $xy' = 2y$의 해인가?
(b) 함수 $x^2 + y^2 - 1 = 0 \quad (y > 0)$ 은 미분 방정식 $yy' = -x$의 해인가?

풀이 :

(a) $y = x^2$ 을 주어진 방정식에 대입하면

$$\text{좌변} = xy' = x(2x) = 2x^2 \ , \ \text{우변} = 2y = 2x^2 \, .$$

즉 함수 $y = x^2$ 은 주어진 방정식을 만족시킨다. 따라서 해이다.

(b) $x^2 + y^2 - 1 = 0$ 의 양변을 x에 관해 미분하면

$$2x + 2yy' = 0 \quad \text{따라서} \quad yy' = -x \, .$$

즉 함수 $x^2 + y^2 - 1 = 0$ 은 주어진 방정식을 만족시킨다. 따라서 해이다.

미분방정식의 해는 그 형태에 따라서 양함수해와 음함수해로 분류할 수 있다. **양함수해**란 $y = h(x)$ 꼴로 표현된 해를 말한다. 반면에 **음함수해**란 $h(x, y) = 0$의 형태로 표현된 해를 일컫는다. 예를 들면, 위의 예제 8.1에서 $y = x^2$은 양함수해이고, $x^2 + y^2 - 1 = 0$은 음함수해이다.

미분방정식의 해는 또 그 성격에 따라서 일반해, 특수해, 특이해로 분류할 수 있다. 일반적으로 미분 방정식의 해는 적분을 이용하여 구하는데, 이 때 적분 상수라고 불리는 임의의 상수가 해에 포함되게 된다. 이와 같이 임의의 상수를 포함하고 있는 해를 **일반해**라고 부른다. 1계 상미분 방정식의 일반해는 임의의 상수를 1 개 포함하고, 2계 상미분 방정식의 일반해는 임의의 상수를 2개 포함한다. 일반해에 포함된 임의의 상수에 특정 값을 대입함으로써 일반

해로부터 얻어지는 해를 **특수해**라고 부른다. 그리고 만약 일반해의 임의의 상수에 특정값을 대입하는 방법으로는 얻어지지 않는 유별난 해가 존재하면 그것을 **특이해**라고 부른다. 예를 들어 1계 상미분 방정식

$$(y')^2 - xy' + y = 0 \tag{8.11}$$

의 해

$$y = cx - c \tag{8.12}$$

$$y = x - 1 \tag{8.13}$$

$$y = \frac{x^2}{4} \tag{8.14}$$

을 살펴보자. 식 (8.12)는 임의의 상수 c를 포함하므로 일반해이고, 식 (8.13)은 임의의 상수 값을 $c = 1$로 정하면 일반해 $y = cx - c$ 로부터 얻어지므로 특수해이며, 식 (8.14)는 임의의 상수 c값을 어떻게 정하더라도 일반해 $y = cx - c$ 로부터는 얻어지지 않으므로 특이해이다.

초기치 문제

초기치 문제란 초기 조건을 가진 미분방정식을 말한다. 예를 들면

$$y' = 2x \ , \ y(0) = 1 \tag{8.15}$$

은 초기 조건 $y(0) = 1$을 가진 초기치 문제이다. 초기 조건이 $y(0) = 1$ 이라 함은 $x = 0$ 일 때 $y = 1$ 임을 의미한다. 초기치 문제를 푼다는 것은 먼저 미분 방정식의 일반해를 구한 후에, 그 일반해에 초기 조건을 대입하여 임의의 상수의 값을 정함으로써 초기 조건을 만족시키는 특수해를 구하는 것을 의미한다.

예제 8.2 다음 초기치 문제의 해를 구하여라.

$$y' = 2x \ , \ y(0) = 1$$

풀이 :

주어진 미분 방정식 $y' = 2x$ 를 x에 관해서 적분하면 일반해는

$$y = x^2 + c \tag{8.16}$$

여기에 초기조건 $y(0) = 1$을 대입하면, $1 = 0^2 + c$ 즉 $c = 1$ 이다. 따라서 초기조건을 만족시키는 특수해는

$$y = x^2 + 1 \tag{8.17}$$

연습문제

8.1. 다음 각 미분 방정식에 대하여 우측에 주어진 함수가 해 임을 증명하여라.
(a) $y' = 1 + y^2$, $y = \tan(x+c)$
(b) $y'' + 2y' + 10y = 0$, $y = 4e^{-x}\sin 3x$
(c) $y^{(4)} = \cos x$, $y = \cos x + ax^3 + bx^2 + cx + d$

8.2. 다음 각 초기치 문제의 해를 구하여라.
(a) $y' = xe^{x^2/2}$, $y(0) = 1$
(b) $y' = xe^{2x}$, $y(0) = 1$
(c) $y'' = \sin x$, $y(0) = 1,\ y(\frac{\pi}{2}) = \frac{\pi}{2}$

8.2 변수 분리형 미분 방정식

1계 상미분 방정식 중에서

$$g(y)y' = f(x) \tag{8.18}$$

즉

$$g(y)dy = f(x)dx \tag{8.19}$$

꼴로 표시할 수 있는 방정식을 **변수 분리형 미분 방정식**이라고 부른다. 변수 분리형 미분 방정식은 식 (8.19)의 양변을 각각 해당 변수에 관해 적분하면 일반해

$$\int g(y)dy = \int f(x)dx + c \tag{8.20}$$

를 구할 수 있다.

예제 8.3 다음 각 미분 방정식의 일반해를 구하여라.
(a) $4yy' + 9x = 0$ (b) $y' = 1 + y^2$ (c) $y' + 2xy = 0$

풀이 :

(a) 변수 y는 좌변으로 변수 x는 우변으로 보내서 분리하면

$$4yy' = -9x \tag{8.21}$$

$$4ydy = -9xdx \tag{8.22}$$

양변을 적분하면 일반해는

$$\int 4ydy = \int -9xdx + c_1 \tag{8.23}$$

$$2y^2 = -\frac{9}{2}x^2 + c_1 \tag{8.24}$$

양변을 18로 나누고 상수 $c_1/18$을 새로운 임의의 상수 c로 대치하면 일반해를 다음과 같이 좀 더 보기 좋은 형태로 나타낼 수 있다.

$$\frac{x^2}{4}+\frac{y^2}{9}=c \tag{8.25}$$

(b) 변수 y는 좌변으로 변수 x는 우변으로 보내서 분리하면

$$\frac{1}{1+y^2}dy=dx\ . \tag{8.26}$$

양변을 적분하면 일반해는 다음과 같다.

$$\int\frac{1}{1+y^2}dy=\int dx+c \tag{8.27}$$

$$\arctan y=x+c\ . \tag{8.28}$$

따라서

$$y=\tan(x+c)\ . \tag{8.29}$$

(c) 변수 y는 좌변으로 변수 x는 우변으로 보내서 분리하면

$$\frac{1}{y}dy=-2xdx\ . \tag{8.30}$$

양변을 적분하면

$$\int\frac{1}{y}dy=\int -2xdx+c_1 \tag{8.31}$$

$$\ln|y|=-x^2+c_1\ . \tag{8.32}$$

따라서

$$|y|=e^{-x^2+c_1} \tag{8.33}$$

$$y=\begin{cases} e^{c_1}e^{-x^2} & ,\ y>0 \\ -e^{c_1}e^{-x^2} & ,\ y<0 \end{cases}\ . \tag{8.34}$$

e^{c_1} 이든 $-e^{c_1}$ 이든 임의의 상수인 것은 마찬가지이다. 따라서 임의의 상수 e^{c_1} , $-e^{c_1}$ 를 새로운 임의의 상수 c로 대치하면 식 (8.34)로부터 좀 더 간단한 형태의 다음과 같은 일반해를 얻을 수 있다.

$$y=ce^{-x^2}\ . \tag{8.35}$$

예제 8.4 다음 초기치 문제를 풀어라.

$$y' + 4x^3y^2 = 0 \ , \ \ y(0) = 1 \ .$$

풀이 :

Step 1 : 일반해 구하기

변수 y는 좌변으로 변수 x는 우변으로 보내서 분리하면

$$-\frac{1}{y^2}dy = 4x^3dx \ . \tag{8.36}$$

양변을 적분하면 일반해는

$$\frac{1}{y} = x^4 + c$$

$$y = \frac{1}{x^4 + c} \ . \tag{8.37}$$

Step 2 : 초기 조건을 만족하는 특수해 구하기

식 (8.37)에 초기 조건 $y(0) = 1$ 을 대입하면

$$1 = \frac{1}{0 + c} \ .$$

즉 $c = 1$이다. 따라서 초기조건을 만족하는 특수해는

$$y = \frac{1}{x^4 + 1} \ . \tag{8.38}$$

연습문제

8.3. 다음 각 미분 방정식의 일반해를 구하여라.

(a) $yy' + 25x = 0$ (b) $xy = (1 + x^2)\frac{dy}{dx}$ (c) $y' + 3x^2y^2 = 0$
(d) $y' = xy/2$ (e) $y' \sin 2x = y \cos 2x$ (f) $y' + 5x^4y^2 = 0$
(g) $y' = 1 + 0.01y^2$ (h) $y' = -ky^2$ (i) $y' = \sqrt{1 - y^2}$

8.4. 다음 각 초기치 문제를 풀어라.

(a) $yy' + x = 0 \ , \ \ y(0) = -2$ (b) $y' = 2e^xy^3 \ , \ \ y(0) = 0.5$
(c) $\frac{dr}{dt} = -2tr \ , \ \ r(0) = 2.5$ (d) $\frac{d\theta}{dt} = 2e^{3t-2\theta} \ , \ \ \theta(0) = 0$

8.3 변수 치환을 이용하여 변수 분리형 방정식으로 변환하기

1계 상미분 방정식 중에는 그 자체로는 변수 분리형이 아니지만 간단한 변수 치환에 의해서 변수 분리형으로 변환되는 것들이 있다. 예를 들면

$$y' = 1 + 2\frac{y}{x} \quad \text{또는} \quad y' = \frac{y}{x} + \cos^2\left(\frac{y}{x}\right)$$

와 같이

$$y' = g\left(\frac{y}{x}\right) \tag{8.39}$$

꼴로 표시되는 미분 방정식은 $u = y/x$로 치환을 하면 변수 분리형으로 변환된다. 즉 $u = y/x$ 로부터 $y = ux$, $y' = u'x + u$ 이므로 이 것을 식 (8.39) 에 대입하면

$$u'x + u = g(u) \tag{8.40}$$

변수 u는 좌변에 변수 x는 우변에 분리하면

$$\frac{1}{g(u) - u}du = \frac{1}{x}dx \tag{8.41}$$

양변을 적분하면

$$\int \frac{1}{g(u) - u}du = \ln|x| + c \tag{8.42}$$

여기에 u 대신 $u = y/x$ 를 다시 대입하면 일반해이다.

예제 8.5 다음 미분 방정식의 일반해를 구하여라.

$$xy' = x + 2y \tag{8.43}$$

풀이 :

양변을 x로 나누면

$$y' = 1 + 2\frac{y}{x} \tag{8.44}$$

이므로 $y' = g(y/x)$ 꼴이다. $u = y/x$ 라 놓으면 $y = ux$, $y' = u'x + u$ 이므로 식 (8.44)에 대입하면

$$u'x + u = 1 + 2u \tag{8.45}$$

변수 u는 좌변에 변수 x는 우변에 분리하면

$$\frac{1}{1+u}du = \frac{1}{x}dx \tag{8.46}$$

양변을 적분하면

$$\int \frac{1}{1+u}du = \int \frac{1}{x}dx + c_1 \tag{8.47}$$

$$\ln|1+u| = \ln|x| + c_1 \tag{8.48}$$

따라서

$$|1+u| = e^{c_1}|x| \tag{8.49}$$

인데, $+e^{c_1}$ 이나 $-e^{c_1}$ 이나 임의의 상수인 것은 마찬가지이므로 새로운 임의의 상수 c를 사용하여 식 (8.49)를 다시 쓰면

$$1+u = cx \tag{8.50}$$

u 대신 $u = y/x$ 를 다시 대입하면 일반해는

$$1+\frac{y}{x} = cx \tag{8.51}$$

치환에 의해서 분리형으로 변환되는 미분 방정식의 또다른 예로

$$y' = g(ax+by) \tag{8.52}$$

꼴의 미분 방정식을 들 수 있다. 예를 들면 $y' = (2x-y)^2$ 과 같은 미분 방정식을 말한다. 이와 같은 형태의 미분 방정식은 $u = ax+by$로 치환하면 변수 분리형으로 변환된다. 즉 $u = ax+by$로부터 $y = (u-ax)/b$, $y' = (u'-a)/b$ 이므로 이 것을 식 (8.52)에 대입하면

$$\frac{1}{b}(u'-a) = g(u) \ . \tag{8.53}$$

변수 u는 좌변에 변수 x는 우변에 분리하면

$$\frac{1}{bg(u)+a}du = dx \ . \tag{8.54}$$

양변을 적분하면

$$\int \frac{1}{bg(u)+a}du = \int dx + c \ . \tag{8.55}$$

위의 적분을 계산한 결과식에서 u 대신 $u = y/x$ 를 다시 대입하면 그것이 일반해이다.

예제 8.6 $(2x-4y+5)y'+x-2y+3=0$

풀이 :

주어진 미분 방정식은 다음과 같이 다시 쓸 수 있다.

$$y' = -\frac{x-2y+3}{2(x-2y)+5} \quad . \tag{8.56}$$

식 (8.56)은 $y'=g(x-2y)$ 꼴이다. 따라서 $u=x-2y$로 치환하면 변수 분리형으로 변환할 수 있다. $u=x-2y$로부터

$$y=\frac{x-u}{2} \quad , \quad y'=\frac{1-u'}{2}$$

이므로 이 것을 식 (8.56)에 대입하면

$$\frac{1-u'}{2} = -\frac{u+3}{2u+5} \tag{8.57}$$

$$(2u+5)u' = 4u+11 \tag{8.58}$$

변수 u는 좌변에 변수 x는 우변에 분리하면

$$\frac{2u+5}{4u+11}du = dx \tag{8.59}$$

양변을 적분하면

$$\int \frac{2u+5}{4u+11}du = \int dx + c_1 \tag{8.60}$$

$$\frac{1}{2}\int\left(1-\frac{1}{4u+11}\right)du = x+c_1 \tag{8.61}$$

$$u-\frac{1}{4}\ln|4u+11| = 2x+2c_1 \tag{8.62}$$

$$4u-\ln|4u+11| = 8x+8c_1 \quad . \tag{8.63}$$

u 대신 $u=x-2y$ 를 다시 대입하면

$$4(x-2y)-\ln|4(x-2y)+11| = 8x+8c_1 \tag{8.64}$$

$$4x+8y+\ln|4x-8y+11| = -8c_1 \quad . \tag{8.65}$$

상수 $-8c_1$ 대신 새로운 임의의 상수 c를 사용하면 일반해는 다음과 같다.

$$4x+8y+\ln|4x-8y+11| = c \quad . \tag{8.66}$$

연습문제

8.5. 다음 각 미분 방정식은 적당한 변수 치환에 의해 변수 분리형으로 변환될 수 있는 미분 방정식이다. 각 방정식의 일반해를 구하여라.

(a) $xy' = 2x+2y$
(b) $y' = (x^2+y^2)/xy$
(c) $y' = (y+4x)^2$
(d) $y' = \frac{y-x}{y+x}$
(e) $xy' = (y-x)^3+y$
(f) $2x^2yy' = \tan(x^2y^2) - 2xy^2$
(g) $xy' = y+3x^4\cos^2(y/x)$
(h) $y' = \frac{1-2y-4x}{1+y+2x}$
(i) $y' = (ax+by+c)^2$
(j) $2xyy' - y^2 + x^2 = 0$

(힌트: $y/x = u$; $y+4x = u$; $x^2y^2 = u$; $y+2x = u$; $ax+by+c = u$ 등으로 치환)

8.6. 다음 초기치 문제를 풀어라.

(a) $xyy' = 2y^2+4x^2$, $y(2) = 4$
(b) $y' = \frac{y}{x} + \frac{2x^3\cos x^2}{y}$, $y(\sqrt{\pi}) = 0$
(c) $xy' = y + x^2\sec\left(\frac{y}{x}\right)$, $y(1) = \frac{\pi}{2}$

8.4 완전 미분 방정식

두 변수 x, y 의 함수 $u = u(x,y)$가 있을 때, u의 x 와 y 에 대한 편미분 $\frac{\partial u}{\partial x}$ 와 $\frac{\partial u}{\partial y}$에 각각 dx와 dy를 곱해서 더한 것, 즉

$$\frac{\partial u}{\partial x}dx + \frac{\partial u}{\partial y}dy$$

를 함수 u의 **전미분** 또는 **완전미분**이라고 부르고 기호로는 du라고 나타낸다.

예제 8.7 함수 $u = x + x^2y^3$의 전미분 du를 구하여라.

풀이 :

편미분 $\frac{\partial u}{\partial x}$ 와 $\frac{\partial u}{\partial y}$ 는 각각 $\frac{\partial u}{\partial x} = 1+2xy^3$, $\frac{\partial u}{\partial y} = 3x^2y^2$ 이다. 따라서 전미분 du는

$$du = \frac{\partial u}{\partial x}dx + \frac{\partial u}{\partial y}dy = (1+2xy^3)dx + 3x^2y^2dy\ . \tag{8.67}$$

완전 미분 방정식이란 어떤 함수 $u = u(x,y)$에 대하여

$$du = 0 \quad \text{즉} \quad \frac{\partial u}{\partial x}dx + \frac{\partial u}{\partial y}dy = 0 \tag{8.68}$$

꼴로 표시되는 미분 방정식을 일컫는다. 예를 들면, 미분방정식

$$(1+2xy^3)dx+3x^2y^2dy=0$$

은 예제 8.7 의 식 (8.67)에서 알 수 있듯이 함수 $u=x+x^2y^3$ 에 대하여 $du=0$ 꼴이므로 완전미분 방정식이다.

완전 미분 방정식의 판별 방법

주어진 미분 방정식이 완전 미분 방정식인지 아닌지를 손쉽게 판별할 수 있는 방법을 알아 보자. 만약

$$M(x,y)dx+N(x,y)dy=0 \tag{8.69}$$

꼴로 주어진 미분방정식이 완전 미분 방정식이라면, M 과 N은 어떤 조건을 만족 시킬까? 정의에 의하면, 만약 식 (8.69)가 완전 미분 방정식이라면 식 (8.69)는 어떤 함수 $u=u(x,y)$ 에 대해

$$\frac{\partial u}{\partial x}dx+\frac{\partial u}{\partial y}dy=0 \tag{8.70}$$

과 같을 것이다. 즉

$$\frac{\partial u}{\partial x}=M \quad \text{이고} \quad \frac{\partial u}{\partial y}=N \tag{8.71}$$

일 것이다. 식 (8.71)의 M 과 N을 각각 y와 x에 대해 한 번 더 편미분 하면

$$\frac{\partial^2 u}{\partial x\partial y}=\frac{\partial M}{\partial y} \quad \text{이고} \quad \frac{\partial^2 u}{\partial x\partial y}=\frac{\partial N}{\partial x} \ . \tag{8.72}$$

따라서 다음 조건이 성립한다.

$$\frac{\partial M}{\partial y}=\frac{\partial N}{\partial x} \ . \tag{8.73}$$

역으로 만약 식 (8.73)이 성립하면, 주어진 미분 방정식 (8.69)가 완전 미분 방정식이라는 사실도 잘 알려져 있다. 따라서

$M(x,y)dx+N(x,y)dy=0$ 가 완전 미분 방정식일 필요 충분 조건은

$$\frac{\partial M}{\partial y}=\frac{\partial N}{\partial x} \ . \tag{8.74}$$

예제 8.8 다음 각 미분 방정식이 완전 미분 방정식인지 아닌지 판별하여라.
(a) $ydx + xdy = 0$ (b) $ydx - xdy = 0$

풀이 :

(a) $M = y$, $N = x$ 라 생각하면, $\frac{\partial M}{\partial y} = \frac{\partial y}{\partial y} = 1$ 이고 $\frac{\partial N}{\partial x} = \frac{\partial x}{\partial x} = 1$ 이므로 $\frac{\partial M}{\partial y} = \frac{\partial N}{\partial x}$ 이다. 필요 충분 조건 (8.74)를 만족시키므로 완전 미분 방정식이다.

(b) $M = y$, $N = -x$ 라 생각하면, $\frac{\partial M}{\partial y} = 1$ 이고 $\frac{\partial N}{\partial x} = -1$ 이므로 $\frac{\partial M}{\partial y} \neq \frac{\partial N}{\partial x}$ 이다. 필요 충분 조건 (8.74)를 만족시키지 않으므로 완전 미분 방정식이 아니다.

완전 미분 방정식의 해 구하기

만약 미분 방정식

$$M(x,y)dx + N(x,y)dy = 0 \tag{8.75}$$

이 완전 미분 방정식이면, 어떤 함수 u에 대하여 방정식 (8.75)는

$$du = 0 \tag{8.76}$$

과 같을 것이다. 식 (8.76)의 양변을 적분하면

$$u = c \ . \tag{8.77}$$

따라서 함수 u를 구해 식 (8.77)에 대입하면 그것이 일반해이다. u는 식 (8.75)가 완전 미분 방정식일 필요 조건 (8.71) 로부터 적분하여 구할 수 있다.

예제 8.9 다음 미분 방정식이 완전 미분 방정식인지 확인한 후 일반해를 구하여라.

$$(x^3 + 3xy^2)dx + (3x^2y + y^3)dy = 0 \tag{8.78}$$

풀이 :

Step 1 : 주어진 방정식이 완전 미분 방정식인지아닌지 확인한다.

M과 N을 각각 $M = x^3 + 3xy^2$, $N = 3x^2y + y^3$ 이라고 생각하면,

$$\frac{\partial M}{\partial y} = 6xy = \frac{\partial N}{\partial x} \tag{8.79}$$

필요 충분 조건 (8.74)를 만족시키므로 주어진 미분 방정식 (8.78)은 완전 미분 방정식이다.

Step 2 : 주어진 미분 방정식이 $du = 0$ 꼴이 되게 하는 함수 u를 알아 내어 일반해를 구한다.

주어진 미분 방정식 (8.78)과 완전 미분 방정식 $du = 0$ 즉

$$\frac{\partial u}{\partial x}dx + \frac{\partial u}{\partial y}dy = 0 \tag{8.80}$$

를 비교하면

$$\frac{\partial u}{\partial x} = x^3 + 3xy^2 \quad \text{이고} \quad \frac{\partial u}{\partial y} = 3x^2y + y^3 \ . \tag{8.81}$$

식 (8.81) 의 첫번째 조건 $\frac{\partial u}{\partial x} = x^3 + 3xy^2$ 에서 양변을 x에 대해 적분하면

$$u = \frac{1}{4}x^4 + \frac{3}{2}x^2y^2 + c(y) \tag{8.82}$$

$c(y)$는 적분 상수로서 x를 포함하지 않는 y 만의 식을 나타낸다. 함수 u는 식 (8.81) 의 두번째 조건 $\frac{\partial u}{\partial y} = 3x^2y + y^3$ 도 만족시켜야 한다. 식 (8.82) 에 주어진 함수 u를 y에 대하여 편미분 하면 $3x^2y + \frac{dc}{dy}$ 이므로

$$3x^2y + \frac{dc}{dy} = 3x^2y + y^3 \tag{8.83}$$

$$\frac{dc}{dy} = y^3 \tag{8.84}$$

$$c(y) = \frac{1}{4}y^4 \tag{8.85}$$

따라서 식 (8.85)를 식 (8.82)에 대입하면

$$u = \frac{1}{4}x^4 + \frac{3}{2}x^2y^2 + \frac{1}{4}y^4 \tag{8.86}$$

따라서 일반해는 $u = c$, 즉

$$\frac{1}{4}x^4 + \frac{3}{2}x^2y^2 + \frac{1}{4}y^4 = c$$

연습문제

8.7. 다음 미분 방정식은 어떤 조건 하에서 완전 미분 방정식이 되는가?

$$[f(x)+g(y)]dx+[h(x)+p(y)]dy=0$$

8.8. 다음 각 미분 방정식이 완전 미분 방정식인지 확인한 후, 해를 구하여라.

(a) $2xydx+x^2dy=0$

(b) $-yx^{-2}dx+x^{-1}dy=0$

(c) $\sinh x\cos ydx=\cosh x\sin ydy$

(d) $xdx+9ydy=0$

(e) $ye^xdx+[e^x+(y+1)e^y]dy=0$

(f) $e^{3\theta}(dr+3rd\theta)=0$

(g) $e^{-2\theta}(rdr-r^2d\theta)=0$

(h) $(\cot y+x^2)dx=x\csc^2 ydy$

8.9. 다음 각 미분 방정식이 완전 미분 방정식인지 아닌지 체크하고, 초기치 문제를 풀어라.

(a) $ye^xdx+(2y+e^x)dy=0\ ,\quad y(0)=-1$

(b) $2\sin 2x\sinh ydx-\cos 2x\cosh ydy=0\ ,\quad y(0)=1$

(c) $(2xydx+dy)e^{x^2}=0\ ,\quad y(0)=2$

8.5 적분 인수를 곱해서 완전 미분 방정식으로 변환하기

주어진 미분 방정식의 양변에 특정 함수를 곱해서 얻어진 미분 방정식이 완전 미분 방정식이면, 그 곱한 함수를 **적분 인수**라고 부른다.

예제 8.10 (a) 함수 $1/x^2$ 과 (b) 함수 $1/y^2$ 은 미분 방정식

$$ydx-xdy=0 \tag{8.87}$$

의 적분 인수인가?

<u>풀이 :</u>

(a) 주어진 미분 방정식의 양변에 함수 $\frac{1}{x^2}$ 를 곱하면

$$\frac{y}{x^2}dx-\frac{1}{x}dy=0\ . \tag{8.88}$$

$M=\frac{y}{x^2}, N=-\frac{1}{x}$ 라고 생각하면

$$\frac{\partial M}{\partial y}=\frac{1}{x^2}=\frac{\partial N}{\partial x}$$

완전 미분 방정식이기 위한 필요충분조건 (8.74)를 만족시키므로 식 (8.88)은 완전 미분 방정식이다. 따라서 함수 $\frac{1}{x^2}$ 는 적분인수이다.

(b) 주어진 미분 방정식의 양변에 $\frac{1}{y^2}$ 를 곱하면

$$\frac{1}{y}dx - \frac{x}{y^2}dy = 0 \tag{8.89}$$

$M = \frac{1}{y}, N = -\frac{x}{y^2}$ 라고 생각하면

$$\frac{\partial M}{\partial y} = -\frac{1}{y^2} = \frac{\partial N}{\partial x}$$

완전 미분 방정식이기 위한 필요충분조건 (8.74)를 만족시키므로 식 (8.89)는 완전 미분 방정식이다. 따라서 함수 $\frac{1}{y^2}$ 도 적분인수이다.

방정식의 양변에 적분 인수를 곱하더라도 해는 변하지 않는다. 즉 적분 인수를 곱해서 얻어진 완전 미분 방정식의 해는 원래의 주어진 미분 방정식의 해와 같다. 따라서 적분 인수를 알면 미분 방정식의 해를 구할 수 있다. 주어진 미분 방정식이 완전 미분 방정식이 아닐 때 적분 인수를 알아내어 해를 구하는 과정을 아래의 예제 8.11-8.12 를 통해서 알아 보자. 예제 8.11-8.12 에서 알 수 있듯이 적분 인수는 x 만의 함수일 수도 있고, y만의 함수일 수도 있다. 경우에 따라서 적분 인수가 x,y 두 변수의 함수일 수도 있지만 이런 경우는 복잡하므로 고려하지 않기로 한다.

경우 1 : x만의 함수인 적분 인수를 구하여 풀기

예제 8.11 다음 미분 방정식에 대하여 완전 미분 방정식이 아님을 확인하고, 적분 인수를 구하고, 적분 인수를 이용하여 일반해를 구하여라.

$$2\sin(y^2)dx + xy\cos(y^2)dy = 0 \tag{8.90}$$

풀이 :

step 1 : 주어진 미분 방정식이 완전 미분 방정식인지 아닌지 확인한다.

$M = 2\sin(y^2)$, $N = xy\cos(y^2)$ 이라고 생각하면,

$$\frac{\partial M}{\partial y} = 4y\cos(y^2) \quad , \quad \frac{\partial N}{\partial x} = y\cos(y^2) \tag{8.91}$$

이므로 $\frac{\partial M}{\partial y} \neq \frac{\partial N}{\partial x}$ 이다. 필요 충분 조건 (8.74)를 만족시키지 않으므로 주어진 미분 방정식 (8.90)은 완전 미분 방정식이 아니다.

Step 2 : 적분 인수를 구한다.

만약 x 만의 함수 $F = F(x)$가 적분 인수라면, 주어진 방정식 (8.90)의 양변에 F를 곱해서 얻어지는 미분 방정식

$$F \cdot 2\sin(y^2)dx + F \cdot xy\cos(y^2)dy = 0 \tag{8.92}$$

은 완전 미분 방정식이다. 따라서 $M = F \cdot 2\sin(y^2)$, $N = F \cdot xy\cos(y^2)$ 이라고 생각하면 조건 (8.74)를 만족시킨다. 즉

$$\begin{aligned} \frac{\partial F \cdot 2\sin(y^2)}{\partial y} &= \frac{\partial F \cdot xy\cos(y^2)}{\partial x} \\ \frac{\partial F}{\partial y}2\sin(y^2) + F\frac{\partial 2\sin(y^2)}{\partial y} &= \frac{\partial F}{\partial x}xy\cos(y^2) + F\frac{\partial xy\cos(y^2)}{\partial x} \end{aligned}$$

그런데 F는 x만의 함수이므로, $\frac{\partial F}{\partial y} = 0$ 이고 $\frac{\partial F}{\partial x} = \frac{dF}{dx}$ 이다. 따라서

$$\begin{aligned} 0 + F \cdot 4y\cos(y^2) &= \frac{dF}{dx}xy\cos(y^2) + F \cdot y\cos(y^2) \\ \frac{dF}{dx}x &= 3F \end{aligned} \tag{8.93}$$

식 (8.93) 을 만족시키는 F를 아무거나 한 개 찾으면 그 것이 적분 인수이다. 변수를 분리한 후 양변을 적분하면

$$\begin{aligned} \frac{1}{F}dF &= \frac{3}{x}dx \\ \ln F &= 3\ln x \end{aligned}$$

따라서 적분 인수 F는

$$F = x^3 \tag{8.94}$$

Step 3 : 일반해를 구한다.

주어진 방정식 (8.90) 에 적분 인수 x^3을 곱해서 얻어지는 미분 방정식

$$2x^3\sin(y^2)dx + x^4y\cos(y^2)dy = 0 \tag{8.95}$$

은 완전 미분 방정식이다. 따라서 식 (8.95)는 어떤 함수 u 에 대하여

$$\frac{\partial u}{\partial x}dx + \frac{\partial u}{\partial y}dy = 0 \tag{8.96}$$

꼴이다. 식 (8.95)와 식 (8.96)을 비교하면

$$\frac{\partial u}{\partial x} = 2x^3 \sin(y^2) \quad \text{이고} \quad \frac{\partial u}{\partial y} = x^4 y \cos(y^2) \tag{8.97}$$

식 (8.97) 로부터 u를 구하면

$$u = \frac{1}{2}x^4 \sin(y^2)$$

따라서 일반해는 $u = c$ 즉

$$\frac{1}{2}x^4 \sin(y^2) = c \tag{8.98}$$

경우 2 : y만의 함수인 적분 인수를 구하여 풀기

때로는 변수 x 만의 함수인 적분 인수가 존재하지 않을 수도 있다. 그런 경우엔 변수 y 만의 함수인 적분 인수를 구해 본다.

예제 8.12 다음 미분 방정식에 대하여 완전 미분 방정식이 아님을 확인하고, 적분 인수를 구하고, 적분 인수를 이용하여 일반해를 구하여라.

$$2xydx + (4y + 3x^2)dy = 0 \tag{8.99}$$

풀이 :

step 1 : 주어진 미분 방정식이 완전 미분 방정식인지 아닌지 확인한다.

$M = 2xy$, $N = (4y + 3x^2)$ 이라고 생각하면,

$$\frac{\partial M}{\partial y} = 2x \quad , \quad \frac{\partial N}{\partial x} = 6x \tag{8.100}$$

이므로 $\frac{\partial M}{\partial y} \neq \frac{\partial N}{\partial x}$ 이다. 필요 충분 조건 (8.74)를 만족시키지 않으므로 주어진 미분 방정식 (8.99)는 완전 미분 방정식이 아니다.

Step 2 : 적분 인수를 구한다.

만약 y 만의 함수 $G = G(y)$가 적분 인수라고 하면, 적분 인수의 정의에 의해 미분 방정식 (8.99)의 양변에 G를 곱해서 얻어지는 미분 방정식

$$G \cdot 2xydx + G(4y + 3x^2)dy = 0 \tag{8.101}$$

은 완전 미분 방정식이다. 따라서 $M = G \cdot 2xy$, $N = G(4y + 3x^2)$ 라고 생각하면 조건 (8.74)를 만족시킨다. 즉

$$\begin{aligned} \frac{\partial G \cdot 2xy}{\partial y} &= \frac{\partial G(4y + 3x^2)}{\partial x} \\ \frac{\partial G}{\partial y}2xy + G\frac{\partial 2xy}{\partial y} &= \frac{\partial G}{\partial x}(4y + 3x^2) + G\frac{\partial (4y + 3x^2)}{\partial x} \end{aligned}$$

그런데 G는 y만의 함수이므로, $\frac{\partial G}{\partial x} = 0$ 이고 $\frac{\partial G}{\partial y} = \frac{dG}{dy}$이다. 따라서

$$\begin{aligned} \frac{dG}{dy}2xy + G \cdot 2x &= 0 + G \cdot 6x \\ \frac{dG}{dy}y &= 2G \end{aligned} \tag{8.102}$$

식 (8.102)를 만족시키는 함수 G를 아무거나 한 개 찾으면 그 것이 적분 인수이다. 변수를 분리한 후 양변을 적분하면

$$\begin{aligned} \frac{1}{G}dG &= \frac{2}{y}dy \\ \ln G &= 2\ln y \end{aligned}$$

따라서 적분 인수 G는

$$G = y^2 \tag{8.103}$$

Step 3 : 일반해를 구한다.

주어진 방정식 (8.99) 에 적분 인수 y^2을 곱해서 얻어지는 미분 방정식

$$2xy^3dx + (4y^3 + 3x^2y^2)dy = 0 \tag{8.104}$$

은 완전 미분 방정식이다. 따라서 식 (8.104)는 어떤 함수 u 에 대하여

$$\frac{\partial u}{\partial x}dx + \frac{\partial u}{\partial y}dy = 0 \tag{8.105}$$

꼴이어야 한다. 식 (8.104)와 식 (8.105)를 비교하면

$$\frac{\partial u}{\partial x} = 2xy^3 \quad \text{이고} \quad \frac{\partial u}{\partial y} = 4y^3 + 3x^2y^2 \tag{8.106}$$

식 (8.106)으로부터 u를 구하면

$$u = x^2y^3 + y^4$$

따라서 일반해는 $u = c$ 즉

$$x^2y^3 + y^4 = c \tag{8.107}$$

연습문제

8.10. 다음 각 미분 방정식에 대하여 우측에 주어진 함수 F 가 적분 인수임을 증명하고 일반해를 구하여라.

(a) $\sin y dx + \cos y dy = 0$, $F = e^x$

(b) $3ydx + 2xdy = 0$, $F = F(x,y) = x^2y$

(c) $ydx + [y + \tan(x+y)]dy = 0$, $F = F(x,y) = \cos(x+y)$

8.11. 다음 각 미분 방정식의 적분 인수를 찾고, 찾은 적분 인수를 이용하여 일반해를 구하여라.

(a) $x^2y' + xy + 1 = 0$

(b) $2xydy = (x^2 + y^2)dx$

(c) $2\cos(\pi y)dx = \pi \sin(\pi y)dy$

(d) $(3xe^y + 2y)dx + (x^2e^y + x)dy = 0$

(e) $(2y + xy)dx + 2xdy = 0$

(f) $y\cos x dx + 3\sin x dy = 0$

(g) $y(x+y+1)dx + x(x+3y+2)dy = 0$

(h) $(4+2y)dx - dy = 0$

8.6 1계 선형 미분 방정식

$P(x)$와 $Q(x)$ 가 주어진 x 의 함수일 때

$$y' + P(x)y = Q(x) \tag{8.108}$$

의 꼴로 나타내어질 수 있는 미분 방정식을 **1계 선형 미분 방정식**이라고 부른다. '1계'는 미분 방정식 내에 있는 미분의 최대 미분 횟수가 1 회임을 뜻하고, '선형'이라 함은 미지 함수 y'과 y 의 관계가 선형(즉 y'은 y의 1차식)임을 의미한다.

예제 8.13 다음 각 미분 방정식은 1계 선형 미분 방정식인가?

(a) $y' = xy + 3$ (b) $yy' = x + 3$

(c) $x^3 y' = (\sin^2 x)y + \sqrt{x} + 3$ (d) $y' + p(x)y = g(x)y^2$

풀이 :

(a) $y' - xy = 3$ 이므로 선형 미분 방정식이다.

(b) yy' 항이 있으므로 선형 미분 방정식이 아니다.

(c) $y' - \frac{\sin^2 x}{x^3} y = \frac{\sqrt{x}+3}{x^3}$ 이므로 선형 미분 방정식이다.

(d) y^2 항이 있으므로 선형 미분 방정식이 아니다.

1계 선형 미분 방정식 (8.108)의 일반해는 아래에 설명한 것과 같이 적분 인수를 찾아서 주어진 방정식을 완전 미분 방정식으로 변환함으로써 구할 수 있다.

적분 인수 구하기

$y' = \frac{dy}{dx}$를 이용하여 주어진 1계 선형 미분 방정식 (8.108)을 다시 쓰면

$$(Py - Q)dx + dy = 0 \tag{8.109}$$

만약 x 만의 함수 $F = F(x)$가 적분 인수라면 방정식 (8.109)의 양변에 F를 곱해서 얻어지는 미분 방정식

$$F(Py - Q)dx + F dy = 0 \tag{8.110}$$

은 완전 미분 방정식이다. 따라서 $M = F(Py - Q)$, $N = F$ 라고 생각하면 조건 (8.74)를 만족시킨다. 즉

$$\frac{\partial F(Py - Q)}{\partial y} = \frac{\partial F}{\partial x}$$

$$\frac{\partial F}{\partial y}(Py - Q) + FP = \frac{\partial F}{\partial x}$$

그런데 F는 x만의 함수이므로, $\frac{\partial F}{\partial y} = 0$ 이고 $\frac{\partial F}{\partial x} = \frac{dF}{dx}$ 이다. 따라서

$$FP = \frac{dF}{dx} \quad . \tag{8.111}$$

식 (8.111)을 만족시키는 F를 아무거나 한 개 찾으면 그 것이 적분 인수이다. 식 (8.111)에서 변수를 분리한 후 양변을 적분하면

$$\frac{1}{F}dF = Pdx$$

$$\ln F = \int Pdx \ . \tag{8.112}$$

따라서 적분 인수 F는

$$F = e^{\int Pdx} \ . \tag{8.113}$$

일반해 구하기

주어진 1계 선형 미분 방정식 (8.109) 에 적분 인수 $e^{\int Pdx}$을 곱하면

$$\left(Pye^{\int Pdx} - Qe^{\int Pdx}\right)dx + e^{\int Pdx}dy = 0 \ . \tag{8.114}$$

식 (8.114)는 완전 미분 방정식

$$d\left(ye^{\int Pdx} - \int Qe^{\int Pdx}dx\right) = 0 \tag{8.115}$$

이다. 식 (8.115)의 양변을 적분하면

$$ye^{\int Pdx} - \int Qe^{\int Pdx}dx = c \ . \tag{8.116}$$

따라서 1계 선형 미분 방정식 (8.108)의 일반해는 다음과 같다.

$$y = e^{-\int Pdx}\left[c + \int Qe^{\int Pdx}dx\right] \ . \tag{8.117}$$

예제 8.14 다음 1계 선형 미분 방정식의 일반해를 구하여라.

$$y' - y = e^{5x} \tag{8.118}$$

풀이 :

$P(x) = -1$, $Q(x) = e^{5x}$이므로 적분 인수는 $e^{\int Pdx} = e^{\int(-1)dx} = e^{-x}$ 이다. 식 (8.117)에 대입하면 일반해는 다음과 같이 구할 수 있다.

$$y = e^{x}\left[c + \int e^{5x}e^{-x}dx\right] = e^{x}\left[c + \frac{1}{4}e^{4x}\right] = ce^{x} + \frac{1}{4}e^{5x} \ . \tag{8.119}$$

연습문제

8.12. 다음 각 미분 방정식이 1계 선형 미분 방정식인지 아닌지 판별하여라.

(a) $(\sin x)y = 2xy' + e^x$ (b) $y' + 2xy = \frac{4x^2}{y}$

(c) $y' + 2y^2 = 4x$ (d) $y' + 2x\sin y = 3x$

8.13. 1계 선형 미분 방정식

$$y' + p(x)y = r(x) \tag{8.120}$$

$$y' + p(x)y = 0 \tag{8.121}$$

에 대하여 다음 각 명제를 증명하여라.

(a) $y = 0$ 은 방정식 (8.121)의 해이다.

(b) 만약 y_1이 방정식 (8.121)의 해이면, $y = cy_1$ (c 는 상수) 도 방정식 (8.121)의 해이다.

(c) 만약 y_1 과 y_2 과 방정식 (8.121)의 해이면, $y = y_1 + y_2$ 도 방정식 (8.121)의 해이다.

(d) 만약 y_1 이 방정식 (8.120) 의 해이고 y_2 가 방정식 (8.121)의 해이면 $y = y_1 + y_2$ 는 방정식 (8.120)의 해이다.

(e) 만약 y_1 이 방정식 (8.120)의 해이면, $y = cy_1$ 은 방정식 $y' + p(x)y = cr(x)$ 의 해이다.

(f) 만약 y_1 이 $r(x) = r_1(x)$ 일 때의 방정식 (8.120) 의 해이고 y_2 는 $r(x) = r_2(x)$ 일 때의 방정식 (8.120) 의 해이면 $y = y_1 + y_2$ 는 $r(x) = r_1(x) + r_2(x)$ 일 때의 방정식 (8.120) 의 해이다.

8.14. 다음 각 미분 방정식의 일반해를 구하여라.

(a) $y' + 3y = 12$ (b) $y' + y = (x+1)^2$

(c) $y' + y\tan x = \sin 2x$ (d) $y' + \frac{2}{x}y = \frac{3}{x}$

8.15. (베르누이 방정식) 1계 비선형 상미분 방정식 중에서

$$y' + P(x)y = Q(x)y^a \tag{8.122}$$

꼴의 미분 방정식은 베르누이 방정식이라고 불리는데, $y^{1-a} = u$로 치환하면 1계 선형 미분 방정식으로 변환할 수 있다. 즉 식 (8.122)의 양변을 y^a로 나누면

$$y^{-a}y' + P(x)y^{1-a} = Q(x) \ . \tag{8.123}$$

식 (8.123)에 $y^{1-a} = u, \quad (1-a)y^{-a}y' = u'$ 를 대입하여 정리하면

$$u' + P(x)u = Q(x) \ . \tag{8.124}$$

선형 미분 방정식 (8.124)을 풀어 u에 대한 일반해를 구한 후에, 다시 $u = y^{1-a}$를 대입하면 y에 대한 일반해를 얻을 수 있다. 이와 같은 치환 방법을 이용하여 다음 각 1계 상미분 방정식의 일반해를 구하여라.

(a) $y' + 3y = 12y^5$ (b) $y' + y = y^2$

(c) $y' + 2y = xy^3$ (d) $y' - Ay = -By^2$

Chapter 9
모델링 응용

공학 응용 문제에서 물리 법칙은 종종 미분 방정식으로 모델링 된다. 이 장에서는 공학 응용 문제를 미분 방정식의 초기치 문제로 모델링하여 해를 구하는 과정을 다양한 예제를 통하여 알아 보자.

9.1 변화율을 나타내는 방정식

방사성 탄소 연대 측정

예제 9.1 모든 유기체는 방사성 탄소 ${}_6C^{14}$와 일반 탄소 ${}_6C^{12}$를 포함하고 있다. 살아 있는 유기체는 호흡을 통하여 방사성 탄소를 계속 재충전하므로 ${}_6C^{14}$와 ${}_6C^{12}$의 비율을 일정하게 유지한다. 하지만 유기체가 죽으면 그 순간부터 방사성 탄소는 붕괴하여 없어지기만 하고 재충전되지 않게 된다. 어떤 화석 나무 속의 방사성 탄소 ${}_6C^{14}$의 양이 살아 있는 나무 속의 ${}_6C^{14}$ 양의 30% 였다면 그 화석은 죽은지 몇년이 된 나무의 화석인가? 방사성 탄소 ${}_6C^{14}$의 감소 속도는 현재의 양에 비례하며, 반감기는 5580년인 것으로 가정한다.

풀이 :

Step 1 : 모델링

나무가 죽은 시점으로부터 시간 t 년이 흘렀을 때의 방사성 탄소 ${}_6C^{14}$의 양을 $y(t)$라 하자. 시간 t일 때 방사성 탄소 ${}_6C^{14}$의 감소 속도 $\frac{dy}{dt}$ 는 남아 있는 방사성 탄소의 양 y 에 비례하므로 비례상수를 k라 두면

$$\frac{dy}{dt} = ky \tag{9.1}$$

한 편 살아 있는 나무 속의 $_6C^{14}$ 의 양을 y_o 라 하면, 반감기 5580 년 후의 $_6C^{14}$ 의 양은 $\frac{y_o}{2}$ 이므로 다음과 같은 조건을 만족시켜야 한다.

$$y(0) = y_o \quad , \quad y(5580) = \frac{y_o}{2} \tag{9.2}$$

Step 2 : 일반해 구하기

식 (9.1) 에서 변수 y는 좌변에, 변수 t는 우변에 분리한 후 적분하면

$$\begin{aligned} \frac{1}{y}dy &= kdt \\ \int \frac{1}{y}dy &= \int kdt + c_1 \\ \ln|y| &= kt + c_1 \\ |y| &= e^{c_1}e^{kt} \end{aligned} \tag{9.3}$$

새로운 임의의 상수 c를 사용하여 다시 쓰면 일반해는

$$y = ce^{kt} \tag{9.4}$$

Step 3 : 특수해 구하기

초기 조건 $y(0) = y_o$을 대입하면 $c = y_o$. 따라서 특수해는

$$y = y_oe^{kt} \tag{9.5}$$

Step 4 : 비례상수 k 구하기

조건 $y(5580) = \frac{y_o}{2}$을 대입하면 $y_oe^{k5580} = \frac{y_o}{2}$ 즉 $k = -\frac{\ln 2}{5580}$. 따라서

$$y = y_oe^{-\frac{\ln 2}{5580}t} \tag{9.6}$$

Step 5 : $y(t) = \frac{3}{10}y_o$ 일 때의 시간 t 구하기

$$\frac{3}{10}y_o = y_oe^{-\frac{\ln 2}{5580}t} \tag{9.7}$$

$$t = \frac{\ln\frac{3}{10}}{-\frac{\ln 2}{5580}} = 9692.3 \quad (\text{년}) \tag{9.8}$$

Newton의 냉각 법칙

예제 9.2 Newton의 냉각 법칙에 따르면 열전도율이 매우 높은 물체의 경우에 물체의 온도의 변화율은 물체 온도와 물체 주변 온도 사이의 차에 비례한다. 100°C 로 가열한 쇠구슬을 온도가 30°C 로 일정하게 유지되는 물속에 넣었더니 2분 후에 쇠구슬의 온도가 70°C 가 되었다. 처음 쇠구슬을 물에 넣은 후 쇠구슬의 온도가 50°C 가 될 때까지 걸리는 시간은 몇 분일까?

풀이 :

Step 1 : 모델링

시간 t 분일 때의 쇠구슬의 온도를 $T(t)$ 라고 하자. 물체의 온도 T의 변화율 $\frac{dT}{dt}$ 는 물체의 온도와 주변 온도 사이의 차 $T-30$ 에 비례한다. 따라서 비례상수를 k라 두면

$$\frac{dT}{dt} = k(T-30) \ . \tag{9.9}$$

한 편 쇠구슬의 처음 온도가 100°C 이고, 2분 후의 온도가 70° 이므로 다음과 같은 조건을 만족시켜야 한다.

$$T(0) = 100 \quad , \quad T(2) = 70 \tag{9.10}$$

Step 2 : 일반해 구하기

식 (9.9)는 변수 분리형 미분 방정식이다. 변수 T는 좌변에, 변수 t는 우변에 분리하면

$$\frac{1}{T-30}dT = kdt \tag{9.11}$$

식 (9.11)의 양변을 적분하여 일반해를 구하면

$$\begin{aligned}
\int \frac{1}{T-30}dT &= \int kdt + c_1 \\
\ln|T-30| &= kt + c_1 \\
|T-30| &= e^{c_1}e^{kt} \\
T-30 &= \pm e^{c_1}e^{kt} \ .
\end{aligned} \tag{9.12}$$

새로운 임의의 상수 c를 사용하여 식 (9.12)를 다시 쓰면 일반해는

$$T = 30 + ce^{kt} \ . \tag{9.13}$$

Step 3 : 특수해 구하기

초기 조건 $T(0) = 100$을 대입하면 $30 + c = 100$ 즉 $c = 70$. 따라서 초기 조건을 만족시키는 특수해는

$$T = 30 + 70e^{kt} \tag{9.14}$$

Step 4 : 비례상수 k 구하기

조건 $T(2) = 70$을 대입하면 $70 = 30 + 70e^{2k}$ 즉 $k = \frac{\ln(4/7)}{2} = -0.2798$. 따라서

$$T = 30 + 70e^{-0.2798t} \tag{9.15}$$

Step 5 : $T(t) = 50$ 일 때의 시간 t 구하기

$$50 = 30 + 70e^{-0.2798t} \tag{9.16}$$

$$t = \frac{\ln \frac{2}{7}}{-0.2798} = 4.4772 \quad (\text{분}) \tag{9.17}$$

물질의 혼합

예제 9.3 200 kg의 설탕이 녹아 있는 설탕물 800 L 가 수조 안에 들어 있다. 이 수조 윗쪽에 있는 수도 꼭지를 틀어서 1초당 2 L 의 맹물을 공급하고, 동시에 수조 밑바닥의 배출구를 열어서 1분당 2 L의 설탕물을 배출한다. 수조 내의 설탕물은 끊임 없이 잘 저어 주어서 설탕물의 농도는 수조 내의 모든 위치에서 균일하다고 가정한다. 시간 300 초가 지났을 때 수조 안의 설탕물에 녹아 있는 설탕의 양을 구하여라.

풀이 :

Step 1 : 모델링

시간 t 초일 때의 수조 안의 설탕양을 $y(t)$ kg이라고 하자. 매 초당 2 L 의 설탕물이 빠져나가므로 매 초 당 수조를 빠져 나가는 설탕양은

$$\frac{2}{800}y(t) \quad \text{kg/s}$$

이다. 따라서 설탕양의 변화율 $\frac{dy}{dt}$ 는

$$\frac{dy}{dt} = -\frac{2}{800}y \tag{9.18}$$

이다. 한 편 처음 소금양이 200 kg 이므로 다음과 같은 초기 조건을 만족시켜야 한다.

$$y(0) = 200 \quad . \tag{9.19}$$

Step 2 : 일반해 구하기

식 (9.18)은 분리형 미분 방정식이다. 변수 분리하면

$$\frac{1}{y}dy = -\frac{1}{400}dt \quad .$$

양변을 적분하여 일반해를 구하면

$$\begin{aligned} \ln|y| &= -\frac{1}{400}t + c_1 \\ |y| &= e^{-\frac{1}{400}t+c_1} \\ y &= \pm e^{c_1}e^{-\frac{1}{400}t} \end{aligned}$$

임의의 상수 $\pm e^{c_1}$을 새로운 임의의 상수 c로 대치하면

$$y = ce^{-\frac{1}{400}t} \quad . \tag{9.20}$$

Step 3 : 특수해 구하기

초기 조건 $y(0) = 200$을 대입하면 $c = 200$. 따라서 초기 조건을 만족시키는 특수해는

$$y = 200e^{-\frac{1}{400}t} \quad . \tag{9.21}$$

Step 4 : 300 초 후의 설탕 양 구하기

$$y(300) = 200e^{-\frac{3}{4}} \text{ kg} \quad . \tag{9.22}$$

연습문제

9.1. 방사성 탄소 ${}_6C^{14}$는 임의의 주어진 시간에 존재하는 양에 비례하는 속도로 감소되며 그 반감기는 5715년이다. 어떤 화석 뼈의 나이가 2000년이라면 그 화석 뼈 속의 방사성 탄소 ${}_6C^{14}$ 의 양은 2000년 전 처음의 양의 몇 퍼센트나 남아 있을까?

9.2. 물체의 온도의 변화율은 물체의 온도와 주변 온도와의 차이에 비례한다. 만두를 좋아하는 소희가 뜨거운 만두를 꺼내어 20°C의 방에 놔두었다. 처음 만두의 온도가 80°C이었는데 2분이 지난 다음에는 60°C가 되었다고 한다. 만두를 꺼낸 시점에서부터 얼마가 경과하면 만두의 온도가 40°C가 되는가?

9.3. 물체의 온도의 변화율은 물체의 온도와 주변 온도와의 차이에 비례한다. 겨울철 공학관 건물의 난방은 오전 7시에 시작하여 오후 9시에 끄며, 난방 가동 시간 동안엔 건물 내부의 온도를 24°로 유지한다. 어느 날 새벽 1시에 건물 내부의 온도를 측정했더니 18°C 였다. 이날 오전 7시엔 건물내부의 온도가 얼마일까? 전 날 밤 9시부터 이날 오전 7시까지 밤사이에 건물 외부의 온도는 5°C로 일정하였다고 가정한다.

9.4. 물체의 온도의 변화율은 물체의 온도와 주변 온도와의 차이에 비례한다. 이 사실은 시체의 사망시간을 추정하는데 사용될 수있다. 강릉시의 홍길동 형사는 경포호변의 자전거 도로에서 죽은 채로 발견된 나토끼씨의 사건을 수사하고 있다. 홍길동 형사가 화요일 오전 8시에 시체의 온도를 쟀더니 20°C 였다. 오전 9시에 다시 시체의 온도를 쟀더니 18°C 로 냉각되어 있었다. 화요일 오전 경포호 주변의 온도는 15°C 로 일정하게 유지되고 있었고, 나토끼씨의 살아 있을 때의 정상적인 체온은 40°C이라고 한다면, 나토끼씨가 자전거 사고로 사망한 시간은 언제인가?

9.5. 수조 안에 100 kg 의 소금이 녹아 있는 소금물 5000 L 가 들어 있다. 수조 윗쪽에 있는 수도 꼭지를 틀어서 매 초당 2 L 의 맹물을 수조로 공급하고, 동시에 수조 밑바닥의 배출구를 열어서 매 초당 2 L의 소금물을 배출한다. 단 수조 내의 소금물은 끊임 없이 잘 저어 주어서 소금물 내의 소금 농도가 위치에 상관 없이 균일하다고 가정한다. 1분 후에 수조 안에 남아 있는 소금의 양은 몇 kg 일까?

9.6. 수조 안에 200 kg의 설탕이 녹아 있는 설탕물 1000 L 가 들어 있다. 이 수조 윗쪽에 있는 수도 꼭지를 틀어서 1분당 50 L 의 설탕물을 공급하고, 동시에 수조 밑바닥의 배출구를 열어서 1분당 50 L의 설탕물을 배출한다. 수조 내의 설탕물은 끊임 없이 잘 저어 주어서 설탕물의 농도는 수조 내의 모든 위치에서 균일하다고 가정한다. 공급되는 설탕물의 농도가 시간 t의 함수로서, $(1+\cos t)$ kg/L 라고 할 때, 시간 10 분이 지났을 때 수조 안의 설탕물에 녹아 있는 설탕의 양을 구하여라.

9.7. 높이가 4 m 인 원통에 물이 가득 차 있다. 밑면 중앙에 작은 원형 구멍을 뚫으면, 원통 안의 물의 높이가 현재 물의 높이의 제곱근에 비례하는 속도로 줄어든다고 알려져 있다. 처음 구멍을 뚫은 후 원통 안이 완전히 빌 때까지의 시간을 측정했더니 10시간이 걸렸다. 구멍을 뚫은 후부터 원통 안의 물의 높이가 처음의 반이 될 때까지는 얼마의 시간이 걸렸을까?

9.2 Newton의 운동 법칙

예제 9.4 질량 m kg 인 물체가 지상으로부터 수직 위쪽 방향으로 초기 속력 v_0 m/s로 발사되었다. 이 물체에는 두 힘(중력과 공기저항력)이 작용한다. 중력은 아래 방향으로 작용하며 그 크기는 '질량×중력가속도'이다. 따라서 수직 위쪽 방향을 +방향으로 잡고, 중력 가속도를 g m/s^{2}이라 하면, 중력은 $-mg$ N 이다. 공기저항력은 물체의 속도와 반대 방향으로 작용하며 그 크기는 속력에 비례하는 것으로 가정한다. 즉 공기저항력은 $-kmv$ N (k는 비례상수)라고 하자. Newton의 제2 운동법칙에 따르면 물체에 힘이 가해졌을 때 물체가 얻는 가속도, 물체의 질량, 물체에 가해진 힘 사이에는 다음 관계식이 성립한다.

$$\text{힘} = \text{질량} \times \text{가속도} \ . \tag{9.23}$$

물체가 올라가다가 속도가 0이 되어 떨어지기 시작하는 것은 발사된지 몇 초 후인가? 속도 v에 대한 미분방정식을 세우고, 풀어서 답을 구하여라.

풀이 :

Step 1 : 모델링

수직 위쪽 방향을 +방향이라고 하고 시간 t 초일 때의 물체의 속도를 $v(t)$ 라고 하면, 물체에 작용하는 힘(중력+공기저항력)은 $-mg-kmv$ N 이다. 따라서 식 (9.23)으로부터

$$-mg - kmv = m\frac{dv}{dt}$$

즉

$$\frac{dv}{dt} = -g - kv \ . \tag{9.24}$$

한 편 $t=0$일 때 속도가 v_0이므로 다음 초기 조건을 만족시켜야 한다.

$$v(0) = v_0 \ . \tag{9.25}$$

Step 2 : 일반해 구하기

식 (9.24)에서 변수 v는 좌변에, 변수 t는 우변에 분리하면

$$\frac{1}{v+g/k}dv = -kdt \tag{9.26}$$

식 (9.26)의 양변을 적분하여 일반해를 구하면

$$\ln\left|v+\frac{g}{k}\right| = -kt + c_1 \ .$$

$$\left|v+\frac{g}{k}\right| = e^{c_1}e^{-kt}$$
$$v+\frac{g}{k} = \pm e^{c_1}e^{-kt} \quad . \tag{9.27}$$

새로운 임의의 상수 c를 사용하여 식 (9.27)을 다시 쓰면 일반해는

$$v = ce^{-kt} - \frac{g}{k} \quad . \tag{9.28}$$

Step 3 : 특수해 구하기

일반해에 초기 조건 $v(0) = v_0$을 대입하면 $v_0 = c - \frac{g}{k}$, 즉 $c = v_0 + \frac{g}{k}$이다. 따라서 초기 조건을 만족시키는 특수해는

$$v = \left(v_0 + \frac{g}{k}\right)e^{-kt} - \frac{g}{k} \quad . \tag{9.29}$$

Step 4 : $v(t_1) = 0$ 인 시간 t_1 구하기

$$\left(v_0 + \frac{g}{k}\right)e^{-kt_1} - \frac{g}{k} = 0 \tag{9.30}$$

으로부터

$$t_1 = \frac{1}{k}\ln\left(1 + \frac{gv_0}{k}\right) \quad . \tag{9.31}$$

연습문제

9.8. 예제 9.4에서 시간 t일 때 물체의 지상으로부터의 높이를 $x(t)$라 하자. 속도는 변위의 미분이므로 x와 v 사이에는

$$v = \frac{dx}{dt}$$

의 관계가 성립한다. x의 최대값(즉 물체의 지상으로부터의 최대 높이)은 얼마인지 구하여라.

9.9. 낙하산에 두 힘(중력과 공기저항)이 서로 반대 방향으로 작용한다. 중력의 크기는 mg로서 아래 방향으로 작용한다. (m은 낙하산과 낙하산에 매달린 물건의 질량을 나타내는데 $m = 40$ kg 이라고 가정한다. g는 중력가속도인데 $g = 10\ m/\mathrm{sec}^2$이라고 가정한다.) 공기저항은 중력의 반대 방향으로 작용하며, 떨어지는 속도 $v(t)$의 제곱과 같다고 가정한다. 낙하산의 낙하속도가 $10\ m/\mathrm{sec}$가 되는 것은 낙하시작 후 몇 초 후인가? Newton의 제2 운동법칙 (힘=질량×속도)를 이용하여 낙하산의 떨어지는 속도 v에 대한 미분방정식을 세우고, 일반해를 유도한 후, 정답을 구하라.

9.3 RL 회로와 RC 회로

선형 미분 방정식은 저항, 인덕터 또는 커패시터로 구성된 간단한 전기회로를 모델링하는데 사용할 수 있다. 예를 들면 그림 9.1(a)처럼 저항과 인덕터로 구성된 **RL 회로**와 그림 9.1(b)처럼 저항과 커패시터로 구성된 **RC 회로**는 1계 선형 미분 방정식으로 모델링할 수 있다.

한 편 저항, 인덕터, 커패시터를 모두 포함하는 회로는 *RLC* 회로라고 부르는데 2계 선형 미분 방정식으로 모델링할 수 있다. 2계 선형 미분 방정식의 풀이법은 아직 공부하지 않았으므로 RLC 회로의 모델링에 대해서는 나중에 제 10 장에서 2계 선형 미분 방정식을 공부한 후에 다시 살펴보기로 하고, 이 절에서는 *RL* 회로와 *RC* 회로를 1계 선형 미분 방정식으로 모델링하여 회로 내의 전압 및 전류를 구하는 과정에 대해서 알아 보자.

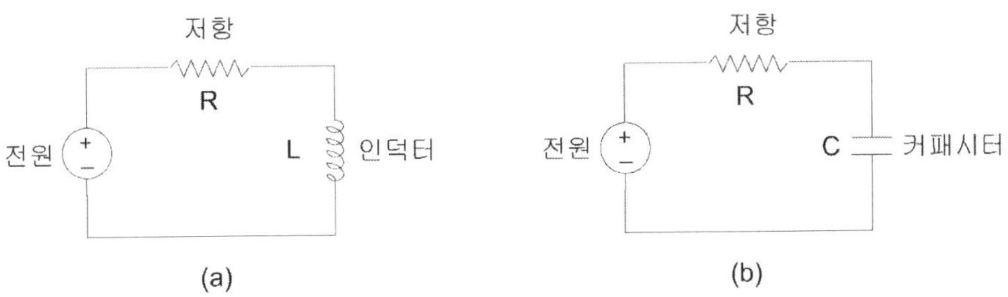

그림 9.1 간단한 전기 회로 (a) RL 회로 (b) RC 회로

저항, 인덕터, 커패시터의 전압 강하

전기 회로를 구성하고 있는 소자 중에서 저항, 인덕터, 커패시터는 전원으로부터 전력을 공급 받아서 소비 또는 저장하는 기능을 수행하는 소자로서 **수동 소자**라고 불린다. 수동 소자인 저항, 인덕터, 커패시터를 통하여 전류 i A (ampere) 가 흐르는 경우, 이들 각 소자의 양단 사이에는 그림 9.2의 표에서 두 번째 열에 보인 것과 같이 전압차 v V (volt) 가 발생한다. 수동 소자에서 전압차 v는 + 단자(전류가 들어가는 쪽 단자)의 전압이 − 단자(전류가 나가는 쪽 단자)의 전압 보다 얼마나 큰 지 그 차이를 나타낸다. 따라서 전류 방향(화살표 방향)으로 소자를 지나가면서 보면, 전압이 v V 만큼 떨어지게 되므로 이 전압차 v를 **전압 강하**라고 부른다. 전류와 전압 강하 사이의 관계는 각 소자마다 다르며 다음과 같다.

저항(resistor)의 경우 전압 강하 v는 전류 i에 비례한다. 이 때 비례 상수 R을 저항값(resistance) 라 부른다. 저항값의 측정 단위로는 Ω (Ohm) 을 사용한다. 따라서 저항값이 R Ω 인 저항의 전류와 전압강하 사이에는 **옴(Ohm)의 법칙**이라고 알려져 있는 다음과 같은 관계가 성립한다.

$$v = Ri \tag{9.32}$$

이름	회로 심볼	전압전류 관계	기호	측정 단위
저항	i $+v-$ R	$v = Ri$	R : 저항값	Ω (Ohm)
인덕터	i $+v-$ L	$v = L\dfrac{di}{dt}$	L : 인덕턴스	H (Henry)
커패시터	i $+v-$ C	$i = C\dfrac{dv}{dt}$	C : 커패시턴스	F (Farad)

그림 9.2 저항, 인덕터, 커패시터의 전압 전류 관계식

인덕터(inductor)의 경우 전압 강하 v가 전류 i의 변화율에 비례한다. 이 때 비례 상수 L 을 **인덕턴스**(inductance)라 부른다. 인덕턴스의 단위로는 H (Henry)를 사용한다. 따라서 인덕턴스가 L H 인 인덕터의 전류와 전압강하 사이에는 다음과 같은 관계가 성립한다.

$$v = L\frac{di}{dt} \quad \text{즉} \quad v = Li' \tag{9.33}$$

커패시터(capacitor)의 경우 전류 i가 전압강하 v의 변화율에 비례한다. 이 때 비례 상수 C를 **커패시턴스**(capacitance)라 부른다. 커패시턴스의 단위로는 F (Farad) 를 사용한다. 따라서 인덕턴스가 C F 인 커패시터의 전류와 전압강하 사이에는 다음과 같은 관계가 성립한다.

$$i = C\frac{dv}{dt} \quad \text{즉} \quad i = Cv' \tag{9.34}$$

전원

전원은 전기 회로에 전력을 공급하는 장치를 말한다. 전원에는 전압 전원(voltage source)과 전류 전원 (current source)의 두 종류가 있다. **전압 전원**은 전류에 상관 없이 정해진 전압을 공급하는 전원을 말하고, **전류 전원**은 전압에 상관 없이 정해진 전류를 공급하는 전원을 말한다. 그림 9.3은 전압 전원과 전류 전원의 회로 심볼을 나타낸 것이다. 그림 9.3을 보면 전원의 경우 전류 i의 방향과 전압차 v의 기준 방향이 그림 9.2에 보인 수동 소자의 경우와 반대로 표시되어 있음을 알 수 있다. 즉 수동 소자의 경우에는 전류 방향으로 소자를 지나 가면서 v V의 전압 강하가 생기는 것으로 표시되어 있는데 반하여, 전원의 경우에는 v V 의 전압 상승이 있는 것으로 표시되어 있다. 이는 수동 소

자가 전력을 받아서 소비 또는 저장하는 역할을 하는 반면, 전원은 회로에 전력을 공급하는 역할을 하기 때문이다.

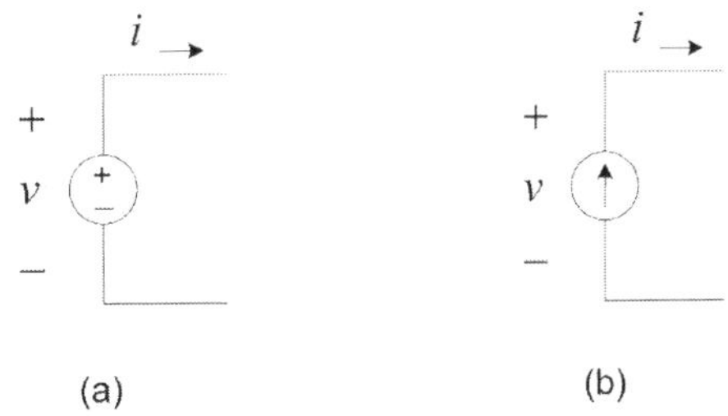

그림 9.3 전원의 회로 심볼
(a) 전압 전원 (b) 전류 전원

키르히호프의 법칙

키르히호프의 법칙을 적용하면 주어진 전기 회로를 선형 미분 방정식으로 모델링할 수 있다. 키르히호프의 법칙에는 전압 법칙과 전류 법칙이 있다. 키르히호프의 전압 법칙은 임의의 폐회로에 대해서 적용되며 다음과 같다.

> **키르히호프의 전압 법칙** (Kirchhoff's Voltage Law : KVL)
>
> *"임의의 한 폐회로를 따라 한 바퀴 돌 때 생기는 전압 강하의 합은 전압 상승의 합과 같다"*

예를 들어 그림 9.4 (a)의 폐회로에 KVL을 적용하면

$$v_1 + v_2 = e$$

이고, 그림 9.4 (b)의 폐회로에 KVL을 적용하면

$$v_1 + v_2 + v_3 = e$$

이다.

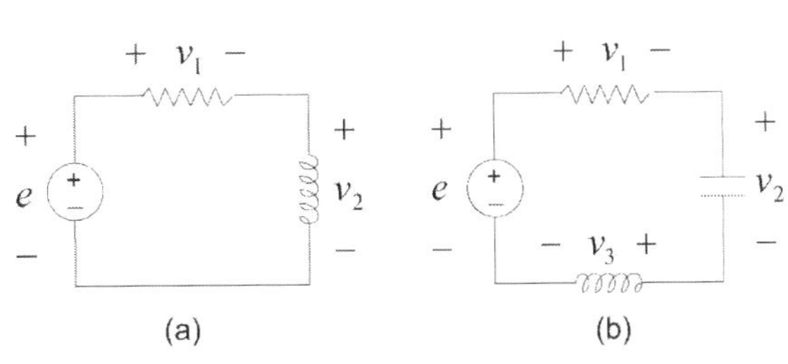

그림 9.4 KVL 적용의 예
(a) $v_1 + v_2 = e$
(b) $v_1 + v_2 + v_3 = e$

한편 키르히호프의 전류 법칙은 임의의 노드(즉 접합점)에 적용되며 다음과 같다.

> **키르히호프의 전류 법칙** (Kirchhoff's Current Law : KCL)
>
> *회로 내의 임의의 한 노드로 들어 가는 전류의 합은 그 노드로부터 나가는 전류의 합과 같다.*

예를 들어 그림 9.5 (a)의 노드 A에 KCL을 적용하면

$$i_1 = i_2 + i_3$$

이고, 그림 9.5 (b)의 노드 B에 KCL을 적용하면

$$i_s + i_1 = i_2 + i_3$$

이다.

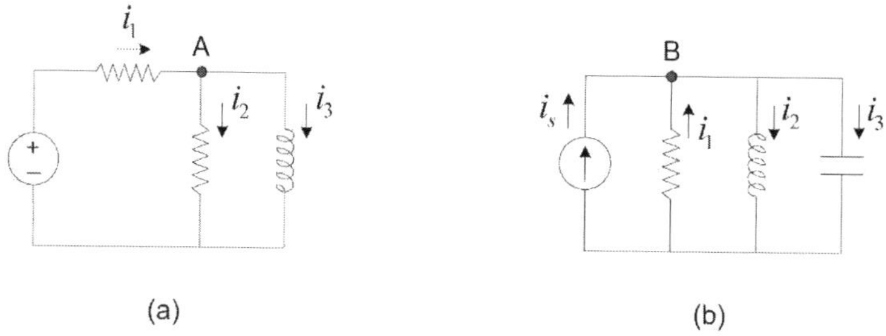

그림 9.5 KCL 적용의 예 (a) $i_1 = i_2 + i_3$ (b) $i_s + i_1 = i_2 + i_3$

키르히호프의 법칙을 적용하여 얻은 방정식에 그림 9.2에 보인 각 소자의 전압 전류 관계식을 적절히 적용하면, 구하고자 하는 변수에 관한 선형 미분 방정식을 얻을 수 있다. 이 미분 방정식을 풀면 전기 회로 내의 전압 또는 전류를 구할 수 있다.

> **예제 9.5** 아래 그림과 같은 RL 회로에서 저항값과 인덕턴스가 각각 $R\ \Omega$과 L H 이고, 전원 전압이 $e(t) = E_0$ V ($t \geq 0$, E_0는 상수) 이며, $t = 0$일 때의 초기 전류 값은 $i(0) = 0$ A 이다.
>
> 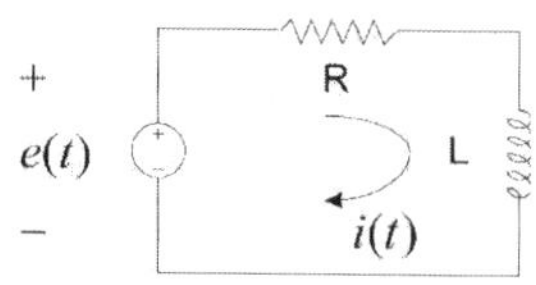
>

(a) 시간 $t \geq 0$ 에 대하여 전류 $i(t)$를 구하고 그 그래프를 스케치하여라.

(b) 전류 $i(t)$는 과도 응답 (즉 $t \to \infty$ 이면 없어지는 항)과 정상 상태 응답 (즉 $t \to \infty$ 이어도 없어지지 않고 남는 항)으로 구성된다. 문항 (a)에서 구한 $i(t)$의 식에서 과도 응답과 정상 상태 응답을 구별하여라.

(c) 주어진 RL 회로의 시정수 τ 는 전류 $i(t)$가 초기값 $i(0) = 0$ 에서 출발하여 정상 상태 값($t \to \infty$ 일 때의 값)의 $(1 - e^{-1})$ 배(약 63%) 되는 값까지 도달하는 데 걸리는 시간으로 정의한다. 시정수 τ 를 구하여라.

풀이 :

(a) 다음과 같이 단계별로 풀이해 나가면 쉽게 풀 수 있다.

step 1 : 회로 내의 각 소자에 전압과 전류를 표시한다.

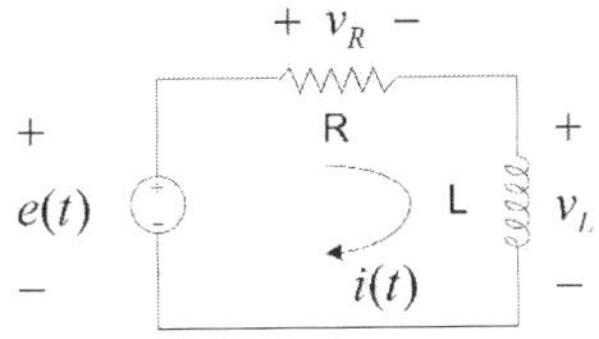

Step 2 : KVL을 적용한다.

$$v_R + v_L = e(t) \tag{9.35}$$

Step 3 : 전류 $i(t)$ 에 관한 미분 방정식을 구한다.

$v_R = Ri,\ v_L = Li',\ e(t) = E_0$ 를 식 (9.35)에 대입하면

$$Ri + Li' = E_0 \tag{9.36}$$

$$i' + \frac{R}{L}i = \frac{E_0}{L} \tag{9.37}$$

Step 4 : 일반해를 구한다.

방정식 (9.37)은 1계 선형 미분 방정식이므로 제 8.6 절의 식 (8.117)을 이용하여 일반해를 구하면

$$\begin{aligned} i &= e^{-\int \frac{R}{L}dt}\left[c + \int \frac{E_0}{L} e^{\int \frac{R}{L}dt} dt\right] \\ &= e^{-\frac{R}{L}t}\left[c + \int \frac{E_0}{L} e^{\frac{R}{L}t} dt\right] \\ &= e^{-\frac{R}{L}t}\left[c + \frac{E_0}{R} e^{\frac{R}{L}t}\right] \end{aligned}$$

따라서

$$i = \frac{E_0}{R} + ce^{-\frac{R}{L}t} \tag{9.38}$$

Step 5 : 초기 조건을 만족하는 특수해를 구한다.

초기 조건 $i(0) = 0$를 식 (9.38) 에 대입하면

$$0 = \frac{E_0}{R} + c$$

$$c = = -\frac{E_0}{R}$$

따라서 초기 조건을 만족하는 특수해는

$$i = \frac{E_0}{R}(1 - e^{-\frac{R}{L}t}) \tag{9.39}$$

즉 전류 $i(t)$는 그림 9.6에 보인 것과 같이 $t = 0$일 때 $i = 0$ 이었다가 시간이 갈수록 증가하여 $t \to \infty$일 땐 $i = \frac{E_0}{R}$로 한없이 접근한다.

(b) 식 (9.39) 를 전개하여 다시 쓰면

$$i = \frac{E_0}{R} - \frac{E_0}{R}e^{-\frac{R}{L}t} \tag{9.40}$$

식 (9.40) 의 우변의 두 번째 항은 $t \to \infty$ 일 때 0 이 된다. 따라서 과도 응답이다. 첫 번째 항은 $t \to \infty$ 이어도 항상 그대로 있다. 따라서 정상 상태 응답이다.

(c) $i(\tau) = \frac{E_0}{R}(1 - e^{-1})$ 이므로

$$\frac{E_0}{R}(1 - e^{-1}) = \frac{E_0}{R} - \frac{E_0}{R}e^{-\frac{R}{L}\tau}$$

$$\tau = \frac{L}{R} \tag{9.41}$$

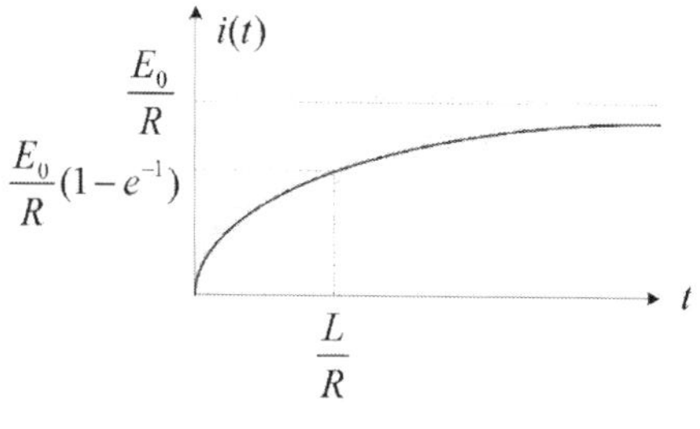

그림 9.6 예제 9.5.

예제 9.6 아래 그림과 같은 RC 회로에서 저항값과 커패시턴스가 각각 R Ω 과 C F 이고, 전원 전압이 $e(t) = E_0$ V ($t \geq 0$, E_0는 상수) 이며, $t = 0$일 때의 초기 전류 값은 $i(0) = I_0$ A (I_0 는 상수) 이다.

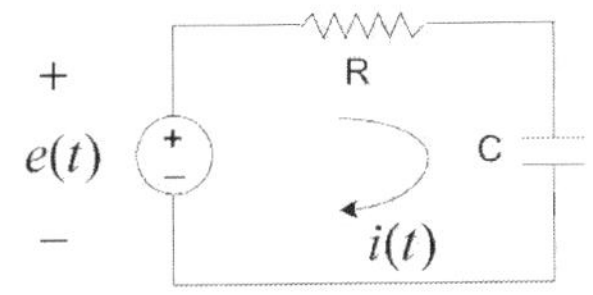

(a) 시간 $t \geq 0$ 에 대하여 전류 $i(t)$를 구하고 그 그래프를 스케치하여라.
(b) 문항 (a)에서 구한 $i(t)$의 식에서 과도 응답과 정상 상태 응답을 구별하여라.
(c) 위의 RC 회로의 시정수 τ 는 전류 $i(t)$가 초기값 $i(0) = I_0$의 e^{-1} 배(약 37%) 로 감소하기까지 걸리는 시간으로 정의한다. 시정수 τ 를 구하여라.

풀이 :

(a) 다음과 같이 단계별로 풀이해 나간다.

step 1 : 회로 내의 각 소자에 전압과 전류를 표시한다.

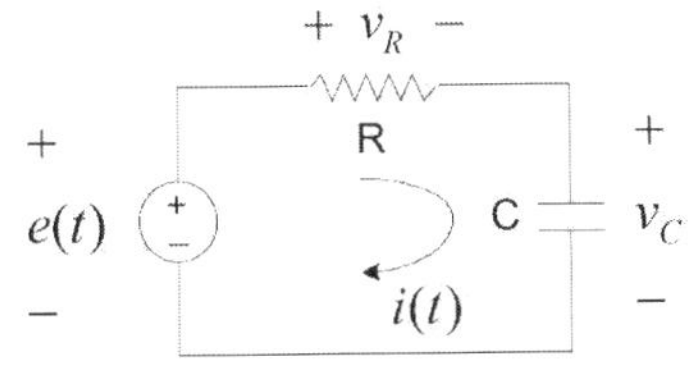

Step 2 : KVL을 적용한다.

$$v_R + v_C = e(t) \tag{9.42}$$

Step 3 : 전류 $i(t)$ 에 관한 미분 방정식을 구한다.

$v_R = Ri$ 를 식 (9.38)에 대입하면

$$Ri + v_C = e(t) \tag{9.43}$$

식 (9.43) 의 양변을 미분하면

$$Ri' + \frac{dv_C}{dt} = \frac{de(t)}{dt} \tag{9.44}$$

$i = C\frac{dv_C}{dt}$ 와 $e(t) = E_0$ 를 대입하면

$$Ri' + \frac{1}{C}i = 0$$
$$i' + \frac{1}{RC}i = 0 \tag{9.45}$$

Step 4 : 일반해를 구한다.
방정식 (9.39)는 1계 선형 미분 방정식인 동시에 분리형 미분 방정식이다. 따라서 제 8.6 절의 식 (8.117)을 이용하거나 또는 제 8.2 절의 방법을 이용하여 일반해를 구하면

$$i = ce^{-\frac{1}{RC}t} \tag{9.46}$$

Step 5 : 초기 조건을 만족하는 특수해를 구한다.

초기 조건 $i(0) = I_0$를 식 (9.46) 에 대입하면

$$I_0 = c$$

따라서 초기 조건을 만족하는 특수해는

$$i = I_0e^{-\frac{1}{RC}t} \tag{9.47}$$

식 (9.47)의 그래프는 그림 9.7과 같다.

(b) 식 (9.47) 에서 $I_0e^{-\frac{1}{RC}t}$ 항은 $t \to \infty$ 일 때 0 이 된다. 따라서 과도 응답이다. $t \to \infty$ 일 때 남는 값은 0 이다. 따라서 정상 상태 응답은 0 이다.
(c) 시정수 τ는 $i(\tau) = I_0e^{-1}$ 을 만족시키는 τ 이므로

$$I_0e^{-1} = I_0e^{-\frac{1}{RC}\tau}$$
$$\tau = RC \tag{9.48}$$

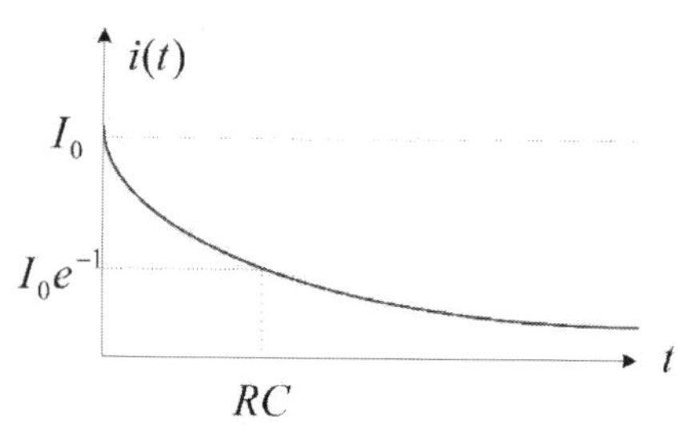

그림 9.7 예제 9.6.

연습문제

9.10. 그림 9.8의 회로에서 인덕턴스는 $L = 2$ H, 저항은 $R = 6\ \Omega$, 전원 전압은 $e(t) = 12$ V 이다. 시간 $t \geq 0$ 에 대하여 회로 상의 전류 $i(t)$가 만족시키는 미분방정식을 적고, 이를 풀어서 전류 $i(t)$를 구하여라. (초기 조건은 $i(0) = 0$.) 그리고 $i(t)$ vs t 그래프를 스케치하여라.

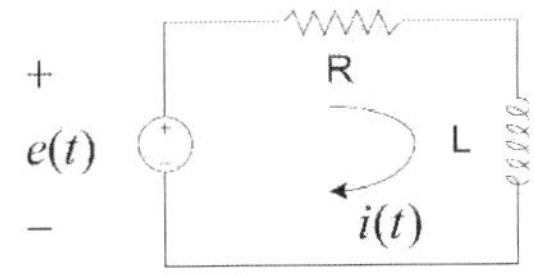

그림 9.8 연습문제 9.10, 9.11.

9.11. 그림 9.8의 회로에서 인덕턴스는 $L = 2$ H, 저항은 $R = 6\ \Omega$, 전원 전압은 $e(t) = 10\sin 4t$ V 이다. 시간 $t \geq 0$ 에 대하여 회로 상의 전류 $i(t)$가 만족시키는 미분방정식을 적고, 이를 풀어서 전류 $i(t)$를 구하여라. (초기 조건은 $i(0) = 0$.) $i(t)$의 식에서 과도 응답과 정상 상태 응답을 구별하여라.

9.12. 그림 9.9의 회로에서 커패시턴스는 $C = 2$ F, 저항은 $R = 5\ \Omega$, 전원 전압은 $e(t) = 10$ V $(t \geq 0)$이다. 시간 $t \geq 0$ 에 대하여 커패시터 전압 $v(t)$가 만족시키는 미분방정식을 적고, 이를 풀어서 $v(t)$를 구하여라. (초기 조건은 $v(0) = 0$.) $v(t)$ vs t 그래프를 스케치하라. $v(t)$의 식에서 과도 응답과 정상 상태 응답을 구별하여라.

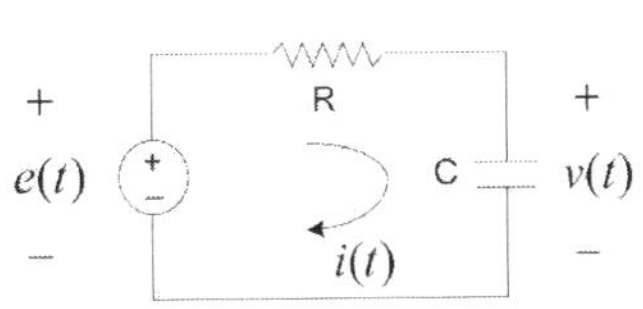

그림 9.9 예제 9.11, 9.12.

9.13. 그림 9.9의 회로에서 커패시턴스는 $C = 0.1$ F, 저항은 $R = 5\ \Omega$, 전원 전압은 $e(t) = \sin t$ V $(t \geq 0)$이다. 시간 $t \geq 0$ 에 대하여 커패시터 전압 $v(t)$가 만족시키는 미분방정식을 적고, 이를 풀어서 $v(t)$를 구하여라. (초기 조건은 $v(0) = 0$.) $v(t)$ vs t 그래프를 스케치하라. $v(t)$의 식에서 과도 응답과 정상 상태 응답을 구별하여라.

Chapter 10
제2계 선형 미분 방정식

10.1 제차 2계 선형 미분방정식

$P(x), Q(x), R(x)$ 가 주어진 x 의 함수일 때

$$y'' + P(x)y' + Q(x)y = R(x) \tag{10.1}$$

꼴로 표시되는 미분 방정식을 **2계 선형 미분 방정식**이라고 부른다. '2계'는 미분 방정식 내에 있는 미지 함수 y의 최대 미분 횟수가 2 회임을 뜻하고, '선형'이라 함은 미지 함수 y'', y', y 의 관계가 선형 (즉 y''이 y', y에 관하여 1차식) 임을 의미한다. 2계 선형 미분 방정식은 제차(homogeneous) 방정식과 비제차(nonhomogeneous) 방정식으로 분류할 수 있다. 제차 방정식은 식 (10.1)에서 우변 $R(x)$가 항등적으로 0 인 경우를 지칭한다. 즉 **제차 방정식**은

$$y'' + P(x)y' + Q(x)y = 0 \tag{10.2}$$

꼴의 미분 방정식을 말한다. 반면에 $R(x) \equiv 0$ 이 아닌 경우 방정식 (10.1)을 **비제차 방정식**이라고 부른다.

예제 10.1 다음 각 미분 방정식이 선형인지 아닌지 그리고 만약 선형이라면 제차인지 비제차인지를 구별하여라.

(a) $y'' + 4y' + 3y = 0$ (b) $y'' + xy' + 3y = x^2\sqrt{1+y^2}$
(c) $y'' + 4y = e^{-x}\sin x$ (d) $(1-x^2)y'' - 2xy' + 6y = 0$

풀이 :

(a) 제차 선형 미분 방정식이다.
(b) $\sqrt{1+y^2}$ 항이 있으므로 선형 미분 방정식이 아니다.
(c) 비제차 선형 미분 방정식이다.
(d) $y'' + \frac{-2x}{1-x^2}y' + \frac{6}{1-x^2}y = 0$ 이므로 제차 선형 미분 방정식이다.

중첩의 원리

제차 2계 선형 미분 방정식은 중첩의 원리를 만족시킨다. **중첩의 원리**란 동질성과 가산성이라는 두 성질을 의미한다. 동질성이란 어떤 하나의 해에 상수배 해서 얻어지는 함수도 역시 해가 된다는 성질을 말하고, 가산성이란 어떤 두 개의 해를 더해서 얻어지는 함수도 역시 해가 된다는 성질을 말한다.

성질 10.1 동질성(homogeniety)

만약 y_1이 제차 2계 선형 미분 방정식의 해이면, y_1에 상수 c를 곱해서 얻는 함수 cy_1 도 역시 해이다.

증명 :

y_1이 제차 2계 선형 미분 방정식 (10.2)의 해라고 하면, 해의 정의에 의해

$$y_1'' + P(x)y_1' + Q(x)y_1 = 0 \tag{10.3}$$

이 성립한다. 식 (10.3) 의 양변엔 상수 c를 곱하면

$$cy_1'' + P(x)cy_1' + Q(x)cy_1 = 0 \ . \tag{10.4}$$

미분의 성질 [제 5.3 절의 식 (5.9)] 에 의하면 어떤 함수를 먼저 미분하고 상수 곱한 것과 먼저 상수 곱한 후에 미분한 것은 같다. 식 (10.4) 에 이와 같은 미분의 성질을 적용하면

$$(cy_1)'' + P(x)(cy_1)' + Q(x)(cy_1) = 0 \ . \tag{10.5}$$

따라서 해의 정의에 의해 함수 cy_1은 미분 방정식 (10.2)의 해이다.

(증명 끝)

성질 10.2 가산성(additivity)

만약 y_1과 y_2가 제차 2계 선형 미분 방정식의 해이면, 두 해를 더해서 얻는 함수 $y_1 + y_2$ 도 역시 해이다.

증명 :

y_1과 y_2가 제차 2계 선형 미분 방정식 (10.2)의 해라고 하면, 해의 정의에 의해

$$y_1'' + P(x)y_1' + Q(x)y_1 = 0 \tag{10.6}$$

$$y_2'' + P(x)y_2' + Q(x)y_2 = 0 \tag{10.7}$$

이 성립한다. 두 식 (10.6)과 (10.7)을 변변 더하면

$$(y_1'' + y_2'') + P(x)(y_1' + y_2') + Q(x)(y_1 + y_2) = 0 \ . \tag{10.8}$$

미분의 성질 [제 5.3 절의 식 (5.8)] 에 의하면 어떤 두 함수를 먼저 각각 미분하고 더한 것과 먼저 더한 후에 미분한 것은 같다. 식 (10.8) 에 이와 같은 미분의 성질을 적용하면

$$(y_1 + y_2)'' + P(x)(y_1 + y_2)' + Q(x)(y_1 + y_2) = 0 \ . \tag{10.9}$$

따라서 해의 정의에 의해 함수 $y_1 + y_2$는 미분 방정식 (10.2)의 해이다.

(증명 끝)

위에서 증명한 동질성과 가산성을 동시에 적용하면 다음과 같은 중첩의 원리가 성립함을 알 수 있다.

중첩의 원리(superposition principle)

만약 y_1과 y_2가 제차 2계 선형 미분 방정식의 해이면, y_1, y_2에 각각 상수 c_1, c_2를 곱한 후 서로 더해 얻는 함수 $c_1y_1 + c_2y_2$ 도 역시 해이다.

y_1, y_2에 각각 상수 c_1, c_2를 곱한 후 서로 더해 얻는 함수 $c_1y_1 + c_2y_2$를 y_1, y_2의 **선형합**(linear sum)이라고 부른다. 즉 중첩의 원리는 제차 2계 선형 미분 방정식의 임의의 두 해의 선형합 역시 해가 된다는 성질을 말한다.

선형 독립 과 선형 의존

y_1, y_2가 해 일 때, 중첩의 원리로부터 얻은 해 $c_1y_1 + c_2y_2$는 임의의 상수 2개를 포함하고 있는 것처럼 보이지만, 경우에 따라서는 겉보기에만 임의의 상수가 2개 처럼 보이고, 실제로는 임의의 상수가 1개 뿐일 수도 있다. 예를 들면 $y_1 = e^x, y_2 = 2e^x$ 처럼 두 함수가 모양은 같고 크기만 다른 경우

$$c_1y_1 + c_2y_2 = c_1e^x + c_2 2e^x = (c_1 + 2c_2)e^x = (c_1 + 2c_2)y_1 \tag{10.10}$$

이므로 $c_1 + 2c_2$를 새로운 임의의 상수 c 로 대치하면

$$c_1y_1 + c_2y_2 = cy_1 \tag{10.11}$$

이 되어 임의의 상수 갯수가 1개로 줄어들게 된다. 이와 같은 경우 'y_1, y_2가 선형 의존'이라고 말한다. 하지만 $y_1 = e^x$, $y_2 = x^2$ 처럼 두 함수의 모양이 완전히

다른 경우엔, $c_1y_1+c_2y_2$를 임의의 상수 1개 만 포함한 식으로 변형하는 것이 불가능하다. 이런 경우에는 'y_1, y_2 가 선형 독립'이라고 말한다. 선형 의존과 선형 독립은 공식적으로 다음과 같이 정의된다.

정의 : 선형 독립 과 선형 의존

관계식 $c_1y_1+c_2y_2=0$ 이 계수 c_1, c_2가 동시에 0 (즉 $c_1=c_2=0$) 일 때만 성립하는 경우, 두 함수 y_1과 y_2 는 **선형 독립**이라고 부른다.

관계식 $c_1y_1+c_2y_2=0$ 이 계수 c_1, c_2가 동시에 0이 아니어도 성립하는 경우, 두 함수 y_1과 y_2 는 **선형 의존**이라고 부른다.

위의 정의에 의하면, 만약 두 함수 y_1과 y_2 가 선형 의존이면

$$c_1y_1+c_2y_2=0 \quad (c_1, c_2 \text{ 중 적어도 하나는 } 0 \text{ 이 아님}) \tag{10.12}$$

이 성립한다. 따라서

$$\text{만약 } c_1 \neq 0 \text{이면 } y_1=-\frac{c_2}{c_1}y_2 \text{ 이고, 만약 } c_2 \neq 0 \text{이면 } y_2=-\frac{c_1}{c_2}y_1 \text{ 이다.}$$

즉 y_1과 y_2 가 선형 의존이면 두 함수 중 어느 하나가 다른 것에 비례한다. 이는 곧 두 함수가 모양은 같으며 단지 크기만 상수배의 관계를 가진다는 것을 의미한다. 반면에 y_1과 y_2 가 선형 독립이면 두 함수 사이에는 비례 관계가 없고, 이는 곧 두 함수가 서로 모양이 본질적으로 다르다는 것을 의미한다.

예제 10.2 다음 두 함수 y_1, y_2는 선형 독립인가?.

(a) $y_1=x$, $y_2=3x$ (b) $y_1=e^x$, $y_2=e^{2x}$ (c) $y_1=e^x$, $y_2=2e^x$

(d) $y_1=e^x$, $y_2=0$ (e) $y_1=\sin x$, $y_2=\cos x$

풀이 :

(a) 선형 의존 ($y_2=3y_1$)
(b) 선형 독립 (비례 안함)
(c) 선형 의존 ($y_2=2y_1$)
(d) 선형 의존 ($y_2=0y_1$)
(e) 선형 독립 (비례 안함)

제차 2계 선형 미분 방정식의 일반해와 특수해

y_1, y_2가 제차 2계 선형 미분 방정식 (10.2)의 해이면, 중첩의 원리에 의해 선형합 $c_1y_1+c_2y_2$ 도 해이다. 더우기 만약 y_1, y_2가 선형 독립이면, $c_1y_1+c_2y_2$ 는 임의의 상수를 2개 포함하는 해이며, 따라서 일반해이다.

정의 : 제차 2계 선형 미분 방정식의 일반해

y_1, y_2가 제차 2계 선형 미분 방정식 (10.2) 의 선형 독립인 두 해이면, 이 두 해의 선형합 $y = c_1y_1 + c_2y_2$ 를 그 미분 방정식의 **일반해**라고 부른다.

제차 2계 선형 미분 방정식에서 초기 조건은 보통 $y(0) = A$, $y'(0) = B$ 의 형태로 주어진다. 일반해 $y = c_1y_1 + c_2y_2$ 에서 이 2 개의 초기 조건을 만족시키도록 임의의 상수 c_1, c_2의 값을 결정하여 얻어진 해를 **특수해**라고 부른다.

예제 10.3 다음 초기치 문제에 대하여 물음에 답하여라.

$$y'' - 5y' + 6y = 0 \ , \ y(0) = 0 \, , \, y'(0) = 1 \tag{10.13}$$

(a) $y_1 = e^{3x}, y_2 = e^{2x}$가 미분 방정식 $y'' - 5y' + 6y = 0$의 해임을 보여라.
(b) 미분 방정식 $y'' - 5y' + 6y = 0$ 의 일반해를 구하여라.
(c) 초기 조건을 만족하는 특수해를 구하여라.

풀이 :

(a) $y_1 = e^{3x}, y_2 = e^{2x}$를 각각 주어진 미분 방정식에 대입하면 성립한다. 따라서 y_1, y_2 는 주어진 미분 방정식의 해이다.

(b) y_1 과 y_2는 둘 중 하나가 다른 것의 상수배로 표시되지 않으므로 선형 독립이다. 따라서 일반해는 $y = c_1y_1 + c_2y_2 = c_1e^{3x} + c_2e^{2x}$

(c) $y = c_1e^{3x} + c_2e^{2x}, y' = 3c_1e^{3x} + 2c_2e^{2x}$ 에 초기 조건을 대입하면

$$c_1 + c_2 = 0 \tag{10.14}$$
$$3c_1 + 2c_2 = 1 \tag{10.15}$$

이 연립 방정식을 풀면 $c_1 = 1, c_2 = -1$. 따라서 초기 조건을 만족하는 특수해는 $y = e^{3x} - e^{2x}$.

연습문제

10.1. 다음 각 초기치 문제에 대하여 함수 y_1, y_2 가 주어진 미분 방정식의 선형 독립인 두 개의 해임을 보이고, 일반해 및 특수해를 구하여라.
(a) $y'' - 9y = 0$, $y(0) = 0, y'(0) = 1$ $[\, y_1 = e^{3x} \, , \, y_2 = e^{3x} \,]$
(b) $y'' + 9y = 0$, $y(0) = 0, y'(0) = 1$ $[\, y_1 = \cos 3x \, , \, y_2 = \sin 3x \,]$
(c) $x^2y'' + xy' - 4y = 0$, $y(1) = 11, y'(1) = -6$ $[\, y_1 = x^2 \, , \, y_2 = x^{-2} \,]$

10.2 $y'' + ay' + by = 0$ 꼴의 미분 방정식

이 절에서는 다음과 같은 형태의 미분 방정식의 해를 구하는 방법에 대하여 알아 보자.

$$y'' + ay' + by = 0 \quad (a, b\text{는 상수}) \ . \tag{10.16}$$

방정식 (10.16)은 '**상수 계수 제차 2계 선형 미분 방정식**'이라고 불린다. 앞 절에서 설명한 바와 같이 제차 2계 선형 미분 방정식의 일반해를 구하기 위해서는 먼저 선형 독립인 두개의 해 y_1, y_2를 찾은 후 그 선형합 $y = c_1y_1 + c_2y_2$를 취하면 된다. 미분 방정식 (10.16)의 경우 선형 독립인 두 해 y_1, y_2를 찾는 방법은 다음과 같다.

미분 방정식 (10.16)은 함수 y, y', y''에 각각 상수를 곱해서 더하면 0 이 됨을 의미한다. 이 것이 가능하려면 y, y', y''이 모두 같은 모양의 함수이어야만 한다. 이런 성질을 가진 함수는 지수 함수이다. 따라서 지수 함수

$$y = e^{sx} \tag{10.17}$$

가 미분 방정식 (10.16)의 해라고 가정해 보자. 그러면 함수 (10.17)을 미분 방정식 (10.16) 에 대입했을 때, 방정식이 성립하여야 한다. 즉

$$\begin{aligned} (e^{sx})'' + a(e^{sx})' + b(e^{sx}) &= 0 \\ s^2e^{sx} + ase^{sx} + be^{sx} &= 0 \\ e^{sx}(s^2 + as + b) &= 0 \end{aligned}$$

인데, e^{sx}는 항상 양수이므로 s는 다음 방정식을 만족시켜야 한다.

$$s^2 + as + b = 0 \ . \tag{10.18}$$

따라서, 방정식 (10.18)을 만족시키는 s 값에 대하여 지수 함수 (10.17)은 미분 방정식 (10.16)의 해이다. 식 (10.18)을 주어진 미분 방정식의 **특성 방정식**이라고 부른다. 특성 방정식 (10.18)은 계수 a, b의 값에 따라서 서로 다른 두 실근을 갖기도 하고, 중근을 갖기도 하며, 서로 다른 두 허근을 갖기도 한다. 각 경우에 일반해는 서로 다른 형태로 표현된다.

특성 방정식이 서로 다른 두 실근을 갖는 경우

특성 방정식 (10.18)의 두 실근을 s_1, s_2 라고 하면 $y_1 = e^{s_1x}, y_2 = e^{s_2x}$는 미분 방정식 (10.16)의 두 해이다. 또 $s_1 \neq s_2$ 이므로 y_1, y_2는 선형 독립이다. 따라서

특성 방정식이 서로 다른 두 실근 s_1, s_2를 가질 때 일반해는

$$y = c_1e^{s_1x} + c_2e^{s_2x} \ . \tag{10.19}$$

예제 10.4 미분 방정식 $y''+3y'+2y=0$ 의 일반해를 구하여라. 또 초기 조건 $y(0)=0$, $y'(0)=1$ 을 만족시키는 특수해를 구하여라.

풀이 :

Step 1 : 특성 방정식 구하기

식 (10.18)로부터 특성방정식은 다음과 같다.

$$s^2+3s+2=0 \ .$$

Step 2 : 일반해 구하기

$$(s+2)(s+1)=0 \quad 즉 \quad s=-2,-1$$

특성 방정식이 서로 다른 두 실근 -2,-1을 가지므로 일반해는

$$y=c_1e^{-2x}+c_2e^{-x} \ . \tag{10.20}$$

Step 3 : 특수해 구하기

$y'=-2c_1e^{-2x}-c_2e^{-x}$ 이므로 초기 조건 $y(0)=0$, $y'(0)=1$을 적용하면

$$\begin{aligned} c_1+c_2 &= 0 \\ -2c_1-c_2 &= 1 \ . \end{aligned}$$

따라서 $c_1=-1, c_2=1$이고, 초기 조건을 만족하는 특수해는

$$y=-e^{-2x}+e^{-x} \ .$$

특성 방정식이 중근을 갖는 경우

특성 방정식 (10.18)의 중근을 $s_1=-\frac{a}{2}$ 이라 하면 $y_1=e^{s_1x}=e^{-\frac{a}{2}x}$ 는 미분 방정식 (10.16)의 해이다. 일반해를 구하기 위해서는 y_1과 선형 독립인 다른 해 y_2를 찾아야 하는데 다음과 같은 방법으로 찾는다.

상수가 아닌 미지 함수 u에 대하여

$$y_2=uy_1 \tag{10.21}$$

이 미분 방정식 (10.16)의 해라 가정해 보자. 그러면 $y_2=uy_1$을 미분 방정식 (10.16)에 대입했을 때, 방정식이 성립하여야 한다. 즉

$$(uy_1)''+a(uy_1)'+b(uy_1)=0 \ .$$

위의 식에서 미분을 실제 계산한 후 u에 관하여 정리하면

$$u''y_1 + u'(2y_1' + ay_1) + u(y_1'' + ay_1' + by_1) = 0 \ . \tag{10.22}$$

그런데 y_1이 미분 방정식 (10.16)의 해이므로

$$y_1'' + ay_1' + by_1 = 0 \tag{10.23}$$

이고, 또 $y_1 = e^{-\frac{a}{2}x}$ 이므로

$$2y_1' + ay_1 = 2(e^{-\frac{a}{2}x})' + ae^{-\frac{a}{2}x} = 0 \tag{10.24}$$

이다. 식 (10.23)–(10.24)를 식 (10.22)에 대입하면

$$u'' = 0 \ . \tag{10.25}$$

u는 아무거나 한 개만 찾으면 된다. 따라서 가장 간단하게

$$u = x$$

로 정하면, $y_2 = xy_1$ 이 구하고자 하는 선형 독립인 두 번 째 해이다. 따라서

특성 방정식이 중근 s_1을 가질 때 일반해는

$$y = (c_1 + c_2 x)e^{s_1 x} \ . \tag{10.26}$$

예제 10.5 미분 방정식 $y'' + 2y' + y = 0$ 의 일반해를 구하여라. 또 초기 조건 $y(0) = 2$, $y'(0) = 0$ 을 만족시키는 특수해를 구하여라.

풀이 :

Step 1 : 특성 방정식 구하기

식 (10.18)로부터 특성방정식은 다음과 같다.

$$s^2 + 2s + 1 = 0 \ .$$

Step 2 : 일반해 구하기

$$(s+1)^2 = 0 \quad 즉 \quad s = -1$$

특성 방정식이 중근 -1을 갖는 경우이므로, 일반해는 다음과 같다.

$$y = (c_1 + c_2 x)e^{-x} \ . \tag{10.27}$$

Step 3 : 특수해 구하기

$y'=(c_2-c_1+c_2x)e^{-x}$ 이므로 초기 조건 $y(0)=2$, $y'(0)=0$을 적용하면

$$\begin{aligned} c_1 &= 2 \\ -c_1+c_2 &= 0 \end{aligned}$$

따라서 $c_1=2, c_2=2$ 이고, 초기 조건을 만족하는 특수해는

$$y=(2+2x)e^{-x} \quad .$$

특성 방정식이 서로 다른 두 복소근을 갖는 경우

특성 방정식 (10.18)의 두 복소근을

$$s_1=\alpha+j\beta \ , \ s_2=\alpha-j\beta \quad (\alpha, \beta\text{는 실수}, j=\sqrt{-1})$$

라고 하면 $y_1=e^{s_1x}, y_2=e^{s_2x}$ 는 미분 방정식 (10.16)의 해이다. 또 $s_1\neq s_2$ 이므로 y_1, y_2는 선형 독립이다. 따라서 y_1, y_2의 선형합

$$y=c_1e^{s_1x}+c_2e^{s_2x} \tag{10.28}$$

가 일반해이다.

그런데, s_1, s_2가 복소수일 때, 식 (10.28)로 주어지는 일반해는 복소 함수이다. 공학 응용 문제에서는 복소 함수 형태의 일반해가 아니라 실수 함수 형태의 일반해가 요구되는 경우가 많다. 실수 함수 형태의 일반해를 얻기 위해서는 어떻게 하면 될까? 다음과 같이 복소 함수 해 y_1, y_2를 이용하여 선형 독립인 두 개의 실수 함수 해 $\tilde{y}_1, \tilde{y}_2$를 구한 후에 이들을 선형 결합하면 된다.

먼저 복소 함수 해 y_1, y_2에 오일러의 공식

$$e^{j\theta}=\cos\theta+j\sin\theta \tag{10.29}$$

를 적용하여 y_1, y_2를 다음과 같이 변형하자.

$$y_1=e^{(\alpha+j\beta)x}=e^{\alpha x}(\cos\beta x+j\sin\beta x) \tag{10.30}$$

$$y_2=e^{(\alpha-j\beta)x}=e^{\alpha x}(\cos\beta x-j\sin\beta x) \tag{10.31}$$

이제 $\tilde{y}_1, \tilde{y}_2$를

$$\tilde{y}_1=\frac{y_1+y_2}{2}=e^{\alpha x}\cos\beta x \tag{10.32}$$

$$\tilde{y}_2=\frac{y_1-y_2}{2j}=e^{\alpha x}\sin\beta x \tag{10.33}$$

라고 정의하면, 중첩의 원리에 의해 실수 함수 $\tilde{y}_1$, $\tilde{y}_2$는 주어진 미분 방정식 (10.16)의 해이다. $\tilde{y}_1, \tilde{y}_2$는 선형 독립이므로 그 선형 합이 일반해이다. 따라서

특성 방정식이 두 복소근 $\alpha + j\beta$, $\alpha - j\beta$를 가질 때 일반해는

$$y = e^{\alpha x}(c_1 \cos\beta x + c_2 \sin\beta x) \ . \tag{10.34}$$

예제 10.6 미분 방정식 $y'' + 2y' + 5 = 0$ 의 일반해를 구하여라. 또 초기 조건 $y(0) = 2$, $y'(0) = 6$을 만족시키는 특수해를 구하여라.

풀이 :

Step 1 : 특성 방정식 구하기

식 (10.18)로부터 특성방정식은 다음과 같다.

$$s^2 + 2s + 5 = 0 \ .$$

Step 2 : 일반해 구하기

특성 방정식을 풀면

$$s = -1 + j2 \ , \ -1 - j2$$

특성 방정식이 서로 다른 두 복소근 $-1 + j2$, $-1 - j2$ 를 갖는 경우이므로 주어진 미분 방정식의 일반해는 다음과 같다.

$$y = e^{-x}(c_1 \cos 2x + c_2 \sin 2x) \ . \tag{10.35}$$

Step 3 : 특수해 구하기

$$y' = -e^{-x}(c_1 \cos 2x + c_2 \sin 2x) + e^{-x}(-2c_1 \sin 2x + 2c_2 \cos 2x)$$

이므로 초기 조건 $y(0) = 2$, $y'(0) = 6$을 적용하면

$$\begin{aligned} c_1 &= 2 \\ -c_1 + 2c_2 &= 6 \end{aligned}$$

따라서 $c_1 = 2, c_2 = 4$ 이다. 이 c_1, c_2를 식 (10.35)에 대입하면, 초기 조건을 만족하는 특수해는

$$y = e^{-x}(2\cos 2x + 4\sin 2x) \ .$$

연습문제

10.2. 다음 각 미분 방정식에 대하여 일반해와 특수해를 구하여라.
(a) $y'' - 16y = 0$, $y(0) = 1$, $y'(0) = 20$.
(b) $y'' - 4y' + 4y = 0$, $y(0) = 0$, $y'(0) = -3$
(c) $y'' + 9y = 0$, $y(\pi) = -2$, $y'(\pi) = 3$
(d) $y'' + 2y' + 2y = 0$, $y(0) = 1$, $y'(0) = 0$

10.3. 다음 각 미분 방정식에 대하여 일반해와 특수해를 구하여라.
(a) $6\frac{d^2y}{dx^2} + 5\frac{dy}{dx} - 6y = 0$, $x = 0$ 일 때 $y = 5$, $\frac{dy}{dx} = -1$
(b) $(5 \times 10^{-3})\frac{d^2\theta}{dt^2} + (2 \times 10^{-2})\frac{d\theta}{dt} + 0.2\theta = 0$ $t = 0$ 일 때 $\theta = 0.3$, $\frac{d\theta}{dt} = 0$
(c) $\frac{d^2x}{dt^2} + 6\frac{dx}{dt} + 8x = 0$ $t = 0$ 일 때 $x = 4$, $\frac{dx}{dt} = 8$
(d) $\frac{d^2v}{dt^2} + 100v = 0$ $t = 0$ 일 때 $v = 2$, $\frac{dv}{dt} = 0$

10.3 $x^2y'' + axy' + by = 0$ 꼴의 미분 방정식

상수 계수가 아닌 제차 2계 선형 미분 방정식 중에서

$$x^2y'' + axy' + by = 0 \tag{10.36}$$

꼴의 방정식은 오일러-코시(Euler-Cauchy) 방정식이라고 불린다. 이 절에서는 **제차 2계 오일러-코시 방정식** (10.36)의 일반해를 구해 보자.

방정식 (10.36)은 x^2y''항, xy'항, y항이 더해져서 0이 됨을 의미한다. 그러므로 x^2y'', xy', y는 모두 같은 모양의 함수이어야만 한다. 이와 같은 성질을 가진 함수로는 다항 함수 $y = x^m$이 있다. 따라서

$$y = x^m \tag{10.37}$$

이 미분방정식 (10.36)의 해라고 가정해 보자. 그러면 함수 (10.37)을 미분 방정식 (10.36)에 대입했을 때 방정식이 성립하여야 한다. 즉

$$\begin{aligned} x^2(x^m)'' + ax(x^m)' + bx^m &= 0 \\ \{m^2 + (a-1)m + b\}x^m &= 0 \end{aligned}$$

이어야 하므로, m은 다음 방정식을 만족시켜야 한다.

$$m^2 + (a-1)m + b = 0 \ . \tag{10.38}$$

따라서 방정식 (10.38)을 만족시키는 m 값에 대하여 함수 (10.37)은 미분방정식 (10.36)의 해이다. 방정식 (10.38)을 미분 방정식 (10.36)의 **보조 방정식**이라고 부른다. 보조 방정식 (10.38)은 상수 a, b의 값에 따라서 서로 다른 두 실근을 갖기도 하고, 중근을 갖기도 하고, 서로 다른 두 복소근을 갖기도 한다. 각 경우에 일반해는 서로 다른 형태로 표현된다.

보조 방정식이 서로 다른 두 실근을 갖는 경우

보조 방정식 (10.38) 의 두 실근을 m_1, m_2라고 하면, $y_1 = x^{m_1}$, $y_2 = x^{m_2}$ 는 미분 방정식 (10.36)의 해이다. 또 $m_1 \neq m_2$ 이므로 y_1, y_2는 선형 독립이다. 따라서

보조 방정식이 서로 다른 두 실근 m_1, m_2를 가질 때, 일반해는

$$y = c_1 x^{m_1} + c_2 x^{m_2} \quad . \tag{10.39}$$

예제 10.7 미분 방정식 $x^2 y'' + 4xy' + 2y = 0$ 의 일반해를 구하여라.

풀이 :

Step 1 : 보조 방정식 구하기

식 (10.38)을 이용하여 보조방정식을 구하면 다음과 같다.

$$m^2 + 3m + 2 = 0 \quad .$$

Step 2 : 일반해 구하기

$$(m+2)(m+1) = 0 \quad \text{즉} \quad m = -2, -1 \quad .$$

보조 방정식이 서로 다른 두 실근 $-2, -1$을 가지므로 일반해는

$$y = c_1 x^{-2} + c_2 x^{-1} \quad . \tag{10.40}$$

보조 방정식이 중근을 갖는 경우

보조 방정식의 중근을 $m_1 = -\frac{(a-1)}{2}$ 이라 하면 $y_1 = x^{m_1}$ 은 미분 방정식 (10.36)의 해이다. 일반해를 구하기 위해서는 y_1과 선형 독립인 두 번 째 해 y_2를 찾아야 하는데 다음과 같은 방법으로 찾을 수 있다.

상수가 아닌 미지 함수 u에 대하여

$$y_2 = u y_1 \tag{10.41}$$

이 미분 방정식 (10.36)의 해라고 가정해 보자. 그 러면 $y_2 = u y_1$을 미분 방정식 (10.36)에 대입했을 때 방정식이 성립하여야 한다. 즉

$$\begin{aligned} x^2(uy_1)''+ax(uy_1)'+buy_1 &= 0 \\ x^2(u''y_1+2u'y_1'+uy_1'')+ax(u'y_1+uy_1')+buy_1 &= 0 \\ u''x^2y_1+u'x(2xy_1'+ay_1)+u(x^2y_1''+axy_1'+by_1) &= 0\ . \end{aligned} \tag{10.42}$$

그런데 y_1이 미분 방정식 (10.36)의 해이므로

$$x^2y_1''+axy_1'+by_1=0 \tag{10.43}$$

이다. 또 $y_1=x^{m_1}=x^{\frac{-(a-1)}{2}}$ 이므로

$$2xy_1'+ay_1=2xm_1x^{m_1-1}+ax^{m_1}=(2m_1+a)x^{m_1}=x^{m_1}=y_1 \tag{10.44}$$

이다. 식 (10.43)-(10.44)를 식 (10.42)에 대입하여 정리하면

$$\begin{aligned} u''x^2y_1+u'xy_1 &= 0 \\ u''x+u' &= 0 \end{aligned} \tag{10.45}$$

식 (10.45)를 변수 분리하고, 적분 하여 u에 대해서 풀면

$$\frac{u''}{u'} = -\frac{1}{x}$$

$$\ln u' = -\ln x \tag{10.46}$$

$$u' = \frac{1}{x} \tag{10.47}$$

$$u = \ln x \tag{10.48}$$

따라서 $y_2=(\ln x)x^{m_1}$이 구하고자 하는 두 번 째 해이다. 두 해 y_1, y_2는 선형 독립이므로 일반해는 다음과 같다.

보조 방정식이 중근 m_1을 가질 때 일반해는

$$y=(c_1+c_2\ln x)x^{m_1}\ . \tag{10.49}$$

예제 10.8 미분 방정식 $x^2y''+3xy'+y=0$ 의 일반해를 구하여라.

풀이 :

Step 1 : 보조 방정식 구하기

식 (10.38)을 이용하여 보조방정식을 구하면 다음과 같다.

$$m^2+2m+1=0$$

Step 2 : 일반해 구하기

$$(m+1)^2 = 0 \quad 즉 \quad m = -1$$

보조 방정식이 중근 -1 을 갖는 경우이므로, 일반해는 다음과 같다.

$$y = (c_1 + c_2 \ln x)x^{-1} \ . \tag{10.50}$$

보조 방정식이 서로 다른 두 복소근을 갖는 경우

보조 방정식 (10.37)의 두 복소근을

$$m_1 = \alpha + j\beta \ , \ m_2 = \alpha - j\beta \quad (\alpha, \beta 는\ 실수,\ j = \sqrt{-1})$$

라고 하면, $y_1 = x^{m_1}, y_2 = x^{m_2}$ 는 미분 방정식 (10.36)의 해이다. 또 $m_1 \neq m_2$이므로 y_1, y_2는 선형 독립이다. 따라서 y_1, y_2의 선형 합

$$y = c_1 x^{m_1} + c_2 x^{m_2} \tag{10.51}$$

가 일반해이다.

그런데 m_1, m_2가 복소수일 때, 식 (10.51)로 주어지는 일반해는 복소 함수이므로 실수 함수 형태의 일반해가 요구되어지는 경우에는 적합하지 않다. 실수 함수 형태의 일반해가 요구되어지는 경우에는 다음과 같이 복소 함수 해 y_1, y_2를 이용하여 실수 함수 형태의 해를 구할 수 있다.

먼저 복소 함수 해 y_1, y_2에 오일러의 공식

$$e^{j\theta} = \cos\theta + j\sin\theta \tag{10.52}$$

를 적용하면

$$y_1 = x^{\alpha+j\beta} = x^{\alpha}x^{j\beta} = x^{\alpha}e^{j\beta\ln x} = x^{\alpha}[\cos(\beta\ln x) + j\sin(\beta\ln x)] \tag{10.53}$$

$$y_2 = x^{\alpha-j\beta} = x^{\alpha}x^{-j\beta} = x^{\alpha}e^{-j\beta\ln x} = x^{\alpha}[\cos(\beta\ln x) - j\sin(\beta\ln x)] \ . \tag{10.54}$$

이제 두 실수 함수 $\tilde{y}_1, \tilde{y}_2$를

$$\tilde{y}_1 = \frac{y_1 + y_2}{2} = x^{\alpha}\cos(\beta\ln x) \tag{10.55}$$

$$\tilde{y}_2 = \frac{y_1 - y_2}{2j} = x^{\alpha}\sin(\beta\ln x) \tag{10.56}$$

라고 정의하면, 중첩의 원리에 의해 $\tilde{y}_1, \tilde{y}_2$는 주어진 미분 방정식 (10.36)의 해이다. 두 실수 함수 해 $\tilde{y}_1, \tilde{y}_2$는 선형 독립이므로 $\tilde{y}_1, \tilde{y}_2$의 선형 합은 일반해이다. 따라서

보조 방정식이 두 복소근 $\alpha+j\beta$, $\alpha-j\beta$를 가질 때, 일반해는

$$y=x^{\alpha}\left[c_1\cos(\beta\ln x)+c_2\sin(\beta\ln x)\right] \; . \tag{10.57}$$

예제 10.9 미분 방정식 $x^2y''+3xy'+5=0$ 의 일반해를 구하여라.

풀이 :

Step 1 : 보조 방정식 구하기

식 (10.38)을 이용하여 보조방정식을 구하면 다음과 같다.

$$m^2+2m+5=0$$

Step 2 : 일반해 구하기

보조 방정식을 풀면

$$m=-1+j2 \ , \ -1-j2$$

보조 방정식이 서로 다른 두 복소근 $-1+j2$, $-1-j2$ 를 갖는 경우이므로 주어진 미분 방정식의 일반해는 다음과 같다.

$$y=x^{-1}\left[c_1\cos(2\ln x)+c_2\sin(2\ln x)\right] \tag{10.58}$$

연습문제

10.4. 다음 각 미분 방정식의 일반해를 구하여라.

(a) $x^2y''-3xy'+4y=0$
(b) $x^2y''-4xy'+6y=0$
(c) $x^2y''-4xy'+13y=0$

10.5. 다음 각 미분 방정식의 일반해를 구하고, 또 주어진 초기 조건을 만족하는 특수해를 구하여라.

(a) $x^2y''-4xy'+4y=0$, $y(1)=4$, $y'(1)=13$.
(b) $x^2y''-5xy'+9y=0$, $y(1)=5$, $y'(1)=18$.
(c) $x^2y''+xy'+5y=0$, $y(1)=1$,$y'(1)=0.1$.

10.4 비제차 2계 선형 미분 방정식

이 절에서는 **비제차 2계 선형 미분 방정식**

$$y'' + P(x)y' + Q(x)y = R(x) \tag{10.59}$$

의 해를 구하는 방법에 대하여 알아 보자.

식 (10.59)에서 우변 $R(x)$를 0으로 놓으면 제차 2계 선형 미분 방정식

$$y'' + P(x)y' + Q(x)y = 0 \tag{10.60}$$

이 된다. 제차 2계 선형 미분 방정식 (10.60)의 일반해를 **제차해**(homogeneous solution)라고 부르고 기호 y_h로 나타내기로 하자. 제차해 y_h는 비제차 미분 방정식 (10.59)의 일반해를 구하는데 사용된다. 제차해 y_h를 구하는 방법에 대해서는 이미 제 10.1절에서 공부한 바 있다.

비제차 미분 방정식 (10.59)의 해는 일반해와 특수해로 나눌 수 있다. **일반해**는 독립적인 임의의 상수 2개를 포함하고 있는 해를 말하고, **특수해**는 일반해에 포함된 임의의 상수에 특정값을 대입하여 얻어지는 해를 말한다. 비제차 미분 방정식 (10.59)의 특수해를 기호 y_p로 나타내기로 하자. 제차해 y_h와 특수해 y_p는 다음과 같이 일반해를 구하는데 이용된다.

> 제차 방정식 (10.60)의 일반해(즉 제차해) y_h와 비제차 방정식 (10.59)의 특수해 y_p의 합 $y = y_h + y_p$ 는 비제차 방정식 (10.59)의 일반해이다.

증명:

y_h가 제차 방정식 (10.60)의 해이고, y_p가 비제차 방정식 (10.59)의 해이면

$$y_h'' + P(x)y_h' + Q(x)y_h = 0 \tag{10.61}$$

$$y_p'' + P(x)y_p' + Q(x)y_p = R(x) \tag{10.62}$$

가 성립한다. 식 (10.61) 과 식 (10.62)의 양변을 변변 더하면

$$(y_h'' + y_p'') + P(x)(y_h' + y_p') + Q(x)(y_h + y_p) = R(x) \ . \tag{10.63}$$

두 함수를 각각 미분하고 더한 것과 먼저 더한 후에 미분한 것은 같으므로

$$(y_h + y_p)'' + P(x)(y_h + y_p)' + Q(x)(y_h + y_p) = R(x) \ . \tag{10.64}$$

따라서 함수 $y = y_h + y_p$는 비제차 방정식 (10.59)의 해이다. 게다가 제차해 y_h는 독립적인 임의의 상수 2개를 포함하고 있으므로 $y = y_h + y_p$도 독립적인 임의의 상수 2개를 포함한다. 따라서 $y = y_h + y_p$는 일반해이다.

(증명 끝)

따라서 비제차 2계 미분 방정식 (10.59)의 해를 구하는 과정은 다음과 같이 요약할 수 있다.

> Step 1 : 제차 방정식 (10.60)의 일반해 즉 제차해 y_h를 구한다.
>
> Step 2 : 비제차 방정식 (10.59)의 특수해 y_p를 구한다.
>
> Step 3 : 비제차 방정식 (10.59)의 일반해 $y = y_h + y_p$ 를 구한다.
>
> Step 4 : 주어진 초기 조건을 만족시키도록 임의의 상수의 값을 결정한다.

연습 문제

10.6. 두 미분 방정식

$$y'' + f(x)y' + g(x)y = 0 \tag{10.65}$$

$$y'' + f(x)y' + g(x)y = h(x) \quad (\, h(x) \neq 0 \,) \tag{10.66}$$

에 관하여 다음 각 명제를 증명하여라.

(a) 제차 방정식 (10.65)의 두 해의 차는 제차 방정식 (10.65)의 해이다.
(b) 비제차 방정식 (10.66)의 두 해의 차는 제차 방정식 (10.65)의 해이다.
(c) 제차 방정식 (10.65)의 해와 비제차 방정식 (10.66)의 해의 합은 비제차 방정식 (10.66)의 해이다.

10.5 $y'' + ay' + by = R(x)$ 꼴의 미분방정식

이 절에서는

$$y'' + ay' + by = R(x) \qquad (a, b\text{는 상수}) \tag{10.67}$$

꼴을 갖는 비제차 2계 선형 미분 방정식의 일반해를 구하는 방법에 대하여 알아 보자.

제 10.4 절에서 설명한 바와 같이 비제차 미분 방정식 (10.67)의 일반해는 제차해 y_h와 특수해 y_p의 합이다. 제차해 y_h는 제차 방정식

$$y'' + ay' + by = 0 \tag{10.68}$$

의 일반해이므로 제 10.2 절에서 설명한 방법으로 구하면 된다. 특수해 y_p를 구하는 방법에는 미정계수법, 매개변수 변환법, 라플라스 변환법 등이 있는데, 이 절에서는 미정 계수법을 이용하여 y_p를 구하는 방법을 알아 보자.

미정 계수법

미정 계수법은 y_p를 미분 방정식의 우변 $R(x)$와 유사한 형태를 가지면서 미정 계수가 포함된 함수로 추측한 후에, 이 추측한 y_p를 원래의 미분 방정식에 대입하여 등식이 성립하도록 y_p 내에 포함된 미정 계수의 값을 결정하는 방법이다.

미정 계수법은 상수 계수 선형 미분 방정식 (10.67) 에서 우변 $R(x)$가 지수 함수 $e^{\alpha x}$, 다항식 x^n, 삼각 함수 $\sin kx$, $\cos kx$ 이거나 이들의 합 또는 곱의 형태를 가지는 경우에 y_p를 구하는데 유용하게 쓰인다. 표 10.1은 $R(x)$의 형태에 따라 y_p를 어떤 함수로 추측할 지를 정리한 것이다.

표 10.1 $R(x)$의 형태에 따른 y_p의 형태

$R(x)$ 의 형태	y_p 의 형태
$ae^{\alpha x}$	$Ae^{\alpha x}$
ax^n (n은 0 또는 자연수)	$A_n x^n + A_{n-1}x^{n-1} + \cdots + A_1 x + A_0$
$a\sin kx$ 또는 $a\cos kx$	$A\sin kx + B\cos kx$
$ae^{\alpha x}\sin kx$ 또는 $ae^{\alpha x}\cos kx$	$e^{\alpha x}(A\sin kx + B\cos kx)$
위의 좌측 열 함수들의 합 또는 곱	대응되는 우측 열 함수의 합 또는 곱
추측하려는 y_p의 항이 제차해 y_h 안에 들어 있는 경우에는 추측하려던 함수에 x를 곱한다.	

미정 계수법으로 y_p를 구하고 이 것을 이용하여 일반해를 구하는 과정을 예제를 통해서 알아보자.

<u>$R(x)$ 가 지수 함수 $ae^{\alpha x}$ 인 경우 :</u>

$R(x)$ 가 지수 함수 $ae^{\alpha x}$ 인 경우엔, $y_p = Ae^{\alpha x}$ 라고 가정한 후, 이 것을 원래의 방정식에 대입하여 등식이 성립하도록 미정 계수 A 값을 정한다.

예제 10.10 미분 방정식 $y'' - 3y' + 2y = 12e^{4x}$의 일반해를 구하여라.

<u>풀이 :</u>

Step 1 : 제차해 y_h 구하기

주어진 비제차 방정식의 우변을 0 으로 놓아 얻는 제차 방정식

$$y'' - 3y' + 2y = 0$$

의 특성 방정식은

$$s^2 - 3s + 2 = 0$$

이다. 특성 방정식을 풀면 $s = 2, 1$. 따라서 제차해는

$$y_h = c_1 e^{2x} + c_2 e^{x}$$

Step 2 : 미정 계수법으로 특수해 y_p 구하기

$y_p = Ae^{4x}$가 해라 가정하고 주어진 미분 방정식에 대입하면

$$\begin{aligned}(Ae^{4x})'' - 3(Ae^{4x})' + 2(Ae^{4x}) &= 12e^{4x} \\ 6Ae^{4x} &= 12e^{4x}\end{aligned}$$

따라서 $6A = 12$, 즉 $A = 2$ 이어야 한다. 따라서 $y_p = 2e^{4x}$ 가 특수해이다.

Step 3 : 일반해 $y = y_h + y_p$ 구하기

일반해는

$$y = c_1 e^{2x} + c_2 e^{x} + 2e^{4x}$$

$R(x)$ 가 다항식 ax^n 인 경우 :

$R(x)$ 가 다항식 ax^n인 경우엔, y_p를 n차 다항식이라고 가정한 후 이 것을 원래의 미분 방정식에 대입하여 등식이 성립하도록 미정계수를 정한다. 예를 들어 $R(x)$가 상수인 경우엔, $y_p = A$로 가정하고, $R(x)$가 ax인 경우엔, $y_p = Ax + B$로 가정하며, $R(x)$가 ax^2인 경우엔, $y_p = Ax^2 + Bx + C$로 가정한다.

예제 10.11 미분 방정식 $y'' + 2y' + 10y = 20x$ 의 일반해를 구하여라.

풀이 :

Step 1 : 제차해 y_h 구하기

주어진 비제차 방정식의 우변을 0 으로 놓아 얻는 제차 방정식

$$y'' + 2y' + 10y = 0$$

의 특성 방정식은

$$s^2 + 2s + 10 = 0$$

이다. 특성 방정식을 풀면 $s = -1 + j3$, $-1 - j3$. 따라서 제차해는

$$y_h = e^{-x}(c_1 \cos 3x + c_2 \sin 3x)$$

Step 2 : 미정 계수법으로 특수해 y_p 구하기

$y_p = Ax+B$가 해라 가정하고 주어진 미분 방정식에 대입하면

$$\begin{aligned}(Ax+B)''+2(Ax+B)'+10(Ax+B) &= 20x\\ 10Ax+(2A+10B) &= 20x\end{aligned}$$

따라서

$$\begin{aligned}10A &= 20\\ 2A+10B &= 0\end{aligned}$$

따라서 $A=2, B=-\frac{2}{5}$ 이고, $y_p = 2x-\frac{2}{5}$ 가 특수해이다.

Step 3 : 일반해 $y = y_h + y_p$ 구하기

일반해는

$$y = e^{-x}(c_1\cos 3x + c_2\sin 3x) + 2x - \frac{2}{5}$$

$R(x)$ 가 삼각 함수 $a\sin kx$ 또는 $a\cos kx$ 인 경우 :

$R(x)$가 삼각 함수 $a\sin kx$ 또는 $a\cos kx$ 인 경우엔, $y_p = A\sin kx + B\cos kx$ 라고 가정한 후, 이 것을 원래의 방정식에 대입하여 미정 계수 A, B를 정한다.

예제 10.12 미분 방정식 $y''-y'-2y = 20\sin 2x$ 의 일반해를 구하여라.

풀이 :

Step 1 : 제차해 y_h 구하기

주어진 비제차 방정식의 우변을 0 으로 놓아 얻는 제차 방정식

$$y''-y'-2y=0$$

의 특성 방정식은

$$s^2-s-2=0$$

이다. 특성 방정식을 풀면 $s=2,-1$. 따라서 제차해는

$$y_h = c_1e^{2x}+c_2e^{-x}$$

Step 2 : 미정 계수법으로 특수해 y_p 구하기

$y_p = A\sin 2x + B\cos 2x$ 가 해라고 가정하면, 이 것을 주어진 미분 방정식에 대입했을 때 등식이 성립 하여야 한다. 따라서

$$(A\sin 2x + B\cos 2x)'' - (A\sin 2x + B\cos 2x)' - 2(A\sin 2x + B\cos 2x) = 20\sin 2x$$
$$(-6A + 2B)\sin 2x + (-2A - 6B)\cos 2x = 20\sin 2x$$

따라서

$$-6A + 2B = 20$$
$$-2A - 6B = 0$$

그러므로 $A = -3$, $B = 1$ 이고, $y_p = -3\sin 2x + \cos 2x$ 가 특수해이다.

Step 3 : 일반해 $y = y_h + y_p$ 구하기

일반해는
$$y = c_1 e^{2x} + c_2 e^{-x} - 3\sin 2x + \cos 2x$$

$R(x)$ 가 함수 $ae^{\alpha x}$, ax^n, $a\sin kx$, $a\cos kx$ 의 합 또는 곱인 경우:

$R(x)$가 표 10.1의 좌측 열에 나열된 기본 함수 $ae^{\alpha x}$, ax^n, $a\sin kx$, $a\cos kx$ 의 합 또는 곱인 경우엔, 대응되는 우측열 함수들의 합 또는 곱을 y_p로 추측한다. 예를 들면 $R(x)$가 지수함수와 삼각함수의 합 $R(x) = ae^{\alpha x} + b\cos kx$ 인 경우엔 $y_p = Ae^{\alpha x} + B\sin kx + C\cos kx$로 추측하며, 만약 $R(x)$가 지수함수와 삼각함수의 곱 $R(x) = ae^{\alpha x}\cos kx$ 인 경우라면 $y_p = e^{\alpha x}(A\sin kx + B\cos kx)$로 추측한다. 표 10.2은 $R(x)$가 기본 함수들의 합 또는 곱인 경우에 적절한 y_p의 형태를 정리한 것이다.

표 10.2 $R(x)$ 가 기본 함수들의 합 또는 곱일 때 y_p의 형태

$R(x)$ 의 형태	y_p 의 형태
$a\sin kx + b\cos kx$	$A\sin kx + B\cos kx$
$e^{\alpha x}(a\sin kx + b\cos kx)$	$e^{\alpha x}(A\sin kx + B\cos kx)$
$xe^{\alpha x}$	$(Ax + B)e^{\alpha x}$
$x^2e^{\alpha x}$	$(Ax^2 + Bx + C)e^{\alpha x}$
$x\sin kx$ 또는 $x\cos kx$	$(Ax + B)\sin kx + (Cx + D)\cos kx$

예제 10.13 미분 방정식 $y'' + y' - 6y = 12x - 50sinx$ 의 일반해를 구하여라.

풀이 :

Step 1 : 제차해 y_h 구하기

주어진 비제차 방정식의 우변을 0 으로 놓아 얻는 제차 방정식

$$y'' + y' - 6y = 0$$

의 특성 방정식은

$$s^2 + s - 6 = 0$$

이다. 특성 방정식을 풀면 $s = 2, -3$. 따라서 제차해는

$$y_h = c_1 e^{2x} + c_2 e^{-3x}$$

Step 2 : 미정 계수법으로 특수해 y_p 구하기

$y_p = Ax + B + C\sin x + D\cos x$ 가 해라고 가정하면, 이 것을 주어진 미분 방정식에 대입했을 때 등식이 성립하여야 한다. 따라서

$$\begin{aligned}(Ax + B + C\sin x + D\cos x)'' + (Ax + B + C\sin x + D\cos x)' \\ -6(Ax + B + C\sin x + D\cos x) = 12x - 50\sin x\end{aligned}$$

$$A - 6B - 6Ax + (-7C - D)\sin x + (C - 7D)\cos 2x = 12x - 50\sin x$$

따라서

$$\begin{aligned} A - 6B &= 0 \\ -6A &= 12 \\ -7C - D &= -50 \\ C - 7D &= 0 \end{aligned}$$

그러므로 $A = -2, B = -\frac{1}{3}, C = 7, D = 1$ 이고, $y_p = -2x - \frac{1}{3} + 7\sin x + \cos x$ 가 특수해이다.

Step 3 : 일반해 $y = y_h + y_p$ 구하기

일반해는

$$y = c_1 e^{2x} + c_2 e^{-3x} - 2x - \frac{1}{3} + 7\sin x + \cos x$$

y_p로 추측하려 하는 식의 항이 제차해 y_h의 항과 같은 형태인 경우:

y_p로 추측하려고 하는 식의 항이 제차해 y_h의 항과 같은 형태인 경우에는 원래 추측하려고 했던 식에 x를 곱해 y_p로 추측한다. 만약 x를 곱한 후에도 제차해 y_h의 항과 같은 형태라면 그렇지 않게 될 때까지 x를 거듭해서 곱한다.

예제 10.14 미분 방정식 $y'' - y' - 2y = e^{2x}$ 의 일반해를 구하여라.

풀이 :

Step 1 : 제차해 y_h 구하기

주어진 비제차 방정식의 우변을 0 으로 놓아 얻는 제차 방정식

$$y'' - y' - 2y = 0$$

의 특성 방정식은

$$s^2 - s - 2 = 0$$

이다. 특성 방정식을 풀면 $s = 2, -1$. 따라서 제차해는

$$y_h = c_1 e^{2x} + c_2 e^{-x} \ .$$

Step 2 : 미정 계수법으로 특수해 y_p 구하기

$R(x) = e^{2x}$ 이므로 $y_p = Ae^{2x}$ 라고 가정하고, 이 것을 주어진 미분 방정식에 대입하여 A 값을 결정하려고 시도하면

$$\begin{aligned} (Ae^{2x})'' - (Ae^{2x})' - 2(Ae^{2x}) &= e^{2x} \\ 0 &= e^{2x} \end{aligned}$$

가 되어 모순적인 상황에 처하게 된다. 이와 같은 상황은 y_p로 가정하려고 했던 식 Ae^{2x} 가 제차해 y_h 안의 항 c_1e^{2x} 와 같은 형태인 경우에 발생한다.

이런 경우에는 처음 y_p로 가정하려고 했던 식에 x를 곱해서 사용하면 된다. 즉 $y_p = Axe^{2x}$ 라고 가정하고, 이 것을 주어진 미분 방정식에 대입하여 미정 계수 A를 결정한다.

$$\begin{aligned} (Axe^{2x})'' - (Axe^{2x})' - 2(Axe^{2x}) &= e^{2x} \\ 3Ae^{2x} &= e^{2x} \end{aligned}$$

따라서 $3A = 1$, 즉 $A = \frac{1}{3}$이고 특수해는

$$y_p = \frac{1}{3} x e^{2x} \ .$$

Step 3 : 일반해 $y = y_h + y_p$ 구하기

일반해는

$$y = c_1 e^{2x} + c_2 e^{-x} + \frac{1}{3} x e^{2x}$$

초기치 문제 예제

비제차 2계 선형 미분 방정식에 초기 조건이 주어진 경우에는 먼저 일반해를 구한 후에 초기 조건을 적용하여 초기조건을 만족하는 특수해를 구하면 된다.

예제 10.15 미분 방정식 $y'' - 2y' + y = 4e^x$ 의 일반해를 구하고, 초기 조건 $y(0) = 1, y'(0) = 0$ 를 만족시키는 특수해를 구하여라.

풀이 :

Step 1 : 제차해 y_h 구하기

주어진 비제차 방정식의 우변을 0 으로 놓아 얻는 제차 방정식

$$y'' - 2y' + y = 0$$

의 특성 방정식은

$$s^2 - 2s + 1 = 0$$

이다. 특성 방정식을 풀면 $s = 1$ (중근). 따라서 제차해는

$$y_h = (c_1 + c_2 x)e^x \quad .$$

Step 2 : 미정 계수법으로 특수해 y_p 구하기

$R(x) = 4e^x$ 이므로 $y_p = Ae^x$ 라고 가정하려고 하는데, Ae^x는 제차해 y_h의 항과 같은 형태이다. 여기에 x를 곱한 함수 Axe^x 역시 제차해 y_h의 항과 같은 형태이므로 한 번 더 x를 곱하여

$$y_p = Ax^2 e^x$$

라고 가정한다. 이 것을 주어진 미분 방정식에 대입하면

$$\begin{aligned} (Ax^2e^x)'' - 2(Ax^2e^x)' + (Ax^2e^x) &= 4e^x \\ 2Ae^{2x} &= 4e^x \end{aligned}$$

따라서 $A = 2$이고 특수해는

$$y_p = 2x^2 e^x \ .$$

Step 3 : 일반해 $y = y_h + y_p$ 구하기

일반해는

$$y = (c_1 + c_2 x)e^x + 2x^2 e^x \ .$$

Step 4 : 초기 조건을 만족하는 특수해 구하기

$y' = c_2 e^x + (c_1 + c_2 x)e^x + 4xe^x + 2x^2 e^x$ 이므로 초기 조건 $y(0) = 1$, $y'(0) = 0$ 을 적용하면

$$c_1 = 1$$
$$c_1 + c_2 = 0 \ .$$

따라서 $c_1 = 1, c_2 = -1$ 이고, 초기 조건을 만족하는 특수해는

$$y = (1 - x)e^x + 2x^2 e^x \ .$$

연습문제

10.7. 다음 각 미분 방정식의 일반해를 구하여라.
(a) $y'' + y' - 2y = 4$ (b) $y'' - 3y' = 9$
(c) $2y'' - 11y' + 12y = 3x - 2$ (d) $2y'' + 5y' - 3y = 6$
(e) $6y'' + 4y' - 2y = 3x - 2$ (f) $y'' + 6y' + 9y = x^2$
(g) $3\frac{d^2y}{dt^2} + \frac{dy}{dt} + y = 3x - 1$ (h) $\frac{d^2\theta}{dt^2} + 4\frac{d\theta}{dt} + 4\theta = 8$

10.8. 다음 각 미분 방정식의 일반해를 구하여라.
(a) $y'' - 2y' + y = 3e^{4x}$ (b) $2y'' - y' - 3y = 5e^{\frac{3}{2}x}$
(c) $y'' - 4y' + 4y = 3e^{2x}$ (d) $y'' - y' - 6y = 2e^x$
(e) $y'' - 3y' - 4y = 3e^{-x}$ (f) $y'' + 9y = 26e^{2x}$
(g) $9\frac{d^2y}{dt^2} - 6\frac{dy}{dt} + y = 12e^{\frac{t}{3}}$ (h) $\frac{d^2y}{dt^2} - 6\frac{dy}{dt} + 9y = 4e^{3t}$

10.9. 다음 각 미분 방정식의 일반해를 구하여라.
(a) $y'' - 4y' + 4y = 5\cos x$ (b) $2y'' - y' - 3y = 25\sin 2x$
(c) $y'' + y = 4\cos x$ (d) $2y'' + 3y' - 5y = 6\sin 2x$
(e) $y'' + 16y = 10\cos 4x$ (f) $y'' - 3y - 4y = 3\sin x$

10.10. 다음 각 미분 방정식의 일반해를 구하여라.
(a) $y'' + y' - 6y = 12x - 50\sin x$ (b) $y'' - 2y' + 2y = 3e^x \cos 2x$
(c) $8y'' - 6y' + y = 2x + 40\sin x$ (d) $y'' - 3y' + 2y = 2\sin 2x - 4\cos 2x$
(e) $y'' + y' - 2y = x^2 + e^{2x}$ (f) $y'' - 2y' + 2y = e^x \sin x$

10.11. 다음 각 초기치 문제를 풀어라.
(a) $y'' - y' - 2y = 3e^{2x}$, $y(0) = 0$, $y'(0) = -2$
(b) $y'' + y' - 2y = 14 + 2x - 2x^2$, $y(0) = 0$, $y'(0) = 0$
(c) $y'' + 4y' + 4y = 4\cos x + 3\sin x$, $y(0) = 1$, $y'(0) = 0$
(d) $y'' + y = 0.001x^2$, $y(0) = 0$, $y'(0) = \frac{3}{2}$
(e) $y'' + 3y' + \frac{9}{4}y = -10e^{-\frac{3}{2}x}$, $y(0) = 1$, $y'(0) = 0$
(f) $y''2y' + 5y = e^{\frac{1}{2}x} + 40\cos 10x - 190\sin 10x$, $y(0) = 0.16$, $y'(0) = 40.08$

10.6 $x^2y'' + axy' + by = R(x)$ 꼴의 미분 방정식

이 절에서는 **비제차 2계 오일러-코시 방정식** , 즉

$$x^2y'' + axy' + by = R(x) \quad (a, b\text{는 상수}) \tag{10.69}$$

꼴로 표시되는 미분 방정식의 풀이 방법에 대하여 알아 보자. 방정식 (10.69)는 비제차 2계 선형 미분 방정식이므로 일반해는 제차해 y_h와 특수해 y_p의 합으로 구할 수 있다. 제차해 y_h는 제차 2계 오일러-코시 방정식

$$x^2y'' + axy' + by = 0 \tag{10.70}$$

의 일반해이므로 제 10.3 절에서 설명한 방법으로 구하면 된다.

특수해 y_p는 어떤 방법으로 구할 수 있을까? 제 10.5 절에서 설명한 미정계수법은 식 (10.67)처럼 상수 계수를 갖는 미분 방정식에서 적용가능한데, 식 (10.69)는 상수 계수가 아니므로 미정 계수법으로는 y_p를 구할 수 없다. 따라서 이 절에서는 상수 계수가 아닌 경우에도 특수해 y_p를 구할 수 있는 방법인 매개변수 변환법에 대하여 알아 보고 이 방법을 이용하여 y_p를 구해 보자.

매개변수 변환법

다음과 같은 2계 비제차 선형 미분 방정식을 고려하자.

$$y'' + P(x)y' + Q(x)y = R(x) \tag{10.71}$$

미분 방정식 (10.71) 의 제차해가 다음과 같이 주어진다고 하자.

$$y_h = c_1y_1 + c_2y_2 \tag{10.72}$$

식 (10.72) 에서 y_1, y_2는 제차 방정식

$$y'' + P(x)y' + Q(x)y = 0 \tag{10.73}$$

의 선형독립인 두 해를 나타내고, c_1, c_2는 임의의 상수이다.

제차해 y_h에서 상수 c_1, c_2 를 미지 함수 $u(x), v(x)$ 로 대체하여 얻는 함수

$$y_p = uy_1 + vy_2 \tag{10.74}$$

가 방정식 (10.71)의 해라고 가정하자. 식 (10.74)로부터 y'_p, y''_p을 계산하면

$$y'_p = u'y_1 + v'y_2 + uy'_1 + vy'_2 \tag{10.75}$$

$$y''_p = (u'y_1 + v'y_2)' + (uy'_1 + vy'_2)' \tag{10.76}$$

인데 식이 약간 복잡하다. 식을 좀 더 간단하게 하기 위하여 u, v 가 다음과 같은 추가적인 조건을 만족시킨다고 가정하자.

$$u'y_1 + v'y_2 = 0 \ . \tag{10.77}$$

식 (10.77) 의 조건 하에서 식 (10.75)-(10.76)은 다음과 같이 간단하게 쓸 수 있다.

$$y'_p = uy'_1 + vy'_2 \tag{10.78}$$

$$y''_p = u'y'_1 + uy''_1 + v'y'_2 + vy''_2 \ . \tag{10.79}$$

y_p가 해이므로 y_p를 방정식(10.71)에 대입하면 등식이 성립하여야 한다. 따라서 식 (10.74)와 (10.78)-(10.79)를 방정식 (10.71)에 대입한 후에 u, v에 관하여 정리하면 다음 관계식이 성립함을 알 수 있다.

$$u'y'_1 + v'y'_2 + u(y''_1 + Py'_1 + Qy_1) + v(y''_2 + Py'_2 + Qy_2) = R \ . \tag{10.80}$$

y_1, y_2는 제차 방정식 (10.73)의 해이므로 $y''_1 + Py'_1 + Qy_1 = 0, y''_2 + Py'_2 + Qy_2 = 0$이다. 따라서 식 (10.80)은 다음과 같이 된다.

$$u'y'_1 + v'y'_2 = R \ . \tag{10.81}$$

식 (10.81)은 식 (10.77)의 조건 하에서 유도한 것이므로 이 두 식은 동시에 만족되어야 한다. 식 (10.77)과 식 (10.81)을 한 눈에 보기 쉽게 나란히 다시 쓰면

$$u'y_1 + v'y_2 = 0 \tag{10.82}$$

$$u'y'_1 + v'y'_2 = R \ . \tag{10.83}$$

미지 함수 u, v는 연립방정식 (10.82)-(10.83) 을 만족시켜야 한다. 연립방정식 (10.82)-(10.83)을 풀면 다음과 같다.

$$u' = \frac{-y_2R}{y_1y'_2 - y'_1y_2} = \frac{-y_2R}{W} \quad , \quad v' = \frac{y_1R}{y_1y'_2 - y'_1y_2} = \frac{y_1R}{W} \ . \tag{10.84}$$

식 (10.84)에서 W는

$$W = \begin{vmatrix} y_1 & y_2 \\ y'_1 & y'_2 \end{vmatrix} = y_1y'_2 - y'_1y_2 \tag{10.85}$$

로 정의되는 함수로서 이 것을 처음 정의한 수학자인 론스키(Wronski)의 이름을 따서 'y_1과 y_2의 **론스키안**(Wronskian)'이라고 부른다. u와 v는 식 (10.84)를 적분하면 다음과 같이 구할 수 있다.

$$u = \int \frac{-y_2 R}{W} dx \quad , \quad v = \int \frac{y_1 R}{W} dx \tag{10.86}$$

식 (10.86)로 주어지는 u 와 v를 식 (10.74)에 대입하면

비제차 2계 선형 미분 방정식 (10.71)의 특수해 y_p는 다음과 같다.

$$y_p = -y_1 \int \frac{y_2 R}{W} dx + y_2 \int \frac{y_1 R}{W} dx \ . \tag{10.87}$$

예제 10.16 미분 방정식 $x^2 y'' - 2y = 9x^2$ 의 일반해를 구하여라.
풀이 :

Step 1 : 제차해 y_h 구하기

주어진 비제차 미분 방정식의 우변을 0으로 놓으면

$$x^2 y'' - 2y = 0 \ .$$

이 제차 오일러-코시 방정식의 보조 방정식은 다음과 같다.

$$m^2 - m - 2 = 0$$

보조 방정식을 풀면 $m = 2, -1$. 따라서 제차해는

$$y_h = c_1 x^2 + c_2 x^{-1}$$

Step 2 : 매개 변수 변환법으로 특수해 y_p 구하기

$y_1 = x^2, y_2 = x^{-1}$ 이므로 y_1과 y_2의 론스키안 W는 다음과 같다.

$$W = x^2 (x^{-1})' - (x^2)' x^{-1} = -3$$

한편 식 (10.87)에서 R은 방정식이 식 (10.71) 꼴로 표시되었을 때의 우변 $R(x)$를 나타낸다. 주어진 미분 방정식을 식 (10.71) 꼴로 표시하면

$$y'' - \frac{2}{x^2} y = 9$$

이므로 $R = 9$ 이다. 따라서 식 (10.87) 로부터

$$y_p = -x^2 \int \frac{9x^{-1}}{-3} dx + x^{-1} \int \frac{9x^2}{-3} dx = 3x^2 \ln x - x^2 \ .$$

Step 3 : 일반해 $y = y_h + y_p$ 구하기

$$y = c_1 x^2 + c_2 x^{-1} + 3x^2 \ln x - x^2 \ .$$

연습 문제

10.12. 매개 변수 변환법으로 다음 각 미분 방정식의 특수해 y_p를 구하여라.
(a) $y'' + y = \csc x$ (b) $y'' - 4y = 4e^{-x}$
(c) $x^2 y'' - 2xy' + 2y = x^3 \cos x$ (d) $x^2 y'' - xy' + y = x \ln x$

10.13. 다음 각 미분 방정식의 일반해를 구하여라.
(a) $x^2 y'' + xy' - 4y = \frac{1}{x^2}$ (b) $x^2 y'' - 2xy' + 2y = x^3 \sin x$
(c) $x^2 y'' + xy' - \frac{1}{4} y = 3x^{-1} + 3x$ (d) $4x^2 y'' - 24xy' + 49y = 36x^5$

10.7 RLC 회로

제 9.3 절에서 우리는 저항과 인덕터로 구성된 RL 회로와 저항과 커패시터로 구성된 RC 회로를 1계 선형 미분 방정식으로 모델링하여 해석하였다. 이 절에서는 저항, 인덕터, 커패시터를 모두 포함하는 회로인 RLC 회로를 2계 선형 미분 방정식으로 모델링하여 해석해 보자. RLC 회로의 모델링을 위한 키르히호프의 법칙과 저항, 인덕터, 커패시터의 전압 전류 관계식에 대해서는 제 9.3 절에서 설명하였으므로 이 절에서는 다시 반복하지 않는다.

예제 10.17 아래 그림과 같은 RLC 회로에서 저항값, 인덕턴스, 커패시턴스가 각각 $R = 3\ \Omega$, $L = 1$ H , $C = \frac{1}{2}$ F 이고, 전원 전압이 $e(t) = \sin 2t$ V 이며, $t = 0$일 때의 초기 조건은 $i(0) = 0$, $i'(0) = 0$ 이다. $t \geq 0$ 에 대하여 전류 $i(t)$를 구하여라.

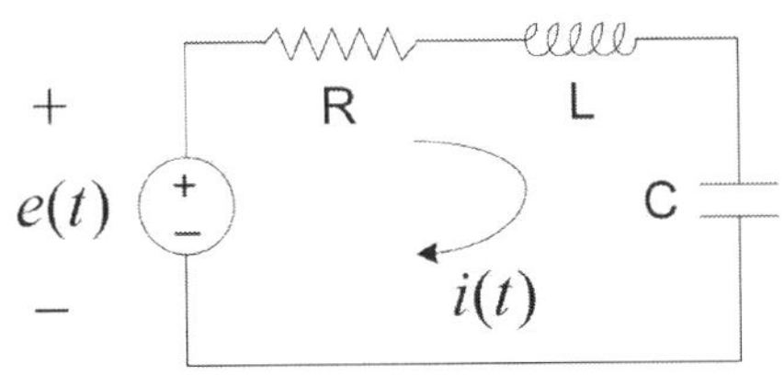

풀이 :

step 1 : 회로 내의 각 소자에 전압과 전류를 표시한다.

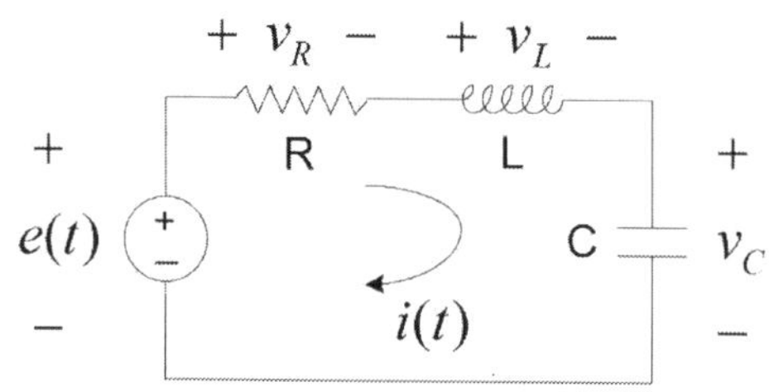

Step 2 : KVL을 적용한다.

KVL 즉 키르히호프의 전압 법칙은 폐회로를 한바퀴 돌면서 전압 강하를 모두 더한 것과 전압 상승을 모두 더한 것이 같다는 것을 의미한다. 즉

$$v_R + v_L + v_C = e(t) \tag{10.88}$$

Step 3 : 전류 $i(t)$ 에 관한 미분 방정식을 구한다.

저항, 인덕터, 커패시터의 전압전류 관계식

$$v_R = Ri \ , \ \ v_L = Li' \ , \ \ v_C = \frac{1}{C}\int idt$$

를 식 (10.88)에 대입하면

$$Ri + Li' + \frac{1}{C}\int idt = e(t) \ .$$

양변을 t에 대해 미분하면

$$Ri' + Li'' + \frac{1}{C}i = \frac{de}{dt} \ .$$

양변을 L로 나눈 후 정리하면

$$i'' + \frac{R}{L}i' + \frac{1}{LC}i = \frac{1}{L}\frac{de}{dt} \ . \tag{10.89}$$

$R = 3, L = 1, C = \frac{1}{2}, e(t) = \sin 2t$를 대입하면 전류 i에 대한 다음과 같은 2계 선형 미분 방정식을 얻는다.

$$i'' + 3i' + 2i = 2\cos 2t \tag{10.90}$$

Step 4 : 일반해를 구한다.

먼저 제차해 i_h를 구하자. 방정식 (10.90)의 특성 방정식은

$$s^2+3s+2=0$$

특성 방정식을 풀면 $s=-1,-2$. 따라서 제차해는 다음과 같다.

$$i_h=c_1e^{-t}+c_2e^{-2t}$$

함수 $i_p=A\cos 2t+B\sin 2t$ 가 방정식 (10.90)의 해라고 가정하면, 이 것을 주어진 미분 방정식에 대입했을 때 등식이 성립하여야 한다. 따라서

$$\begin{aligned}(A\cos 2t+B\sin 2t)''+3(A\cos 2t+B\sin 2t)'+2(A\cos 2t+B\sin 2t) &= 2\cos 2t\\ (-2A+6B)\cos 2t+(-6A-2B)\sin 2t &= 2\cos 2t\end{aligned}$$

따라서

$$\begin{aligned}-2A+6B &= 2\\ -6A-2B &= 0\end{aligned}$$

그러므로 $A=-\frac{1}{10}$, $B=\frac{3}{10}$ 이고, 특수해는

$$i_p=-\frac{1}{10}\cos 2t+\frac{3}{10}\sin 2t\ .$$

따라서 방정식 (10.90)의 일반해 $i=i_h+i_p$는 다음과 같다.

$$i=c_1e^{-t}+c_2e^{-2t}-\frac{1}{10}\cos 2t+\frac{3}{10}\sin 2t$$

Step 5 : 초기 조건을 만족하는 특수해를 구한다.

$i'=-c_1e^{-t}-2c_2e^{-2t}+\frac{2}{10}\sin 2t+\frac{6}{10}\cos 2t$ 이므로 $i(0)=0$, $i'(0)=0$으로부터

$$\begin{aligned}c_1+c_2-\frac{1}{10} &= 0\\ -c_1-2c_2+\frac{6}{10} &= 0\end{aligned}$$

따라서 $c_1=-\frac{4}{10}$, $c_2=\frac{5}{10}$ 이고, 초기 조건을 만족하는 특수해는

$$i=-\frac{4}{10}e^{-t}+\frac{5}{10}e^{-2t}-\frac{1}{10}\cos 2t+\frac{3}{10}\sin 2t$$

예제 10.18 아래 그림과 같은 RLC 회로에서 저항값, 인덕턴스, 커패시턴스가 각각 $R = 2\ \Omega$, $L = 4$ H , $C = 1$ F 이고, 시간 $t = 0$에서 직류 전원 전압 $e(t) = 20$ V 가 인가된다. $t = 0$일 때의 초기 조건이 $v(0) = 0$, $v'(0) = 0$ 일 때 시간 $t \geq 0$ 에 대하여 전압 $v(t)$를 구하여라.

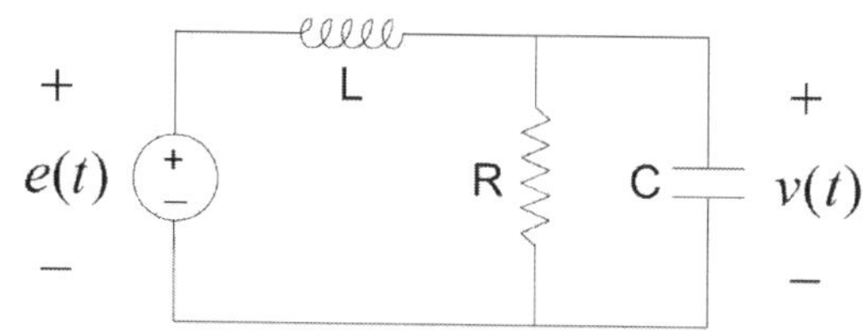

<u>풀이 :</u>

step 1 : 회로 내의 각 소자에 전압과 전류를 표시한다.

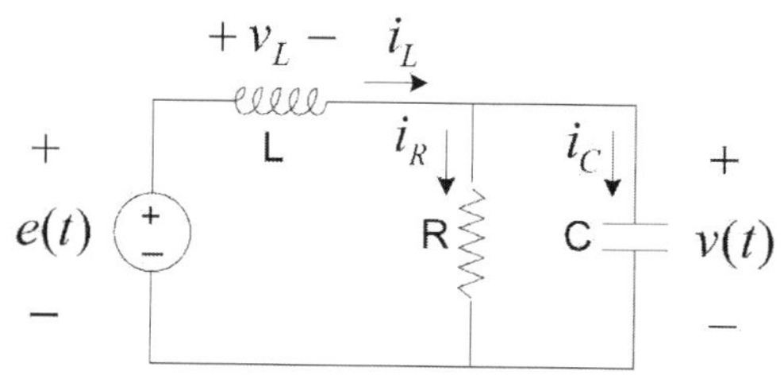

Step 2 : KVL과 KCL을 적용한다.

저항 R과 커패시터 C는 병렬 연결되어 있으므로 저항 양단에 걸리는 전압은 커패시터 양단의 전압 $v(t)$와 같다. 따라서 회로의 왼쪽 루프를 따라 한 바퀴 돌면서 KVL을 적용하면

$$v_L + v = e(t) \tag{10.91}$$

회로의 오른 쪽 위의 L, R, C 가 만나는 노드에 KCL을 적용하면

$$i_R + i_C = i_L \tag{10.92}$$

Step 3 : 전압 $v(t)$ 에 관한 미분 방정식을 구한다.

각 소자의 전압 전류 관계식 $i_R = \frac{v}{R}$, $i_C = Cv'$, $i_L = \frac{1}{L}\int v_L dt$을 식 (10.92)에 대입한 후, 양변을 미분하면

$$\frac{v}{R} + Cv' = \frac{1}{L}\int v_L dt \quad \text{즉} \quad \frac{1}{R}v' + Cv'' = \frac{1}{L}v_L \tag{10.93}$$

식 (10.91)으로 부터 $v_L = e(t) - v$ 이므로 이 것을 식 (10.93) 에 대입하면

$$\frac{1}{R}v' + Cv'' = \frac{e(t)-v}{L}$$

$$LCv'' + \frac{L}{R}v' + v = e(t) \tag{10.94}$$

이다. 식 (10.94)에 $R=2, L=4, C=1, e(t)=20$을 대입하면 전압 v에 대한 다음과 같은 2계 선형 미분 방정식을 얻는다.

$$4v'' + 2v' + v = 20 \tag{10.95}$$

Step 4 : 일반해를 구한다.

먼저 제차해 v_h를 구하자. 방정식 (10.95)의 특성 방정식은

$$4s^2 + 2s + 1 = 0 \ .$$

특성 방정식을 풀면 $s = -\frac{1}{4} + j\frac{\sqrt{3}}{4}, -\frac{1}{4} - j\frac{\sqrt{3}}{4}$. 따라서 제차해는

$$v_h = e^{-\frac{1}{4}t}\left(c_1 \cos\frac{\sqrt{3}}{4}t + c_2 \sin\frac{\sqrt{3}}{4}t\right) \ .$$

함수 $v_p = A$ 가 방정식 (10.90)의 해라고 가정하면, 이 것을 주어진 미분 방정식에 대입했을 때 등식이 성립하여야 한다. 따라서 $A = 20$ 이고, 특수해는 $v_p = 20$ 이다.

따라서 방정식 (10.95)의 일반해 $v = v_h + v_p$는 다음과 같다.

$$v = e^{-\frac{1}{4}t}(c_1 \cos\frac{\sqrt{3}}{4}t + c_2 \sin\frac{\sqrt{3}}{4}t) + 20$$

Step 5 : 초기 조건을 만족하는 특수해를 구한다.

$v' = -\frac{1}{4}e^{-\frac{1}{4}t}(c_1 \cos\frac{\sqrt{3}}{4}t + c_2 \sin\frac{\sqrt{3}}{4}t) + e^{-\frac{1}{4}t}(-\frac{\sqrt{3}}{4}c_1 \sin\frac{\sqrt{3}}{4}t + \frac{\sqrt{3}}{4}c_2 \cos\frac{\sqrt{3}}{4}t)$
이므로 초기 조건 $v(0) = 0$, $v'(0) = 0$ 을 적용하면

$$c_1 + 20 = 0$$

$$-\frac{1}{4}c_1 + \frac{\sqrt{3}}{4}c_2 = 0$$

따라서 $c_1 = -20, c_2 = -\frac{20\sqrt{3}}{3}$ 이고, 초기 조건을 만족하는 특수해는

$$v = e^{-\frac{1}{4}t}(-20\cos\frac{\sqrt{3}}{4}t - \frac{20\sqrt{3}}{3}\sin\frac{\sqrt{3}}{4}t) + 20 \ .$$

연습 문제

10.14. 그림 10.1 과 같은 LC 회로에서 $L, C, e(t)$ 가 다음 각 경우와 같이 주어지고, $t=0$일 때의 초기 조건은 $i(0)=0,\ i'(0)=0$ 일 때, 시간 $t\geq 0$에 대하여 전류 $i(t)$를 구하여라.
(a) $L=0.2$ H , $C=0.05$ F , $e(t)=\sin t$ V
(b) $L=0.5$ H , $C=8\times 10^{-2}$ F , $e(t)=t^2$ V

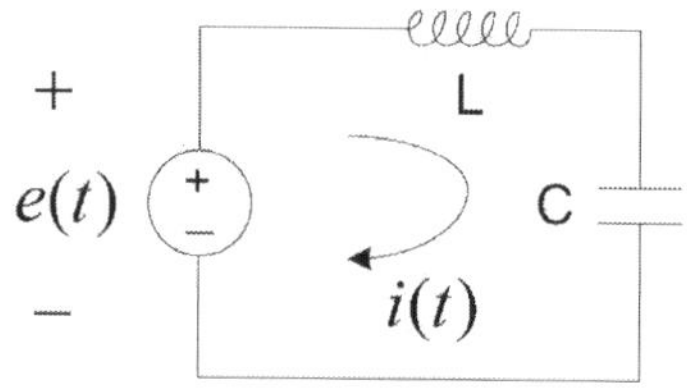

그림 10.1 문제 10.14 의 회로

10.15. 그림 10.2 과 같은 RLC 회로에서 $R, L, C, e(t), i(0), i'(0)$가 다음 각 경우와 같이 주어질 때, 시간 $t\geq 0$에 대하여 전류 $i(t)$를 구하여라.
(a) $R=80\ \Omega$, $L=20$ H, $C=0.01$ F , $e(t)=100$ V , $i(0)=0,\ i'(0)=5$
(b) $R=6\ \Omega$, $L=1$ H, $C=0.04$ F , $e(t)=24\cos(5t)$ V , $i(0)=0,\ i'(0)=24$

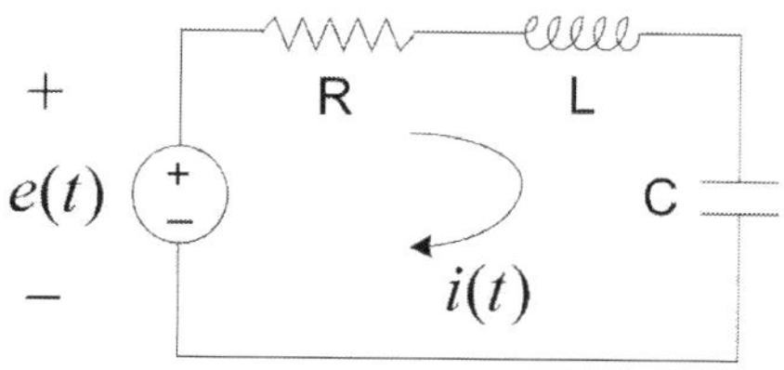

그림 10.2 문제 10.15 의 회로

10.16. 그림 10.3과 같은 RLC 회로에서 $R=2\ \Omega$, $L=4$ H, $C=1$ F, $e(t)=20$ V, $v(0)=0,\ v'(0)=0$일 때, 시간 $t\geq 0$에 대하여 전압 $v(t)$를 구하여라.

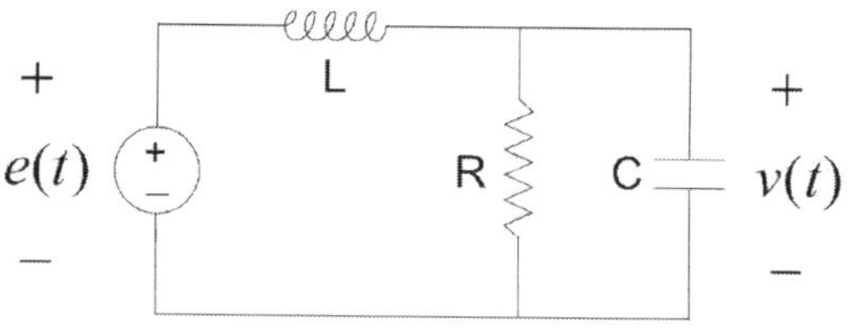

그림 10.3 문제 10.16 의 회로

Part IV
복소수와 복소함수

Chapter 11
복소수

11.1 복소수의 정의

변수 z가 실수 값 만 가질 수 있다고 한정하면, 이차방정식

$$z^2 = -4 \tag{11.1}$$

는 근을 갖지 않는다. 왜냐하면 실수의 제곱은 음수가 될 수 없으며 따라서 음수의 제곱근 $\sqrt{-4}$ 는 실수 범위 내에서는 정의되지 않기 때문이다. 그런데 만약 식 (11.1) 꼴의 방정식에 대해서도 근을 찾을 필요가 있다면 어떻게 해야 할까? 이 경우 우리는 변수 z가 가질 수 있는 값의 범위를 실수 범위 밖으로 확장하여 음수의 제곱근도 포함하도록 할 필요가 있다. 이와 같은 목적으로 우리는 실수가 아닌 새로운 수 j를 다음과 같이 정의한다.

$$j^2 = -1 \quad 즉 \quad j = \sqrt{-1} \tag{11.2}$$

수 j를 사용함으로써 우리는 음수의 제곱근을 실수와 j의 곱으로 나타낼 수 있으며, 따라서 식 (11.1) 꼴의 방정식에 대해서도 근을 찾을 수가 있다. 예를 들면

$$\sqrt{-4} = \sqrt{4(-1)} = \sqrt{4}\sqrt{-1} = 2j$$

이고, 따라서 이차 방정식 (11.1) 의 두 근은 $z = \pm\sqrt{-4}$ 즉

$$z = 2j \quad , \quad z = -2j$$

이다. j 는 '**허수 단위**(imaginary unit)'라고 불리며 다음과 같이 복소수를 정의하는데 사용된다.

복소수란

$$x+jy \qquad (x\,,y \text{ 는 실수 }, j^2=-1)$$

꼴로 나타내어지는 수를 말한다.

예를 들면 $3+j5$, $2-j2$ 는 복소수이다. 또 $5=5+j0$ 이므로 5 도 복소수이고, $2j=0+j2$ 이므로 $2j$ 도 복소수 이다.

복소수 $z=x+jy$ (x, y는 실수) 가 주어졌을 때,

x는 'z의 **실수부**(real part)'라고 부르며 기호 $\mathrm{Re}(z)$로 나타내고,

y는 'z의 **허수부**(imaginary part)'라고 부르며 기호 $\mathrm{Im}(z)$로 나타낸다.

예를 들어 $z=3+j5$ 이면, $\mathrm{Re}(z)=3$ 이고 $\mathrm{Im}(z)=5$ 이다. $z=j2$ 의 경우에는 $\mathrm{Re}(z)=0$ 이고 $\mathrm{Im}(z)=2$ 이다. $z=j2$ 처럼 실수부가 0 인 복소수는 순허수라고 부른다.

연습 문제

11.1. 아래에 주어진 음수의 제곱근을 j를 이용하여 나타내어라.
(a) $\sqrt{-16}$ (b) $\sqrt{-0.36}$ (c) $\sqrt{-8}$ (d) $\sqrt{-a}$ $(a>0)$

11.2. 다음 계산을 하여 그 결과를 1, -1, j, $-j$ 중의 하나로 나타내어라.
(a) j^2 (b) j^3 (c) j^4 (d) j^5 (e) j^n (n은 자연수)
(f) j^7 (g) j^8 (h) j^{27} (i) j^6 (j) j^{486}

11.3. 다음 이차 방정식의 근을 구하여라.
(a) $z^2+9=0$ (b) $z^2+3z+4=0$
(c) $z^2+25=0$ (d) $2z^2+3z+5=0$

11.2 복소수의 연산

복소수의 상등

'두 복소수가 같다'라는 말은 두 복소수가 실수부는 실수부끼리 허수부는 허수부끼리 같음을 의미한다. 즉

$$a+jb=c+jd \quad \Leftrightarrow \quad a=c \text{ 이고 } b=d \tag{11.3}$$

예제 11.1 $z_1 = (x+y)+j(x-y)$ 이고 $z_2 = 7+j3$ 이다. $z_1 = z_2$ 라면, 실수 x, y의 값은?.

풀이 :

$x+y=7$, $x-y=3$ 이므로 $x=5$, $y=2$ 이다.

복소수의 덧셈과 뺄셈

복소수의 덧셈과 뺄셈은 실수부는 실수부끼리 허수부는 허수부끼리 각각 더하거나 빼면 된다. 즉

$$(a+jb)+(c+jd) = (a+c)+j(b+d)$$
$$(a+jb)-(c+jd) = (a-c)+j(b-d)$$

예제 11.2 $(3+j2)+(4-j5)$를 계산하여라.

풀이 :

$$(3+j2)+(4-j5) = (3+4)+j(2-5) = 7-j3$$

복소수의 곱셈

복소수의 곱셈은 각 항을 곱셈 공식으로 전개한 후에 $j^2 = -1$을 사용하여 간단히 하면 된다. 즉

$$(a+jb)(c+jd) = (ac-bd)+j(ad+bc)$$

예제 11.3 $(3+j2)(4-j5)$를 계산하여라.

풀이 :

$$\begin{aligned}(3+j2)(4-j5) &= 12-j15+j8-j^2 10\\ &= 12+10+j(-15+8)\\ &= 22-j7\end{aligned}$$

복소수의 나눗셈

복소수의 나눗셈 $\frac{z_1}{z_2}$의 값은 곱셈 $z_1 = z_2 z$ 를 만족하는 복소수 z로 정의된다. 즉

$$\frac{z_1}{z_2} = z \quad \Leftrightarrow \quad z_1 = z_2 z \tag{11.4}$$

예제 11.4 나눗셈의 정의 (11.4)를 이용하여 $\frac{2+j11}{3+j4}$ 을 계산을 하여라.

풀이 :

$\frac{2+j11}{3+j4} = x + jy$ 라 두면 나눗셈의 정의 (11.4)에 의해

$$2 + j11 = (3 + j4)(x + jy)$$
$$2 + j11 = 3x - 4y + j(4x + 3y)$$

따라서 x, y는 다음 연립방정식을 만족시켜야 한다.

$$3x - 4y = 2$$
$$4x + 3y = 11$$

연립 방정식을 풀면 $x = 2, y = 1$. 따라서 $\frac{2+j11}{3+j4} = 2 + j$.

복소수의 나눗셈은 위의 예제 11.4 에서와 같이 정의 (11.4)를 이용하여 계산해도 되지만, 제 163 쪽의 예제 11.5 에서와 같이 분모의 켤레 복소수를 분모 분자에 곱해서 분모를 실수로 만들어 나누어 주는 방법을 사용하면 더 편리하게 계산할 수 있다. 켤레 복소수를 이용한 복소수의 나눗셈에 대해서는 잠시 켤레 복소수의 정의와 성질에 대해 알아 본 후에 다시 살펴 보기로 하자.

켤레 복소수

복소수의 **켤레 복소수**(complex conjugate)란 주어진 복소수의 실수부는 그대로 두고 허수부만 부호를 바꾼 복소수를 말한다. 켤레 복소수는 다른 말로 **공액 복소수**라고도 부른다. 켤레 복소수는 복소수 위에 선을 긋거나 별모양 첨자를 붙여서 나타낸다. 즉 복소수 z의 켤레 복소수는 $\bar{z}$ 또는 z^*로 표시한다. 따라서 x, y가 실수일 때

$$z = x + jy \quad \Leftrightarrow \quad \bar{z} = x - jy \tag{11.5}$$

이다.

켤레 복소수는 복소수로부터 실수를 얻어내는 수단으로 유용하게 사용될 수 있다. 예를 들어 서로 켤레인 두 복소수 $z = x + jy$ 와 $\bar{z} = x - jy$ 의 합과 차를 구해 보면 $z + \bar{z} = 2x$, $z - \bar{z} = j2y$ 이다. 따라서 다음과 같은 공식이 성립한다.

$$\frac{z+\bar{z}}{2} = \mathrm{Re}(z) \tag{11.6}$$

$$\frac{z-\bar{z}}{2j} = \mathrm{Im}(z) \tag{11.7}$$

또 복소수 $z = x + jy$ 와 그 켤레 복소수 $\bar{z} = x - jy$를 곱하면

$$z\bar{z} = (x+jy)(x-jy) = x^2 + y^2 \tag{11.8}$$

이므로 켤레 관계인 두 복소수의 곱 $z\bar{z}$ 는 항상 실수가 된다. 켤레 관계인 두 복소수의 곱에 관한 이 성질은 복소수의 나눗셈에 이용된다.

켤레 복소수 연산과 사칙 연산(덧셈, 뺄셈, 곱셈, 나눗셈)은 어느 것을 먼저 하든지 순서에 상관이 없다. 즉

$$\overline{z_1 + z_2} = \overline{z_1} + \overline{z_2} \tag{11.9}$$

$$\overline{z_1 - z_2} = \overline{z_1} - \overline{z_2} \tag{11.10}$$

$$\overline{z_1 z_2} = \overline{z_1}\,\overline{z_2} \tag{11.11}$$

$$\overline{(z_1/z_2)} = \overline{z_1}/\overline{z_2} \tag{11.12}$$

공식 (11.9)-(11.12)는 $z_1 = a + jb$, $z_2 = c + jd$라 놓고 z_1, z_2를 주어진 식에 대입하면 쉽게 증명할 수 있다.

켤레 복소수를 이용한 복소수의 나눗셈

복소수의 나눗셈은 분모의 켤레 복소수를 분모 분자에 곱하여 분모를 실수로 만든 후에 분자를 실수인 분모로 나누면 편리하게 구할 수 있다. 즉

$$\begin{aligned}\frac{a+jb}{c+jd} &= \frac{(a+jb)(c-jd)}{(c+jd)(c-jd)} = \frac{(ac+bd)+j(bc-ad)}{c^2+d^2} \\ &= \frac{ac+bd}{c^2+d^2} + j\frac{bc-ad}{c^2+d^2}\end{aligned} \tag{11.13}$$

예제 11.5 $\frac{3-j}{2+j}$를 계산하여라.

풀이 :

$$\begin{aligned}\frac{3-j}{2+j} &= \frac{(3-j)(2-j)}{(2+j)(2-j)} \\ &= \frac{(6-1)+j(-2-3)}{5} \\ &= 1-j\end{aligned}$$

연습 문제

11.4. $z_1 = 3 + j4$, $z_2 = 5 + j2$ 일 때 다음 계산을 하여라.
(a) $z_1 + z_2$ (b) $z_1 - z_2$ (c) $3z_1$ (d) $\bar{z_1}$

11.5. $z_1 = 1 - j3$, $z_2 = -2 + j5$, $z_3 = -3 - j4$ 일 때 다음 계산을 하여 결과를 $a + jb$ 꼴로 나타내어라.
(a) $z_1 z_2$ (b) $\frac{z_1}{z_3}$ (c) $\frac{z_1 z_2}{z_1 + z_2}$ (d) $z_1 z_2 z_3$

11.6. $z_1 = 2 - j3$, $z_2 = 4 + j2$ 일 때 다음 계산을 하여라.
(a) $z_1 z_2$ (b) $\frac{z_1}{z_2}$ (c) $\mathrm{Re}\left(\frac{z_2}{z_1}\right)$ (d) $\mathrm{Im}\left(\frac{z_2}{z_1}\right)$

11.7. 다음 계산을 하여 결과를 $a + jb$ 꼴로 나타내어라.
(a) $\frac{2}{(1+j)^4}$ (b) $j\left(\frac{1+j3}{1-j2}\right)^2$ (c) $\frac{1-j}{1+j}$ (d) $\frac{-25}{2}\left(\frac{1+j2}{3+j4} - \frac{2-j5}{-j}\right)$

11.8. $z = x + jy$ (x , y 는 실수) 일 때 다음 각 값을 x , y 의 식으로 나타내어라.
(a) $\mathrm{Im}\left(z^3\right)$ (b) $(\mathrm{Im}(z))^3$ (c) $\mathrm{Re}(1/\bar{z})$

11.9. 다음 각 방정식을 만족시키는 실수 x 와 y 를 구하여라.
(a) $3x + j2y - jx + 5y = 7 + j5$ (b) $(1 + j2)(-2 - j3) = x + jy$
(c) $2 - j3 = \sqrt{x + jy}$ (d) $\frac{2+j}{1-j} = j(x + jy)$

11.3 복소 평면

복소수는 좌표 평면 위의 점으로 나타낼 수가 있다. 예를 들어 직각좌표계의 좌표 평면에서 수평축은 복소수의 실수부를 나타내는 데 사용하고, 수직축은 허수부를 나타내는데 사용하면, 그림 11.1과 같이 복소수 $z = x + jy$ 는 좌표 평면 위의 점 (x,y) 로 나타낼 수 있다. 좌표 평면이 이와 같이 복소수를 나타내는 데 사용되는 경우, 우리는 이 좌표 평면을 **복소 평면**(complex plane)이라고 부른다. 복소 평면에서 수평축은 실수축(real axis), 수직축은 허수축(imaginary axis)이라고 부른다.

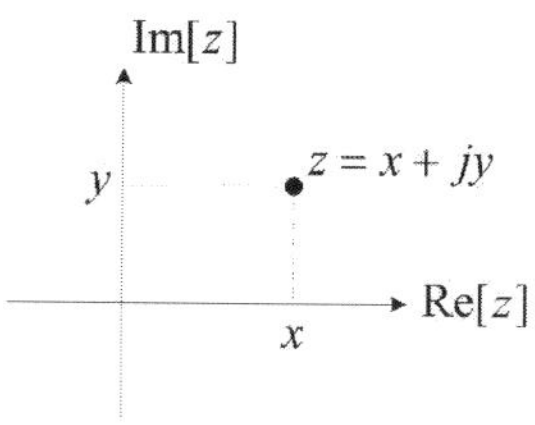

그림 11.1 복소수 $z = x + jy$는 복소 평면 위의 점 (x,y)로 표시될 수 있다.

복소 평면을 이용하면 복소수의 덧셈, 뺄셈, 켤레 복소수 연산을 그림으로 알아 보기 쉽게 나타낼 수 있다. 예를 들어 그림 11.2 의 (a), (b), (c)는 각각 복소수의 덧셈, 뺄셈, 켤레 복소수 연산을 복소 평면 위에 시각적으로 나타낸 것이다.

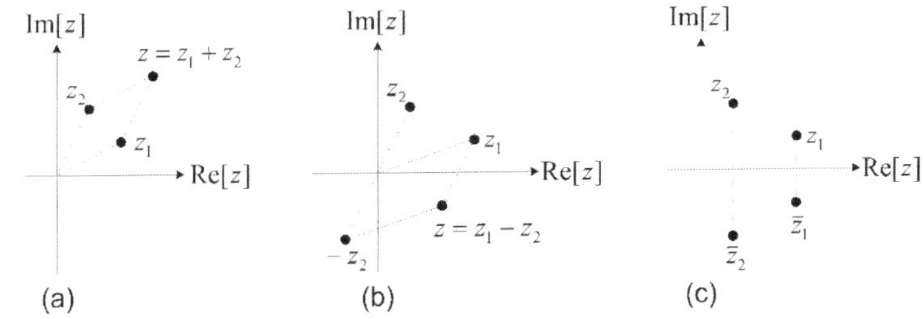

그림 11.2 복소 평면 상에서의 복소수 연산. (a) 덧셈 (b) 뺄셈 (c) 켤레 복소수

11.4 복소수의 극 좌표 표현

제 11.3 절에서 살펴 본 바와 같이 복소수 $z = x + jy$ 는 복소 평면 상에서 직각 좌표계의 점 (x, y) 로 나타내어진다. 따라서 복소수를

$$z = x + jy \tag{11.14}$$

꼴로 나타낸 것을 **복소수의 직각 좌표 표현**이라고 부른다.

평면 위의 한 점을 나타낼 때 우리는 직각 좌표 대신 극 좌표를 사용할 수 있다. 극좌표는 그림 11.3 에 보인 것처럼 원점으로부터의 거리 r 과 양의 실수 축으로부터 반시계 방향으로 회전되어 있는 각도를 θ 를 이용하여 점 z의 위치를 나타내는 방법이다.

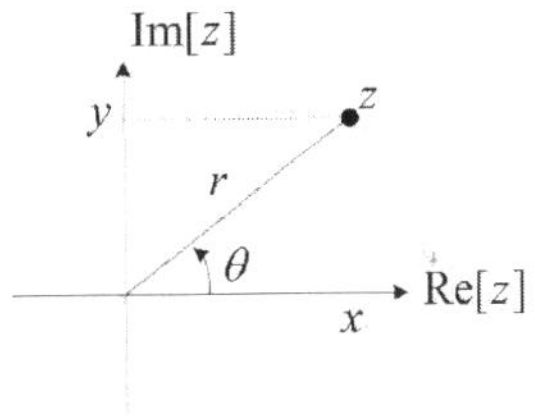

그림 11.3 직각좌표 표현과 극좌표 표현의 관계

그림 11.3 과 같이 극 좌표 (r, θ) 와 직각 좌표 (x, y)가 같은 복소수 $z = x + jy$ 를 나타내는 경우, 극 좌표 r, θ 를 직각 좌표 x, y 의 식으로 나타내면

$$r = \sqrt{x^2 + y^2} \quad , \quad \theta = \arctan\frac{y}{x} \tag{11.15}$$

이고 역으로 직각 좌표 x, y 를 극 좌표 r, θ 의 식으로 나타내면

$$x = r\cos\theta \quad , \quad y = r\sin\theta \tag{11.16}$$

이다. 따라서 복소수 $z = x + jy$는

$$z = r(\cos\theta + j\sin\theta) \tag{11.17}$$

와 같이 나타낼 수 있다. 극 좌표 (r, θ)를 이용하여 복소수 z를 식 (11.17)과 같이 나타내는 것을 **복소수의 극 좌표 표현**이라고 한다. 식 (11.17)은 보다 간단한 기호를 사용하여

$$z = r\angle\theta \tag{11.18}$$

라고 나타내기도 한다. 또 오일러(Euler)의 공식

$$e^{j\theta} = \cos\theta + j\sin\theta$$

를 이용하면, 식 (11.17) 은 다음과 같이 지수 형태로 나타낼 수도 있다.

$$z = re^{j\theta} \tag{11.19}$$

식 (11.17)-(11.19) 로 주어지는 복소수의 극좌표 표현에서 r은 복소수 z의 **크기**(magnitude) 또는 **절대값**(absolute value)이라고 부르고 기호로는 $|z|$로 나타낸다. θ는 z의 **편각**(argument) 또는 **위상각**(phase angle)이라고 부르며, 기호로는 $\arg(z)$ 또는 $\angle z$ 로 나타낸다. 각도 θ와 각도 $\theta \pm 2\pi, \theta \pm 4\pi, \theta \pm 6\pi, \cdots$ 은 모두 같은 위상각을 나타낸다. 따라서 $z = re^{j\theta}$ 일 때 $\arg(z) = \theta \pm 2n\pi, n = 0, 1, 2, \cdots$ 이다. 즉 주어진 하나의 복소수 z에 대하여 $\arg(z)$ 은 한 개의 값이 아니라 무수히 많은 값을 갖는다. 이 무수히 많은 $\arg(z)$ 의 값 중에서 특히 $-\pi$ 보다 크고 π 보다 작거나 같은 범위 내에 있는 값을 $\arg(z)$의 **주치**(principal value)라고 부르고 기호로는 $\mathrm{Arg}(z)$ 로 나타낸다. 따라서 $\arg(z)$ 와 $\mathrm{Arg}(z)$ 사이에는 $\arg(z) = \mathrm{Arg}(z) \pm 2n\pi, n = 0, 1, 2, \cdots$ 의 관계가 성립한다.

예제 11.6 복소수 $z = 1 + j\sqrt{3}$ 대하여 $|z|$, $\arg(z)$, $\mathrm{Arg}(z)$을 구하고, z를 극좌표 표현으로 나타내어라.

풀이 :

$z = 1 + j\sqrt{3}$ 은 그림 11.4 에 보인 것과 같이 제 1 사분면에 놓인다.

$$r = \sqrt{(1)^2 + (\sqrt{3})^2} = 2 \quad , \quad \theta = \arctan\sqrt{3} = \frac{\pi}{3}$$

따라서 $|z|$, $\arg(z)$, $\mathrm{Arg}(z)$ 의 값은 각각

$$|z| = r = 2 \ , \ \arg(z) = \frac{\pi}{3} \pm 2n\pi, n = 0, 1, 2, \cdots \ , \ \mathrm{Arg}(z) = \frac{\pi}{3}$$

이며, $z = 1 + j\sqrt{3}$의 극좌표 표현은 다음과 같다.

$$z = 2(\cos\frac{\pi}{3} + j\sin\frac{\pi}{3}) \ , \ z = 2\angle\frac{\pi}{3} \quad 또는 \quad z = 2e^{j\frac{\pi}{3}}$$

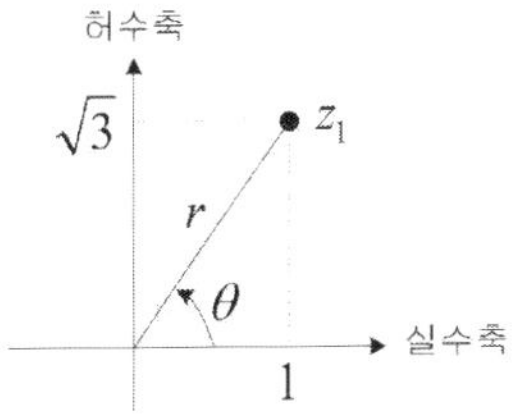

그림 11.4 예제 11.6.

예제 11.7 복소수 $z = 2\angle\frac{3\pi}{4}$ 를 복소 평면 위에 표시하고, 직각 좌표계로 나타내어라.

풀이 :

$z = 2\angle\frac{3\pi}{4}$는 그림 11.5 에 보인 것과 같이 제 2 사분면에 놓인다.

$$x = 2\cos\frac{3\pi}{4} = -\sqrt{2} \quad , \quad y = 2\sin\frac{3\pi}{4} = \sqrt{2}$$

따라서 $z = 2\angle\frac{3\pi}{4}$ 의 직각 좌표 표현은 다음과 같다.

$$z = -\sqrt{2} + j\sqrt{2}$$

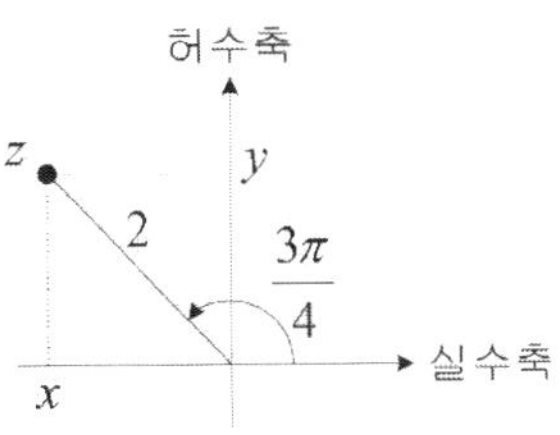

그림 11.5 예제 11.7.

극 좌표 표현을 이용한 복소수의 곱셈과 나눗셈

복소수를 극 좌표로 표현하면 직각 좌표로 표현했을 때보다 곱셈과 나눗셈을 좀더 손 쉽게 할 수 있다. 극 좌표로 표현된 두 복소수

$$z_1 = r_1 e^{j\theta_1} \quad , \quad z_2 = r_2 e^{j\theta_2}$$

를 고려하자. 이 두 복소수의 곱은 다음과 같이 계산된다.

$$z_1 z_2 = r_1 e^{j\theta_1} r_2 e^{j\theta_2} = r_1 r_2 e^{j(\theta_1 + \theta_2)}$$

즉 극 좌표로 표현된 두 복소수의 곱셈은 절대값끼리는 곱하고 위상각끼리는 더해 주면 된다.

$$|z_1 z_2| = |z_1|\ |z_2| \quad , \quad \angle z_1 z_2 = \angle z_1 + \angle z_2 \tag{11.20}$$

한편 나눗셈은 다음과 같이 계산된다.

$$\frac{z_1}{z_2} = \frac{r_1 e^{j\theta_1}}{r_2 e^{j\theta_2}} = \frac{r_1}{r_2} e^{j(\theta_1 - \theta_2)}$$

즉 극 좌표로 표현된 두 복소수의 나눗셈은 절대값끼리는 나누어 주고 위상각끼리는 빼 주면 된다.

$$\left|\frac{z_1}{z_2}\right| = \frac{|z_1|}{|z_2|} \quad , \quad \angle\frac{z_1}{z_2} = \angle z_1 - \angle z_2 \tag{11.21}$$

예제 11.8 다음 계산을 한 후 그 결과를 직각 좌표계로 나타내어라.
(a) $(16\angle 75^\circ)(2\angle 15^\circ)$ (b) $\frac{16\angle 75^\circ}{2\angle 15^\circ}$

풀이 :

(a) $(16\angle 75^\circ)(2\angle 15^\circ) = (16 \cdot 2)\angle(75^\circ + 15^\circ) = 32\angle 90^\circ = j32$

(b) $\frac{16\angle 75^\circ}{2\angle 15^\circ} = \frac{16}{2}\angle(75^\circ - 15^\circ) = 8\angle 60^\circ = 4 + j4\sqrt{3}$

복소수의 거듭제곱

n이 정수일 때 극 좌표로 표시된 복소수 $re^{j\theta}$의 n 제곱은 다음과 같이 계산할 수 있다.

$$\left(re^{j\theta}\right)^n = r^n e^{jn\theta} \tag{11.22}$$

즉 복소수를 n 제곱하려면 절대값은 n 제곱하고, 위상각은 n 배 하면 된다. $re^{j\theta} = r(\cos\theta + j\sin\theta) = r\angle\theta$ 이므로 식 (11.22)는 다음과 같이 나타낼 수도 있다.

$$\{r(\cos\theta + j\sin\theta)\}^n = r^n(\cos n\theta + j\sin n\theta) \tag{11.23}$$

또는

$$(r\angle\theta)^n = r^n \angle n\theta \tag{11.24}$$

식 (11.22)-(11.24) 는 모두 같은 식이다. 식 (11.23) 은 $r = 1$ 인 경우

$$(\cos\theta + j\sin\theta)^n = \cos n\theta + j\sin n\theta \tag{11.25}$$

가 되는데 이 식은 드무아르(De Moivre)의 공식이라고 불린다.

예제 11.9 다음 계산을 한 후 그 결과를 직각 좌표계로 나타내어라.
(a) $(2\angle 27^\circ)^5$ (b) $(\sqrt{3}+j)^5$

풀이 :

(a) $(2\angle 27^\circ)^5 = 2^5\angle(5\cdot 27^\circ) = 32\angle 135^\circ = -16\sqrt{2}+j16\sqrt{2}$

(b) 주어진 복소수를 극좌표 표현으로 바꾼 후에 거듭제곱을 계산한다.
$(\sqrt{3}+j)^5 = (2e^{j\frac{\pi}{6}})^5 = 2^5 e^{j\frac{5\pi}{6}} = -16\sqrt{3}+j16$

복소수의 거듭제곱근

z가 복소수이고 n이 양의 정수일 때, **z의 n 제곱근**이란 n 제곱하면 z가 되는 수를 말하며 기호로는 $\sqrt[n]{z}$ 또는 $z^{\frac{1}{n}}$로 나타낸다. 즉

$$w = \sqrt[n]{z} \quad \Leftrightarrow \quad w^n = z \tag{11.26}$$

따라서 복소수 $z = re^{j\theta}$가 주어졌을 때 z의 n 제곱근은 다음과 같이 구할 수 있다. 구하고자 하는 z의 n 제곱근을 $Re^{j\phi}$라고 하면, 정의 식 (11.26)에 의해

$$(Re^{j\phi})^n = re^{j\theta} \tag{11.27}$$

이다. k 가 정수일 때 각 θ 와 각 $\theta+2k\pi$ 는 모두 같은 위상각을 나타낸다. 따라서 식 (11.27)은 다음과 같이 다시 쓸 수 있다.

$$R^n e^{jn\phi} = re^{j(\theta+2k\pi)} \quad , \quad (k \text{ 는 정수}) \tag{11.28}$$

따라서 R 과 ϕ는 다음 식을 만족시킨다.

$$R^n = r \quad , \quad n\phi = \theta+2k\pi \quad , \quad (k \text{ 는 정수}) \tag{11.29}$$

즉

$$R = r^{\frac{1}{n}} \quad , \quad \phi = \frac{\theta}{n} + \frac{k}{n}2\pi \quad , \quad (k \text{ 는 정수}) \tag{11.30}$$

식 (11.30)에서 ϕ 의 값은 $k = 0,1,2,\ldots,n-1$ 일 때는 서로 다른 값이지만 그 밖의 k 값에서는 주기 n 마다 같은 값이 반복된다. 따라서 $z = re^{j\theta}$ 의 n 제곱근은 다음과 같이 n 개의 서로 다른 값을 갖는다.

$$\sqrt[n]{z} = r^{\frac{1}{n}} e^{j\left(\frac{\theta}{n}+\frac{k}{n}2\pi\right)}; \quad , \quad k = 0,1,2,\ldots,n-1 \tag{11.31}$$

예제 11.10 다음 계산을 한 후 그 결과를 직각 좌표계로 나타내어라.
(a) $\sqrt{4j}$ (b) $\sqrt[3]{-8}$ (c) $\sqrt[4]{1}$

풀이 :

(a) $\sqrt{4j} = \sqrt{4e^{j(\frac{\pi}{2}+2k\pi)}} = \left(4e^{j(\frac{\pi}{2}+2k\pi)}\right)^{1/2} = 2e^{j(\frac{\pi}{4}+\frac{k}{2}2\pi)}$, $k = 0,1$

$$\text{따라서 } \sqrt{4j} = 2e^{j\frac{\pi}{4}} \ , \ 2e^{j\frac{5\pi}{4}}$$
$$= \sqrt{2}+j\sqrt{2} \ , \ -\sqrt{2}-j\sqrt{2}$$

(b) $\sqrt[3]{-8} = \sqrt[3]{8e^{j(\pi+2k\pi)}} = \left(8e^{j(\pi+2k\pi)}\right)^{1/3} = 2e^{j(\frac{\pi}{3}+\frac{k}{3}2\pi)}$, $k = 0,1,2$

$$\text{따라서 } \sqrt[3]{-8} = 2e^{j\frac{\pi}{3}} \ , \ 2e^{j\pi} \ , \ 2e^{j\frac{5\pi}{3}}$$
$$= 1+j\sqrt{3} \ , \ -2 \ , \ 1-j\sqrt{3}$$

(c) $\sqrt[4]{1} = \sqrt[4]{1e^{j(0+2k\pi)}} = \left(e^{j2k\pi}\right)^{1/4} = e^{j\frac{k}{4}2\pi}$, $k = 0,1,2,3$

$$\text{따라서 } \sqrt[4]{1} = e^{j0} \ , \ e^{j\frac{\pi}{2}} \ , \ e^{j\pi} \ , \ e^{j\frac{3\pi}{2}}$$
$$= 1 \ , \ j \ , \ -1 \ , \ -j$$

1의 n 제곱근

식 (11.31)에서 $z = 1$ 이면, $r = |z| = 1$, $\theta = \mathrm{Arg}(z) = 0$ 이므로 다음과 같이 1의 n 제곱근을 구할 수 있다.

$$\sqrt[n]{1} = e^{j\frac{k}{n}2\pi}; \quad , \quad k = 0,1,2,\ldots,n-1 \tag{11.32}$$

따라서 1의 n 제곱근을 복소평면에 도시하면 원점이 중심이고 반경이 1인 원의 원주 상에 균일한 간격으로 놓임을 알 수 있다. 식 (11.32)에서 $k = 1$ 일 때의 $\sqrt[n]{1}$ 값을 ω라고 하면 식 (11.32)은 다음과 같이 다시 쓸 수 있다.

$$\sqrt[n]{1} = 1, \omega, \omega^2, \ldots, \omega^{n-1} \tag{11.33}$$

그림 11.6의 (a)-(c)는 각각 $n = 2,3,4$ 인 경우에 대하여 식 (11.33) 로 주어지는 $\sqrt[n]{1}$의 값을 복소평면 위에 나타낸 것이다.

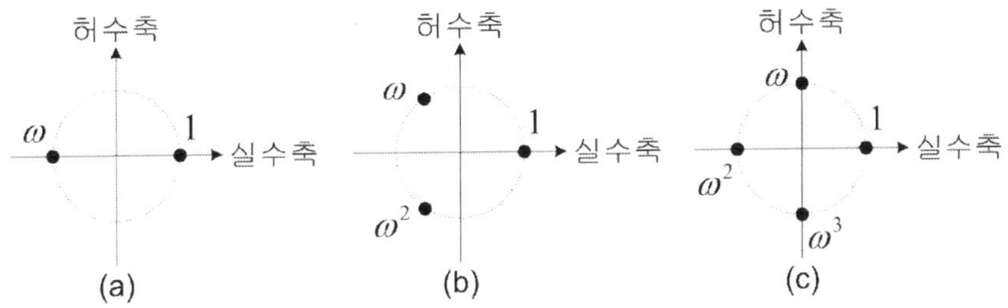

그림 11.6 1의 n 제곱근. (a) $\sqrt{1}$ (b) $\sqrt[3]{1}$ (c) $\sqrt[4]{1}$

연습 문제

11.10. 다음 각 복소수를 직각 좌표 표현으로 나타내어라.
(a) $2\angle\left(\frac{5\pi}{4}\right)$ (b) $6\angle(300°)$ (c) $4e^{j7\pi/6}$

11.11. 다음 각 복소수를 극 좌표 표현으로 나타내어라.
(a) $2-j2\sqrt{3}$ (b) $-5-j5$ (c) $-\sqrt{6}+j\sqrt{2}$ (d) $j3$

11.12. Euler의 공식 $e^{j\theta}=\cos\theta+j\sin\theta$ 를 이용하여 관계식 $\cos\theta=\frac{e^{j\theta}+e^{-j\theta}}{2}$ 와 $\sin\theta=\frac{e^{j\theta}-e^{-j\theta}}{2j}$ 가 성립함을 증명하여라.

11.13. 다음을 계산하여 그 결과를 극 좌표 표현으로 나타내어라.
(a) $8\angle 25°\times 4\angle 60°$ (b) $3\angle 16°\times 5\angle -44°\times 2\angle 80°$ (c) $\frac{10\angle\frac{\pi}{4}\times 12\angle\frac{\pi}{2}}{6\angle-\frac{\pi}{3}}$

11.14. $z=-1+i$ 일 때 다음 각 식의 값을 구하여라.
(a) $\mathrm{Im}\,(1/\bar{z})$ (b) $\mathrm{Re}\left((1+i)^8z^2\right)$ (c) $\mathrm{Im}\left(1/\bar{z}^2\right)$

11.15. 다음 각 식의 값을 구하여라.
(a) $\mathrm{Im}\left[\left(\frac{3+j\sqrt{3}}{1-j\sqrt{3}}\right)^6\right]$ (b) $\left|\frac{-1-j}{-2-j2\sqrt{3}}\right|$

11.16. 다음 각 계산을 하여라.
(a) $\sqrt{8j}$ (b) $\sqrt[3]{-1+j}$ (c) $\sqrt[4]{3+j4}$

11.17. 이차 방정식의 근의 공식을 이용하여 다음 방정식의 근을 구한 후 그 결과를 $x+jy$ 꼴로 나타내어라.
(a) $z^2-(8-j5)z+40-j20=0$ (b) $z^4+(5-j14)z^2-(24+j10)=0$

11.5 복소수의 활용 : 정현파 교류 회로의 페이저 해석

복소수는 다양한 공학 문제에 응용된다. 이 절에서는 그 한 예로서 복소수 페이저를 이용하여 정현파 교류 회로의 정상 상태 응답을 구하는 방법에 대해 알아 보기로 하자.

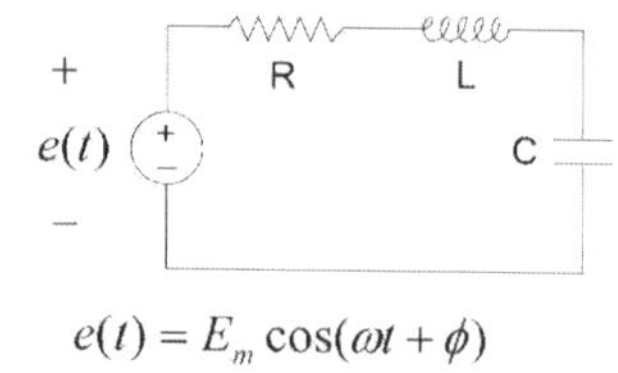

그림 11.7 정현파 교류 회로로서의 RLC 회로

정현파 교류 회로란 회로의 전원이 정현파 교류(즉 사인 또는 코사인 파형으로 변화하는 전압 또는 전류)인 전기 회로를 말한다. 예를 들어 그림 11.7의 RLC 회로에서 전원 전압이 $e(t) = E_m \cos(\omega t + \phi)$ 또는 $e(t) = E_m \sin(\omega t + \phi)$꼴의 정현파로 주어지는 경우, 이 회로는 정현파 교류 회로라고 불린다. 사인 함수와 코사인 함수 사이에는 식 (2.22)-(2.23)의 관계가 성립하기 때문에 사인 함수는 코사인 함수로 또 코사인 함수는 사인 함수로 언제든지 변형할 수 있다. 따라서 이 절의 나머지 부분에서는 편의상 정현파가 코사인 함수를 의미하는 것으로 가정하고 논의를 전개한다.

정현파 교류회로에 전원이 인가될 때 회로 내의 다른 부분에서 측정되는 전압 또는 전류를 회로의 응답이라고 부른다. 회로의 응답은 과도 응답과 정상 상태 응답으로 구성된다. **과도 응답**은 전원이 인가된 초기에 나타났다가 시간이 충분히 지나면 소멸되는 응답(즉 $t \to \infty$ 이면 없어지는 응답)을 말하고, **정상 상태 응답**이란 과도 응답이 소멸된 후 궁극적으로 도달되는 안정된 상태에서 측정되는 응답 (즉 $t \to \infty$ 일 때 남아 있는 응답)을 말한다. 제 9.3 절과 제 10.7 절에서 우리는 전기 회로를 미분 방정식으로 모델링한 후, 미분 방정식을 풀어서 회로의 응답을 구했는데, 이렇게 구한 회로의 응답은 과도 응답과 정상 상태 응답을 모두 포함한다.

정현파 교류 회로를 해석할 때, 우리는 과도 응답에는 관심이 없고 정상 상태 응답에만 관심이 있는 경우를 자주 접하게 된다. 이 경우 복소수 페이저를 이용하면 미분 방정식을 풀지 않고도 정상 상태 응답을 구할 수 있다.

페이저의 정의

회로 이론에 의하면 정상 상태에서 정현파 교류 회로 내의 임의의 소자에서의 전압과 전류는 전원과 주파수는 같고 진폭과 위상각 만 다른 정현파 함수이다. 따라서 회로 내의 전압 및 전류를 나타낼 때 진폭과 위상각 만 표시하면 그것으로부터 그 전압 또는 전류의 파형을 알 수 있다. 예를 들어 각주파수가 ω인 정현파 함수의 경우, 진폭 A_m 과 위상각 ϕ 만 알려 주면 그 함수의 파형이 $A_m \cos(\omega t + \phi)$ 임을 즉각적으로 알 수 있다. 이와 같은 성질을 이용하여 우리는 주어진 정현파 파형 $a(t) = A_m \cos(\omega t + \phi)$ 를 진폭이 A_m이고 위상각이 ϕ인 복소수 $A = A_m e^{j\phi}$로 나타낼 수 있는데, 이 복소수 A를 정현파 $a(t)$ 를 나타내는 **페이저**(phasor)라고 부른다.

페이저 $A = A_m e^{j\phi}$ 에 지수 함수 $e^{j\omega t}$를 곱하면

$$Ae^{j\omega t} = A_m e^{j(\omega t + \phi)} = A_m \cos(\omega t + \phi) + jA_m \sin(\omega t + \phi)$$

이므로 정현파 $a(t) = A_m \cos(\omega t + \phi)$ 와 페이저 $A = A_m e^{j\phi}$ 사이에는 다음과 같은 관계가 성립한다.

$$a(t) = \mathrm{Re}\left(Ae^{j\omega t}\right) \tag{11.34}$$

예제 11.11 각주파수가 ω 인 정현파에 대하여 다음 질문에 답하여라.
(a) 정현파 $v(t) = 142\cos(\omega t + \frac{\pi}{3})$ 를 나타내는 페이저 V 를 구하여라.
(b) 복소수 $I = 10e^{j\frac{\pi}{6}}$ 가 정현파 신호 $i(t)$를 나타내는 페이저일 때, $i(t)$의 식을 구하여라.

풀이 :

(a) $V = 142e^{j\frac{\pi}{3}}$

(b) $i(t) = 10\cos(\omega t + \frac{\pi}{6})$

정현파의 합과 미분에 대한 페이저 표현

정현파의 매우 유용한 성질 중의 하나는 정현파끼리 더하거나 정현파를 미분하는 경우 그 결과도 같은 주파수의 정현파가 된다는 것이다. 정현파의 이와 같은 성질을 이용하여 정현파의 합과 미분을 페이저로 나타내 보자.

정현파 $a(t) = A_m \cos(\omega t + \phi)$ 와 정현파 $b(t) = B_m \cos(\omega t + \theta)$를 나타내는 페이저를 각각 A 와 B 라고 할 때, $a(t)$와 $b(t)$의 합을 구해 보면

$$\begin{aligned} a(t) + b(t) &= \mathrm{Re}\left(Ae^{j\omega t}\right) + \mathrm{Re}\left(Be^{j\omega t}\right) \\ &= \mathrm{Re}\left(Ae^{j\omega t} + Be^{j\omega t}\right) \\ &= \mathrm{Re}\left(\ (A+B)e^{j\omega t}\ \right) \\ &= |A+B|\cos\left[\ \omega t + \angle(A+B)\ \right] \end{aligned} \tag{11.35}$$

즉 주파수가 같은 두 정현파 $a(t)$와 $b(t)$의 합 $a(t)+b(t)$ 는 진폭이 $|A+B|$ 이고, 위상각이 $\angle(A+B)$ 인 같은 주파수의 정현파이다. 따라서 $a(t)+b(t)$ 의 페이저는 $a(t)$ 와 $b(t)$ 각각의 페이저의 합 $A+B$ 이다.

$a(t), b(t)$의 페이저가 각각 A, B 이면
$a(t)+b(t)$의 페이저는 $A+B$ (11.36)

한 편, 정현파 $a(t) = A_m \cos(\omega t + \phi)$ 를 나타내는 페이저가 A 라고 할 때, $a(t)$의 미분을 구해 보면

$$
\begin{aligned}
\frac{d}{dt}a(t) &= \frac{d}{dt}\mathrm{Re}\left(Ae^{j\omega t}\right) \\
&= \mathrm{Re}\left(\frac{d}{dt}Ae^{j\omega t}\right) \\
&= \mathrm{Re}\left(j\omega Ae^{j\omega t}\right) \\
&= |j\omega A|\cos\left[\,\omega t + \angle(j\omega A)\,\right] \qquad (11.37)
\end{aligned}
$$

즉 각주파수가 ω 인 정현파 신호 $a(t)$의 미분 $\frac{da}{dt}$ 는 진폭이 $|j\omega A|$, 위상각이 $\angle(j\omega A)$ 인 같은 주파수의 정현파이다. 따라서 $\frac{da}{dt}$ 의 페이저는 $a(t)$ 의 페이저에 $j\omega$ 를 곱한 값 $j\omega A$ 이다.

$a(t)$의 페이저가 A 이면 $\frac{da}{dt}$ 의 페이저는 $j\omega A$ (11.38)

예제 11.12 다음 각 경우에 대하여 정현파 $v(t)$를 나타내는 페이저를 구하여라.

(a) $v(t) = 2\sin(\omega t) + \sqrt{2}\cos(\omega t + 45°)$

(b) $i(t) = 10\cos(\omega t + \frac{\pi}{3})$ 일 때 $v(t) = \frac{di}{dt}$.

풀이 :

(a) $v(t) = 2\cos(\omega t - \frac{\pi}{2}) + \sqrt{2}\cos(\omega t + \frac{\pi}{4})$. 따라서

$$V = 2e^{-j\frac{\pi}{2}} + \sqrt{2}e^{j\frac{\pi}{4}} = (-2j) + (1 + j) = 1 - j = \sqrt{2}e^{-j\frac{\pi}{4}}$$

(b) $I = 10e^{j\frac{\pi}{3}}$ 이므로 $V = j\omega I = j\omega 10e^{j\frac{\pi}{3}} = 10\omega e^{j\frac{5\pi}{6}}$

저항, 인덕터, 커패시터에 대한 페이저 관계식

제 175 쪽의 그림 11.8은 전기 회로를 구성하는 기본 소자인 저항, 인덕터, 커패시터 각각에 대하여 회로 심볼, 전압전류 관계식, 페이저 관계식, 임피던스를 표 형태로 요약한 것이다. 회로 심볼과 전압·전류 관계식에 대해서는 제 9.3 절에서 이미 소개한 바 있지만 한 눈에 알아 보기 쉽도록 다시 요약하였다. 페이저 관계식과 임피던스에 대해서는 이제부터 소개하기로 한다.

그림 11.8의 둘째 열에 보인 것과 같이 각 소자를 통하여 흐르는 전류를 $i(t)$ 라 하고, 소자의 양단에 걸리는 전압을 $v(t)$ 라 하면, 각 소자의 전압 · 전류 관계식은 그림 11.8 의 셋째 열에 보인 것과 같다. 즉 저항, 인덕터, 커패시터에서

이름	회로 심볼	전압전류 관계식	페이저 관계식	임피던스
저항	i, $+v-$, R	$v = Ri$	$V = RI$	$Z = \frac{V}{I} = R$
인덕터	i, $+v-$, L	$v = L\frac{di}{dt}$	$V = j\omega LI$	$Z = \frac{V}{I} = j\omega L$
커패시터	i, $+v-$, C	$i = C\frac{dv}{dt}$	$I = j\omega CV$	$Z = \frac{V}{I} = \frac{1}{j\omega C}$

그림 11.8 저항, 인덕터, 커패시터의 전압 전류 관계식, 페이저 관계식, 임피던스

전압 $v(t)$ 와 전류 $i(t)$ 사이에는 다음과 같은 관계가 성립한다.

$$\text{저항 :}\quad v(t) = Ri(t) \tag{11.39}$$

$$\text{인덕터 :}\quad v(t) = L\frac{di}{dt} \tag{11.40}$$

$$\text{커패시터 :}\quad i(t) = C\frac{dv}{dt}\ . \tag{11.41}$$

정현파 교류 회로에서는 각 소자의 전압 · 전류 관계식을 페이저 관계식으로 나타낼 수 있다. 전압 $v(t)$와 전류 $i(t)$가 정현파

$$v(t) = \mathrm{Re}\left(Ve^{j\omega t}\right) = |V|\cos(\omega t + \angle V) \tag{11.42}$$

$$i(t) = \mathrm{Re}\left(Ie^{j\omega t}\right) = |I|\cos(\omega t + \angle I) \tag{11.43}$$

라고 하자. 그러면 $v(t)$와 $i(t)$를 나타내는 페이저는 각각 V와 I이다. 각 소자에 대하여 전압 페이저 V와 전류 페이저 I 사이의 관계식을 구해 보자.

먼저 저항의 경우에 식 (11.42)-(11.43)을 식 (11.39) 에 적용하면

$$\mathrm{Re}\left(Ve^{j\omega t}\right) = R\,\mathrm{Re}\left(Ie^{j\omega t}\right) = \mathrm{Re}\left(RIe^{j\omega t}\right) \tag{11.44}$$

이다. 따라서 전압 페이저 V 와 전류 페이저 I 사이에 $V = RI$ 의 관계가 성립함을 알 수 있다. 한편 인덕터와 커패시터의 경우에는 식 (11.38) 을 적용하면 식 (11.40)과 (11.41)의 페이저 표현이 각각 $V = j\omega LI$ 와 $I = j\omega CV$ 가 됨을 알 수 있다. 정리하면, 식 (11.39)-(11.41)의 전압·전류 관계식을 나타내는 페이저 관계식은 다음의 식 (11.45)-(11.47)과 같다.

$$\text{저항 :}\quad V = RI \tag{11.45}$$

$$\text{인덕터 :}\quad V = j\omega LI \tag{11.46}$$

$$\text{커패시터 :}\quad I = j\omega CV \tag{11.47}$$

위의 페이저 관계식을 보면 전압과 전류의 상호 위상 관계를 알 수 있다. 식 (11.45)를 보면 저항에서는 전압과 전류가 서로 동상(in phase)임을 알 수 있다. 동상이란 전류와 전압 파형이 위상각이 같아서 동시에 시간축을 가로지르고 동시에 최대 최소가 됨을 의미한다. 식 (11.46)을 보면 인덕터에서는 전류가 전압보다 위상각이 $\pi/2$ 만큼 뒤쳐진다(lag)는 것을 알 수 있고, 식 (11.47)을 보면 커패시터에서는 전류가 전압보다 위상각이 $\pi/2$ 만큼 앞선다(lead)는 것을 알 수 있다.

임피던스

정현파 교류 회로에서 전압 페이저와 전류 페이저의 비율을 **임피던스**라고 부른다. 예를 들어 그림 11.9 에 보인 2단자 회로에서 전압 $v(t)$ 와 전류 $i(t)$가

$$v(t) = |V|\cos(\omega t + \angle V) \quad , \quad i(t) = |I|\cos(\omega t + \angle I) \tag{11.48}$$

라고 하면, 이 2단자 회로의 임피던스 Z는 전압 페이저 V와 전류 페이저 I의 비

$$Z = \frac{V}{I} \tag{11.49}$$

로 정의된다.

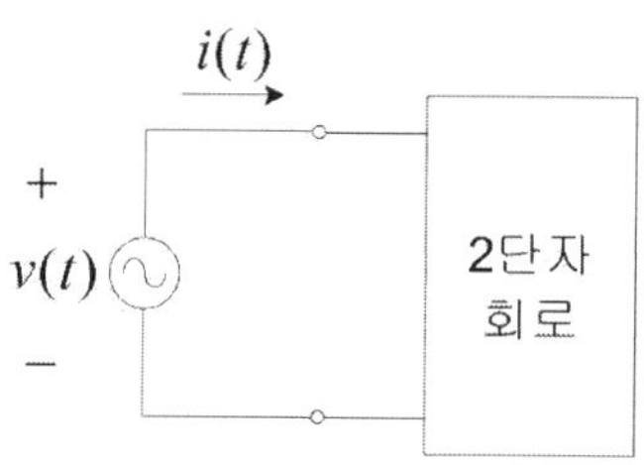

그림 11.9 2단자 회로

그림 11.9 의 2단자 회로는 저항일수도 있고, 인덕터나 커패시터일 수도 있으며 또는 이들 소자들이 직병렬로 연결된 회로일 수도 있다. 저항, 인덕터, 커패시터의 경우 임피던스는 페이저 관계식 (11.45)–(11.47)로부터 다음과 같이 구할 수 있다.

$$\text{저항 : } Z = R \tag{11.50}$$

$$\text{인덕터 : } Z = j\omega L \tag{11.51}$$

$$\text{커패시터 : } Z = \frac{1}{j\omega C} \tag{11.52}$$

여러 소자가 직렬 또는 병렬로 연결되어 있는 회로의 임피던스는 각 소자의 임피던스를 이용하여 다음과 같이 구할 수 있다. 먼저 임피던스가 Z_1, Z_2 인 두 소자가 그림 11.10 에 보인 것처럼 직렬로 연결되어 있는 회로의 임피던스를 구해 보자.

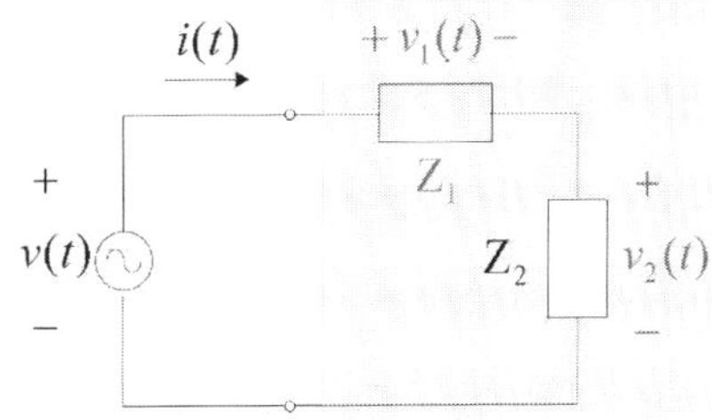

그림 11.10 직렬 연결 회로의 임피던스

그림에 보인 폐회로를 따라 한 바퀴 돌면서 KVL 을 적용하면

$$v(t) = v_1(t) + v_2(t) \tag{11.53}$$

인데, 이 것을 페이저로 나타내면

$$V = V_1 + V_2 = Z_1 I + Z_2 I = (Z_1 + Z_2)I \tag{11.54}$$

이다. 따라서 직렬 연결 회로의 임피던스 Z는 다음과 같다.

$$Z = \frac{V}{I} = Z_1 + Z_2 \tag{11.55}$$

한편 임피던스가 Z_1, Z_2 인 두 소자가 그림 11.11 에 보인 것처럼 병렬로 연결되어 있는 회로의 임피던스는 다음과 같이 계산할 수 있다. 그림 11.11 의 회로의 윗 쪽 노드에 KCL 을 적용하면

$$i(t) = i_1(t) + i_2(t) \tag{11.56}$$

인데, 이 것을 페이저로 나타내면

$$I = I_1 + I_2 = \frac{V}{Z_1} + \frac{V}{Z_2} = V\left(\frac{1}{Z_1} + \frac{1}{Z_2}\right) \tag{11.57}$$

이다. 따라서 병렬 연결 회로의 임피던스 Z는 다음과 같다.

$$Z = \frac{V}{I} = \frac{1}{\frac{1}{Z_1} + \frac{1}{Z_2}} \tag{11.58}$$

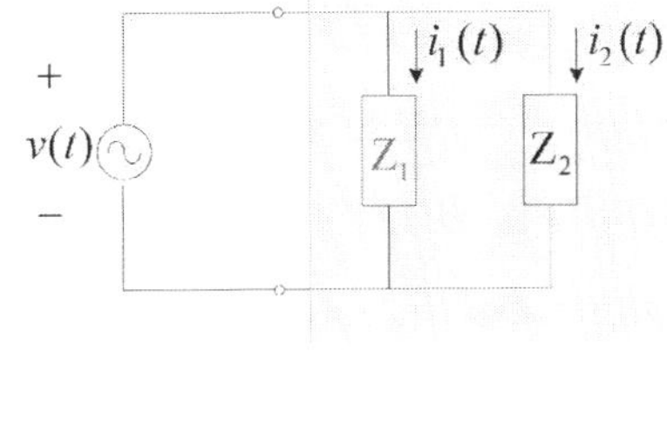

그림 11.11 병렬 연결 회로의 임피던스

예제 11.13 그림과 같은 RL 직렬 회로에서 $R = 10\ \mathrm{k}\Omega$, $L = 100\ \mathrm{mH}$ 이고 $v(t)$ 는 진폭이 23.6 V, 주파수가 10 kHz , 위상각 0 인 정현파이다. 이 RL 직렬 회로의 임피던스를 구하고, 정상 상태에서의 $i(t)$ 를 구하여라.

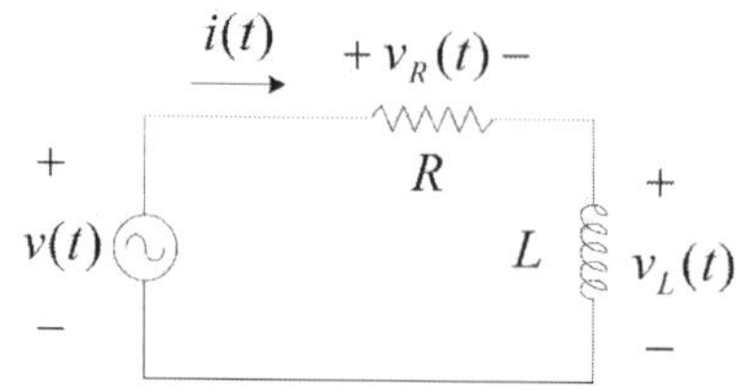

풀이 :

각 주파수가

$$\omega = 2\pi f = 2(3.14)(10 \times 10^3) = 6.28 \times 10^4\ \mathrm{s}^{-1}$$

이므로, 이 RL 직렬 회로의 임피던스 Z는

$$\begin{aligned} Z &= R + j\omega L \\ &= 10 \times 10^3 + j(6.28 \times 10^4)(100 \times 10^{-3}) \\ &= 10 \times 10^3 + j6.28 \times 10^3\ \ \Omega \\ &= 10 + j6.28\ \ \mathrm{k}\Omega \end{aligned} \tag{11.59}$$

Z 를 극 좌표로 나타내면

$$\begin{aligned} Z &= \sqrt{(10)^2 + (6.28)^2}\, e^{j\tan^{-1}(6.28/10)} \\ &= 11.8e^{j32.1^\circ}\ \ \mathrm{k}\Omega \end{aligned} \tag{11.60}$$

따라서 전류 $i(t)$의 페이저 I와 인덕터 전압 $v_L(t)$의 페이저 V_L은

$$\begin{aligned} I &= \frac{V}{Z} \\ &= \frac{23.6e^{j0}}{11.8e^{j32.1^\circ}} \\ &= 2e^{-j32.1^\circ}\ \ \mathrm{mA} \end{aligned} \tag{11.61}$$

페이저 I가 나타내는 파형 $i(t)$를 구하면

$$i(t) = 2\cos(6.28 \times 10^4 t - 32.1^\circ)\ \ \mathrm{mA} \tag{11.62}$$

예제 11.14 아래 그림과 같은 RC 직렬 회로에서 $R = 10\ \text{k}\Omega$, $C = 0.01\ \mu\text{F}$ 이고 $v(t)$ 는 진폭이 3.76 V, 주파수가 1 kHz , 위상각 0 인 정현파이다. 이 RC 직렬 회로의 임피던스를 구하고, 정상 상태에서의 $i(t)$를 구하여라.

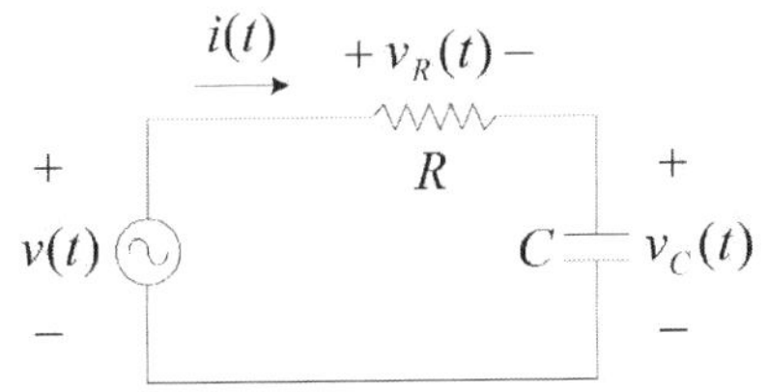

풀이 :

각 주파수가

$$\omega = 2\pi f = 2(3.14)(10^3) = 6.28 \times 10^3\ \ \text{s}^{-1}$$

이므로, 이 RC 직렬 회로의 임피던스 Z는

$$\begin{aligned} Z &= R + \frac{1}{j\omega C} \\ &= R - j\frac{1}{\omega C} \\ &= 10 \times 10^3 - j\frac{1}{(6.28 \times 10^3)(0.01 \times 10^{-6})} \\ &= 10 \times 10^3 - j15.9 \times 10^3\ (\Omega) \\ &= 10 - j15.9\ \ (\text{k}\Omega) \end{aligned} \tag{11.63}$$

Z 를 극 좌표로 나타내면

$$\begin{aligned} Z &= \sqrt{(10)^2 + (15.9)^2} e^{j\ \tan^{-1}(-15.9/10)} \\ &= 18.8 e^{-j57.8^\circ}\ \ (\text{k}\Omega) \end{aligned} \tag{11.64}$$

따라서 전류 $i(t)$의 페이저 I는

$$\begin{aligned} I = \frac{V}{Z} &= \frac{3.76e^{j0}}{18.8e^{-j57.8^\circ}} \\ &= 0.2e^{j57.8^\circ}\ \ \text{mA} \end{aligned} \tag{11.65}$$

페이저 I가 나타내는 파형 $i(t)$를 구하면

$$i(t) = 0.2\cos(6.28 \times 10^3 t + 57.8^\circ)\ \ \text{mA} \tag{11.66}$$

예제 11.15 그림과 같은 *RLC* 직렬 회로에서 $R = 250\ \Omega$, $L = 0.6$ H , $C = 3.5$ μF 이고, 전원 전압 $v(t)$ 는 주파수가 60 (Hz), 진폭이 150 (V), 위상각이 0 인 정현파이다. 이 *RLC* 직렬 회로의 임피던스를 구하고, 정상 상태에서의 $i(t)$ 를 구하여라.

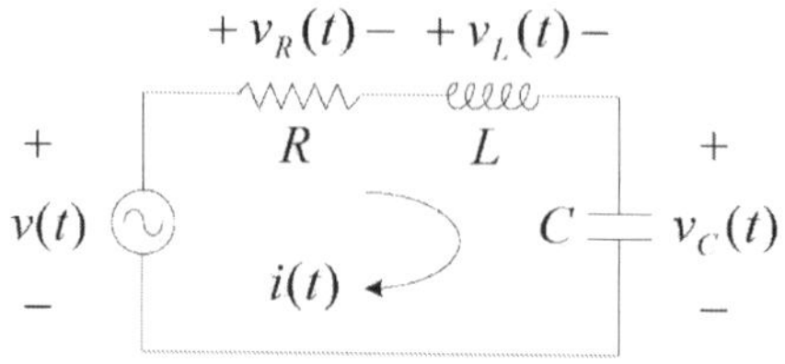

풀이 :

각 주파수가 $\omega = 2\pi f = 2(3.14)(60) = 377\ \mathrm{s}^{-1}$ 이므로,

$$\omega L = (377)(0.6) = 226\ \ \Omega\ \ ,$$
$$\frac{1}{\omega C} = \frac{1}{(377)(3.5\times 10^{-6})} = 758\ \ \Omega$$

따라서 이 *RLC* 직렬 회로의 임피던스 Z는

$$\begin{aligned} Z &= R + j\omega L + \frac{1}{j\omega C} \\ &= R + j\left(\omega L - \frac{1}{\omega C}\right) \\ &= 250 - j532\ \ \Omega \end{aligned} \tag{11.67}$$

Z 를 극 좌표로 나타내면

$$\begin{aligned} Z &= \sqrt{250^2 + 532^2} e^{j\ \tan^{-1}(-532/250)} \\ &= 588 e^{-j64.8^\circ}\ \ \Omega \end{aligned} \tag{11.68}$$

따라서 전류 $i(t)$의 페이저 I는

$$\begin{aligned} I = \frac{V}{Z} &= \frac{150e^{j0}}{588e^{-j64.8^\circ}} \\ &= 0.255 e^{j64.8^\circ}\ \ \mathrm{A} \end{aligned} \tag{11.69}$$

페이저 I가 나타내는 파형 $i(t)$를 구하면

$$i(t) = 0.255\cos(377t + 64.8^\circ)\ \ \mathrm{A} \tag{11.70}$$

예제 11.16 그림과 같이 L과 C를 병렬 연결한 후 그 것을 다시 R과 직렬 연결한 회로에서 전원 전압은 $v(t) = V_m \cos \omega t$ V 이다. 이 RLC 회로의 임피던스를 $Z = Z_m e^{j\phi}$ 라고 할 때, Z_m 과 ϕ를 R, L, C, ω의 식으로 구하여라. 또 정상 상태에서의 $i(t)$ 를 V_m, R, L, C, ω의 식으로 구하여라.

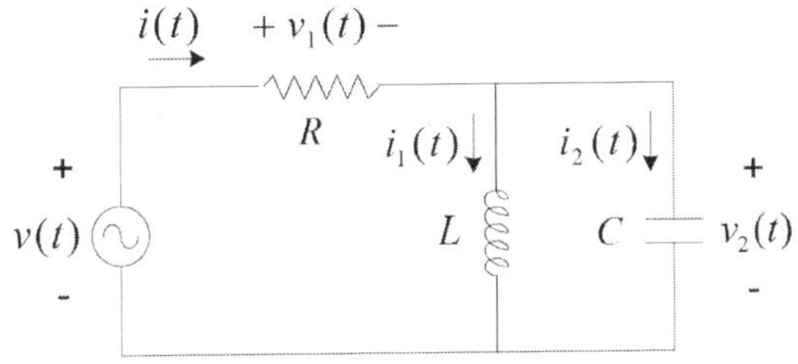

풀이 :

인덕터와 커패시터의 임피던스를 각각 Z_L 과 Z_C라고 하면

$$Z_L = j\omega L$$
$$Z_C = \frac{1}{j\omega C}$$

이므로, LC 병렬 연결부의 임피던스를 Z_T는

$$\begin{aligned} Z_T &= \frac{1}{\frac{1}{Z_L} + \frac{1}{Z_C}} \\ &= \frac{1}{\frac{1}{j\omega L} + j\omega C} \\ &= \frac{j\omega L}{1 - \omega^2 LC} \end{aligned} \tag{11.71}$$

이다. 따라서 R과 Z_T가 직렬로 연결된 전체 RLC 회로의 임피던스 Z는 다음과 같다.

$$\begin{aligned} Z &= R + Z_T \\ &= R + j\frac{\omega L}{1 - \omega^2 LC} \end{aligned} \tag{11.72}$$

Z 를 극 좌표 $Z = Z_m e^{j\phi}$ 로 나타내면

$$Z_m = \sqrt{R^2 + \left(\frac{\omega L}{1 - \omega^2 LC}\right)^2} \tag{11.73}$$

$$\phi = \tan^{-1} \frac{\omega L}{R(1 - \omega^2 LC)} \tag{11.74}$$

이므로 전류 $i(t)$의 페이저 I는

$$I = \frac{V}{Z} = \frac{V_m e^{j0}}{Z_m e^{j\phi}} = \frac{V_m}{Z_m} e^{-j\phi} \tag{11.75}$$

이다. 따라서 페이저 I가 나타내는 파형 $i(t)$를 구하면 다음과 같다.

$$i(t) = \frac{V_m}{Z_m}\cos(\omega t - \phi) = \frac{V_m}{\sqrt{R^2 + \left(\frac{\omega L}{1-\omega^2 LC}\right)^2}} \cos\left(\omega t - \tan^{-1}\frac{\omega L}{R(1-\omega^2 LC)}\right) \tag{11.76}$$

연습 문제

11.18. 다음 정현파를 나타내는 페이저 X, Y, Z를 각각 구하여라.
(a) $x(t) = 10\cos(\omega t + 30°)$
(b) $y(t) = -2\cos(\omega t + \theta)$
(c) $z(t) = 3\sin(\omega t)$

11.19. 주파수가 60 Hz 인 정현파 $v(t)$ 를 나타내는 페이저를 V 라고 하자. 페이저 V 가 다음 각 값으로 주어지는 경우에 대하여 파형 $v(t)$를 구하여라.
(a) $V = 220\sqrt{2}e^{j\frac{\pi}{3}}$ (b) $V = 10\angle 30°$ (c) $V = 100 - j100$ (d) $V = -10$

11.20. 다음 각 정현파를 나타내는 페이저를 구하여라.
(a) $v(t) = 10\cos(2t + \frac{\pi}{6}) + 5\sin 2t$
(b) $v(t) = 5\cos(\omega t + 53°) + \sqrt{2}\cos(\omega t + 45°)$
(c) $v(t) = \cos(10t + \pi/6) + \cos(10t + 5\pi/6) + \cos(10t - \pi/2)$

11.21. 다음 각 임피던스는 RL 직렬 회로 또는 RC 직렬 회로의 임피던스를 나타낸다. 정현파의 주파수가 50 Hz 일 때, 다음 각 임피던스에 대하여 저항값과 인덕턴스(또는 커패시턴스)를 구하여라.
(a) $(4.0 + j7.0)\ \Omega$ (b) $-j20\ \Omega$ (c) $15\angle -60°\ \Omega$

11.22. 임피던스가 $(60 - j100)\ \Omega$ 인 RC 직렬 회로에 진폭 240 V, 주파수 50 Hz인 정현파 교류 전압이 인가될 때 다음을 구하여라.
(a) 저항값 (b) 커패시턴스 (c) 임피던스의 절대값과 위상각
(d) 회로에 흐르는 전류

11.23. 다음 RL 직렬 회로에서 $R = 8\ \Omega$, $L = 15.92$ mH, $v(t) = 100\cos(377t + 30°)$이다. 이 RL 직렬 회로의 임피던스를 구하고, 이를 이용하여 정상 상태에서의 전류 $i(t)$를 구하여라.

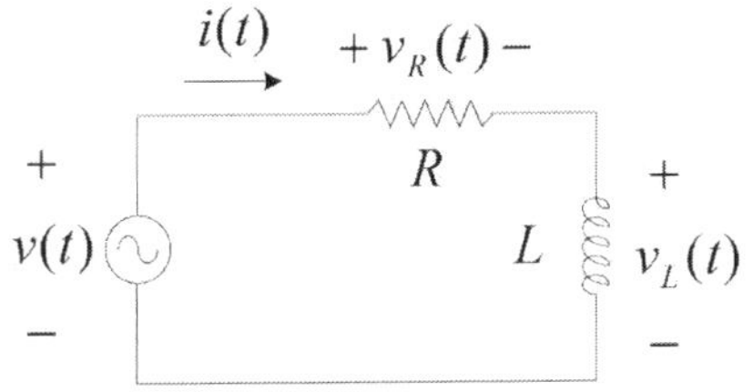

11.24. 다음 RC 직렬 회로에서 $R = 10\ \Omega$, $C = 153.15\ \mu$F 이고, 전원 전압 $v(t)$는 주파수 60 Hz, 진폭 100, 위상 $-60°$ 인 정현파이다. 이 RC 직렬 회로의 임피던스를 구하고, 이를 이용하여 정상 상태에서의 전류 $i(t)$를 구하여라.

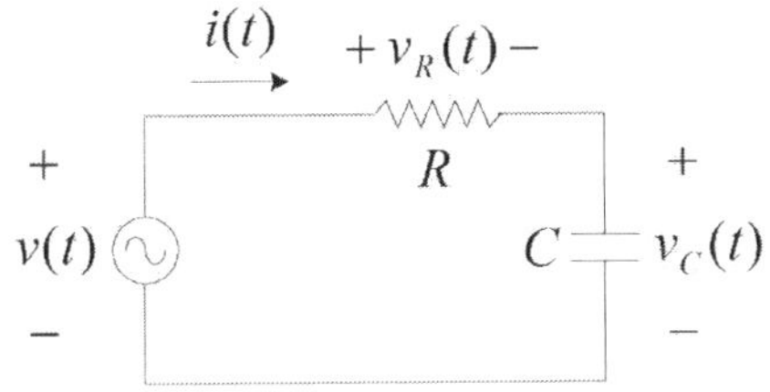

11.25. 다음 RL 병렬 회로에서 $R = 8\ \Omega$, $L = 15.92$ mH, $v(t) = 100\cos(377t + 30°)$이다. 이 RL 병렬 회로의 임피던스를 구하고, 이를 이용하여 정상 상태에서의 전류 $i(t)$를 구하여라.

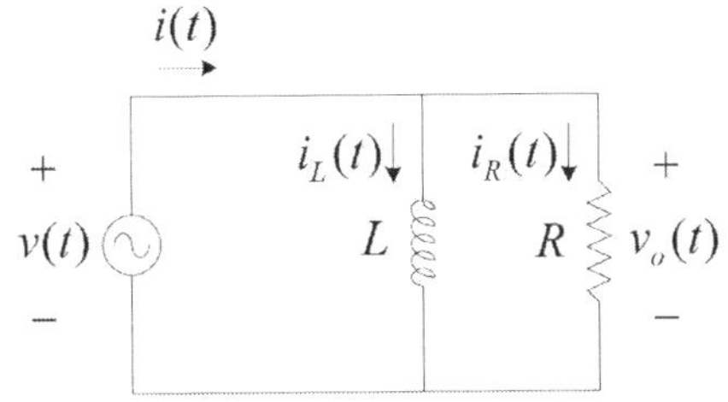

11.26. 다음 RC 병렬 회로에서 $R = 10\ \Omega$, $C = 153.15\ \mu$F 이고, 전원 전압 $v(t)$는 주파수 50 Hz, 진폭 100, 초기 위상 0° 인 정현파이다. 이 RC 병렬 회로의 임피던스를 구하고, 이를 이용하여 정상 상태에서의 전류 $i(t)$를 구하여라.

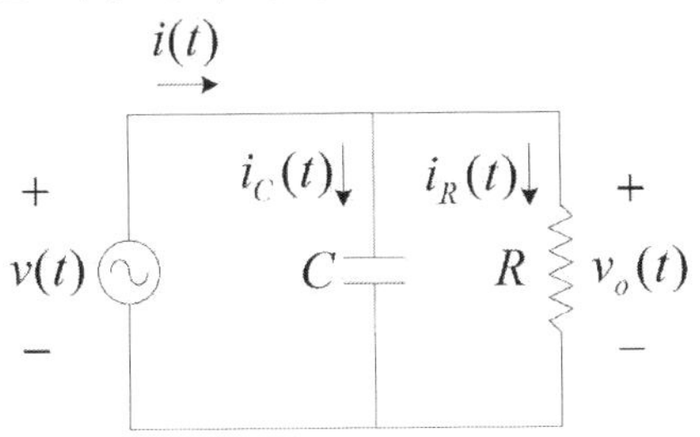

11.27. 다음 RLC 직렬 회로에서 $R = 10\ \Omega$, $L = 2$ mH , $C = 10\ \mu$F 이고, 전원 전압 $v(t)$는 주파수 1 kHz, 진폭 110 V, 위상각 0 인 정현파이다. 이 RLC 직렬 회로의 임피던스를 구하고, 이를 이용하여 정상 상태에서의 전류 $i(t)$ 와 전압 $v_C(t)$를 구하여라.

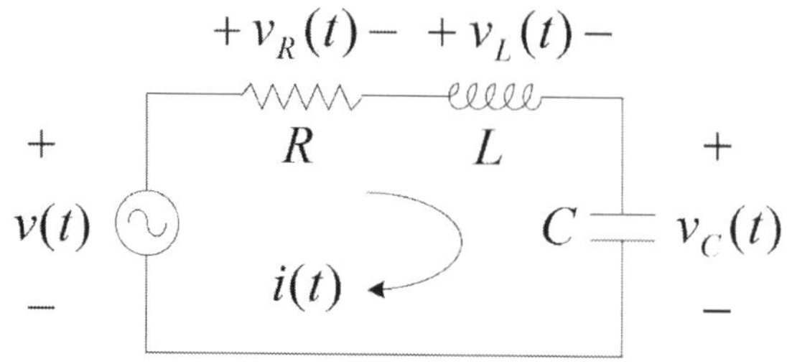

11.28. 다음 RLC 회로에서 $R = 10\ \Omega$, $L = 2$ mH , $C = 10\ \mu$F 이고, 전원 전압 $v(t)$는 주파수 1 kHz, 진폭 110 V, 위상각 0 인 정현파이다. 이 회로의 임피던스를 구하고, 이를 이용하여 정상상태에서의 전류 $i(t)$를 구하여라.

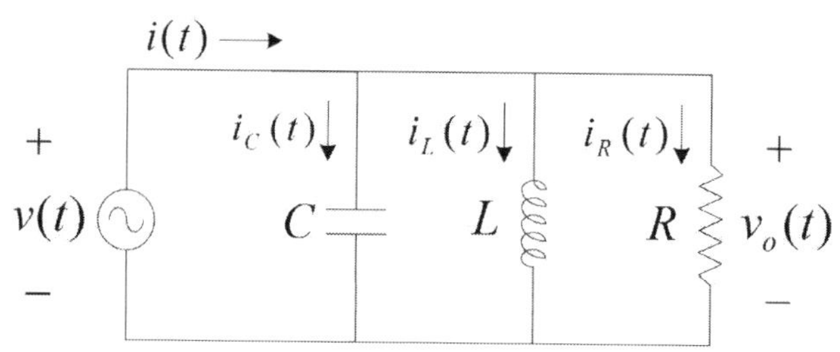

11.29. 다음 회로에서 $R = 100\ \Omega$, $L = 1$ mH , $C = 0.02\ \mu$F 이고, 전원 전압 $v(t)$는 주파수 20 kHz, 진폭 1 V, 위상각 0 인 정현파이다. 이 회로의 임피던스를 구하고, 이를 이용하여 정상상태에서의 전류 $i(t)$를 구하여라.

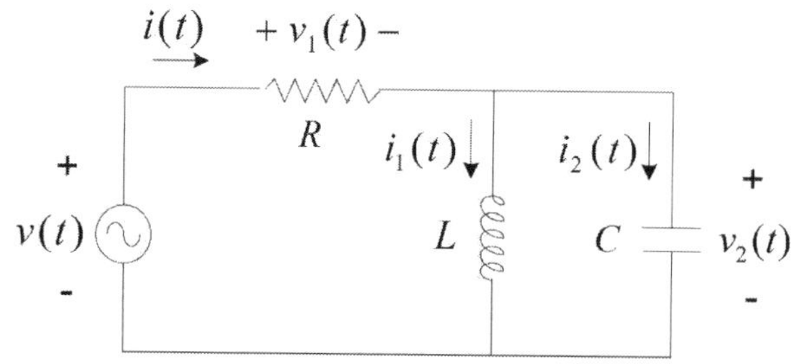

Chapter 12
복소 함수

12.1 복소 함수의 정의

함수 $w = f(z)$에서 독립 변수 z와 종속 변수 w의 값이 복소수일 때, 함수 f를 **복소함수**라고 부른다. 예를 들면 z가 복소 변수일 때 함수

$$f(z) = z^2 + 5z \qquad \text{또는} \qquad f(z) = 2jz + 5\bar{z}$$

는 복소 함수이다. 복소 함수 $w = f(z)$에서 복소 변수 z를 $z = x + jy$ $(x, y$는 실수) 라고 생각하고, 함수값 $f(z)$를 $f(z) = u + jv$ $(u, v$는 실수) 라고 생각하면, u는 x와 y의 함수이고, v도 마찬가지로 x와 y의 함수이다. 즉 $u = u(x, y)$이고 $v = v(x, y)$이다. 따라서 하나의 복소 함수 $w = f(z)$는 두 개(한 쌍)의 실수 함수 $u = u(x, y)$와 $v = v(x, y)$로 나타낼 수 있다.

예제 12.1 복소 함수 $f(z) = 2jz + 5\bar{z}$ 에 대하여 다음 물음에 답하여라.
(a) $z = 1 + j2$ 일 때의 함수값을 구하여라.
(b) $z = x + jy$, $f(z) = u + jv$로 나타낼 때, 함수 $f(z)$의 실수부 $u = u(x, y)$와 허수부 $v = v(x, y)$를 구하여라.

풀이 :

(a) $f(1 + j2) = 2j(1 + j2) + 5(1 - j2) = 1 - j8$

(b) $f(x + jy) = 2j(x + jy) + 5(x - jy) = 5x - 2y + j(2x - 5y)$
따라서 $u = 5x - 2y$ 이고 $v = 2x - 5y$이다.

복소 함수의 정의역과 치역은 복소수의 집합이다. 그런데 복소수는 복소 평면 위의 점으로 나타낼 수 있으므로, 복소수의 집합은 복소 평면 위의 곡선 또는 영역으로 나타낼 수 있다. 따라서 복소 함수의 정의역과 치역은 복소 평면 위의 곡선 또는 영역으로 나타내어진다.

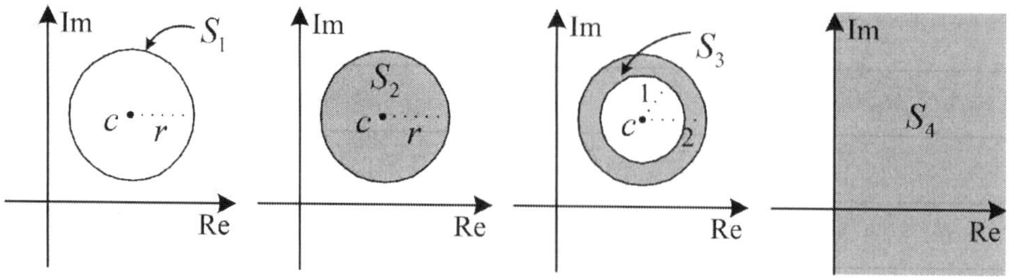

그림 12.1 복소 평면 위의 곡선 또는 영역

복소 평면 위의 곡선이나 영역 중에서 자주 사용되는 것에는 원, 원반, 원환, 반평면 등이 있는데, 이것들은 특정 조건을 만족시키는 복소수 z의 집합을 나타낸다. 예를 들어 그림 12.1에 나타낸 영역 S_1, S_2, S_3, S_4를 살펴 보자. 집합 S_1은 점 c가 중심이고 반경이 r인 원의 원주인데, 이 원주는 점 c로부터의 거리가 r인 복소수의 집합을 나타낸다. 따라서

$$S_1 = \{z : |z-c| = r\} .$$

집합 S_2는 점 c가 중심이고 반경이 r인 원의 내부, 즉 원반인데, 이 원반은 점 c로부터의 거리가 r보다 작은 복소수의 집합을 나타낸다. 따라서

$$S_2 = \{z : |z-c| < r\} .$$

집합 S_3은 점 c가 중심이고 반경이 1, 2인 두 원 사이, 즉 원환인데, 이 원환은 점 c로부터의 거리가 1보다 크고 2보다 작은 복소수의 집합을 나타낸다. 따라서

$$S_3 = \{z : 1 < |z-c| < 2\} .$$

마지막으로 집합 S_4는 우측 반 평면인데, 이 반평면은 실수부가 양수인 복소수의 집합을 나타낸다. 따라서

$$S_4 = \{z : \mathrm{Re}(z) > 0\} .$$

연습 문제

12.1. 다음 각 복소 함수 $f(z)$에 대하여 주어진 점 z에서의 함수값을 구하여라.

(a) $f(z) = z^2 + z\bar{z}$, $z = 1+j$ (b) $f(z) = \frac{z-1}{z+1}$, $z = j$

12.2. 다음 각 복소 함수 $f(z)$에 대하여 함수 $f(z)$의 실수부 $u = u(x,y)$와 허수부 $v = v(x,y)$를 구하여라.

(a) $f(z) = z^3 + z + j$ (b) $f(z) = \frac{z-1}{z+1}$

12.3. 다음 각 조건을 만족시키는 점들의 집합을 복소 평면 위에 도시하여라.

(a) $0 < |z - j2| < 2$ (b) $|z-1+j| < 1$ (c) $|z+1-j| = 1$
(d) $\mathrm{Im}(\bar{z}) > 0$ (e) $|\mathrm{Arg}(z)| < \pi/6$ (f) $|z+1| = |z-1|$
(g) $\mathrm{Re}\left(\bar{z}^2\right) = 2$ (h) $-\pi < \mathrm{Re}(z) < \pi$ (i) $\mathrm{Re}(z) \leq \mathrm{Im}(z)$

12.2 복소 함수의 미분

복소 함수의 극한값

복소 변수 z가 복소수 z_0에 한 없이 가까워질 때, 우리는 이 것을 기호로 $z \to z_0$ 라고 표현한다. z가 z_0에 한 없이 가까워진다는 것은 z의 값이 실제로 z_0가 된다는 의미가 아니라, z가 z_0에 한 없이 접근해서 두 수의 차이의 절대값이 임의의 주어진 작은 값보다 더 작게 될 수 있다는 뜻이다.

z가 z_0에 한 없이 가까워질 때 복소 함수 $f(z)$의 값이 일정한 값 L에 한 없이 가까워지면, 즉

$$z \to z_0 \quad \text{일 때} \quad f(z) \to L \tag{12.1}$$

이면, 'z가 z_0에 한 없이 가까워질 때 복소 함수 $f(z)$의 극한값이 L이다'라고 말하고 이 것을 기호로

$$\lim_{z \to z_0} f(z) = L \tag{12.2}$$

이라고 나타낸다.

실수는 수직선 위의 점으로 나타내어지기 때문에 실수 변수 x가 실수 x_0에 한 없이 가까워지는 방법에는 오른쪽으로부터 접근하는 방법과 왼쪽으로부터 접근하는 방법의 두가지 밖에 없다. 반면 복소수는 복소 평면 위의 점으로 나타내어지기 때문에 복소 변수 z가 복소수 z_0에 한 없이 가까워지는 방법에는 좌우상하 등 무수히 많은 방향으로부터 접근하는 방법이 있다. 식 (12.2)는 z가 z_0로 접근하는 방향에 상관없이 함수값이 L에 가까워진다는 뜻이다. 만약 접근하는 방향에 따라서 $f(z)$가 서로 다른 값에 가까워지면, '극한값이 존재하지 않는다'라고 말한다.

예제 12.2 다음 각 함수 $f(z)$에 대하여 극한값 $\lim_{z\to 0} f(z)$를 구하여라.

(a) $f(z) = z$ (b) $f(z) = \bar{z}/z$

풀이 :

(a) $f(z) = z$ 이므로 $z \to 0$ 이면 $f(z) \to 0$ 임은 자명하다. 따라서

$$\lim_{z\to 0} f(z) = \lim_{z\to 0} z = 0\,.$$

(b) $z = x + jy$ 라 두면 $z \to 0$은 x와 y가 둘 다 0에 한 없이 가까워짐을 의미한다. z가 0에 접근하는 무수히 많은 경로 중에서 그림 12.2에 보인 두 가지 경로에 대하여 극한값을 구해 보자. 경로 1은 y가 먼저 0으로 접근한 후에 x가 0으로 접근하는 경로이다. 이 경우의 극한값은 다음과 같다.

$$\lim_{z\to 0} f(z) = \lim_{y\to 0\,,\,x\to 0} \frac{x - jy}{x + jy} = \lim_{x\to 0} \frac{x}{x} = 1\,.$$

경로 2는 x가 먼저 0으로 접근한 후에 y가 0으로 접근하는 경로이다. 이 경우의 극한값은 다음과 같다.

$$\lim_{z\to 0} f(z) = \lim_{x\to 0,\, y\to 0} \frac{x-jy}{x+jy} = \lim_{x\to 0} \frac{-jy}{jy} = -1 \,.$$

접근 방향에 따라 $f(z)$가 서로 다른 값으로 접근하므로, 극한값 $\lim_{z\to 0} f(z)$는 존재하지 않는다.

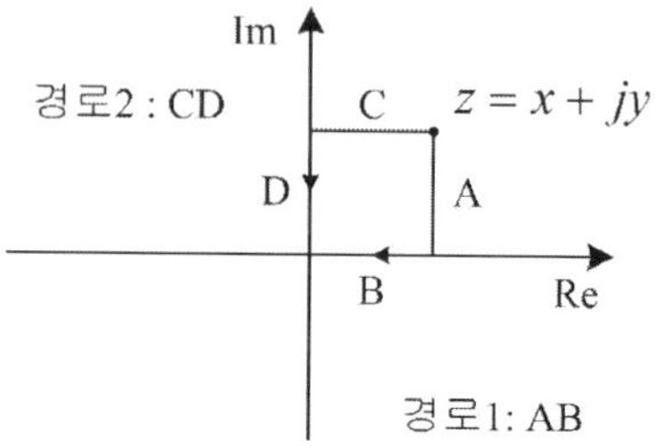

그림 **12.2** 예제 12.2의 경로

복소 함수의 미분

복소 함수 $f(z)$ 의 미분은 기호로 $f'(z)$로 나타내며 다음과 같이 정의한다.

$$f'(z) = \lim_{\Delta z\to 0} \frac{f(z+\Delta z)-f(z)}{\Delta z} \tag{12.3}$$

$f'(z)$가 존재하는 경우, 함수 $f(z)$은 미분가능하다고 말한다.

예제 12.3 복소 함수의 미분의 정의 (12.3)을 이용하여 다음 각 함수가 미분 가능한지 확인하여라.
(a) $f(z) = z$ (b) $f(z) = \bar{z}$

풀이 :

(a) 식 (12.3) 에 $f(z) = z$을 대입하면

$$f'(z) = \lim_{\Delta z\to 0} \frac{(z+\Delta z)-z}{\Delta z} = \lim_{\Delta z\to 0} \frac{\Delta z}{\Delta z} = 1$$

따라서 $f(z) = z$은 모든 z에 대하여 미분 가능하며 $f'(z) = 1$ 이다.

(b) 식 (12.3) 에 $f(z)=\bar{z}$를 대입하면

$$f'(z)=\lim_{\Delta z\to 0}\frac{\overline{z+\Delta z}-\bar{z}}{\Delta z} \tag{12.4}$$

$z=x+jy,\ \Delta z=\Delta x+j\Delta y$라 두면 식 (12.4)으로부터

$$f'(z)=\lim_{\Delta z\to 0}\frac{x+\Delta x-j(y+\Delta y)-(x-jy)}{\Delta x+j\Delta y}=\lim_{\Delta z\to 0}\frac{\Delta x-j\Delta y}{\Delta x+j\Delta y} \tag{12.5}$$

$\Delta z\to 0$은 Δx와 Δy가 모두 0으로 접근함을 의미한다. 두 개의 서로 다른 경로를 택해서 $f'(z)$를 구해보자.

만약 Δy가 먼저 0으로 접근한 후에 나중에 Δx가 0으로 접근하는 경로를 택하면 식 (12.5)의 극한값은 다음과 같다.

$$f'(z)=\lim_{\Delta y\to 0,\ \Delta x\to 0}\frac{\Delta x-j\Delta y}{\Delta x+j\Delta y}=\lim_{\Delta x\to 0}\frac{\Delta x}{\Delta x}=1$$

하지만 만약 Δx가 먼저 0으로 접근한 후에 나중에 Δy가 0으로 접근하는 경로를 택하면 식 (12.5)의 극한값은 다음과 같이 다른 값이 된다.

$$f'(z)=\lim_{\Delta x\to 0,\ \Delta y\to 0}\frac{\Delta x-j\Delta y}{\Delta x+j\Delta y}=\lim_{\Delta y\to 0}\frac{-j\Delta y}{j\Delta y}=-1$$

서로 다른 경로에 대한 극한값이 다르므로 $f'(z)$은 존재하지 않는다. 즉 함수 $f(z)=\bar{z}$ 는 어떤 z에 대해서도 미분 가능하지 않다.

복소 함수의 미분의 정의 (12.3)과 실수 함수의 미분의 정의 (5.3)은 변수가 실수 변수에서 복소 변수로 바뀐 것을 제외하고는 똑 같은 형태를 갖는다. 뿐만 아니라 복소 함수의 합, 곱, 나눗셈 및 합성함수 등의 미분에 관하여 다음과 같은 성질이 실수 함수에서와 마찬가지로 성립함이 잘 알려져 있다.

$$(f+g)'=f'+g' \tag{12.6}$$

$$(cf)'=cf' \quad (c\text{는 상수}) \tag{12.7}$$

$$(fg)'=f'g+fg' \tag{12.8}$$

$$\left(\frac{f}{g}\right)'=\frac{f'g-fg'}{g^2} \tag{12.9}$$

$$\frac{d}{dz}f(g(z))=f'(g(z))g'(z) \tag{12.10}$$

이 성질들을 이용하면 기본적인 복소 함수들의 합, 곱, 나눗셈 및 합성함수로 만들어지는 좀 더 복잡한 함수의 미분을 쉽게 구할 수 있다. 예를 들어 $(z)'=1$ 이라는 사실과 성질 (12.8)을 이용하면 다음과 같은 미분 공식을 얻을 수 있다.

$$(z^2)'=(zz)'=(z)'z+z(z)'=1\cdot z+z\cdot 1=2z \tag{12.11}$$

$$(z^3)' = (z^2z)' = (z^2)'z + z^2(z)' = 2z\cdot z + z^2\cdot 1 = 3z^2 \tag{12.12}$$

$$\vdots$$

$$(z^n)' = nz^{n-1} \quad (n\text{은 양의 정수})\ . \tag{12.13}$$

예제 12.4 *복소함수의 성질을 이용하여 다음 각 함수의 미분을 구하여라.*
(a) $f(z) = z^3 + i2z + 3$ *(b)* $f(z) = 1/z^n$

풀이 :

(a) $(z^3 + i2z + 3)' = (z^3)' + i2(z)' + (3)' = 3z^2 + i2$

(b) $\left(\frac{1}{z^n}\right)' = \frac{-(z^n)'}{(z^n)^2} = \frac{-nz^{n-1}}{z^{2n}} = -nz^{-n-1}$

코시-리만(Cauchy-Riemann) 방정식

복소 함수 $f(z) = u(x,y) + jv(x,y)$가 미분 가능한지 아닌지를 알아 볼 수 있는 조건을 찾아 보자. 만약 함수 $f(z)$가 미분 가능하면 다음 극한값이 존재한다.

$$f'(z) = \lim_{\Delta z\to 0} \frac{f(z+\Delta z) - f(z)}{\Delta z}\ . \tag{12.14}$$

$z = x + jy,\ \Delta z = \Delta x + j\Delta y,\ f(z) = u(x,y) + jv(x,y)$라 두면 식 (12.14)로부터

$$f'(z) = \lim_{\Delta z\to 0} \frac{u(x+\Delta x, y+\Delta y) + jv(x+\Delta x, y+\Delta y) - u(x,y) - jv(x,y)}{\Delta x + j\Delta y} \tag{12.15}$$

식 (12.15)의 극한값을 두 가지 서로 다른 경로에 대하여 각각 계산해 보자. 만약 Δy가 먼저 0으로 접근한 후에 나중에 Δx가 0으로 접근하는 경로를 택하면, 식 (12.15)의 극한값은 다음과 같다.

$$\begin{aligned} f'(z) &= \lim_{\Delta x\to 0} \frac{u(x+\Delta x, y) - u(x,y) + j[v(x+\Delta x, y) - v(x,y)]}{\Delta x} \\ &= \lim_{\Delta x\to 0} \frac{u(x+\Delta x, y) - u(x,y)}{\Delta x} + j \lim_{\Delta x\to 0} \frac{v(x+\Delta x, y) - v(x,y)}{\Delta x} \\ &= \frac{\partial u}{\partial x} + j\frac{\partial v}{\partial x} \end{aligned} \tag{12.16}$$

한편 만약 Δx가 먼저 0으로 접근한 후에 나중에 Δy가 0으로 접근하는 경로를 택하면, 식 (12.15)의 극한값은 다음과 같다.

$$
\begin{aligned}
f'(z) &= \lim_{\Delta y \to 0} \frac{u(x,y+\Delta y) - u(x,y) + j[v(x,y+\Delta y) - v(x,y)]}{j\Delta y} \\
&= -j \lim_{\Delta y \to 0} \frac{u(x,y+\Delta y) - u(x,y)}{\Delta y} + \lim_{\Delta y \to 0} \frac{v(x,y+\Delta y) - v(x,y)}{\Delta y} \\
&= -j\frac{\partial u}{\partial y} + \frac{\partial v}{\partial y} \qquad (12.17)
\end{aligned}
$$

$f(z)$가 미분가능하면 $f'(z)$가 존재하고, $f'(z)$가 존재한다는 것은 서로 다른 경로에 대해 계산한 두 극한값 (12.16)과 (12.17)이 같은 값이라는 것을 의미한다. 따라서 다음과 같은 결론을 내릴 수 있다.

> 복소 함수 $f(z) = u(x,y) + jv(x,y)$가 미분가능하면, 함수 u, v는 다음 방정식을 만족시킨다.
>
> $$\frac{\partial u}{\partial x} = \frac{\partial v}{\partial y} \ , \quad \frac{\partial u}{\partial y} = -\frac{\partial v}{\partial x} \ . \qquad (12.18)$$
>
> 식 (12.18)은 **코시-리만(Cauchy-Riemann) 방정식**이라고 불린다.

역으로 복소 함수 $f(z) = u(x,y) + jv(x,y)$가 주어져 있을 때, 함수 $u = u(x,y)$와 $v = v(x,y)$가 코시-리만 방정식을 만족시킨다는 사실만으로 함수 $f(z) = u(x,y) + jv(x,y)$가 미분가능하다고 결론을 내릴 수 있을까? u와 v, 그리고 u와 v의 1차 편미분이 모두 연속이라는 조건이 추가적으로 주어지면, 이 역명제도 참이라는 것이 잘 알려져 있다. 하지만 이에 대한 증명은 생략하기로 하고 결과만을 요약하면 다음과 같다.

> 복소 함수 $f(z) = u(x,y) + jv(x,y)$의 실수부와 허수부인 u와 v, 그리고 u와 v의 1차 편미분이 모두 연속일 때, 만약 코시-리만 방정식 (12.18)이 성립하면 함수 $f(z)$는 미분가능하다.

따라서 주어진 복소 함수가 미분가능한지 아닌지를 판별하기 위해서는 코시-리만 방정식을 만족시키는지 아닌지를 알아 보면 된다. 또 주어진 복소 함수의 미분을 구할 때 식 (12.16) 또는 식 (12.17)을 이용하면 쉽게 구할 수 있다.

예제 12.5 *코시-리만 방정식을 이용하여 다음 각 함수가 미분 가능한지 확인하고, 미분 가능한 경우에는 미분을 구하여라.*

(a) $f(z) = z\bar{z}$ *(b)* $f(z) = e^{-y}\cos x + je^{-y}\sin x$

풀이 :

(a) $z = x + jy$라 두면 $f(z) = (x+jy)(x-jy) = x^2 + y^2$. 따라서

$$u = x^2 + y^2 \ , \quad v = 0$$

이다. u, v가 코시-리만 방정식을 만족시키는지 확인해 보자.

$$\frac{\partial u}{\partial x}=2x\ ,\ \ \frac{\partial v}{\partial y}=0\ ,\ \ \frac{\partial u}{\partial y}=2y\ ,\ \ -\frac{\partial v}{\partial x}=0$$

따라서 점 $x=y=0$일 때를 제외하고는 코시-리만 방정식을 만족시키지 않는다. 즉 점 $z=0$을 제외한 모든 점 z에서 함수 $f(z)$는 미분 불가능하다.

(b) $u=e^{-y}\cos x$, $v=e^{-y}\sin x$ 이므로

$$\frac{\partial u}{\partial x}=-e^{-y}\sin x=\frac{\partial v}{\partial y}\ \ ,\ \ \frac{\partial u}{\partial y}=-e^{-y}\cos x=-\frac{\partial v}{\partial x}$$

모든 x, y에 대하여 코시-리만 방정식이 성립한다. 즉 모든 점 z에서 $f(z)$는 미분 가능하며, 식 (12.16)으로부터 도함수는 다음과 같다.

$$f'(z)=\frac{\partial u}{\partial x}+j\frac{\partial v}{\partial x}=-e^{-y}\sin x+je^{-y}\cos x$$

연습 문제

12.4. 미분의 정의를 이용하여 복소 함수 $f(z)=z^3$ 이 모든 점 z에서 미분 가능함을 보여라.

12.5. 미분의 정의를 이용하여 복소 함수 $f(z)=\mathrm{Re}(z)$ 가 어떤 점 z에서도 미분 가능하지 않음을 보여라.

12.6. 다음 각 함수의 미분을 구하여라.

(a) $f(z)=z^4+j3z^3+2z+2$ (b) $f(z)=\frac{z^2-9}{z^2+1}$ (c) $f(z)=(z^3+i)^2$

12.7. 코시-리만 방정식을 이용하여 함수 $f(z)=e^{2xy}[\cos(y^2-x^2)+j\sin(y^2-x^2)]$ 이 모든 점 z에서 미분 가능함을 보여라.

12.8. 코시-리만 방정식을 이용하여 복소 함수 $f(z)=z+\bar{z}$ 가 어떤 점 z에서도 미분 가능하지 않음을 보여라.

12.3 해석 함수

어떤 한 점에서만 미분 가능한 함수는 별로 유용하지가 않다. 따라서 우리의 관심이 되는 함수는 어떤 한 점 뿐 만 아니라 그 점 근방의 모든 점에서 미분 가능한 함수이다. 복소 평면에서 어떤 점 z_0의 **근방**(neighborhood)이란 점 z_0를

포함하는 열린 영역을 의미한다. 예를 들면 점 z_0를 중심으로하는 열린 원반 ($|z-z_0|<r$)은 점 z_0의 근방이다. 함수 $f(z)$가 점 $z=z_0$에서 뿐만 아니라 점 $z=z_0$의 근방의 모든 점에서 미분 가능할 때, "함수 $f(z)$는 점 $z=z_0$에서 **해석적**(analytic)이다"라고 말한다. 또 함수 $f(z)$가 영역 D내의 모든 점에서 해석적이면, "함수 $f(z)$는 영역 D에서 해석적이다"라고 말한다. 주어진 정의역에서 해석적인 함수를 **해석 함수**라고 부르며, 복소 평면 전체에서 해석적인 함수는 **전해석 함수(entire function)**라고 부른다. 우리가 관심을 가지고 다루는 복소 함수들은 모두 해석 함수이다.

함수 $f(z)$가 점 z_0에서 해석적이면, 그 점에서 미분 가능하며 따라서 코시-리만 방정식을 만족시킨다. 역으로 만약 함수 $f(z)$가 점 z_0 근방의 모든 점에서 코시-리만 방정식을 만족시킨다면, 점 z_0 근방의 모든 점에서 미분 가능하며, 따라서 함수 $f(z)$는 점z_0에서 해석적이다. 따라서 어떤 함수가 해석적인지 아닌지 확인하려면 그것이 코시-리만 방정식을 만족시키는지 확인하면 된다.

또 만약 함수 $f(z)$와 $g(z)$가 해석적이면 이 두 함수의 선형합 $c_1f(z)+c_2g(z)$, 곱 $f(z)g(z)$, 몫 $f(z)/g(z)$ (단 $g(z)=0$인 점은 제외)도 모두 해석적이라는 것이 잘 알려져 있다. 이와 같은 성질은 기본적인 함수들의 합, 곱, 몫 등으로 구성된 더 복잡한 함수의 해석성 여부를 확인하는데 사용할 수 있다.

기본적인 해석 함수

다항 함수, 유리 함수, 지수 함수, 삼각 함수, 로그 함수 등의 자주 접하는 실수 함수에서 실수 변수 x를 복소 변수 $z=x+jy$로 치환함으로써 다음과 같이 복소 함수로의 확장이 가능하다.

복소 다항 함수와 복소 유리 함수

복소 다항 함수는

$$f(z)=c_nz^n+c_{n-1}z^{n-1}+\cdots+c_1z+c_0 \quad (\text{계수 } c_i\text{는 복소수})$$

꼴로 주어지는 함수이고, 복소 유리 함수는

$$f(z)=\frac{z+1}{z^2-z-2}\ ,\ g(z)=\frac{z+j2}{z^3+j3z-2}$$

등과 같이 두 복소 다항식의 나눗셈 형태로 표시되는 함수이다. 복소 다항 함수는 모든 z에 대해서 해석 함수이고, 복소 유리 함수는 분모를 0으로 만드는 점을 제외한 모든 z에 대해서 해석함수이다.

복소 지수 함수

복소 변수 $z=x+jy$에 대한 지수 함수 e^z는 다음과 같이 정의한다.

$$e^z=e^x(\cos y+j\sin y) \tag{12.19}$$

예제 12.6 복소 지수 함수 $f(z)=e^z$에 대하여 다음 물음에 답하여라.
(a) $z=1+j\frac{\pi}{4}$일 때의 함수값을 직각 좌표로 나타내어라.
(b) 코시-리만 방정식을 이용하여 $f(z)$가 해석 함수임을 보여라.
(c) $f'(z)$를 구하여라.

풀이 :

(a) $f(1+j\frac{\pi}{4})=e^{1+j\frac{\pi}{4}}=e^1(\cos\frac{\pi}{4}+j\sin\frac{\pi}{4})=\frac{e\sqrt{2}}{2}+j\frac{e\sqrt{2}}{2}$

(b) $f(z)=e^z=e^x(\cos y+j\sin y)$ 이므로 $u=e^x\cos y,\ v=e^x\sin y$.

$$\frac{\partial u}{\partial x}=e^x\cos y=\frac{\partial v}{\partial y}\quad,\quad \frac{\partial u}{\partial y}=-e^x\sin y=-\frac{\partial v}{\partial x}$$

따라서 모든 z에 대하여 코시-리만 방정식이 성립한다. 즉 복소 지수 함수 $f(z)=e^z$는 모든 z에 대하여 해석적인 전해석 함수이다.

(c) 식 (12.16)을 이용하면 도함수는 다음과 같다.

$$f'(z)=\frac{\partial u}{\partial x}+j\frac{\partial v}{\partial x}=e^x\cos y+je^x\sin y=e^z\quad \text{즉}\ (e^z)'=e^z$$

복소 삼각 함수

복소 지수 함수 (12.19)에서 z에 순허수 $z=j\theta$를 대입하면, 오일러의 공식

$$e^{j\theta}=\cos\theta+j\sin\theta \tag{12.20}$$

가 성립함을 알 수 있고, 또 오일러의 공식에 θ 대신 $-\theta$를 대입하면 공식

$$e^{-j\theta}=\cos\theta-j\sin\theta \tag{12.21}$$

가 성립함을 알 수 있다. 식 (12.20)과 식 (12.21)을 이용하면 실수 θ에 대하여 $\cos\theta$와 $\sin\theta$를 다음과 같이 나타낼 수 있다.

$$\cos\theta=\frac{e^{j\theta}+e^{-j\theta}}{2}\quad,\quad \sin\theta=\frac{e^{j\theta}-e^{-j\theta}}{2j}\ . \tag{12.22}$$

복소 변수 z에 대한 삼각 함수 $\cos z$와 $\sin z$는 실수 θ에 대한 삼각 함수 (12.22)와 같은 형태를 갖도록 다음과 같이 정의한다.

$$\cos z=\frac{e^{jz}+e^{-jz}}{2}\quad,\quad \sin z=\frac{e^{jz}-e^{-jz}}{2j} \tag{12.23}$$

나머지 다른 삼각 함수들은 $\cos z$와 $\sin z$를 이용하여 다음과 같이 정의한다.

$$\tan z = \frac{\sin z}{\cos z}, \quad \sec z = \frac{1}{\cos z}, \quad \csc z = \frac{1}{\sin z}, \quad \cot z = \frac{1}{\tan z} \tag{12.24}$$

예제 12.7 *식 (12.23)에 복소함수의 미분의 성질 (12.6)–(12.10)을 적용하여 복소 삼각 함수 $\cos z$와 $\sin z$의 미분을 구하여라.*

풀이 :

$$(\cos z)' = \left(\frac{e^{jz}+e^{-jz}}{2}\right)' = \frac{je^{jz}-je^{-jz}}{2} = -\frac{e^{jz}-e^{-jz}}{2j} = -\sin z$$

$$(\sin z)' = \left(\frac{e^{jz}-e^{-jz}}{2j}\right)' = \frac{je^{jz}+je^{-jz}}{2j} = \frac{e^{jz}+e^{-jz}}{2} = \cos z$$

복소 지수 함수 e^z가 모든 점 z에서 해석적인 전해석 함수이므로 함수 $\cos z$와 $\sin z$도 모든 점 z에서 해석적인 전해석 함수이다.

예제 12.8 *$z = x + jy$일 때 $\cos z$와 $\sin z$의 값을 직각 좌표로 나타내어라.*

풀이 :

$$\begin{aligned}\cos(x+jy) &= \frac{e^{j(x+jy)}+e^{-j(x+jy)}}{2} = \frac{e^{-y+jx}+e^{y-jx}}{2} \\ &= \frac{e^{-y}(\cos x + j\sin x) + e^{y}(\cos x - j\sin x)}{2} \\ &= (\cos x)\frac{e^{y}+e^{-y}}{2} - j(\sin x)\frac{e^{y}-e^{-y}}{2} \\ &= \cos x \cosh y - j\sin x \sinh y\end{aligned}$$

같은 방법으로 하면

$$\sin(x+jy) = \sin x \cosh y + j\cos x \sinh y$$

복소 로그 함수

복소 변수 z에 대한 로그 함수 $\ln z$는 지수 함수의 역함수로 정의한다. 즉

$$w = \ln z \text{ 란 } e^{w} = z \text{ 임을 의미한다. (단, } z \neq 0) \tag{12.25}$$

복소수 z가 극좌표 $z = re^{j\theta}$ 로 주어질 때, 로그 함수 $\ln z$ 의 값을 구해서 직각 좌표로 나타내 보자. $\ln z = u + jv$라 하면 로그 함수의 정의에 의해

$$\begin{aligned} e^{u+jv} &= z \\ e^u e^{jv} &= re^{j\theta} \end{aligned}$$

따라서

$$e^u = r \quad , \quad v = \theta$$

즉

$$u = \ln r = \ln|z| \quad , \quad v = \theta = \arg(z)$$

따라서

$$\ln z = \ln|z| + j\arg(z) \tag{12.26}$$

$\theta = \arg(z)$가 다가 함수이므로 $\ln z$도 다가 함수이다. $\arg(z)$의 값으로 $\arg(z)$의 주치 $\mathrm{Arg}(z)$을 사용하였을 때의 $\ln z$ 값을 $\ln z$의 주치라고 부르고 기호로는 $\mathrm{Ln}\, z$로 나타낸다.

복소수 c가 지수인 거듭제곱 함수 z^c은 로그 함수를 이용하여 다음과 같이 정의한다.

$$z^c = e^{c \ln z} \tag{12.27}$$

$\ln z$가 다가 함수이므로 z^c도 다가 함수이다. 식 (12.27)에서 $\ln z$ 대신 $\mathrm{Ln}\, z$를 사용하였을 때의 z^c의 값을 z^c의 주치라고 부른다.

예제 12.9 *$z = j$일 때 $\ln z$, $\mathrm{Ln}\, z$ 그리고 $(-1)^z$의 값을 각각 구하여 직각 좌표로 나타내어라.*

풀이 :

$$\begin{aligned} \ln z &= \ln|z| + j\arg(z) = \ln 1 + j(\frac{\pi}{2} + 2n\pi) = j(\frac{\pi}{2} + 2n\pi) \quad (n\text{은 정수}) \\ \mathrm{Ln}\, z &= \ln|z| + j\mathrm{Arg}(z) = \ln 1 + j\frac{\pi}{2} = j\frac{\pi}{2} \\ (-1)^z &= e^{z\ln(-1)} = e^{j[\ln 1 + j(\pi + 2n\pi)]} = e^{-(1+2n)\pi} \end{aligned}$$

$(-1)^z$ 의 주치는 따라서 $e^{-\pi}$ 이다.

로그 함수 $w = \ln z$의 미분은 다음과 같이 구할 수 있다. $e^w = z$ 의 양변을 z에 대해 미분하면

$$e^w w' = 1$$

이므로

$$w' = \frac{1}{e^w} = \frac{1}{z} \ .$$

한편 거듭제곱 함수 $w = z^c$의 미분은 다음과 같다.

$$(z^c)' = \left(e^{c\ln z}\right)' = \frac{c}{z}e^{c\ln z} = \frac{c}{z}z^c = cz^{c-1} \ .$$

연습 문제

12.9. 코시-리만 방정식을 이용하여 다음 각 함수가 해석 함수인지 아닌지 확인하여라.

(a) $f(z) = \mathrm{Im}[z^2]$ (b) $f(z) = \mathrm{Arg}(\pi z)$
(c) $f(z) = z^2 + 1/z^2$ (d) $f(z) = \ln|z| + i\mathrm{Arg}(z)$

12.10. 코시-리만 방정식을 이용하여 다음 각 함수가 모든 점 z에서 해석적인 전해석 함수임을 증명하여라.

(a) $f(z) = e^{2z}$ (b) $f(z) = \cos z$ (c) $f(z) = \sin z$

12.11. 다음 함수 값을 계산하여 직각 좌표계로 나타내어라.

(a) e^{1+j} (b) $e^{j(7\pi/2)}$ (c) $\cos(j3\pi)$
(d) $\sin(\sqrt{2} - j4)$ (e) $\mathrm{Ln}(-3 - j4)$ (f) $\mathrm{Ln}(-100)$
(g) $\ln(-j0.01)$ (h) $\ln(8 - j6)$ (i) j^j

12.12. 다음 조건을 만족하는 z의 값 또는 영역을 구하여라.

(a) e^z 가 실수이다. (b) $|e^{-z}| < 1$
(c) $\ln z = 3 - j$ (d) $\ln z = 4 - j3$

12.4 복소 함수의 적분

복소 선적분의 정의

복소 함수의 적분은 복소 평면 위의 어떤 경로 C에 대한 선적분을 말하며 다음과 같이 정의한다.

그림 12.3에 보인 것처럼 복소 평면 위에 점 a에서 점 b로 향하는 경로 C를 점 $z_0, z_1, z_2, \ldots, z_{n-1}, z_n$에 의해 n개의 부분으로 나누었을 때, 점 z_{i-1}과 z_i 사이의 중간 점을 ξ_i라 하고, $\Delta z_i = z_{i+1} - z_i$ 라고 하자.

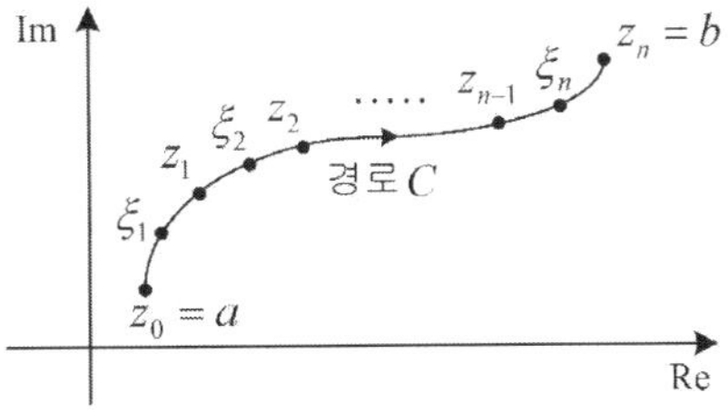

그림 12.3 복소 선적분의 적분 경로

이 때 부분 구간의 길이 $|\Delta z_i|$가 모두 0에 한없이 가까워지도록 부분 구간의 갯수 n을 한 없이 크게 할 때의 극한값

$$\lim_{n\to\infty}\sum_{i=1}^{n} f(\xi_i)\Delta z_i \tag{12.28}$$

를 "경로 C에 대한 함수 $f(z)$의 선적분"이라고 부르고 기호로는

$$\int_C f(z)dz \qquad \text{또는} \qquad \oint_C f(z)dz \tag{12.29}$$

로 나타낸다. 동그라미 표시한 적분 기호 $\oint$는 적분 경로가 폐곡선인 경우에 사용한다.

만약 $f(z) = u(x,y) + jv(x,y) = u + jv$ 라면, 복소 선적분 (12.29)는 다음과 같이 실수 함수의 선적분을 이용하여 나타낼 수 있다.

$$\begin{aligned}\int_C f(z)dz &= \int_C (u+jv)(dx+jdy)\\ &= \int_C (udx - vdy) + j\int_C (vdx + udy)\end{aligned} \tag{12.30}$$

복소 선적분의 계산

복소 평면 위의 경로 C는 매개 변수 t를 이용하여

$$z(t) = x(t) + jy(t) \;\;,\;\; t_1 \le t \le t_2$$

와 같이 표시할 수 있다. 예를 들어 그림 12.4 (a)의 직선 경로 C_1 위에서는 x와 y 사이에 $y = 2x$의 관계가 성립한다. 따라서 $x(t) = t$, $y(t) = 2t$ 라 두면 경로 C_1은

$$z(t) = t + j2t \;\;,\;\; 0 \le t \le 1$$

로 나타낼 수 있다. 또 그림 12.4 (b)의 반원 경로 C_2 위에서는 x와 y 사이에 $x^2 + y^2 = 1$의 관계가 성립한다. 따라서 $x(t) = \cos t$, $y(t) = \sin t$라 두면 경로 C_2는

$$z(t) = \cos t + j\sin t \;\;,\;\; 0 \le t \le \pi$$

로 나타낼 수 있다.

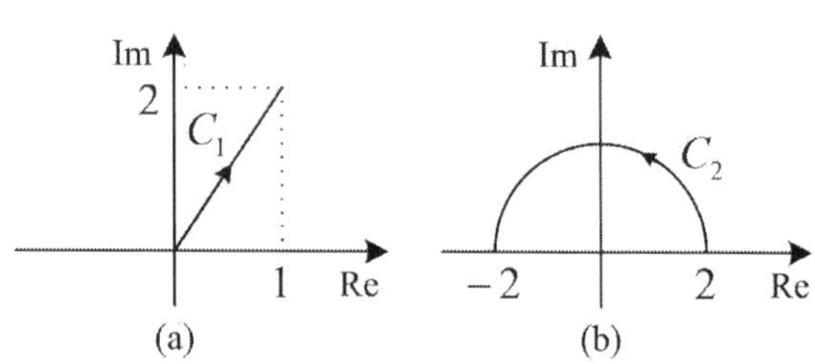

그림 12.4 적분 경로

경로 C의 매개 변수 표현 $z(t)$의 매개 변수 t에 대한 미분

$$z'(t) = \frac{dz}{dt} = x'(t) + jy'(t) \tag{12.31}$$

가 경로 위의 모든 점에서 연속이고 0이 아닌 경우, 경로 C를 **매끄러운 경로**(smooth path)라고 한다. 경로 C가 매개 변수 표현 $z = z(t)$, $(t_1 \le t \le t_2)$로 나타낼 수 있는 매끄러운 경로일 때, 식 (12.30)의 복소 선적분은 다음과 같이 매개 변수 t에 대한 정적분으로 나타낼 수 있다.

$$\int_C f(z)dz = \int_{t_1}^{t_2} f(z(t))z'(t)dt \tag{12.32}$$

예제 12.10 *그림 12.5 에 보인 경로 C는 원점이 중심인 단위원을 따라서 반시계방향으로 한 바퀴 도는 경로이다. 경로 C에 대하여 다음 각 복소 선적분을 구하여라.*

(a) $\oint_C \frac{1}{z}dz$ *(b)* $\oint_C z^m dz$ *(m은 -1이 아닌 정수)*

풀이 :

경로 C를 매개 변수를 이용하여 나타내면

$$C \,:\, z(t) = \cos t + j\sin t = e^{jt} \;,\; 0 \le t \le 2\pi$$

따라서

$$\oint_C \frac{1}{z}dz = \int_0^{2\pi} \frac{1}{e^{jt}}(e^{jt})'dt = \int_0^{2\pi} \frac{1}{e^{jt}}je^{jt}dt = j\int_0^{2\pi} dt = j2\pi$$

$$\oint_C z^m dz = \int_0^{2\pi} (e^{jt})^m (e^{jt})'dt = \int_0^{2\pi} e^{jmt} je^{jt}dt = j\int_0^{2\pi} e^{j(m+1)t}dt$$

$$= j\left[\frac{1}{m+1}e^{j(m+1)t}\right]_0^{2\pi} = 0$$

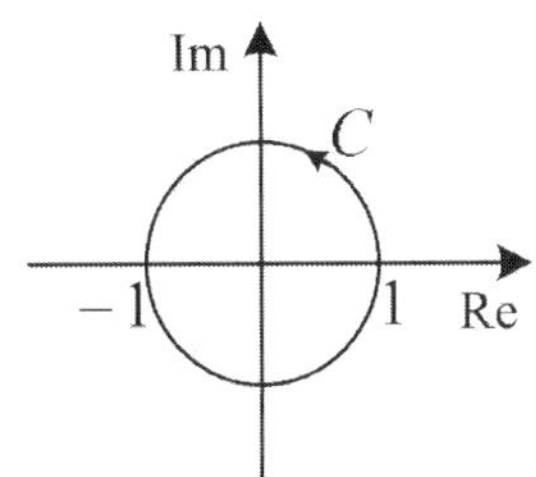

그림 12.5 예제 12.10의 적분 경로

예제 12.11 *그림 12.6에 보인 직선 경로 C_1, C_2, C_3에 대하여 복소 선적분 $\int_{C_1} Im(z)\,dz$, $\int_{C_2} Im(z)\,dz$, $\int_{C_3} Im(z)\,dz$를 각각 구하여라.*

풀이 :

경로 C_1, C_2, C_3을 매개 변수를 이용하여 나타내면

$$\begin{aligned} C_1 &: z(t) = t + j\ ,\ 1 \le t \le 3 \\ C_2 &: z(t) = 3 + jt\ ,\ 1 \le t \le 3 \\ C_3 &: z(t) = t + jt\ ,;\ 1 \le t \le 3 \end{aligned}$$

따라서

$$\int_{C_1} \mathrm{Im}(z)\,dz = \int_1^3 \mathrm{Im}(t+j)\,(t+j)'dt = \int_1^3 dt = [t]_1^3 = 2$$

$$\int_{C_2} \mathrm{Im}(z)\,dz = \int_1^3 \mathrm{Im}(3+jt)\,(3+jt)'dt = j\int_1^3 tdt = j\left[\frac{t^2}{2}\right]_1^3 = j4$$

$$\begin{aligned} \int_{C_3} \mathrm{Im}(z)\ dz &= \int_1^3 \mathrm{Im}(t+jt)\,(t+jt)'dt = \int_1^3 t\,dt + j\int_1^3 t\,dt \\ &= \left[\frac{t^2}{2}\right]_1^3 + j\left[\frac{t^2}{2}\right]_1^3 = 4 + j4 \end{aligned}$$

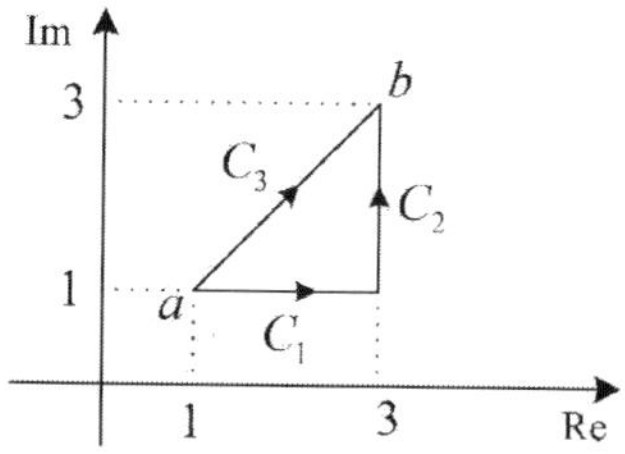

그림 12.6 예제 12.11의 적분 경로

예제 12.11에서 경로 C_1, C_2를 거쳐서 점 a에서 점 b로 가는 경로 $C_1 + C_2$에 대한 적분값을 구해 보면

$$\int_{C_1+C_2} \mathrm{Im}(z)\,dz = \int_{C_1} \mathrm{Im}(z)\,dz + \int_{C_2} \mathrm{Im}(z)\,dz = 2 + j4$$

인데, 이 값은 점 a에서 점 b로 직접가는 경로 C_3에 대한 적분값

$$\int_{C_3} \mathrm{Im}(z)\,dz = 4 + j4$$

와 같지 않다. 따라서 복소 적분은 일반적으로 경로의 양 끝점 a와 b 뿐 만아니라 점 a에서 점 b로 가는 경로에 따라서도 적분값이 달라짐을 알 수 있다.

연습 문제

12.13. 매개 변수 표현 $z(t)$가 다음 각 식으로 주어지는 경로를 그림으로 나타내어라.

(a) $z(t) = 2 + jt$, $(1 \le t \le 3)$ (b) $z(t) = -t + j$, $(1 \le t \le 3)$
(c) $z(t) = (1 + j2)t$, $(1 \le t \le 3)$ (d) $z(t) = e^{-jt}$, $(0 \le t \le \pi)$
(e) $z(t) = 2 + j2 + 2e^{jt}$, $(0 \le t \le \pi)$ (f) $z(t) = 2\cos t + j3\sin t$, $(0 \le t \le 2\pi)$

12.14. C_1은 점 $1 + j$에서 점 $2 + j4$까지의 최단 경로, C_2는 점 $1 + j$에서 점 $2 + j4$까지 포물선 $y = x^2$을 따라가는 경로, C_3은 원점이 중심인 단위원을 시계방향으로 j에서 1까지 1/4바퀴 도는 경로, C_4는 점 z_0가 중심이고 반경이 1인 원을 반시계 방향으로 한바퀴 도는 경로이다. 다음 각 적분을 계산하여라.

(a) $\int_{C_1} \mathrm{Re}(z)\, dz$ (b) $\int_{C_1} \mathrm{Im}\left(z^2\right) dz$ (c) $\int_{C_2} \bar{z} dz$,
(d) $\int_{C_3} (z^2 + 2) dz$, (e) $\oint_{C_4} \frac{1}{z - z_0} dz$ (f) $\oint_{C_4} (z - z_0)^m dz$, $(m \ne -1)$

12.5 코시의 적분 정리와 그 응용

코시의 적분 정리

일반적으로 복소 선적분은 경로에 의존한다. 하지만 복소 선적분이 항상 경로 의존적인 것은 아니다. 아래에 설명할 코시(Cauchy)의 적분 정리에 의하면, '단순 연결 영역' 내에서 해석적인 함수의 경우에는 복소 선적분의 값이 적분 경로에 상관 없이 오직 경로의 양 끝점에만 의존함을 알 수 있다.

단순 연결 영역(simply connected region)이란 그 영역 내에 임의의 폐곡선을 잡을 때 그 폐곡선에 둘러 쌓인 내부에는 오직 그 영역 내의 점 만 포함되는 성질을 갖는 영역을 말한다. 예를 들어 그림 12.7 (a)와 (b)에서 색칠된 영역은 단순 연결 영역이다. 하지만 그림 12.7 (c) 를 보면 폐곡선 C_1에 의해 둘러쌓인 내부에는 색칠된 영역의 점들 만 포함되지만 폐곡선 C_2에 의해 둘러쌓인 내부에는 색칠된 영역의 점들 뿐 만 아니라 색칠 안된 영역의 점들도 포함된다. 따라서 그림 12.7 (c)의 색칠된 영역은 단순 연결 영역이 아니다. 단순 연결 영역이 아닌 연결된 영역은 **다중 연결 영역**(multiply connected region)이라고 부른다.

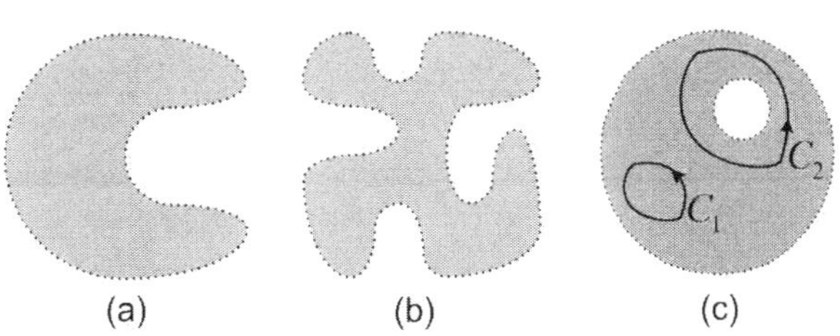

그림 12.7 단순 연결 영역

코시의 적분 정리

함수 $f(z)$가 어떤 단순 연결 영역에서 해석적이면, 그 영역 내의 모든 폐곡선 경로 C에 대하여

$$\oint_C f(z)dz = 0 \ . \tag{12.33}$$

코시의 적분 정리는 복소 함수의 적분에 관한 가장 중요한 결과 중의 하나로서 여겨지는 정리이다. 하지만 그 증명은 공학 응용의 관점에서 볼 때 그다지 필요한 내용이 아니므로 생략하고, 여기에서는 몇몇 예제를 통하여 그 의미와 응용에 대하여 좀 더 살펴 보도록 하자.

예제 12.12 *C가 임의의 폐곡선 경로일 때 다음 각 적분을 계산하여라.*
(a) $\oint_C e^z dz$ *(b)* $\oint_C \sin z\, dz$ *(c)* $\oint_C z^5 dz$

풀이 :

함수 e^z, $\sin z$, z^5은 복소 평면 위의 모든 점에서 해석적이다. 따라서 코시의 적분 정리에 의해 복소 평면 위의 임의의 폐곡선 경로에 대하여

$$\oint_C e^z dz = 0 \ , \ \oint_C \sin z\, dz = 0 \ , \ \oint_C z^5 dz = 0$$

예제 12.13 *경로 C가 원점이 중심이고 반지름이 1인 단위원의 원주를 반시계 방향으로 한바퀴 도는 경로일 때 다음 각 적분을 계산하여라.*
(a) $\oint_C \sec z\, dz$ *(b)* $\oint_C \frac{1}{z^2+9} dz$ *(c)* $\oint_C \frac{1}{z} dz$

풀이 :

(a) 함수 $\sec z = \frac{1}{\cos z}$은 $\cos z = 0$인점 즉 $z = \pm\pi/2, \pm 3\pi/2, \ldots$에서 해석적이 아니다. 하지만 이 특이점들은 모두 단위원 C 밖에 존재한다. 따라서 중심이 원점이고 반경이 $\pi/2$ 보다 작으면서 단위원 C를 포함하는 원반을 함수의 정의역으로 생각하면 코시의 적분 정리를 적용할 수 있다. 따라서

$$\oint_C \sec z\, dz = 0 \ .$$

(b) 함수 $\frac{1}{z^2+9}$은 점 $z = \pm j3$에서 해석적이 아니다. 하지만 두 특이점은 모두 단위원 C 밖에 존재한다. 따라서 중심이 원점이고 반경이 3보다 작으

면서 단위원 C를 포함하는 원반을 함수의 정의역으로 생각하면 코시의 적분 정리를 적용할 수 있다. 따라서

$$\oint_C \frac{1}{z^2+9}dz = 0 \ .$$

(c) 함수 $1/z$은 점 $z=0$에서 해석적이 아니다. 특이점 $z=0$이 단위원 C의 내부에 있으므로 (b)에서 처럼 중심이 원점인 원반을 이 함수의 정의역으로 잡아서 코시의 적분 정리를 적용할 수 없다. 만약 원환 $0.5<|z|<1.5$를 함수의 정의역으로 잡으면, 이 영역 내의 모든 점에서 주어진 함수 $1/z$ 이 해석적이고 또 단위원 C가 영역 내에 있게 된다. 하지만 이 경우에도 코시의 적분 정리를 적용하여 $\oint_C \frac{1}{z}dz=0$이라고 할 수 없다. 왜냐하면 원환 $0.5<|z|<1.5$는 단순 연결 영역이 아니기 때문이다. 코시의 적분 정리를 적용하지 않고 예제 12.10에서처럼 직접 계산하면 $\oint_C \frac{1}{z}dz = j2\pi$ 이다.

해석 함수 적분의 경로 독립성

폐곡선 경로 C를 그림 12.8 (a)와 같이 점 a에서 점 b로 가는 경로 C_1과 점 b로부터 점 a로 다시 돌아오는 경로 C_2^*의 두 부분으로 나누면, 코시의 적분 정리로부터 다음과 같이 쓸 수 있다.

$$\oint_C f(z)dz = \int_{C_1} f(z)dz + \int_{C_2^*} f(z)dz = 0$$

즉

$$\int_{C_1} f(z)dz = -\int_{C_2^*} f(z)dz \tag{12.34}$$

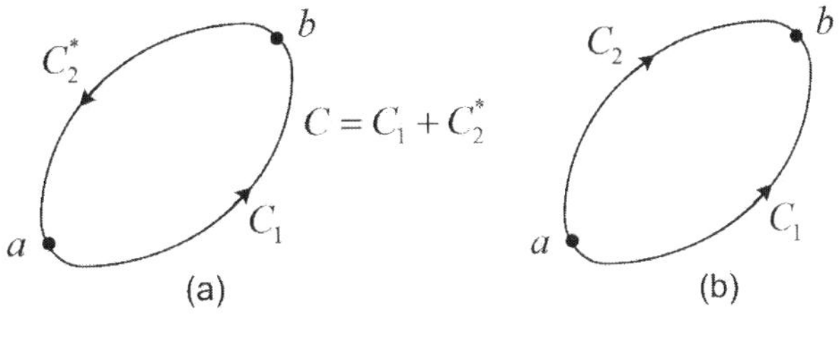

그림 12.8 점 a에서 점 b로 가는 서로 다른 두 경로

그런데 만약 그림 12.8 (b)와 같이 경로 C_2^*를 반대 방향으로 밟아서 점 a로부터 점 b로 가는 경로를 C_2라고 하면 $-\int_{C_2^*} f(z)dz = \int_{C_2} f(z)dz$ 이다. 따라서 식 (12.34)으로부터

$$\int_{C_1} f(z)dz = \int_{C_2} f(z)dz$$

즉 점 a로부터 점 b로 가는 경로를 C_1으로 택하던 C_2로 택하던 적분의 결과가 같다. 따라서 다음과 같은 결론을 내릴 수 있다.

단순 연결 영역에서 해석적인 함수의 적분은 적분 경로의 양끝점에만 의존하고 경로 자체에는 무관하다.

부정 적분을 이용한 복소 선적분의 계산

해석 함수의 경우 적분값이 경로의 양끝점에만 의존하므로 우리는 경로 C에 대한 적분을 양끝점 a와 b만 사용하여 다음과 같이 나타낼 수 있다.

$$\int_C f(z)dz = \int_a^b f(z)dz \ .$$

이 표기법을 사용하여 함수 $F(z)$를

$$F(z) = \int_a^z f(\zeta)d\zeta$$

라 두면, 이 $F(z)$가 $f(z)$의 부정적분이며, 따라서 함수 $f(z)$의 복소 선적분을 부정 적분 $F(z)$를 이용하여 쉽게 구할 수 있음이 잘 알려져 있다. 증명은 생략하고 결과만 정리하면 다음과 같다.

<u>복소 함수에 대한 미적분의 기본 정리 :</u>

함수 $f(z)$가 단순 연결 영역에서 해석적일 때,

(a) $F(z) = \int_a^z f(\zeta)d\zeta$ 이면 $F'(x) = f(x)$ [즉 F가 f의 부정적분]

(b) $F(x)$가 $f(x)$의 부정적분이면 $\int_a^b f(x)dx = F(b) - F(a)$

예제 12.14 경로 C가 중심이 원점인 단위원을 따라 반시계 방향으로 점 $a=1$부터 점 $b=j$까지 가는 경로일 때 적분 $\int_C z^2 dz$ 을 구하여라.

<u>풀이 :</u>

두 가지 서로 다른 방법으로 적분을 계산해 보자. 첫번째 방법은 제 12.4절의 식 (12.32)을 이용하는 방법이다. 경로 C를 매개 변수로 나타내면

$$C \ : \ z(t) = e^{jt} \ , \ (0 \le t \le \frac{\pi}{2})$$

이므로

$$\int_C z^2 dz = \int_0^{\pi/2} (e^{jt})^2 (e^{jt})' dt = \int_0^{\frac{\pi}{2}} je^{j3t} dt = \left[\frac{1}{3}e^{j3t}\right]_0^{\frac{\pi}{2}} = -\frac{1}{3} - j\frac{1}{3}$$

두번째 방법은 부정적분을 이용하는 방법이다. 함수 $f(z) = z^2$이 해석함수이므로 다음과 같이 부정적분을 이용하여 계산할 수 있다.

$$\int_C z^2 dz = \int_1^j z^2 dz = \left[\frac{1}{3}z^3\right]_1^j = -\frac{1}{3} - j\frac{1}{3} \ .$$

두 가지 방법으로 구한 결과가 서로 같음을 알 수 있다.

다중 연결 영역에 대한 코시의 적분 정리

그림 12.9 (a)의 색칠한 부분과 같은 이중 연결 영역 D에서 바깥 경계선을 따라 반시계 방향으로 도는 경로를 C_1이라 하고, 안쪽 경계선을 따라 반시계 방향으로 도는 경로를 C_2라 하자. 함수 $f(z)$가 영역 D와 그 경계선 C_1, C_2를 포함하는 영역 D'에서 해석적일 때, 경로 C_1에 대한 적분 $\oint_{C_1} f(z)dz$를 구해 보자.

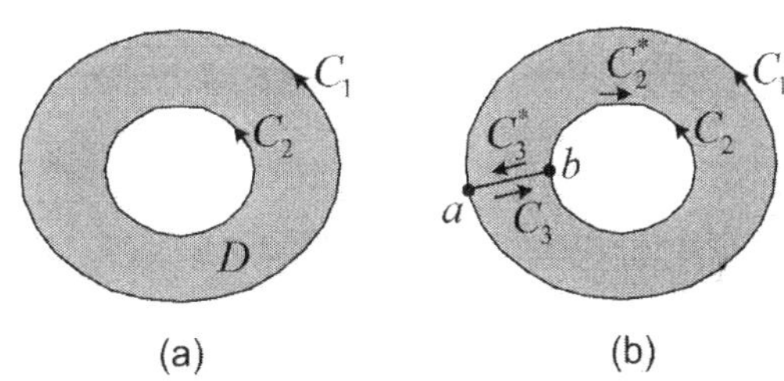

그림 12.9 이중 연결 영역에 대한 코시의 적분 정리

다중 연결 영역에서는 코시의 적분 정리를 적용할 수 없으므로 그림 12.9 (b)와 같이 영역 D에서 점 a와 점 b를 잇는 직선 ab를 도려내어 단순 연결 영역을 만들어 보자. 직선 ab를 따라 점 a에서 점 b로 가는 경로를 C_3, 거꾸로 점 b에서 점 a로 가는 경로를 C_3^*라 하고, 또 C_2를 반대 방향으로 한 바퀴도는 경로를 C_2^*라 하면, 폐곡선 $C_3^* + C_1 + C_3 + C_2^*$로 둘러쌓인 영역은 단순 연결 영역이다. 따라서 폐곡선 $C_3^* + C_1 + C_3 + C_2^*$에 코시의 적분 정리를 적용하면

$$\oint_{C_3^* + C_1 + C_3 + C_2^*} f(z)dz = 0$$

즉

$$\int_{C_3^*} f(z)dz + \oint_{C_1} f(z)dz + \int_{C_3} f(z)dz + \oint_{C_2^*} f(z)dz = 0 \qquad (12.35)$$

그런데,

$$\int_{C_3^*} f(z)dz = -\int_{C_3} f(z)dz \ \ , \ \ \oint_{C_2^*} f(z)dz = -\oint_{C_2} f(z)dz$$

이므로 식 (12.35)로부터

$$\oint_{C_1} f(z)dz = \oint_{C_2} f(z)dz \tag{12.36}$$

폐곡선 C_2는 폐곡선 C_1과 C_2 사이의 모든 점에서 $f(z)$가 해석적이 되도록하는 경로를 아무거나 잡으면 된다.

예제 12.15 경로 C_1이 그림 12.10의 타원일 때 $\oint_{C_1} \frac{1}{z-4}dz$ 을 계산하여라.

풀이 :

함수 $\frac{1}{z-4}$은 점 $z=4$에서 해석적이 아니다. 경로 C_1의 내부에 특이점 $z=4$가 있으므로 로 C_1에 대해 코시의 적분 정리를 적용할 수 없다.

C_2를 원 $|z-4|=1$이라고 하면 C_1과 C_2 사이의 영역에서 함수 $\frac{1}{z-4}$가 해석적이므로 식 (12.36)을 적용할 수 있다. 경로 C_2에서 $z(t) = 4 + e^{jt}$, $(0 \le t \le 2\pi)$ 이므로

$$\oint_{C_1} \frac{1}{z-4}dz = \oint_{C_2} \frac{1}{z-4}dz = \int_0^{2\pi} \frac{1}{e^{jt}}(4+e^{jt})'dt = \int_0^{2\pi} jdt = j2\pi \ .$$

이 예제에서는 경로 C_1을 타원이라고 했지만, 사실 경로를 타원 대신에 특이점 $z=4$를 내부에 갖는 임의의 폐곡선으로 대치하여도 적분 결과는 마찬가지이다. 또 함수 $\frac{1}{z-4}$ 대신에 함수 $\frac{1}{z-z_0}$로 대치하면 다음과 같이 이 예제의 결과를 일반화할 수 있다.

특이점 점 z_0를 내부에 가지는 임의의 폐곡선 C에 대하여

$$\oint_C \frac{1}{z-z_0}dz = j2\pi \ . \tag{12.37}$$

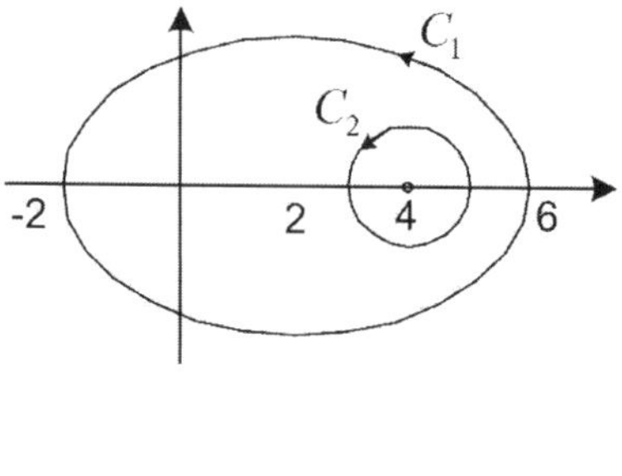

그림 12.10 예제 12.15

이번에는 코시의 적분 정리를 삼중 연결 영역에 적용해 보자. 그림 12.11 (a)의 색칠한 부분과 같은 삼중 연결 영역 D에서 바깥 경계선을 따라 반시계 방향으로 도는 경로를 C_1, 안쪽의 두 하얀색 부분의 경계선을 따라 반시계 방향으로 도는 경로를 각각 C_2, C_3라 하자. 함수 $f(z)$가 영역 D와 그 경계선 C_1, C_2를 포함하는 영역 D'에서 해석적일 때, 경로 C_1에 대한 적분 $\oint_{C_1} f(z)dz$를 경로 C_2, C_3에 대한 적분으로 표시해 보자.

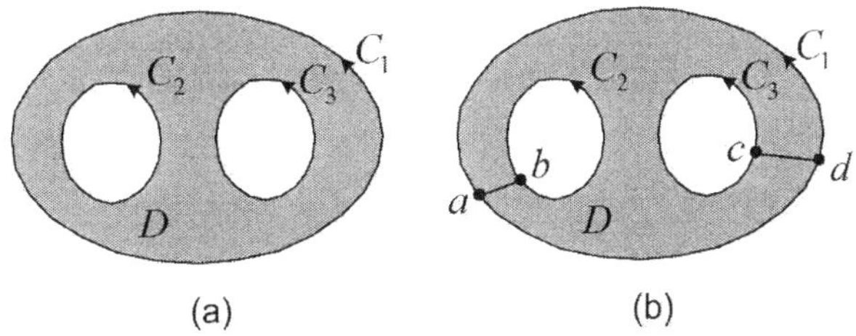

그림 12.11 삼중 연결 영역에 대한 코시의 적분 정리

그림 12.11 (b)와 같이 영역 D에서 점 a와 점 b를 잇는 직선 ab와 점 c와 점 d를 잇는 직선 cd를 도려내보자. C_2^*, C_3^*를 각각 경로 C_2, C_3의 반대 방향 경로라고 하면 폐곡선 $badc+C_3^*+cdab+C_2^*$로 둘러싼인 영역은 단순 연결 영역이다. 이 폐곡선에 코시의 적분 정리를 적용하면

$$\oint_{badc+C_3^*+cdab+C_2^*} f(z)dz = 0$$

즉

$$\int_{ba} f(z)dz + \int_{ad} f(z)dz + \int_{dc} f(z)dz + \oint_{C_3^*} f(z)dz + \int_{cd} f(z)dz + \int_{da} f(z)dz + \int_{ab} f(z)dz + \oint_{C_2^*} f(z)dz = 0 \quad (12.38)$$

그런데

$$\int_{ba} f(z)dz + \int_{ab} f(z)dz = 0 \quad , \quad \int_{dc} f(z)dz + \int_{cd} f(z)dz = 0$$

$$\int_{ad} f(z)dz + \int_{da} f(z)dz = \int_{C_1} f(z)dz$$

$$\oint_{C_3^*} f(z)dz = -\oint_{C_3} f(z)dz \quad , \quad \oint_{C_2^*} f(z)dz = -\oint_{C_2} f(z)dz$$

이므로 식 (12.38)으로부터

$$\oint_{C_1} f(z)dz = \oint_{C_2} f(z)dz + \oint_{C_3} f(z)dz \quad (12.39)$$

코시의 적분 공식

함수 $f(z)$가 해석함수일 때, 점 z_0를 내부에 갖는 폐곡선 C에 대한 복소 적분

$$\oint_C \frac{f(z)}{z-z_0}dz$$

을 계산하기 위하여 식 (12.36)을 적용해 보자. 점 z_0를 중심으로 하고 반경이 ε인 매우 작은 원을 경로 C_2라고 하면, 피적분 함수 $\frac{f(z)}{z-z_0}$는 두 폐곡선 C와 C_2 사이의 영역 및 경로 C, C_2 위에서 해석적이다. 따라서 식 (12.36)에 의해

$$\oint_C \frac{f(z)}{z-z_0}dz = \oint_{C_2} \frac{f(z)}{z-z_0}dz \ . \tag{12.40}$$

경로 C_2를 매개 변수로 나타내면

$$C_2 \ : \ z(t) = z_0 + \varepsilon e^{jt} \ , \ (0 \le t \le 2\pi)$$

이므로

$$\oint_{C_2} \frac{f(z)}{z-z_0}dz = \int_0^{2\pi} \frac{f(z_0+\varepsilon e^{jt})}{\varepsilon e^{jt}}(z_0+\varepsilon e^{jt})'dt = j\int_0^{2\pi} f(z_0+\varepsilon e^{jt})dt \ .$$

ε 은 임의의 양수이므로 위 식은 $\varepsilon \to 0$ 일 때도 성립하여야 한다. 즉

$$\oint_{C_2} \frac{f(z)}{z-z_0}dz = \lim_{\varepsilon\to 0} j\int_0^{2\pi} f(z_0+\varepsilon e^{jt})dt = j2\pi f(z_0) \ .$$

따라서 식 (12.40)에 대입하면

$$\oint_C \frac{f(z)}{z-z_0}dz = j2\pi f(z_0)$$

이 식은 **코시의 적분 공식**이라고 불린다. 요점을 요약하면 다음과 같다.

코시의 적분 공식 :

함수 $f(z)$가 어떤 단순 연결 영역에서 해석적이면, 그 영역 내의 임의의 점 z_0와 점 z_0를 내부에 포함하는 임의의 폐곡선 경로 C에 대하여

$$\oint_C \frac{f(z)}{z-z_0}dz = j2\pi f(z_0) \ . \tag{12.41}$$

예제 12.16 경로 C_1, C_2, C_3, C_4는 다음과 같은 경로이다(그림12.12).

(a) $C_1 : |z-j| = \frac{1}{2}$ (b) $C_2 : |z+j| = \frac{1}{2}$ (c) $C_3 : |z| = 2$ (d) $C_4 : |z| = \frac{1}{2}$

경로 C가 C_1, C_2, C_3, C_4인 경우에 대하여 각각 다음 복소 적분을 계산하여라.

$$\oint_C \frac{z}{z^2+1} dz = \oint_C \frac{z}{(z+j)(z-j)} dz$$

풀이 :

(a) 경로 C_1로 둘러싸인 영역 안에 특이점 $z=j$가 있다. $f(z) = z/(z+j)$라 두면 코시의 적분 공식에 의해

$$\oint_{C_1} \frac{z}{z^2+1} dz = \oint_{C_1} \frac{z/(z+j)}{z-j} dz = \oint_{C_1} \frac{f(z)}{z-j} dz = j2\pi f(j) = j\pi$$

(b) 경로 C_2로 둘러싸인 영역 안에 특이점 $z=-j$가 있다. $g(z) = z/(z-j)$라 두면 코시의 적분 공식에 의해

$$\oint_{C_2} \frac{z}{z^2+1} dz = \oint_{C_2} \frac{z/(z-j)}{z+j} dz = \oint_{C_2} \frac{g(z)}{z+j} dz = j2\pi g(-j) = j\pi$$

(c) 경로 C_3으로 둘러싸인 영역 안에 특이점 $z=j, z=-j$가 있다. 3중 연결 영역에 코시의 적분 정리를 적용하여 얻은 식 (12.39) 을 적용하면

$$\oint_{C_3} \frac{z}{z^2+1} dz = \oint_{C_1} \frac{z}{z^2+1} dz + \oint_{C_2} \frac{z}{z^2+1} dz = j\pi + j\pi = j2\pi$$

(d) 경로 C_4로 둘러싸인 영역 내의 모든 점에서 함수 $\frac{z}{z^2+1}$은 해석적이다. 따라서 코시의 적분 정리에 의하여

$$\oint_{C_4} \frac{z}{z^2+1} dz = 0$$

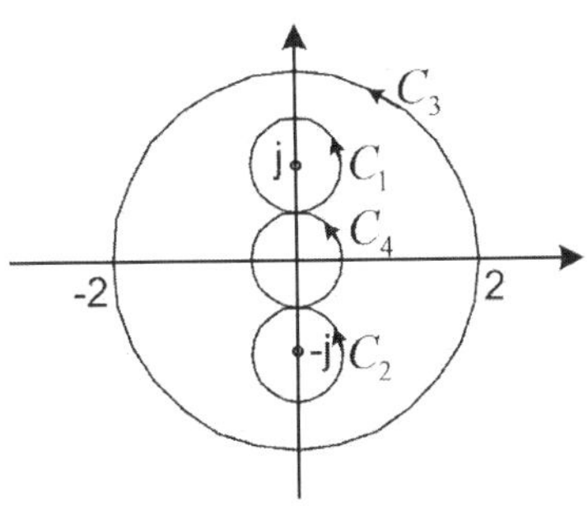

그림 12.12 예제 12.16의 적분 경로

연습 문제

12.15. 다음 각 적분을 계산하여라.

(a) $\oint_C \frac{1}{3z-1}dz$, C는 원 $|z|=3$

(b) $\oint_C \mathrm{Re}(3z)\,dz$, C는 원 $|z|=1$

(c) $\int_C \sin z\,dz$, C는 점 $1+j$에서 점 $2+j3$까지 직선경로

(d) $\oint_C \frac{3}{z(z-2)}dz$, C는 원 $|z-2|=4$

(e) $\oint_C \frac{\cos z}{z}dz$, C는 원 $|z|=1$

(f) $\oint_C \frac{1}{z^2-1}dz$, C는 원 $|z+1|=1$

(g) $\oint_C \frac{1}{z^2-1}dz$, C는 원 $|z|=\frac{1}{2}$

(h) $\oint_C \frac{z+2}{z-2}dz$, C는 원 $|z-1|=2$

(i) $\oint_C \frac{\sin z}{2z}dz$, C는 원 $|z|=1$

(j) $\int_C ze^{z^2/2}\,dz$, C는 점 j에서 점 1까지 좌표축을 따라 가는 경로

12.16. 다음 각 경로에 대하여 적분 $\oint_C \frac{z^2+1}{z^2-1}dz$을 계산하여라.

(a) $C\,:\,|z-1|=1$ (b) $C\,:\,|z+1|=1$ (c) $C\,:\,|z-j|=1$

12.17. 다음 각 경로에 대하여 적분 $\oint_C \frac{z}{z^2+9}dz$을 계산하여라.

(a) $C\,:\,|z-j3|=1$ (b) $C\,:\,|z+j3|=1$ (c) $C\,:\,|z|=6$

Part V
라플라스 변환과 그 응용

Chapter 13
라플라스 변환

13.1 라플라스 변환의 정의

라플라스 변환(Laplace transform)은 시간 t의 함수 $x(t)$를 복소 변수 s의 함수 $X(s)$로 변환하는 연산으로서, 회로 이론, 자동 제어, 통신 시스템, 신호 처리 등 여러 공학 분야에서 널리 활용되는 수학적 도구이다. 라플라스 변환은 다음과 같이 정의된다.

주어진 함수 $x(t)$에 대하여 적분

$$\int_{-\infty}^{\infty} x(t)e^{-st}dt \tag{13.1}$$

을 **함수 $x(t)$의 라플라스 변환**이라 하고, 이 것을 기호로는 $X(s)$ 또는 $\mathscr{L}[x(t)]$ 로 나타낸다.

함수 $x(t)$ 와 그것의 라플라스 변환 $X(s)$ 는 **라플라스 변환쌍**이라고 부르며, 이 변환쌍 관계를 한 눈에 알아 보기 쉽게 나타내기 위하여

$$\mathscr{L}[x(t)] = X(s) \tag{13.2}$$

또는

$$x(t) \longleftrightarrow X(s) \tag{13.3}$$

와 같은 기호로 나타낸다.

양방향 라플라스 변환과 단방향 라플라스 변환

라플라스 변환에는 양방향(bilateral) 라플라스 변환과 단방향(unilateral) 라플라스 변환의 두 종류가 있다. 각 경우의 라플라스 변환의 정의는 다음과 같다.

함수 $x(t)$의 **양방향 라플라스 변환**

$$\int_{-\infty}^{\infty} x(t)e^{-st}dt \tag{13.4}$$

함수 $x(t)$의 **단방향 라플라스 변환**

$$\int_{0}^{\infty} x(t)e^{-st}dt \tag{13.5}$$

단방향 라플라스 변환은 적분 구간이 $0 \le t < \infty$ 범위이기 때문에, 시간 $t < 0$ 에서의 $x(t)$의 값은 무시한다. 따라서 $x(t)$가 모든 $t < 0$ 에 대해 값이 0 인 함수라면 적용이 가능하지만, 만약 $x(t)$가 $t < 0$ 에서 0 아닌 값을 갖는 함수라면 적용이 제한된다. 시간 $t < 0$ 에 대해서는 값이 0 이고 시간 $t \ge 0$ 에서만 0 아닌 값을 갖는 함수를 **인과 함수**(causal function)라 부르고, 시간 $t < 0$ 에서도 0 아닌 값을 갖는 함수는 **비인과 함수**(noncausal function)라 부른다. 단방향 라플라스 변환은 인과 함수에 대해서만 적용 가능하고 비인과 함수에는 적용이 제한된다.

양방향 라플라스 변환은 적분 구간이 $-\infty < t < \infty$ 범위이므로 인과 함수 뿐 아니라 비인과 함수에도 적용 가능하다. 게다가 $x(t)$가 인과 함수인 경우에는, $t < 0$ 에 대해서 $x(t) = 0$ 이므로

$$\int_{-\infty}^{\infty} x(t)e^{-st}dt = \int_{0}^{\infty} x(t)e^{-st}dt$$

의 관계가 성립한다. 즉 인과 함수에 대해서는 양방향 라플라스 변환은 단방향 라플라스 변환과 같다. 따라서 양방향 라플라스 변환은 단방향 라플라스 변환을 포함하면서도 비인과 함수에도 적용가능한 좀 더 일반적인 변환이라고 할 수 있다. 이와 같은 장점을 살리기 위하여 이 책에서는 주로 양방향 라플라스 변환을 사용하여 논의를 전개하고, 단방향 라플라스 변환은 필요한 경우에만 사용하기로 한다.

라플라스 변환의 수렴 영역

함수 $x(t)$의 라플라스 변환 $X(s) = \int_{-\infty}^{\infty} x(t)e^{-st}dt$는 복소 변수 s의 값에 따라서 수렴하기도(즉 유한 값을 갖기도) 하고 수렴하지 않기도 한다. $X(s)$가 수렴하도록 하는 복소수 s 의 집합을 라플라스 변환 $X(s)$의 **수렴 영역(Region of Convergence : ROC)** 이라고 부른다. 라플라스 변환 $X(s)$가 어떤 복소수 s에 대해서 수렴하는지를 명확하게 하기 위해서 라플라스 변환 $X(s)$의 옆에는 항상 수렴 영역을 명시하여야 한다.

13.2 라플라스 변환의 예

이 절에서는 예제를 통하여 여러 가지 유형의 기본 함수에 대한 라플라스 변환 과정과 그 결과를 알아 본다. 또한 함수를 그래프의 모양에 따라 우측 함수, 좌측 함수, 양측 함수, 유한 구간 함수의 4 유형으로 구분할 때, 각 유형에 따라 라플라스 변환의 수렴 영역이 어떤 형태로 나타나는지 관찰해 본다.

예제 13.1 단위 계단 함수 $u(t)$의 라플라스 변환을 구하고 그 수렴 영역을 명시하여라.

풀이 :

단위 계단 함수(unit step function)는 그래프가 그림 13.1 (a) 와 같으며 다음과 같이 정의되는 함수이다.

$$u(t) = \begin{cases} 0 \ , \ t < 0 \\ 1 \ , \ t \geq 0 \end{cases}$$

함수 $u(t)$에 라플라스 변환의 정의 (13.1)을 적용하면

$$\begin{aligned} \mathscr{L}[u(t)] &= \int_{-\infty}^{\infty} u(t) e^{-st} dt \\ &= \int_{0}^{\infty} e^{-st} dt \\ &= \left[\frac{e^{-st}}{-s} \right]_0^{\infty} \\ &= \frac{e^{-s \cdot \infty}}{-s} + \frac{1}{s} \end{aligned} \tag{13.6}$$

복소수 s를 $s = \sigma + j\omega$ 라고 생각하면, 식 (13.6) 의 첫째 항의 분자에 있는 $e^{-s \cdot \infty}$는 다음과 같이 계산할 수 있다.

$$e^{-s \cdot \infty} = \lim_{t \to \infty} e^{-st} = \lim_{t \to \infty} e^{-(\sigma + j\omega)t} = \lim_{t \to \infty} e^{-\sigma t} e^{-j\omega t} = \begin{cases} 0 & (\sigma > 0 \text{ 일 때}) \\ \text{발산} & (\sigma \leq 0 \text{ 일 때}) \end{cases}$$

따라서 식 (13.6) 의 첫째 항은 $\sigma > 0$ 즉 $\text{Re}(s) > 0$ 일 때만 값이 0 이고, 그 밖의 s 에 대해서는 수렴하지 않는다. 그러므로 식 (13.6)로부터

$$\mathscr{L}[u(t)] = 0 + \frac{1}{s} = \frac{1}{s} \quad (\text{Re}(s) > 0) \tag{13.7}$$

수렴 영역은 조건 $\text{Re}(s) > 0$을 만족하는 모든 복소수의 집합으로서, 이를 복소 평면 상에 나타내면 그림 13.1 (b)의 색칠한 영역이다.

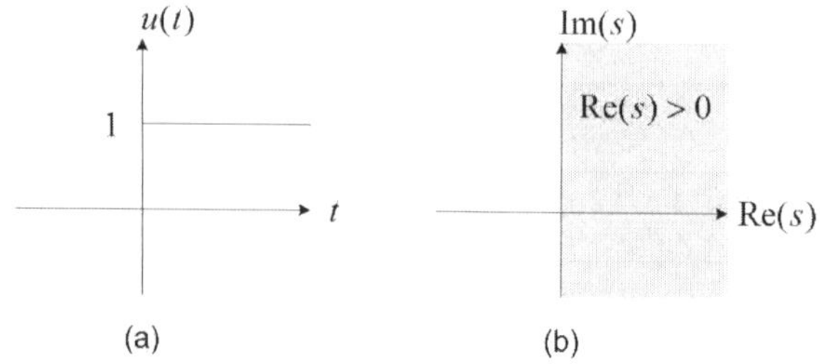

그림 13.1 예제 13.1 :
(a) 함수 $u(t)$,
(b) 라플라스 변환의 수렴 영역

예제 13.2 $u(t)$가 단위계단 함수를 나타낼 때, 함수 $-u(-t)$ 의 라플라스 변환을 구하고 그 수렴 영역을 명시하여라.

풀이 :

함수 $-u(-t)$는 그래프가 그림 13.2 (a) 와 같은 함수로서 식으로 나타내면 다음과 같다.

$$-u(-t) = \begin{cases} -1 & ,t \le 0 \\ 0 & ,t > 0 \end{cases}$$

함수 $-u(-t)$ 에 라플라스 변환의 정의 (13.1)을 적용하면

$$\begin{aligned} \mathscr{L}[-u(-t)] &= \int_{-\infty}^{\infty} -u(-t)e^{-st}dt \\ &= \int_{-\infty}^{0} -e^{-st}dt \\ &= \left[\frac{e^{-st}}{s}\right]_{-\infty}^{0} \\ &= \frac{1}{s} - \frac{e^{s\cdot\infty}}{s} \end{aligned} \tag{13.8}$$

복소수 s를 $s = \sigma + j\omega$ 라고 생각하면, 식 (13.8) 의 둘째 항의 분자에 있는 $e^{s\cdot\infty}$는 다음과 같이 계산할 수 있다.

$$e^{s\cdot\infty} = \lim_{t\to\infty} e^{st} = \lim_{t\to\infty} e^{(\sigma+j\omega)t} = \lim_{t\to\infty} e^{\sigma t}e^{j\omega t} = \begin{cases} 0 & (\sigma < 0 \text{ 일 때}) \\ \text{발산} & (\sigma \ge 0 \text{ 일 때}) \end{cases}$$

따라서 식 (13.8)의 둘째 항은 $\sigma < 0$ 즉 $\mathrm{Re}(s) < 0$ 일 때만 값이 0 이고, 그 밖의 s 에 대해서는 수렴하지 않는다. 그러므로 식 (13.8)로부터

$$\mathscr{L}[-u(-t)] = \frac{1}{s} + 0 = \frac{1}{s} \quad (\mathrm{Re}(s) < 0) \tag{13.9}$$

수렴 영역은 조건 $\mathrm{Re}(s) < 0$을 만족하는 모든 복소수의 집합으로서, 이를 복소 평면 상에 나타내면 그림 13.2 (b)의 색칠한 영역이다.

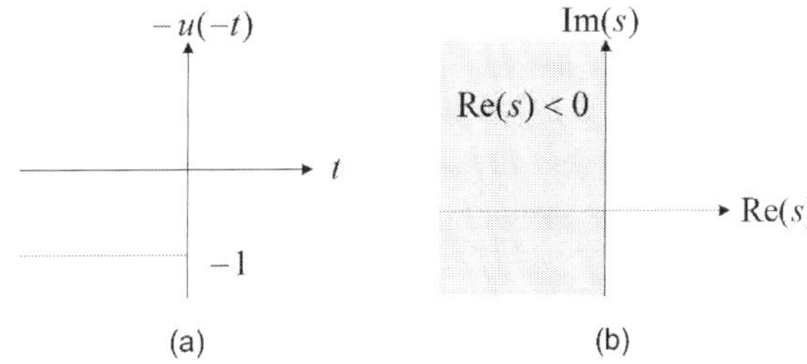

그림 13.2 예제 13.2 :
(a) 함수 $-u(-t)$,
(b) 라플라스 변환의 수렴 영역

식 (13.7) 과 식 (13.9) 의 라플라스 변환 쌍을 서로 비교하기 쉽게 나란히 다시 쓰면 다음과 같다.

$$u(t) \longleftrightarrow \frac{1}{s} \quad , \quad \mathrm{Re}(s) > 0 \tag{13.10}$$

$$-u(-t) \longleftrightarrow \frac{1}{s} \quad , \quad \mathrm{Re}(s) < 0 \tag{13.11}$$

식 (13.10) 과 식 (13.11)을 보면 서로 다른 두 함수 $u(t)$와 $-u(-t)$가 같은 라플라스 변환 $1/s$ 로 변환되고 수렴 영역만 서로 다르다는 것을 알 수 있다. 따라서 라플라스 변환 $1/s$ 만 나타내고 수렴 영역을 명시하지 않으면 그 변환이 함수 $u(t)$와 $-u(-t)$ 중 어느 것으로부터의 변환인지가 불명확하게 된다. 그러므로 라플라스 변환을 나타낼 때는 반드시 수렴 영역을 명시하여야 한다.

예제 13.3 함수 $u(t-2) = \begin{cases} 0 & ,t < 2 \\ 1 & ,t > 2 \end{cases}$ 의 라플라스 변환과 그 수렴영역을 구하여라.

풀이 :

함수 $u(t-2)$ 에 라플라스 변환의 정의 (13.1)을 적용하면

$$\begin{aligned} \mathscr{L}[u(t-2)] &= \int_{-\infty}^{\infty} u(t-2)e^{-st}dt \\ &= \int_{2}^{\infty} e^{-st}dt \\ &= \left[\frac{e^{-st}}{-s}\right]_2^{\infty} \\ &= \frac{e^{-s\cdot\infty}}{-s} - \frac{e^{-s\cdot 2}}{-s} \\ &= 0 + \frac{e^{-2s}}{s} = \frac{e^{-2s}}{s} \quad (\mathrm{Re}(s) > 0) \end{aligned} \tag{13.12}$$

수렴 영역은 조건 $\mathrm{Re}(s) > 0$을 만족하는 모든 복소수의 집합이며, 이를 복소 평면 상에 나타내면 그림 13.3 (b) 의 색칠한 영역이다.

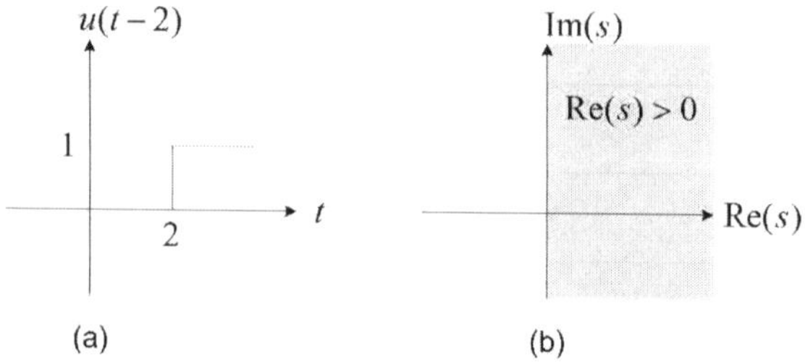

그림 13.3 예제 13.3 :
(a) 함수 $u(t-2)$,
(b) 라플라스 변환의 수렴 영역

예제 13.4 함수 $-u(-t+2)=\begin{cases}-1 & ,t<2\\ 0 & ,t>2\end{cases}$. 의 라플라스 변환과 그 수렴 영역을 구하여라.

풀이 :

함수 $-u(-t+2)$ 에 라플라스 변환의 정의 (13.1)을 적용하면

$$\begin{aligned}\mathscr{L}[-u(-t+2)] &= \int_{-\infty}^{\infty} -u(-t+2)e^{-st}dt \\ &= \int_{-\infty}^{2} -e^{-st}dt \\ &= \left[\frac{e^{-st}}{s}\right]_{-\infty}^{2} \\ &= \frac{e^{-s\cdot 2}}{s} - \frac{e^{s\cdot\infty}}{s} \\ &= \frac{e^{-2s}}{s} + 0 = \frac{e^{-2s}}{s} \quad (\operatorname{Re}(s) < 0) \qquad (13.13)\end{aligned}$$

수렴 영역은 조건 $\operatorname{Re}(s)<0$을 만족하는 모든 복소수의 집합이며, 이를 복소 평면 상에 나타내면 그림 13.4 (b) 의 빗금친 영역이다.

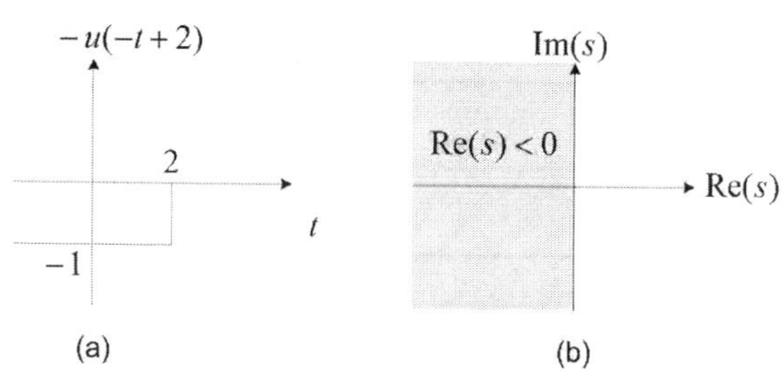

그림 13.4 예제 13.4 :
(a) 함수 $-u(-t+2)$,
(b) 라플라스 변환의 수렴 영역

예제 13.5 함수 $e^{-t}u(t) = \begin{cases} 0 & ,t < 0 \\ e^{-t} & ,t \geq 0 \end{cases}$ 의 라플라스 변환과 수렴영역을 구하여라.

풀이 :

$$\begin{aligned}\mathscr{L}\left[e^{-t}u(t)\right] &= \int_{-\infty}^{\infty} e^{-t}u(t)e^{-st}dt \\ &= \int_{0}^{\infty} e^{-(s+1)t}dt \\ &= \left[\frac{e^{-(s+1)t}}{-(s+1)}\right]_0^{\infty} \\ &= \frac{e^{-(s+1)\cdot\infty}}{-(s+1)} - \frac{e^{-(s+1)\cdot 0}}{-(s+1)} \quad (13.14) \\ &= 0 + \frac{1}{s+1} = \frac{1}{s+1} \quad (\mathrm{Re}(s) > -1) \quad (13.15)\end{aligned}$$

수렴 영역은 조건 $\mathrm{Re}(s) > -1$을 만족하는 모든 복소수의 집합이며, 이를 복소 평면 상에 나타내면 그림 13.5 (b) 의 빗금친 영역이다.

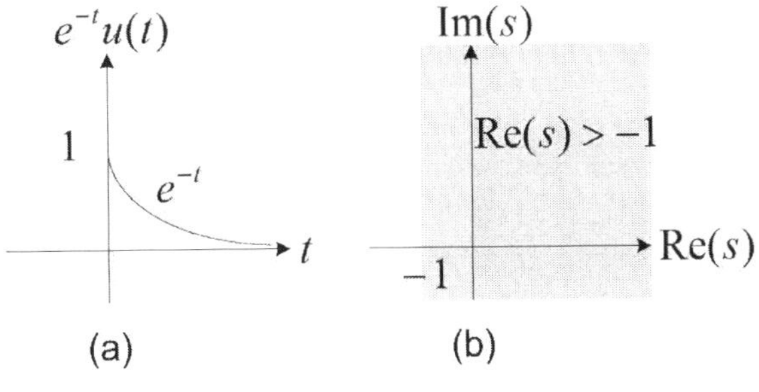

그림 13.5 예제 13.5 :
(a) 함수 $e^{-t}u(t)$,
(b) 라플라스 변환의 수렴 영역

예제 13.6 함수 $-e^{2t}u(-t) = \begin{cases} -e^{2t} & ,t < 0 \\ 0 & ,t \geq 0 \end{cases}$ 의 라플라스 변환과 수렴 영역을 구하여라.

풀이 :

$$\begin{aligned}\mathscr{L}\left[-e^{2t}u(-t)\right] &= \int_{-\infty}^{\infty} -e^{2t}u(-t)e^{-st}dt \\ &= \int_{-\infty}^{0} -e^{-(s-2)t}dt\end{aligned}$$

$$= \left[\frac{e^{-(s-2)t}}{s-2}\right]_{-\infty}^{0}$$
$$= \frac{e^{-(s-2)\cdot 0}}{(s-2)} - \frac{e^{-(s-2)\cdot(-\infty)}}{(s-2)}$$
$$= \frac{1}{s-2} - 0 = \frac{1}{s-2} \quad (\mathrm{Re}(s) < 2) \qquad (13.16)$$

수렴 영역은 조건 $\mathrm{Re}(s) < 2$을 만족하는 모든 복소수의 집합이며, 이를 복소 평면 상에 나타내면 그림 13.6 (b) 의 빗금친 영역이다.

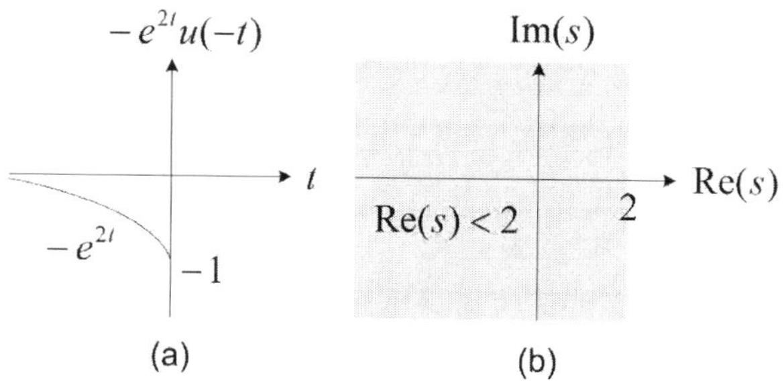

그림 13.6 예제 13.6 :
(a) 함수 $-e^{2t}u(-t)$,
(b) 라플라스 변환의 수렴 영역

예제 13.7 함수 $x(t) = \begin{cases} e^{-2t} & , t > 0 \\ e^{t} & , t < 0 \end{cases}$ 의 라플라스 변환과 수렴 영역을 구하여라.

풀이 :

$$\mathscr{L}[x(t)] = \int_{-\infty}^{\infty} x(t)e^{-st}dt = \int_{-\infty}^{0} e^{t}e^{-st}dt + \int_{0}^{\infty} e^{-2t}e^{-st}dt$$
$$= \int_{-\infty}^{0} e^{-(s-1)t}dt + \int_{0}^{\infty} e^{-(s+2)t}dt$$
$$= \left[\frac{e^{-(s-1)t}}{-(s-1)}\right]_{-\infty}^{0} + \left[\frac{e^{-(s+2)t}}{-(s+2)}\right]_{0}^{\infty}$$
$$= \frac{e^{-(s-1)\cdot 0}}{-(s-1)} - \frac{e^{-(s-1)\cdot(-\infty)}}{-(s-1)} + \frac{e^{-(s+2)\cdot\infty}}{-(s+2)} - \frac{e^{-(s+2)\cdot 0}}{-(s+2)}$$
$$= \frac{1}{-(s-1)} - 0 + 0 + \frac{1}{s+2} = -\frac{1}{s-1} + \frac{1}{s+2} \quad (-2 < \mathrm{Re}(s) < 1)$$

수렴 영역은 조건 $-2 < \mathrm{Re}(s) < 1$을 만족하는 모든 복소수의 집합이며, 이를 복소 평면 상에 나타내면 그림 13.7 (b) 의 빗금친 영역이다.

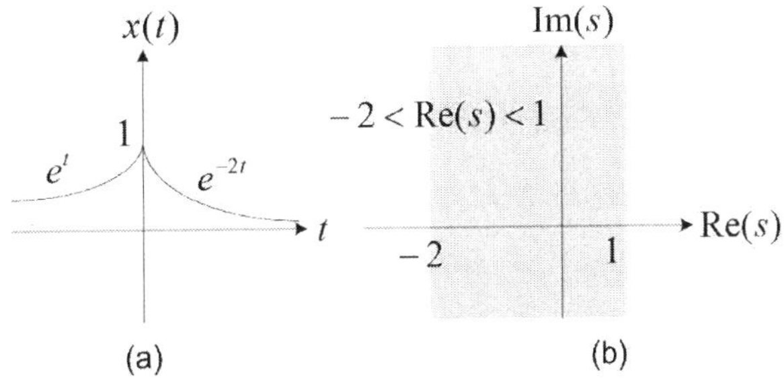

그림 13.7 예제 13.7 :
(a) 함수 $x(t)$,
(b) 라플라스 변환의 수렴 영역

예제 13.8 함수 $x(t) = \begin{cases} 3 & , T_1 < t < T_2 \\ 0 & , \text{그 밖의 } t \end{cases}$ 의 라플라스 변환과 수렴 영역을 구하여라.

풀이 :

$$\begin{aligned} \mathscr{L}[x(t)] &= \int_{-\infty}^{\infty} x(t)e^{-st}dt \\ &= \int_{T_1}^{T_2} 3e^{-st}dt \\ &= \left[\frac{3e^{-st}}{-s}\right]_{T_1}^{T_2} \\ &= \frac{3e^{-sT_2} - 3e^{-sT_1}}{-s} \end{aligned} \tag{13.17}$$

따라서 수렴 영역은 모든 복소수 s의 집합이며, 이를 복소 평면 상에 나타내면 그림 13.8 (b) 에 보인것처럼 전체 복소 평면이다.

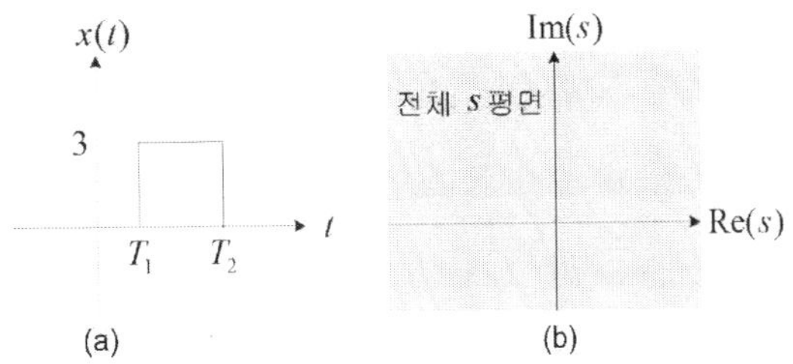

그림 13.8 예제 13.8 :
(a) 함수 $x(t)$,
(b) 라플라스 변환의 수렴 영역

예제 13.9 디랙 델타(Dirac delta) 함수 $\delta(t)$ 의 라플라스 변환과 수렴 영역을 구하여라.

풀이 :

디랙 델타 함수 $\delta(t)$는 다음 조건을 만족시키는 함수로 정의된다.

$$\delta(t) = \begin{cases} \infty \ , \ t = 0 \\ 0 \ , \ t \neq 0 \end{cases} \quad , \quad \int_{-\infty}^{\infty} \delta(t) dt = 1 \tag{13.18}$$

즉 함수 $\delta(t)$는 $t = 0$ 을 제외한 모든 t 에서 값이 0 이고, $t = 0$ 에서는 값이 무한히 크며, 전체 t 범위에서 그래프 아래의 면적이 1인 함수이다. 따라서 함수 $\delta(t)$의 라플라스 변환은 다음과 같다.

$$\begin{aligned} \mathscr{L}[\delta(t)] &= \int_{-\infty}^{\infty} \delta(t) e^{-st} dt \\ &= \int_{-\infty}^{\infty} \delta(t) e^{-s \cdot 0} dt = \int_{-\infty}^{\infty} \delta(t) dt = 1 \end{aligned} \tag{13.19}$$

수렴 영역은 모든 복소수 s의 집합이다.

수렴 영역의 성질

함수는 그래프의 모양에 따라 우측 함수(right-sided function), 좌측 함수(left-sided function), 양측 함수(two-sided function), 유한 구간 함수(finite duration function)로 분류할 수 있다. 우측 함수란 그림 13.9 (a) 와 같이 특정 시간 T를 기준으로 그 좌측에선 함수값이 0 이고, 그 우측에서만 0 아닌 값을 갖는 함수를 말하고, 좌측함수란 그림 13.9 (b) 와 같이 특정 시간 T를 기준으로 그 우측에선 함수값이 0 이고, 그 좌측에서만 0 아닌 값을 갖는 함수를 말한다. 또 양측 함수란 그림 13.9 (c) 와 같이 전체 시간 범위 $-\infty < t < \infty$ 에서 0 아닌 값을 갖는 함수를 말하며, 유한 구간 함수란 그림 13.9 (d) 와 같이 유한 구간 내에서만 0 아닌 값을 갖고 그 구간 밖에서는 함수 값이 0 인 함수를 말한다.

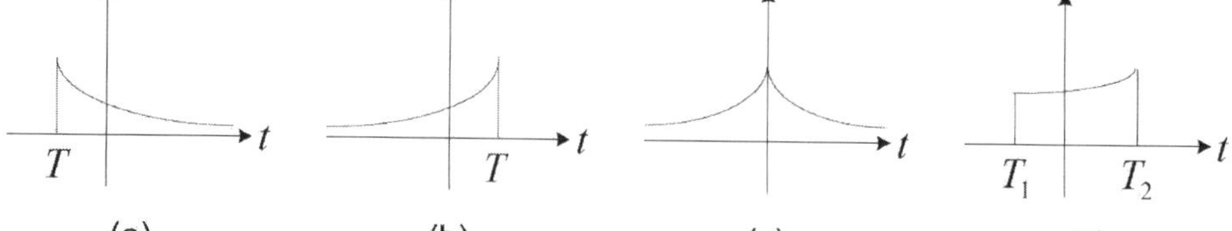

그림 13.9 (a) 우측 함수 (b) 좌측 함수 (c) 양측 함수 (d) 유한 구간 함수

라플라스 변환의 수렴 영역은 함수의 유형에 따라 다른 형태를 갖는다. 예를 들어 예제 13.1, 13.3, 13.5를 보면 우측 함수에 대한 라플라스 변환의 수렴 영역은 $\mathrm{Re}(s) > \sigma_1$ 꼴(즉 우측 반평면)이다. 반면 예제 13.2, 13.4, 13.6을 보면 좌측 함수에 대한 수렴 영역은 $\mathrm{Re}(s) < \sigma_2$ 꼴(즉 좌측 반평면)이다. 한편 예제 13.7에서와 같이 양측 함수에 대한 수렴 영역은 $\sigma_1 < \mathrm{Re}(s) < \sigma_2$ 꼴(즉 좌우로는 한정된 너비를 갖고 수직 방향으로 무한히 뻗은 띠 모양)이고, 예제 13.8, 13.9에서와 같이 유한 구간 함수에 대한 수렴 영역은 전체 s-평면이다.

수렴 영역의 이러한 성질은 예제 13.1-13.9에서 예로 들은 함수에 대해서만 성립하는 것이 아니라 모든 함수에 대하여 일반적으로 성립하는 것으로 알려져 있다. 증명은 생략하고 성질 만 요약하여 다시 한 번 정리하면 다음과 같다.

<u>라플라스 변환의 수렴 영역의 성질</u>

1. 우측 함수에 대한 라플라스 변환의 수렴 영역은

$\mathrm{Re}(s) > \sigma_1$ 꼴의 영역(즉 우측 반평면)이다.

2. 좌측 함수에 대한 라플라스 변환의 수렴 영역은

$\mathrm{Re}(s) < \sigma_2$ 꼴의 영역(즉 좌측 반평면)이다.

3. 양측 함수에 대한 라플라스 변환의 수렴 영역은

$\sigma_1 < \mathrm{Re}(s) < \sigma_2$ 꼴의 영역(즉 수직 방향의 띠)이다.

4. 유한구간 함수에 대한 라플라스 변환의 수렴 영역은 전체 s-평면이다.

연습 문제

13.1. 다음 각 함수에 대하여 (1) 그래프를 그리고, (2) 정의 식 13.1을 이용하여 라플라스 변환을 구하고, (3) 수렴 영역을 명시하여라.

(a) $x(t) = 2u(t+3)$ (b) $x(t) = e^{t}u(t)$

(c) $x(t) = tu(t-1)$ (d) $x(t) = e^{-3t}u(-t)$

(e) $x(t) = e^{-|t|}$ (f) $x(t) = \begin{cases} k & 0 < t < c \\ 0 & \text{elsewhere} \end{cases}$

(g) $x(t) = \begin{cases} e^{-2t} & 2 < t < 4 \\ 0 & \text{elsewhere} \end{cases}$ (h) $x(t) = \begin{cases} t & 0 < t < 1 \\ 1 & 1 < t < 2 \\ 0 & \text{elsewhere} \end{cases}$

13.3 라플라스 변환의 성질

이 절에서는 라플라스 변환의 여러 가지 성질에 대해서 알아 보자. 각 성질은 다양한 함수의 라플라스 변환을 좀 더 쉽게 구하는 데 활용될 수 있다.

e^{at}를 곱한 함수의 라플라스 변환

성질 13.1 만약 $\mathscr{L}[x(t)] = X(s)$ 이면

$$\mathscr{L}\left[e^{at}x(t)\right] = X(s-a) \tag{13.20}$$

증명 :

$$\begin{aligned}\mathscr{L}\left[e^{at}x(t)\right] &= \int_{-\infty}^{+\infty} e^{at}x(t)e^{-st}dt \\ &= \int_{-\infty}^{+\infty} x(t)e^{-(s-a)t}dt \end{aligned} \tag{13.21}$$

식 (13.21)의 적분은 $X(s) = \int_{-\infty}^{\infty} x(t)e^{-st}dt$ 에서 s 대신 $s-a$ 를 대입한 것이다. 따라서 식 (13.21) 로부터

$$\mathscr{L}\left[e^{at}x(t)\right] = X(s-a) \tag{13.22}$$

(증명 끝)

수렴 영역 :

만약 $X(s)$ 의 수렴 영역이 $\sigma_1 < \text{Re}(s) < \sigma_2$ 라면, $X(s-a)$ 의 수렴 영역은 $\sigma_1 < \text{Re}(s-a) < \sigma_2$ 즉 $\sigma_1 + \text{Re}(a) < \text{Re}(s) < \sigma_2 + \text{Re}(a)$ 이다.

성질 13.1은 주어진 함수에 e^{at}를 곱하여 얻은 함수의 라플라스 변환은 원래의 함수의 라플라스 변환에서 s 대신 $s-a$를 대입하면 얻을 수 있음을 보여 준다.

예제 13.10 함수 $x(t) = e^{-3t}u(t)$의 라플라스 변환을 구하여라.

풀이 :

예제 13.1 로부터 우리가 이미 알고 있는 라플라스 변환

$$\mathscr{L}[u(t)] = \frac{1}{s} \quad (\text{Re}(s) > 0) \tag{13.23}$$

에 성질 13.1 을 적용하면

$$\mathscr{L}\left[e^{-3t}u(t)\right] = \frac{1}{s+3} \quad (\mathrm{Re}(s) > -3)\ .$$

두 함수의 선형합의 라플라스 변환

성질 13.2 만약 $\mathscr{L}[x(t)] = X(s)$ 이고 $\mathscr{L}[y(t)] = Y(s)$ 이면,

$$\mathscr{L}[ax(t) + by(t)] = aX(s) + bY(s) \tag{13.24}$$

증명 :

$$\begin{aligned}\mathscr{L}[ax(t) + by(t)] &= \int_{-\infty}^{+\infty} [ax(t) + by(t)]\, e^{-st} dt \\ &= a\int_{-\infty}^{+\infty} x(t)e^{-st} dt + b\int_{-\infty}^{+\infty} y(t)e^{-st} dt \\ &= aX(s) + bY(s)\end{aligned}$$

(증명 끝)

수렴 영역 :

$aX(s) + bY(s)$ 의 수렴 영역은 최소한 $X(s)$ 의 수렴 영역과 $Y(s)$ 의 수렴 영역의 교집합이다.

성질 13.2는 선형성(linearity)이라고 불리는 성질으로서 어떤 함수에 상수를 곱한 것의 라플라스 변환은 그 함수의 라플라스 변환에 같은 상수를 곱하면 얻을 수 있고, 어떤 두 함수를 더한 것의 라플라스 변환은 각각의 함수의 라플라스 변환을 더하면 얻을 수 있다는 것을 말해준다.

예제 13.11 함수 $\cos\omega t \cdot u(t)$ 의 라플라스 변환을 구하여라.

풀이 :

예제 13.1로부터 이미 알고 있는 변환

$$\mathscr{L}[u(t)] = \frac{1}{s} \quad (\mathrm{Re}(s) > 0) \tag{13.25}$$

에 성질 13.1 을 적용하면 다음 두 변환 쌍을 얻을 수 있다.

$$\mathscr{L}\left[e^{j\omega t}u(t)\right] = \frac{1}{s-j\omega} \quad (\mathrm{Re}(s) > 0) \tag{13.26}$$

$$\mathscr{L}\left[e^{-j\omega t}u(t)\right] = \frac{1}{s+j\omega} \quad (\mathrm{Re}(s) > 0)\ . \tag{13.27}$$

따라서 $\cos\omega t$를 지수 함수로 나타낸 후 성질 13.2와 식 (13.26)–(13.27)을 적용하면

$$\begin{aligned}\mathscr{L}[\cos\omega t\cdot u(t)] &= \mathscr{L}\left[\frac{e^{j\omega t}+e^{-j\omega t}}{2}u(t)\right]\\ &= \frac{1}{2}\mathscr{L}\left[e^{j\omega t}u(t)\right]+\frac{1}{2}\mathscr{L}\left[e^{-j\omega t}u(t)\right]\\ &= \frac{1}{2}\frac{1}{s-j\omega}+\frac{1}{2}\frac{1}{s+j\omega} = \frac{s}{s^2+\omega^2}\end{aligned} \tag{13.28}$$

이고, 수렴 영역은 $\mathrm{Re}(s) > 0$이다. 즉

$$\mathscr{L}[\cos\omega t\cdot u(t)] = \frac{s}{s^2+\omega^2} \quad (\mathrm{Re}(s) > 0) \tag{13.29}$$

예제 13.12 함수 $\sin\omega t\cdot u(t)$ 의 라플라스 변환을 구하여라.

<u>풀이 :</u>

$\sin\omega t$를 지수 함수로 나타낸 후 성질 13.2와 식 (13.26)–(13.27)을 적용하면

$$\begin{aligned}\mathscr{L}[\sin\omega t\cdot u(t)] &= \mathscr{L}\left[\frac{e^{j\omega t}-e^{-j\omega t}}{2j}u(t)\right]\\ &= \frac{1}{2j}\mathscr{L}\left[e^{j\omega t}u(t)\right]-\frac{1}{2j}\mathscr{L}\left[e^{-j\omega t}u(t)\right]\\ &= \frac{1}{2j}\frac{1}{s-j\omega}-\frac{1}{2j}\frac{1}{s+j\omega} = \frac{\omega}{s^2+\omega^2}\end{aligned} \tag{13.30}$$

이고, 수렴 영역은 $\mathrm{Re}(s) > 0$이다. 즉

$$\mathscr{L}[\sin\omega t\cdot u(t)] = \frac{\omega}{s^2+\omega^2} \quad (\mathrm{Re}(s) > 0) \tag{13.31}$$

시간 축의 척도를 조절한 함수의 라플라스 변환

성질 13.3 만약 $\mathscr{L}[x(t)] = X(s)$ 이면,

$$\mathscr{L}[x(at)] = \frac{1}{|a|}X(\frac{s}{a}) \tag{13.32}$$

증명 :

$$\mathscr{L}[x(at)] = \int_{-\infty}^{+\infty} x(at)e^{-st}dt \tag{13.33}$$

(1) $a > 0$ 일 때, 식 (13.33)에서

$$\begin{aligned}\mathscr{L}[x(at)] &= \int_{-\infty}^{+\infty} x(\tau)e^{-s\frac{\tau}{a}}\frac{1}{a}d\tau \\ &= \frac{1}{a}\int_{-\infty}^{+\infty} x(\tau)e^{-\frac{s}{a}\tau}d\tau = \frac{1}{a}X(\frac{s}{a})\end{aligned}$$

(2) $a < 0$ 일 때, 식 (13.33)에서

$$\begin{aligned}\mathscr{L}[x(at)] &= \int_{+\infty}^{-\infty} x(\tau)e^{-s\frac{\tau}{a}}\frac{1}{a}d\tau \\ &= -\frac{1}{a}\int_{-\infty}^{+\infty} x(\tau)e^{-\frac{s}{a}\tau}d\tau = -\frac{1}{a}X(\frac{s}{a})\end{aligned}$$

(1) 과 (2) 의 결과를 종합하여 한 식으로 쓰면 바로 식 (13.32) 이다.

(증명 끝)

수렴 영역 :

만약 $X(s)$ 의 수렴 영역이 $\sigma_1 < \mathrm{Re}(s) < \sigma_2$ 이면, $\frac{1}{|a|}X(\frac{s}{a})$ 의 수렴 영역은 $\sigma_1 < \mathrm{Re}\left(\frac{s}{a}\right) < \sigma_2$ 이다. 즉 $a > 0$ 일 땐 $\sigma_1 a < \mathrm{Re}(s) < \sigma_2 a$ 이고 $a < 0$ 일 땐 $\sigma_1 a > \mathrm{Re}(s) > \sigma_2 a$ 이다.

예제 13.13 함수 $e^{5t}u(-t)$ 의 라플라스 변환을 구하여라.

풀이 :

성질 13.3에서 $a = -1$ 이라 두면

$$\mathscr{L}[x(-t)] = X(-s) \tag{13.34}$$

이고, $X(-s)$의 수렴 영역은 $X(s)$의 수렴 영역과 부등호 방향만 반대이다. 식 (13.34)를 예제 13.1로 부터 우리가 이미 알고 있는 라플라스 변환쌍

$$\mathscr{L}[u(t)] = \frac{1}{s} \quad (\mathrm{Re}(s) > 0) \tag{13.35}$$

에 적용하면 다음과 같다.

$$\mathscr{L}[u(-t)] = \frac{1}{-s} \quad (\mathrm{Re}(s) < 0) \ . \tag{13.36}$$

식 (13.36) 에 성질 13.1을 적용하면 다음과 같다.

$$\mathscr{L}\left[e^{5t}u(-t)\right] = -\frac{1}{s-5} \quad (\mathrm{Re}(s) < 5) \ . \tag{13.37}$$

시간축 상에서 평행 이동시킨 함수의 라플라스 변환

성질 13.4 만약 $\mathscr{L}[x(t)] = X(s)$ 이면,

$$\mathscr{L}[x(t-a)] = e^{-as}X(s) \tag{13.38}$$

증명 :

$$\begin{aligned}\mathscr{L}[x(t-a)] &= \int_{-\infty}^{+\infty} x(t-a)e^{-st}dt \\ &= \int_{-\infty}^{+\infty} x(\tau)e^{-s(\tau+a)}d\tau \\ &= e^{-as}\int_{-\infty}^{+\infty} x(\tau)e^{-s\tau}d\tau \\ &= e^{-as}X(s)\end{aligned}$$

(증명 끝)

수렴 영역 :

$X(s-a)$의 수렴 영역은 $X(s)$의 수렴 영역과 같다.

예제 13.14 함수 $e^{t-2}u(t-2)$ 와 함수 $e^{t}u(t-2)$ 의 라플라스 변환을 각각 구하여라.

풀이 :

예제 13.1으로부터 이미 알고 있는 변환쌍

$$\mathscr{L}[u(t)] = \frac{1}{s} \quad (\mathrm{Re}(s) > 0) \tag{13.39}$$

에 성질 13.1 과 성질 13.4 를 차례로 적용하면 다음과 같다.

$$\mathscr{L}\left[e^{t}u(t)\right] = \frac{1}{s-1} \quad (\mathrm{Re}(s) > 1) \tag{13.40}$$

$$\mathscr{L}\left[e^{t-2}u(t-2)\right] = \frac{e^{-2s}}{s-1} \quad (\mathrm{Re}(s) > 1)\ . \tag{13.41}$$

한편 식 (13.39) 에 성질 13.4를 먼저, 성질 13.1을 나중에 적용하면

$$\mathscr{L}[u(t-2)] = \frac{e^{-2s}}{s} \quad (\mathrm{Re}(s) > 0) \tag{13.42}$$

$$\mathscr{L}\left[e^{t}u(t-2)\right] = \frac{e^{-2(s-1)}}{s-1} \quad (\mathrm{Re}(s) > 1)\ . \tag{13.43}$$

t를 곱한 함수의 라플라스 변환

성질 13.5 만약 $\mathscr{L}[x(t)] = X(s)$ 이면,

$$\mathscr{L}[tx(t)] = -\frac{dX(s)}{ds} \tag{13.44}$$

증명 :

$\mathscr{L}[x(t)] = X(s)$ 이므로 라플라스 변환의 정의에 의해

$$X(s) = \int_{-\infty}^{+\infty} x(t)e^{-st}dt \tag{13.45}$$

식 (13.45) 의 양변을 s에 대해서 미분하면

$$\begin{aligned}\frac{dX(s)}{ds} &= \frac{d}{ds}\int_{-\infty}^{+\infty} x(t)e^{-st}dt \\ &= \int_{-\infty}^{+\infty} x(t)\frac{d}{ds}e^{-st}dt \\ &= \int_{-\infty}^{+\infty} x(t)(-t)e^{-st}dt \end{aligned} \tag{13.46}$$

따라서 식 (13.46)로부터

$$\begin{aligned}\int_{-\infty}^{+\infty} tx(t)e^{-st}dt &= -\frac{dX(s)}{ds} \\ \mathscr{L}[tx(t)] &= -\frac{dX(s)}{ds}\end{aligned} \tag{13.47}$$

(증명 끝)

수렴 영역 :

$-\frac{dX(s)}{ds}$의 수렴 영역은 $X(s)$의 수렴 영역과 같다.

예제 13.15 함수 $tu(t), t^2u(t), t^3u(t), \ldots$ 의 라플라스 변환을 구하여라.

풀이 :

예제 13.1으로부터 이미 알고 있는 변환쌍

$$\mathscr{L}[u(t)] = \frac{1}{s} \quad (\text{Re}(s) > 0) \tag{13.48}$$

에 성질 13.5 를 적용하면 $-\frac{d}{ds}\left(\frac{1}{s}\right) = \frac{1}{s^2}$ 이므로 다음과 같다.

$$\mathscr{L}[tu(t)] = \frac{1}{s^2} \quad (\text{Re}(s) > 0)\ . \tag{13.49}$$

마찬가지 방법으로 식 (13.49) 에서 출발하여 성질 13.5 를 반복적으로 적용하면 다음과 같은 일련의 라플라스 변환쌍을 얻을 수 있다.

$$\mathscr{L}\left[t^2u(t)\right] = \frac{2}{s^3} \quad (\text{Re}(s) > 0) \tag{13.50}$$

$$\mathscr{L}\left[t^3u(t)\right] = \frac{3!}{s^4} \quad (\text{Re}(s) > 0) \tag{13.51}$$

$$\vdots$$

$$\mathscr{L}[t^nu(t)] = \frac{n!}{s^{n+1}} \quad (\text{Re}(s) > 0) \tag{13.52}$$

콘벌루션의 라플라스 변환

두 함수 $x(t)$ 와 $y(t)$ 의 콘벌루션(convolution)은 기호로 $x(t)*y(t)$ 로 나타내며 다음과 같이 정의된다.

$$x(t)*y(t)=\int_{-\infty}^{+\infty}x(\tau)y(t-\tau)d\tau \tag{13.53}$$

아래의 성질 13.6은 두 함수의 콘벌루션의 라플라스 변환은 각 함수의 라플라스 변환을 곱하면 얻을 수 있음을 보여 준다.

성질 13.6 만약 $\mathscr{L}[x(t)]=X(s)$, $\mathscr{L}[y(t)]=Y(s)$ 이면,

$$\mathscr{L}[x(t)*y(t)]=X(s)Y(s) \tag{13.54}$$

증명 :

$$\begin{aligned}\mathscr{L}[x(t)*y(t)] &= \int_{-\infty}^{\infty}\{x(t)*y(t)\}e^{-st}dt \\ &= \int_{-\infty}^{\infty}\left\{\int_{-\infty}^{\infty}x(\tau)y(t-\tau)d\tau\right\}e^{-st}dt \\ &= \int_{-\infty}^{\infty}\int_{-\infty}^{\infty}x(\tau)e^{-s\tau}y(t-\tau)e^{-s(t-\tau)}d\tau\, dt \end{aligned} \tag{13.55}$$

식 (13.55)에서 적분 변수 τ와 t의 순서를 바꾼 후에 안 쪽 적분에서 $t-\tau=t'$으로 치환하면

$$\begin{aligned}\mathscr{L}[x(t)*y(t)] &= \int_{-\infty}^{\infty}x(\tau)e^{-s\tau}\left\{\int_{-\infty}^{\infty}y(t-\tau)e^{-s(t-\tau)}dt\right\}d\tau \\ &= \int_{-\infty}^{\infty}x(\tau)e^{-s\tau}\left\{\int_{-\infty}^{\infty}y(t')e^{-st'}dt'\right\}d\tau \\ &= \int_{-\infty}^{\infty}x(\tau)e^{-s\tau}d\tau\cdot Y(s) \\ &= X(s)Y(s)\end{aligned} \tag{13.56}$$

(증명 끝)

수렴 영역 :

$X(s)Y(s)$의 수렴 영역은 최소한 $X(s)$의 수렴 영역과 $Y(s)$의 수렴 영역의 교집합이다.

예제 13.16 $\mathscr{L}[x(t)] = X(s)$ 일 때, 성질 13.6을 이용하여 다음 라플라스 변환 쌍이 성립함을 증명하여라.

$$\mathscr{L}\left[\int_{-\infty}^{t} x(\tau)d\tau\right] = \frac{X(s)}{s} \tag{13.57}$$

풀이 :

$$u(t-\tau) = \begin{cases} 1 & \tau < t \\ 0 & \tau > t \end{cases} \tag{13.58}$$

이므로 적분 $\int_{-\infty}^{t} x(\tau)d\tau$ 는 다음과 같이 함수 $x(t)$와 단위 계단 함수 $u(t)$의 콘벌루션으로 나타낼 수 있다.

$$\int_{-\infty}^{t} x(\tau)d\tau = \int_{-\infty}^{\infty} x(\tau)u(t-\tau)d\tau = x(t) * u(t)$$

따라서 성질 13.6 을 적용하면

$$\begin{aligned}\mathscr{L}\left[\int_{-\infty}^{t} x(\tau)d\tau\right] &= \mathscr{L}[x(t) * u(t)] \\ &= \mathscr{L}[x(t)]\mathscr{L}[u(t)] \\ &= X(s)\frac{1}{s} = \frac{X(s)}{s}\end{aligned}$$

수렴 영역은 최소한 $\mathscr{L}[u(t)]$ 의 수렴 영역 ($\mathrm{Re}(s) > 0$) 과 $X(s)$의 수렴 영역과의 교집합이다.

적분의 라플라스 변환

성질 13.7 만약 $\mathscr{L}[x(t)] = X(s)$ 이면,

$$\mathscr{L}\left[\int_{-\infty}^{t} x(\tau)d\tau\right] = \frac{X(s)}{s} \tag{13.59}$$

증명 :

예제 13.16 참조.

수렴 영역 :

예제 13.16 에서 밝혔듯이 수렴 영역은 최소한 $X(s)$의 수렴 영역과 $\mathscr{L}[u(t)]$의 수렴 영역 ($\mathrm{Re}(s) > 0$) 의 공통부분이다. $x(t) = \frac{d\delta(t)}{dt}$, 즉 $X(s) = s$ 일 때처럼 $X(s)$에 들어 있는 s가 $\frac{1}{s}$과 곱해져서 영점과 극점의 상호 소거가 생기는 경우는 수렴 영역이 더 넓어 질 수도 있다.

$x(t)$가 인과 함수인 경우 :

$x(t)$가 인과 함수인 경우에는 $t < 0$에 대하여 $x(t) = 0$이므로, 성질 13.7은 다음과 같이 나타내어질 수 있다.

성질 13.8 만약 $x(t)$ 가 인과 함수이고 $\mathscr{L}[x(t)] = X(s)$ 이면,

$$\mathscr{L}\left[\int_0^t x(\tau)d\tau\right] = \frac{X(s)}{s} \tag{13.60}$$

예제 13.17 함수 $\sin^2 t \cdot u(t)$ 가 함수 $\sin(2t) \cdot u(t)$ 의 적분임을 이용하여 함수 $\sin^2 t \cdot u(t)$의 라플라스 변환을 구하여라.

풀이 :

함수 $\sin^2 t \cdot u(t)$는 함수 $\sin(2t) \cdot u(t)$의 적분이라는 사실과 성질 13.8을 이용하면

$$\begin{aligned}\mathscr{L}\left[\sin^2 t \cdot u(t)\right] &= \mathscr{L}\left[\int_0^t \sin(2\tau) \cdot u(\tau)d\tau\right] \\ &= \frac{1}{s}\mathscr{L}[\sin(2t) \cdot u(t)] \ .\end{aligned} \tag{13.61}$$

그런데 식 (13.31)으로부터

$$\mathscr{L}[\sin(2t) \cdot u(t)] = \frac{2}{s^2 + 2^2} \quad (\mathrm{Re}(s) > 0)$$

이므로, 이 것을 식 (13.61)에 대입하면

$$\mathscr{L}\left[\sin^2 t \cdot u(t)\right] = \frac{2}{s(s^2 + 2^2)} \quad (\mathrm{Re}(s) > 0) \ .$$

미분의 라플라스 변환

성질 13.9 만약 $\mathscr{L}[x(t)] = X(s)$ 이면,

$$\mathscr{L}\left[x'(t)\right] = sX(s) \tag{13.62}$$

증명 :

$$\begin{aligned}\mathscr{L}\left[x'(t)\right] &= \int_{-\infty}^{\infty} x'(t)e^{-st}dt \\ &= \left[x(t)e^{-st}\right]_{-\infty}^{\infty} - \int_{-\infty}^{\infty} x(t)(-s)e^{-st}dt \\ &= x(\infty)e^{-s\cdot\infty} - x(-\infty)e^{-s\cdot(-\infty)} + s\int_{-\infty}^{\infty} x(t)e^{-st}dt \end{aligned} \tag{13.63}$$

s 가 $X(s)$의 수렴 영역에 있다고 가정하면, 식 (13.63)의 첫 째, 둘 째 항 극한값은 모두 0이다. 따라서 식 (13.63)으로부터

$$\mathscr{L}\left[x'(t)\right] = 0 + 0 + sX(s) = sX(s)$$

(증명 끝)

수렴 영역 :

수렴 영역은 최소한 $X(s)$의 수렴 영역이다. $x(t) = u(t)$, 즉 $X(s) = \frac{1}{s}$ 일 때처럼 $X(s)$ 안에 들어 있는 $\frac{1}{s}$이 s와 곱해져서 극점과 영점의 상호 소거가 발생하는 경우는 수렴 영역이 더 넓어질 수 있다.

$x(t)$가 인과 함수인 경우 :

$x(t)$가 인과 함수인 경우에는 성질 13.9는 다음과 같이 나타내어질 수 있다.

성질 13.10 만약 $x(t)$가 인과 함수이고 $\mathscr{L}[x(t)] = X(s)$ 이면,

$$\mathscr{L}\left[x'(t)\right] = sX(s) - x(0) \tag{13.64}$$

증명 :

$x(t)$가 인과 함수이면, 모든 $t < 0$ 에 대해 $x(t) = 0$ 이다. 따라서

$$\begin{aligned}\mathscr{L}\left[x'(t)\right] &= \int_{-\infty}^{\infty} x'(t)e^{-st}dt \\ &= \int_{0}^{\infty} x'(t)e^{-st}dt \\ &= [x(t)e^{-st}]_0^{\infty} - \int_0^{\infty} x(t)(-s)e^{-st}dt \\ &= x(\infty)e^{-s\cdot\infty} - x(0) + s\int_0^{+\infty} x(t)e^{-st}dt \qquad (13.65)\end{aligned}$$

s 가 $X(s)$의 수렴 영역에 있다고 가정하면, 식 (13.65)의 첫 째항 극한값은 0이다. 따라서 식 (13.65)로부터

$$\begin{aligned}\mathscr{L}\left[x'(t)\right] &= 0 - x(0) + s\int_{-\infty}^{\infty} x(t)e^{-st}dt \\ &= sX(s) - x(0)\end{aligned}$$

(증명 끝)

성질 13.10을 반복적으로 적용하면 인과 함수의 2계 도함수, 3계 도함수 등에 대한 다음과 같은 성질을 얻을 수 있다.

성질 13.11 만약 $x(t)$가 인과 함수이고 $\mathscr{L}[x(t)] = X(s)$ 이면,

$$\mathscr{L}\left[x''(t)\right] = s^2X(s) - sx(0) - x'(0) \qquad (13.66)$$

$$\mathscr{L}\left[x'''(t)\right] = s^3X(s) - s^2x(0) - sx'(0) - x''(0) \qquad (13.67)$$

$$\vdots$$

예제 13.18 인과 함수 $y(t)$가 미분 방정식

$$y''(t) + 3y'(t) + 2y(t) = u(t) \ , \ y(0) = 1 \ , \ y'(0) = 2 \qquad (13.68)$$

의 해이다. 함수 $y(t)$의 라플라스 변환 $Y(s)$를 구하여라.

풀이 :

주어진 미분 방정식의 양변에 라플라스 변환을 취하고 성질 13.2를 적용하면

$$\begin{aligned}\mathscr{L}\left[y''(t) + 3y'(t) + 2y(t)\right] &= \mathscr{L}[u(t)] \\ \mathscr{L}\left[y''(t)\right] + 3\mathscr{L}\left[y'(t)\right] + 2\mathscr{L}[y(t)] &= \frac{1}{s} \ . \qquad (13.69)\end{aligned}$$

식 (13.69)에 성질 13.10과 성질 13.11을 적용하면

$$s^2Y(s) - sy(0) - y'(0) + 3[sY(s) - y(0)] + 2Y(s) = \frac{1}{s}$$
$$\left[s^2 + 3s + 2\right] Y(s) - s - 5 = \frac{1}{s} \ .$$

따라서

$$Y(s) = \frac{s^2 + 5s + 1}{s(s^2 + 3x + 2)} \ . \qquad (13.70)$$

식 (13.70)으로부터 라플라스 변환되기 전의 함수 $y(t)$를 구하는 과정은 역 라플라스 변환이라고 부르며, 다음 절에서 학습한다.

초기값 정리와 최종값 정리

$x(t)$가 인과 함수인 경우 그 초기값 $x(0) = \lim_{t\to 0+} x(t)$ 와 최종값 $x(\infty) = \lim_{t\to\infty} x(t)$ 는 각각 다음의 성질 13.12와 성질 13.13에 의해 라플라스 변환 $X(s)$로부터 구할 수 있다.

성질 13.12 (초기값 정리) 만약 함수 $x(t)$가 인과 함수이고 $\mathscr{L}[x(t)] = X(s)$ 이면,

$$x(0) = \lim_{s\to\infty} sX(s) \qquad (13.71)$$

증명 :

$x(t)$가 인과 함수이므로 성질 13.10 으로부터

$$\mathscr{L}\left[x'(t)\right] = sX(s) - x(0) \qquad (13.72)$$

그런데 인과 함수의 경우 $t < 0$에 대하여 $x(t) = 0$ 이므로

$$\mathscr{L}\left[x'(t)\right] = \int_{-\infty}^{\infty} x'(t)e^{-st}dt = \int_{0}^{\infty} x'(t)e^{-st}dt \qquad (13.73)$$

따라서 식 (13.72) 와 식 (13.73) 으로부터

$$\int_{0}^{\infty} x'(t)e^{-st}dt = sX(s) - x(0) \qquad (13.74)$$

식 (13.74) 의 양변에 $s \to \infty$의 극한값을 취하면

$$\begin{aligned}
\lim_{s\to\infty}\int_0^\infty x'(t)e^{-st}dt &= \lim_{s\to\infty}[sX(s)-x(0)] \\
0 &= \lim_{s\to\infty} sX(s)-x(0) \\
x(0) &= \lim_{s\to\infty} sX(s) \qquad (13.75)
\end{aligned}$$

(증명 끝)

성질 13.13 (최종값 정리) 만약 함수 $x(t)$가 인과 함수이고 $\mathscr{L}[x(t)] = X(s)$ 이면,

$$x(\infty) = \lim_{s\to 0} sX(s) \qquad (13.76)$$

증명 :

$x(t)$가 인과 함수이므로 식 (13.74) 가 성립한다. 식 (13.74) 의 양변에 $s\to 0$의 극한값을 취하면

$$\begin{aligned}
\lim_{s\to 0}\int_0^\infty x'(t)e^{-st}dt &= \lim_{s\to 0}[sX(s)-x(0)] \\
\int_0^\infty x'(t)dt &= \lim_{s\to 0} sX(s)-x(0) \\
x(\infty)-x(0) &= \lim_{s\to\infty} sX(s)-x(0) \\
x(\infty) &= \lim_{s\to\infty} sX(s) \qquad (13.77)
\end{aligned}$$

(증명 끝)

예제 13.19 인과 함수 $x(t) = (1+e^{-5t})u(t)$ 의 라플라스 변환은 다음과 같다.

$$X(s) = \frac{2s+5}{s(s+5)}$$

$x(0)$과 $x(\infty)$를 (1) 초기값 정리와 최종값 정리를 이용하여 구해 보고, 또 (2) 극한값 $x(0) = \lim_{t\to 0+} x(t)$ 와 $x(\infty)\lim_{t\to\infty} x(t)$를 이용하여 구한 후에 두 방법으로 구한 결과가 같은 지 확인하여라.

풀이 :

$x(0)$과 $x(\infty)$를 초기값 정리와 최종값 정리를 이용하여 구해 보면

$$x(0) = \lim_{s\to\infty} sX(s) = \lim_{s\to\infty} \frac{2s+5}{s+5} = 2$$
$$x(\infty) = \lim_{s\to 0} sX(s) = \lim_{s\to 0} \frac{2s+5}{s+5} = 1$$

$x(0)$과 $x(\infty)$를 함수 $x(t)$로부터 직접 구해 보면

$$x(0) = \lim_{t\to 0+} (1+e^{-5t}) = 2$$
$$x(\infty) = \lim_{t\to\infty} (1+e^{-5t}) = 1$$

표 13.1은 이 절에서 공부한 라플라스 변환의 성질들을 한 눈에 보기 쉽게 정리한 것이다. 성질 13.1부터 성질 13.6까지의 6가지 성질은 함수가 인과 함수인지 아닌지에 상관 없이 같은 방법으로 증명할 수 있고, 같은 모양의 식으로 표현된다. 따라서 이 6가지 성질은 양방향 라플라스 변환과 단방향 라플라스 변환 모두에 적용된다.

성질 13.7과 성질 13.9는 함수가 인과 함수인 경우에는 각각 성질 13.8과 성질 13.10에 보인 바와 같이 별도의 다른 모양의 식으로 표현된다. 따라서 성질 13.7과 성질 13.9는 양방향 라플라스 변환의 성질이고, 성질 13.8과 성질 13.10은 단방향 라플라스 변환의 성질이다. 표 13.1의 비고란에 '양방향 변환' 또는 '단방향 변환'이라고 나타낸 것은 이 구분을 의미한다.

표 **13.1** 라플라스 변환의 성질

번호	명칭	성질	비고
13.1	e^{at} 곱하기	$e^{at}x(t) \longleftrightarrow X(s-a)$	
13.2	선형성	$ax(t)+by(t) \longleftrightarrow aX(s)+bY(s)$	
13.3	시간축의 척도 조절	$x(at) \longleftrightarrow \frac{1}{\lvert a\rvert}X\left(\frac{s}{a}\right)$	
13.4	시간축상 평행 이동	$x(t-a) \longleftrightarrow e^{-as}X(s)$	
13.5	t 곱하기	$tx(t) \longleftrightarrow -\frac{dX(s)}{ds}$	
13.6	콘벌루션	$x(t)*y(t) \longleftrightarrow X(s)Y(s)$	
13.7	적분	$\int_{-\infty}^{t} x(\tau)d\tau \longleftrightarrow \frac{X(s)}{s}$	양방향 변환
13.8	인과함수의 적분	$\int_{0}^{t} x(\tau)d\tau \longleftrightarrow \frac{X(s)}{s}$	단방향 변환
13.9	미분	$x'(t) \longleftrightarrow sX(s)$	양방향 변환
13.10	인과함수의 미분	$x'(t) \longleftrightarrow sX(s)-x(0)$	단방향 변환
13.12	초기값 정리	$x(0) = \lim_{s\to\infty} sX(s)$	단방향 변환
13.13	최종값 정리	$x(\infty) = \lim_{s\to 0} sX(s)$	단방향 변환

연습 문제

13.2. 이미 알고 있는 라플라스 변환 쌍

$$u(t) \longleftrightarrow \frac{1}{s} \quad , \quad \mathrm{Re}(s) > 0$$

에 정리 13.1과 정리 13.2 를 적절한 순서로 적용하여 다음 각 함수의 라플라스 변환과 수렴 영역을 구하여라.

(a) $e^{at}u(t)$ (b) $e^{-at}u(t)$ (c) $\cosh at\, u(t)$
(d) $\sinh at\, u(t)$ (e) $e^{-\alpha t}\cos\beta t\, u(t)$ (f) $e^{-\alpha t}\sin\beta t\, u(t)$

13.3. 이미 알고 있는 라플라스 변환 쌍

$$u(t) \longleftrightarrow \frac{1}{s} \quad , \quad \mathrm{Re}(s) > 0$$

에 정리 13.1 과 정리 13.5를 적절한 순서로 적용하여 다음 각 함수의 라플라스 변환과 수렴 영역을 구하여라.

(a) $te^{at}u(t)$ (b) $t^2e^{at}u(t)$ (c) $t^ne^{at}u(t)$

13.4. 이미 알고 있는 라플라스 변환 쌍

$$u(t) \longleftrightarrow \frac{1}{s} \ , \ \cos\omega t\, u(t) \longleftrightarrow \frac{s}{s^2+\omega^2} \ , \ \sin\omega t\, u(t) \longleftrightarrow \frac{\omega}{s^2+\omega^2} \ , \ \mathrm{Re}(s) > 0$$

에 정리 13.1 – 정리 13.13 중에서 적절한 성질을 찾아 적용하여 다음 각 함수의 라플라스 변환과 수렴 영역을 구하여라.

(a) $t\sin\omega t\, u(t)$ (b) $t\cos\omega t\, u(t)$ (c) $[\sin(at) - at\cos(at)]\, u(t)$
(d) $e^{2t}\sin(3t)\, u(t)$ (e) $e^{at}u(t-T)$ (f) $[\cos(2t) - 2t\sin(2t)]\, u(t)$
(g) $\sin(at+b)\, u(t)$ (h) $-e^{at}u(-t)$ (i) $e^{at}u(T-t)$

13.4 역 라플라스 변환

어떤 함수의 라플라스 변환 $X(s)$ 와 그 수렴 영역을 알고 있을 때, 이것으로부터 라플라스 변환 되기 이전의 원래의 함수 $x(t)$를 구하는 과정을 **역 라플라스 변환**(inverse Laplace transform)이라고 부르고 기호로는

$$x(t) = \mathscr{L}^{-1}[X(s)]$$

와 같이 표시한다. 역 라플라스 변환 공식은 다음과 같은 복소 적분으로 주어진다.

$$x(t) = \frac{1}{j2\pi}\int_{\sigma-j\infty}^{\sigma+j\infty} X(s)e^{st}ds \quad (\sigma\text{는 수렴 영역 내의 한 점}) \tag{13.78}$$

그런데 식 (13.78)의 적분은 계산하기가 어렵다. 따라서 역 라플라스 변환을 구할 때, 식 (13.78)의 적분을 직접 계산하는 방법은 보통 사용하지 않는다. 대신에 자주 쓰이는 다양한 함수의 라플라스 변환을 미리 표로 만들어 놓은 후에, 이 표를 참조하여 역 라플라스 변환을 구하는 방법을 사용한다.

예를 들면 표 13.2와 같은 라플라스 변환표를 만들어 사용할 수가 있다. 표 13.2는 지금 까지 이 장의 여러 예제 또는 연습 문제에서 구한 라플라스 변환 중에서 자주 쓰이는 대표적인 함수들에 대한 라플라스 변환을 정리한 것이다. 표 13.2에서 2번과 4번을 제외한 모든 변환 쌍은 인과 함수에 대한 변환이므로 양방향 라플라스 변환과 단방향 라플라스 변환 모두에 적용되지만, 2번과 4번의 변환 쌍은 비인과 함수에 대한 변환이므로 단방향 라플라스 변환에는 적용되지 않고 양방향 라플라스 변환에만 적용되는 변환 쌍이다. 라플라스 변환 표를 이용하여 역 라플라스 변환을 구하려면 주어진 $X(s)$와 수렴 영역을 표의 우측열에서 찾아 그 것에 해당되는 좌측열의 함수 $x(t)$를 알아 내면 된다.

표 13.2 라플라스 변환 표

	$x(t) \longleftrightarrow X(s)$	수렴 영역	비고
1	$u(t) \longleftrightarrow \frac{1}{s}$	$\mathrm{Re}(s) > 0$	
2	$-u(-t) \longleftrightarrow \frac{1}{s}$	$\mathrm{Re}(s) < 0$	양방향 변환
3	$e^{at}u(t) \longleftrightarrow \frac{1}{s-a}$	$\mathrm{Re}(s) > a$	
4	$-e^{at}u(-t) \longleftrightarrow \frac{1}{s-a}$	$\mathrm{Re}(s) < a$	양방향 변환
5	$tu(t) \longleftrightarrow \frac{1}{s^2}$	$\mathrm{Re}(s) > 0$	
6	$t^2u(t) \longleftrightarrow \frac{2!}{s^3}$	$\mathrm{Re}(s) > 0$	
7	$t^nu(t) \longleftrightarrow \frac{n!}{s^{n+1}}$	$\mathrm{Re}(s) > 0$	
8	$te^{at}u(t) \longleftrightarrow \frac{1}{(s-a)^2}$	$\mathrm{Re}(s) > a$	
9	$t^2e^{at}u(t) \longleftrightarrow \frac{2!}{(s-a)^3}$	$\mathrm{Re}(s) > a$	
10	$t^ne^{at}u(t) \longleftrightarrow \frac{n!}{(s-a)^{n+1}}$	$\mathrm{Re}(s) > a$	
11	$\cos\omega t\, u(t) \longleftrightarrow \frac{s}{s^2+\omega^2}$	$\mathrm{Re}(s) > 0$	
12	$\sin\omega t\, u(t) \longleftrightarrow \frac{\omega}{s^2+\omega^2}$	$\mathrm{Re}(s) > 0$	
13	$e^{at}\cos\omega t\, u(t) \longleftrightarrow \frac{s-a}{(s-a)^2+\omega^2}$	$\mathrm{Re}(s) > a$	
14	$e^{at}\sin\omega t\, u(t) \longleftrightarrow \frac{\omega}{(s-a)^2+\omega^2}$	$\mathrm{Re}(s) > a$	
15	$\cosh at\, u(t) \longleftrightarrow \frac{s}{s^2-a^2}$	$\mathrm{Re}(s) > 0$	
16	$\sinh at\, u(t) \longleftrightarrow \frac{a}{s^2-a^2}$	$\mathrm{Re}(s) > 0$	
17	$\delta(t) \longleftrightarrow 1$	모든 s	

예제 13.20 라플라스 변환 $X(s)$와 수렴 영역이 다음과 같이 주어질 때, 각 경우에 대하여 변환 전의 원래 함수 $x(t) = \mathscr{L}^{-1}[X(s)]$를 구하여라.

(a) $X(s) = \frac{1}{s-3}$, $\text{Re}(s) > 3$
(b) $X(s) = \frac{1}{s-3}$, $\text{Re}(s) < 3$

풀이 :

(a) 수렴 영역이 $\text{Re}(s) > 3$ (우측 반평면) 이므로 우측 신호의 라플라스 변환임을 알 수 있다. 따라서 표 13.2의 3번 변환 쌍으로부터

$$x(t) = e^{3t}u(t)$$

(b) 수렴 영역이 $\text{Re}(s) < 3$ (좌측 반평면) 이므로 좌측 신호의 라플라스 변환임을 알 수 있다. 따라서 표 13.2의 4번 변환 쌍으로부터

$$x(t) = -e^{3t}u(-t)$$

라플라스 변환이 선형성을 갖는 것과 마찬가지로 역 라플라스 변환도 선형성을 갖는다. 즉, 만약 $X(s)$가 두 변환 $X_1(s), X_2(s)$의 선형합

$$X(s) = c_1X_1(s) + c_2X_2(s) \tag{13.79}$$

이면, 역 라플라스 변환은

$$x(t) = \mathscr{L}^{-1}[c_1X_1(s) + c_2X_2(s)] = c_1\mathscr{L}^{-1}[X_1(s)] + c_2\mathscr{L}^{-1}[X_2(s)] \tag{13.80}$$

이다. 따라서 $x(t)$를 구하려면 $X_1(s), X_2(s)$의 역 라플라스 변환을 별도로 구하여 선형합을 해 주면 된다.

예제 13.21 라플라스 변환 $X(s)$와 수렴 영역이 다음과 같이 주어질 때, 각 경우에 대하여 변환 전의 원래 함수 $x(t) = \mathscr{L}^{-1}[X(s)]$를 구하여라.

(a) $X(s) = \frac{1}{s-2} + \frac{1}{s-5}$, $\text{Re}(s) > 5$
(b) $X(s) = \frac{1}{s-2} + \frac{1}{s-5}$, $2 < \text{Re}(s) < 5$
(c) $X(s) = \frac{1}{s-2} + \frac{1}{s-5}$, $\text{Re}(s) < 2$

풀이 :

$\frac{1}{s-2}$ 의 수렴 영역은 우측 신호인 경우에는 $\text{Re}(s) > 2$ 이고, 좌측 신호인 경우에는 $\text{Re}(s) < 2$ 이며, $\frac{1}{s-5}$ 의 수렴 영역은 우측 신호인 경우에는 $\text{Re}(s) > 5$ 이고, 좌측 신호인 경우에는 $\text{Re}(s) < 5$ 이다. $X(s) = \frac{1}{s-2} + \frac{1}{s-5}$의

수렴 영역은 $\frac{1}{s-2}$의 수렴 영역과 $\frac{1}{s-5}$ 의 수렴 영역의 공통 부분이므로 문제에 주어진 $X(s)$의 수렴 영역을 보면 $\frac{1}{s-2}$와 $\frac{1}{s-5}$이 각각 우측 신호인지 좌측 신호인지를 알 수 있다.

(a) $\frac{1}{s-2}$ 의 수렴 영역과 $\frac{1}{s-5}$ 의 수렴 영역의 공통 부분이 $\text{Re}(s) > 5$ 이므로 $\frac{1}{s-2}$ 의 수렴 영역은 $\text{Re}(s) > 2$ 이고, $\frac{1}{s-5}$ 의 수렴 영역은 $\text{Re}(s) > 5$ 이어야 한다. 즉 $\frac{1}{s-2}$ 과 $\frac{1}{s-5}$은 둘 다 우측 신호의 라플라스 변환임을 알 수 있다. 따라서 표 13.2의 3번 변환 쌍을 이용하면

$$x(t) = e^{2t}u(t) + e^{5t}u(t)$$

(b) $\frac{1}{s-2}$ 의 수렴 영역과 $\frac{1}{s-5}$ 의 수렴 영역의 공통 부분이 $2 < \text{Re}(s) < 5$ 이므로 $\frac{1}{s-2}$ 의 수렴 영역은 $\text{Re}(s) > 2$ 이고, $\frac{1}{s-5}$ 의 수렴 영역은 $\text{Re}(s) < 5$ 이어야 한다. 즉 $\frac{1}{s-2}$은 우측 신호, $\frac{1}{s-5}$은 좌측 신호의 라플라스 변환임을 알 수 있다. 따라서 각각 표 13.2의 3번과 4번 변환 쌍을 이용하면

$$x(t) = e^{2t}u(t) - e^{5t}u(-t)$$

(c) $\frac{1}{s-2}$ 의 수렴 영역과 $\frac{1}{s-5}$ 의 수렴 영역의 공통 부분이 $\text{Re}(s) < 2$ 이므로 $\frac{1}{s-2}$ 의 수렴 영역은 $\text{Re}(s) < 2$ 이고, $\frac{1}{s-5}$ 의 수렴 영역은 $\text{Re}(s) < 5$ 이어야 한다. 즉 $\frac{1}{s-2}$ 과 $\frac{1}{s-5}$은 둘 다 좌측 신호의 라플라스 변환임을 알 수 있다. 따라서 표 13.2의 4번 변환 쌍을 이용하면

$$x(t) = -e^{2t}u(-t) - e^{5t}u(-t)$$

주어진 $X(s)$가 유리 함수인 경우에는 부분 분수 분해법을 이용하여 $X(s)$를 표 13.2에 나와 있는 모양들로 분해하여 식 (13.79) 꼴로 나타낸 후에 역 라플라스 변환을 구한다.

예제 13.22 라플라스 변환 $X(s)$와 수렴 영역이 다음과 같이 주어질 때, 변환 전의 원래 함수 $x(t) = \mathscr{L}^{-1}[X(s)]$를 구하여라.

$$X(s) = \frac{4s-2}{s^2+4s+3} \quad , \quad \text{Re}(s) > -1$$

풀이 :

주어진 $X(s)$를 다음과 같이 부분 분수 분해한다.

$$X(s) = \frac{4s-2}{(s+1)(s+3)} = \frac{a}{s+1} + \frac{b}{s+3} \tag{13.81}$$

식 (13.81)의 우변을 통분하면

$$X(s) = \frac{4s-2}{(s+1)(s+3)} = \frac{(a+b)s+(3a+b)}{(s+1)(s+3)} \tag{13.82}$$

따라서

$$\begin{aligned} a+b &= 4 \\ 3a+b &= -2 \end{aligned}$$

연립 방정식을 풀면 $a=-3$, $b=7$. 따라서

$$X(s) = \frac{-3}{s+1} + \frac{7}{s+3} \tag{13.83}$$

수렴 영역이 $\mathrm{Re}(s) > -1$ 이므로, 수렴 영역은 $\frac{1}{s+1}$ 의 입장에서 보든 $\frac{1}{s+3}$ 의 입장에서 보든 우측 반평면 쪽에 위치한다. 따라서 $\frac{1}{s+1}$ 과 $\frac{1}{s+3}$은 둘 다 우측 신호의 라플라스 변환이다. 따라서 표 13.2의 3번 변환 쌍을 이용하면

$$x(t) = -3e^{-t}u(t) + 7e^{-3t}u(t)$$

예제 13.23 라플라스 변환 $X(s)$와 수렴 영역이 다음과 같이 주어질 때, 변환 전의 원래 함수 $x(t) = \mathscr{L}^{-1}[X(s)]$를 구하여라.

$$X(s) = \frac{5s+1}{(s-3)(s+1)^2} \quad , \quad \mathrm{Re}(s) > 3$$

풀이 :

주어진 $X(s)$의 분모에 $(s+1)^2$이 포함되어 있으므로 다음과 같이 부분분수 분해한다.

$$X(s) = \frac{5s+1}{(s-3)(s+1)^2} = \frac{a}{s-3} + \frac{b}{s+1} + \frac{c}{(s+1)^2} \tag{13.84}$$

식 (13.84)의 우변을 통분하면

$$X(s) = \frac{5s+1}{(s-3)(s+1)^2} = \frac{(a+b)s^2+(2a-2b+c)s+a-3b-3c}{(s-3)(s+1)^2} \tag{13.85}$$

따라서

$$a+b=0$$
$$2a-2b+c=5$$
$$a-3b-3c=1$$

연립 방정식을 풀면 $a=1, b=-1, c=1$. 따라서

$$X(s)=\frac{1}{s-3}-\frac{1}{s+1}+\frac{1}{(s+1)^2} \tag{13.86}$$

수렴 영역이 $\text{Re}(s)>3$ 이므로, 수렴 영역은 $\frac{1}{s-3}$ 의 입장에서 보든, $\frac{1}{s+1}$, $\frac{1}{(s+1)^2}$ 의 입장에서 보든 우측 반평면 쪽에 위치한다. 따라서 $\frac{1}{s-1}$, $\frac{1}{s-3}$, $\frac{1}{(s+1)^2}$ 은 모두 우측 신호의 라플라스 변환이다. 따라서 표 13.2의 3번과 8번 변환 쌍을 이용하면

$$x(t)=e^{3t}u(t)-e^{-t}u(t)+te^{-t}u(t)$$

예제 13.24 라플라스 변환 $X(s)$와 수렴 영역이 다음과 같이 주어질 때, 변환 전의 원래 함수 $x(t)=\mathscr{L}^{-1}[X(s)]$를 구하여라.

$$X(s)=\frac{4s^3-18s^2+20s-4}{s^2-4s+3}\quad,\quad \text{Re}(s)>3$$

<u>풀이 :</u>

분모의 차수보다 분자의 차수가 높거나 같을 땐, 부분분수 분해하기 전에 먼저 나눗셈을 해서 분자의 차수를 분모의 차수보다 낮게 만든다. 즉

$$X(s)=4s-2+\frac{2}{s^2-4s+3} \tag{13.87}$$

이제 다음과 같이 부분 분수 분해한다.

$$X(s)=4s-2+\frac{2}{(s-1)(s-3)}=4s-2+\frac{a}{s-1}+\frac{b}{s-3} \tag{13.88}$$

식 (13.88)의 우변의 분수항을 통분하면

$$X(s)=4s-2+\frac{2}{(s-1)(s-3)}=4s-2+\frac{(a+b)s+(-3a-b)}{(s-1)(s-3)} \tag{13.89}$$

따라서

$$a+b=0$$
$$-3a-b=2$$

연립 방정식을 풀면 $a=-1, b=1$. 따라서

$$X(s)=4s-2+\frac{-1}{s-1}+\frac{1}{s-3} \tag{13.90}$$

수렴 영역이 $\mathrm{Re}(s)>3$ 이므로, 수렴 영역은 $\frac{1}{s-3}$ 의 입장에서 보든, $\frac{1}{s-1}$의 입장에서 보든 우측 반평면 쪽에 위치한다. 따라서 $\frac{1}{s-3}$과 $\frac{1}{s-1}$은 모두 우측 신호의 라플라스 변환이다. 따라서 표 13.2의 3번 변환 쌍을 이용하여 역라플라스 변환을 구하면 된다. 한편 표 13.2의 17번 변환 쌍에 의해 1 의 역라플라스 변환은 $\delta(t)$ 이다. 또 여기에 정리 13.9의 성질을 적용하면 s의 역라플라스 변환은 $\frac{d\delta(t)}{dt}$ 이다. 따라서

$$x(t)=4\frac{d\delta(t)}{dt}-2\delta(t)-e^{t}u(t)+e^{3t}u(t)$$

예제 13.25 라플라스 변환 $X(s)$와 수렴 영역이 다음과 같이 주어질 때, 변환 전의 원래 함수 $x(t)=\mathscr{L}^{-1}[X(s)]$를 구하여라.

$$X(s)=\frac{3s+2}{s^2+2s+2} \quad , \quad \mathrm{Re}(s)>-1$$

풀이 :

주어진 $X(s)$는 부분 분수 분해 하는 대신에

$$X(s)=\frac{3s+2}{s^2+2s+2}=\frac{3(s+1)-1}{(s+1)^2+1}=3\frac{s+1}{(s+1)^2+1}-\frac{1}{(s+1)^2+1} \tag{13.91}$$

과 같이 변형하면 표 13.2의 13번, 14번 변환 쌍을 이용하여 역라플라스 변환이 가능하다. 수렴 영역이 $\mathrm{Re}(s)>-1$ 이므로, 수렴 영역은 $\frac{s+1}{(s+1)^2+1}$와 $\frac{1}{(s+1)^2+1}$ 의 입장에서 볼 때 우측 반평면 쪽에 위치한다. 따라서 $\frac{s+1}{(s+1)^2+1}$와 $\frac{1}{(s+1)^2+1}$은 모두 우측 신호의 라플라스 변환이다. 따라서 표 13.2의 13번, 14번 변환 쌍을 이용하여 역라플라스 변환을 구하면

$$x(t)=3e^{-t}\cos t\, u(t)-e^{-t}\sin t\, u(t)=(3e^{-t}\cos t-e^{-t}\sin t)\,u(t)$$

연습 문제

13.5. 우측 신호 $x(t)$의 라플라스 변환 $X(s)$가 다음과 같이 주어진다. 각 경우에 대하여 변환 전의 원래 함수 $x(t) = \mathscr{L}^{-1}[X(s)]$를 구하여라.

(a) $X(s) = \frac{1}{s^2+9}$ (b) $X(s) = \frac{5}{3s-1}$ (c) $X(s) = \frac{3}{s^4}$ (d) $X(s) = \frac{7s}{s^2+4}$
(e) $X(s) = \frac{3}{s^2-7}$ (f) $X(s) = \frac{2}{(s-3)^5}$ (g) $X(s) = \frac{3}{s^2-4s+13}$ (h) $X(s) = \frac{2s+3}{s^2+2s+10}$
(i) $X(s) = \frac{5}{s^2+2s-3}$ (j) $X(s) = \frac{2s+3}{s^2-6s+13}$ (k) $X(s) = \frac{5s}{2s^2+18}$ (l) $X(s) = \frac{5}{(s+3)^3}$

13.6. 우측 신호 $x(t)$의 라플라스 변환 $X(s)$가 다음과 같이 주어진다. 각 경우에 대하여 변환 전의 원래 함수 $x(t) = \mathscr{L}^{-1}[X(s)]$를 구하여라.

(a) $X(s) = \frac{4s-5}{s^2-s-2}$ (b) $X(s) = \frac{3s^3+s^2+12s+2}{(s-3)(s+1)^3}$ (c) $X(s) = \frac{5s^2+8s-1}{s^3+3s^2+s+3}$
(d) $X(s) = \frac{7s+13}{s^3+4s^2+13s}$ (e) $X(s) = \frac{11-3s}{s^2+2s-3}$ (f) $X(s) = \frac{-2s^3+4s^2+6s+3}{s^2(s^2+3)}$

13.7. 라플라스 변환 $X(s) = \frac{1}{s+1} + \frac{1}{s-1} + \frac{1}{s-3}$의 수렴 영역이 다음과 같이 주어질 때, 각 경우에 대하여 변환 전의 원래 함수 $x(t) = \mathscr{L}^{-1}[X(s)]$를 구하여라.

(a) $\mathrm{Re}(s) < -1$ (b) $-1 < \mathrm{Re}(s) < 1$
(c) $1 < \mathrm{Re}(s) < 3$ (c) $3 < \mathrm{Re}(s)$

13.8. 함수 $y(t)$의 라플라스 변환과 수렴 영역이 $Y(s) = \frac{4s+10}{s^2+4s+3}$, $-3 < Re[s] < -1$일 때 $y(t)$를 구하여라.

13.9. 함수 $y(t)$의 라플라스 변환과 수렴 영역이 $Y(s) = \frac{4s-2}{s^2-s-2}$, $-1 < Re[s] < 2$.일 때 $y(t)$를 구하여라.

Chapter 14
라플라스 변환의 응용

14.1 미분 방정식의 풀이

예제 14.1 $t \geq 0$ 에 대하여 다음 미분 방정식 초기치 문제의 해 $y(t)$를 구하여라.

$$y'' + 2y' + y = 0 \ , \ y(0) = 1 \ , \ y'(0) = -1$$

풀이 :

Step 1 : 주어진 미분 방정식의 양변에 라플라스 변환을 취한다.

$t \geq 0$ 범위에만 관심 있으므로 $y(t)$를 인과 함수인 것으로 간주하고 주어진 미분 방정식에 라플라스 변환의 성질 13.10과 13.11을 적용하면 다음과 같다.

$$s^2Y(s) - sy(0) - y'(0) + 2[sY(s) - y(0)] + Y(s) = 0 \tag{14.1}$$

Step 2 : $Y(s)$를 구한다.

식 (14.1)으로부터

$$(s^2 + 2s + 1)Y(s) = s + 1$$
$$Y(s) = \frac{1}{s+1} \tag{14.2}$$

Step 3 : $y(t) = \mathscr{L}^{-1}[Y(s)]$를 구한다.

표 13.2의 3번 변환쌍을 이용하면 식 (14.2)의 역 라플라스 변환은

$$y(t) = e^{-t}u(t) \ .$$

예제 14.2 $t \geq 0$ 에 대하여 다음 미분 방정식 초기치 문제의 해 $y(t)$를 구하여라.

$$y'' - 7y' + 10y = e^{2t} + 20 \ , \ y(0) = 0 \ , \ y'(0) = -\frac{1}{3}$$

풀이 :

Step 1 : 주어진 미분 방정식의 양변에 라플라스 변환을 취한다.

$t \geq 0$ 범위에만 관심 있으므로 모든 함수가 인과 함수라고 가정한다. 즉 미분 방정식 우변의 함수 $e^{2t} + 20$ 은 $(e^{2t} + 20)u(t)$와 같다. 주어진 미분 방정식에 라플라스 변환의 성질 13.10과 13.11을 적용하면 다음과 같다.

$$s^2Y(s) - sy(0) - y'(0) - 7[sY(s) - y(0)] + 10Y(s) = \frac{1}{s-2} + \frac{20}{s} \quad (14.3)$$

Step 2 : $Y(s)$를 구한다.

식 (14.3)으로부터

$$(s^2 - 7s + 10)Y(s) = \frac{-s^2 + 65s - 120}{3s(s-2)}$$

$$Y(s) = \frac{-s^2 + 65s - 120}{3s(s-2)(s^2 - 7s + 10)} \quad (14.4)$$

Step 3 : $y(t) = \mathscr{L}^{-1}[Y(s)]$를 구한다.

$$y(t) = \mathscr{L}^{-1}\left[\frac{-s^2 + 65s - 120}{3s(s-2)(s^2 - 7s + 10)}\right] = \frac{1}{3}\mathscr{L}^{-1}\left[\frac{-s^2 + 65s - 120}{s(s-5)(s-2)^2}\right]$$

다음과 같이 부분 분수 분해 한다.

$$\frac{-s^2 + 65s - 120}{s(s-5)(s-2)^2} = \frac{a}{s} + \frac{b}{s-5} + \frac{c}{s-2} + \frac{d}{(s-2)^2}$$
$$= \frac{a(s-5)(s-2)^2 + bs(s-2)^2 + cs(s-5)(s-2) + ds(s-5)}{s(s-5)(s-2)^2}$$

좌변과 우변은 같아야 하므로

$$-s^2 + 65s - 120 = a(s-5)(s-2)^2 + bs(s-2)^2 + cs(s-5)(s-2) + ds(s-5)$$

이 식은 모든 s에 대해 성립하여야 한다.
$s = 0$일 때, $-120 = -20a$ 이므로 $a = 6$.
$s = 5$일 때, $180 = 45b$ 이므로 $b = 4$.
$s = 2$일 때, $6 = -6d$ 이므로 $d = -1$.

s^3 항의 계수를 비교하면, $0 = a+b+c$ 이므로 $c = -10$. 따라서

$$\begin{aligned} y(t) &= \frac{1}{3}\mathscr{L}^{-1}\left[\frac{-s^2+65s-120}{s(s-5)(s-2)^2}\right] \\ &= \frac{1}{3}\mathscr{L}^{-1}\left[\frac{6}{s}+\frac{4}{s-5}-\frac{10}{s-2}-\frac{1}{(s-2)^2}\right] \\ &= \frac{1}{3}\left[6u(t)+4e^{5t}u(t)-10e^{2t}u(t)-te^{2t}u(t)\right] \\ &= \left(2+\frac{4}{3}e^{5t}-\frac{10}{3}e^{2t}-\frac{1}{3}te^{2t}\right)u(t) \end{aligned} \tag{14.5}$$

연습 문제

14.1. 라플라스 변환을 이용하여 $t \geq 0$에 대하여 다음 각 미분 방정식의 초기치 문제의 해 $y(t)$를 구하여라.

(a) $\frac{dy}{dt} + 5y = 10\ ,\ \ y(0) = 0$
(b) $y' + 5y = 20e^{-3t}\ ,\ \ y(0) = 0$
(c) $y' + 5y = 25\sin 5t\ ,\ \ y(0) = 0$
(d) $9\frac{d^2y}{dt^2} - 24\frac{dy}{dt} + 16y = 0\ ,\ \ y(0) = 3\ ,\ \ y'(0) = 3$
(e) $y'' + 5y' + 6y = 12\ ,\ \ y(0) = 0\ ,\ \ y'(0) = 10$
(f) $y'' + 2y' - 3y = 6e^{-2t}\ ,\ \ y(0) = 2\ ,\ \ y'(0) = -14$
(g) $y'' + 16y = 10\cos 4t\ ,\ \ y(0) = 3\ ,\ \ y'(0) = 4$
(h) $y'' - 2y' + 2y = 3e^t\cos 2t\ ,\ \ y(0) = 2\ ,\ \ y'(0) = 5$

14.2 연립 미분 방정식의 풀이

예제 14.3 $t \geq 0$ 에 대하여 다음 연립 미분 방정식 초기치 문제의 해 $x(t)$, $y(t)$를 구하여라.

$$\begin{aligned} \frac{dy}{dt} + x(t) &= 1 \\ \frac{dx}{dt} - y(t) &= -4e^t \end{aligned}$$

$$x(0) = 0\ ,\ y(0) = 0$$

풀이 :

Step 1 : 주어진 미분 방정식의 양변에 라플라스 변환을 취한다.

$t \geq 0$ 범위에만 관심 있으므로 모든 함수가 인과 함수라고 가정한다. 즉 미분 방정식 우변의 함수 1과 $-4e^t$는 각각 $u(t)$와 $-4e^t u(t)$를 의미한다. 주어진 미분 방정식에 라플라스 변환의 성질 13.10을 적용하면 다음과 같다.

$$sY(s) - y(0) + X(s) = \frac{1}{s}$$
$$sX(s) - x(0) - Y(s) = \frac{-4}{s-1}$$

Step 2 : $X(s)$와 $Y(s)$를 구한다.

식 (14.6)–(14.6)으로부터

$$X(s) + sY(s) = \frac{1}{s} \tag{14.6}$$
$$sX(s) - Y(s) = \frac{-4}{s-1} \tag{14.7}$$

위의 연립 방정식을 풀면

$$X(s) = \frac{-4s^2+s-1}{s(s-1)(s^2+1)} \tag{14.8}$$
$$Y(s) = \frac{s+3}{(s-1)(s^2+1)} \tag{14.9}$$

Step 3 : $x(t) = \mathscr{L}^{-1}[X(s)]$, $y(t) = \mathscr{L}^{-1}[Y(s)]$를 구한다.

$X(s)$를 다음과 같이 부분 분수 분해 한다.

$$\frac{-4s^2+s-1}{s(s-1)(s^2+1)} = \frac{a}{s} + \frac{b}{s-1} + \frac{cs+d}{s^2+1}$$
$$= \frac{a(s-1)(s^2+1) + bs(s^2+1) + (cs+d)s(s-1)}{s(s-1)(s^2+1)}$$

좌변과 우변은 같아야 하므로

$$-4s^2+s-1 = a(s-1)(s^2+1) + bs(s^2+1) + (cs+d)s(s-1)$$

이 식은 모든 s에 대해 성립하여야 한다.

$s = 0$일 때, $-1 = -a$ 이므로 $a = 1$.

$s = 1$일 때, $-4 = 2b$ 이므로 $b = -2$.

s^3 항의 계수를 비교하면, $0 = a+b+c$ 이므로 $c = 1$.
s^2 항의 계수를 비교하면, $-4 = -a+d-c$ 이므로 $d = -2$. 따라서

$$\begin{aligned} x(t) &= \mathscr{L}^{-1}\left[\frac{1}{s} - \frac{2}{s-1} + \frac{s-2}{s^2+1}\right] \\ &= \mathscr{L}^{-1}\left[\frac{1}{s} - \frac{2}{s-1} + \frac{s}{s^2+1} - \frac{2}{s^2+1}\right] \\ &= u(t) - 2e^t u(t) + \cos t\, u(t) - 2\sin t\, u(t) \\ &= \left[1 - 2e^t + \cos t - 2\sin t\right] u(t) \end{aligned} \tag{14.10}$$

한편 $Y(s)$는 다음과 같이 부분 분수 분해 한다.

$$\begin{aligned} \frac{s+3}{(s-1)(s^2+1)} &= \frac{a}{s-1} + \frac{bs+c}{s^2+1} \\ &= \frac{a(s^2+1) + (bs+c)(s-1)}{(s-1)(s^2+1)} \end{aligned}$$

좌변과 우변은 같아야 하므로

$$s+3 = a(s^2+1) + (bs+c)(s-1)$$

이 식은 모든 s에 대해 성립하여야 한다.
$s = 1$일 때, $4 = 2a$ 이므로 $a = 2$.
s^2 항의 계수를 비교하면, $0 = a+b$ 이므로 $b = -2$.
s 항의 계수를 비교하면, $1 = -b+c$ 이므로 $c = -1$. 따라서

$$\begin{aligned} y(t) &= \mathscr{L}^{-1}\left[\frac{2}{s-1} + \frac{-2s-1}{s^2+1}\right] \\ &= \mathscr{L}^{-1}\left[\frac{2}{s-1} - 2\frac{s}{s^2+1} - \frac{1}{s^2+1}\right] \\ &= 2e^t u(t) - 2\cos t\, u(t) - \sin t\, u(t) \\ &= \left[2e^t - 2\cos t - \sin t\right] u(t) \end{aligned} \tag{14.11}$$

연습 문제

14.2. $t \geq 0$ 에 대하여 다음 각 연립 미분 방정식 초기치 문제의 해 $x(t)$, $y(t)$를 구하여라.

(a) $3\frac{dx}{dt} - 5\frac{dy}{dt} + 2x = 6$, $-\frac{dx}{dt} + 2\frac{dy}{dt} - y = -1$, $x(0) = 8$, $y(0) = 3$
(b) $2x' + y' = 5e^t$, $-3x' + y' = 5$, $x(0) = 0$, $y(0) = 0$
(c) $\frac{d^2x}{dt^2} - x - y = 0$, $\frac{d^2y}{dt^2} + x + y = 0$, $x(0) = 2$, $y(0) = -1$, $x'(0) = 0$, $y'(0) = 0$

14.3 전달 함수를 이용한 선형 시불변 시스템의 특성 표현

그림 14.1에 보인 것처럼 입력 함수 $x(t)$를 받아서 처리하여 출력 함수 $y(t)$를 내 보내는 장치나 과정을 시스템이라고 부른다.

그림 14.1 시스템

예를 들면, 그림 14.2에 보인 전기 회로는 전원 전압 $e(t)$가 입력으로 인가되면 그에 대응하여 커패시터 전압 $v(t)$가 출력으로 나타나게 된다. 따라서 이 전기 회로는 입력 함수가 $e(t)$이고 출력 함수가 $v(t)$인 시스템이다.

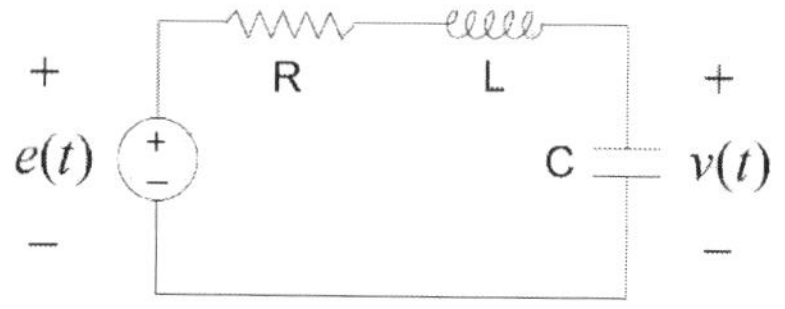

그림 14.2 시스템의 예 : 전기회로

시스템 중에서 중첩의 원리(즉 동질성과 가산성)를 만족시키는 시스템을 **선형(linear) 시스템**이라 부르고, 또 입출력 사이의 관계가 시간에 따라 변하지 않는 시스템을 **시불변(time-invariant) 시스템**이라고 부른다. 즉 선형 시스템은 입력이 어떤 함수의 상수배이면 출력도 그 함수에 대한 출력의 상수배가 되는 성질(동질성)과 입력이 어떤 두 함수의 합이면 출력도 각각의 함수에 대한 출력의 합이 되는 성질(가산성)을 갖는 시스템이며, 시불변 시스템은 입력이 어떤 함수를 시간 τ 만큼 지연시킨 함수이면 출력도 원래 함수에 대한 출력을 같은 시간 τ 만큼 지연시킨 함수가 되는 성질을 갖는 시스템이다. 선형 시불변 시스템은 다양한 통신 시스템, 신호처리 시스템, 자동제어 시스템 등에 대한 모델로서 널리 사용된다.

선형 시불변 시스템의 입출력 사이의 전달 특성을 나타내는 편리한 방법으로 전달 함수(transfer function)가 사용된다. **전달 함수**는 시스템의 초기 조건이 모두 0일 때 입력과 출력의 라플라스 변환의 비로 정의된다. 즉

선형 시불변 시스템에서 입력 $x(t)$와 출력 $y(t)$의 라플라스 변환을 각각 $X(s), Y(s)$ 라 하면, 시스템의 전달 함수 $H(s)$는 다음과 같이 정의된다.

$$H(s) = \frac{Y(s)}{X(s)} \tag{14.12}$$

예제 14.4 입력 $x(t)$와 출력 $y(t)$ 사이의 관계가 미분 방정식

$$\frac{d^2y}{dt^2}+7\frac{dy}{dt}+12y(t)=x(t) \tag{14.13}$$

로 주어지는 선형 시불변 시스템의 전달 함수를 구하여라.

풀이 :

초기 조건은 모두 0이라 가정하고 주어진 미분 방정식의 양변에 라플라스 변환을 취하면

$$\begin{aligned} s^2Y(s)+7sY(s)+12Y(s) &= X(s) \\ (s^2+7s+12)Y(s) &= X(s) \end{aligned}$$

따라서 전달 함수 $H(s)$는

$$\begin{aligned} H(s) &= \frac{Y(s)}{X(s)} \\ &= \frac{1}{s^2+7s+12} \end{aligned} \tag{14.14}$$

전달 함수가 $H(s)$인 선형 시불변 시스템의 경우 출력의 라플라스 변환은 입력의 라플라스 변환에 전달함수를 곱하여 얻을 수 있다. 즉

$$Y(s)=X(s)H(s)\ . \tag{14.15}$$

라플라스 변환의 성질 13.6에 의하면 라플라스 변환 영역에서 곱하기는 시간 영역에서는 콘벌루션이다. 따라서 $h(t)=\mathscr{L}^{-1}[H(s)]$라고 하면, 시간 영역에서 보았을 때 선형 시불변 시스템의 출력 $y(t)$는 입력 $x(t)$와 함수 $h(t)$의 콘벌루션으로 주어진다. 즉

$$y(t)=x(t)*h(t)\ . \tag{14.16}$$

식 (14.16)에서 입력이 $x(t)=\delta(t)$이면, 출력은 $y(t)=h(t)$이다. 즉 함수 $h(t)$는 입력이 임펄스 $\delta(t)$일 때의 시스템 의 출력(응답)이다. 따라서 함수 $h(t)=\mathscr{L}^{-1}[H(s)]$를 시스템의 **임펄스 응답(impulse response)**라고 부른다.

임펄스 응답 외에도 선형 시불변 시스템의 특성을 나타내기 위해 자주 사용하는 함수로 계단 응답(step response)과 램프 응답(ramp response)이 있다. **계단 응답** $s(t)$는 입력이 단위 계단 함수 $u(t)$일 때의 시스템의 출력을 말한다. **램프 응답** $r(t)$는 입력이 단위 램프 함수 $tu(t)$일 때의 시스템의 출력을 말한다.

예제 14.5 전달 함수가

$$H(s) = \frac{2s}{(s+1)^2+36} \quad , \quad \mathrm{Re}(s) > -1 \tag{14.17}$$

인 선형 시불변 시스템의 임펄스 응답 $h(t)$를 구하여라.

<u>풀이 :</u>

임펄스 응답은 전달 함수의 역 라플라스 변환이다. 따라서

$$\begin{aligned} h(t) &= \mathscr{L}^{-1}[H(s)] \\ &= \mathscr{L}^{-1}\left[\frac{2s}{(s+1)^2+36}\right] \\ &= \mathscr{L}^{-1}\left[\frac{2(s+1)}{(s+1)^2+36} + \frac{-2}{(s+1)^2+36}\right] \\ &= 2e^{-t}\cos 6t\, u(t) - \frac{1}{3}e^{-t}\sin 6t\, u(t) \\ &= \left(2e^{-t}\cos 6t - \frac{1}{3}e^{-t}\sin 6t\right)u(t) \end{aligned} \tag{14.18}$$

예제 14.6 전달 함수가 예제 14.5의 식 (14.17)으로 주어지는 선형 시불변 시스템의 계단 응답 $s(t)$와 램프 응답 $r(t)$를 구하여라.

<u>풀이 :</u>

시스템의 출력은 입력과 임펄스 응답 $h(t)$의 콘벌루션이다. 따라서

$$s(t) = u(t) * h(t) \tag{14.19}$$

$$r(t) = tu(t) * h(t) \tag{14.20}$$

먼저 계단 응답 $s(t)$를 구해 보자. 식 (14.19)의 양변을 라플라스 변환하면

$$S(s) = \frac{1}{s}H(s) \quad (\mathrm{Re}(s) > 0) \tag{14.21}$$

따라서 계단 응답 $s(t)$는 다음과 같다.

$$\begin{aligned} s(t) &= \mathscr{L}^{-1}\left[\frac{1}{s}H(s)\right] \\ &= \mathscr{L}^{-1}\left[\frac{2}{(s+1)^2+36}\right] \\ &= \frac{1}{3}e^{-t}\sin 6t\, u(t) \end{aligned} \qquad (14.22)$$

이제 램프 응답 $r(t)$를 구해 보자. 식 (14.20)의 양변을 라플라스 변환하면

$$R(s) = \frac{1}{s^2}H(s) \quad (\mathrm{Re}(s) > 0) \qquad (14.23)$$

따라서 램프 응답 $r(t)$는 다음과 같다.

$$\begin{aligned} r(t) &= \mathscr{L}^{-1}\left[\frac{1}{s^2}H(s)\right] \\ &= \mathscr{L}^{-1}\left[\frac{2}{s[(s+1)^2+36]}\right] \end{aligned} \qquad (14.24)$$

식 (14.24)의 $\mathscr{L}^{-1}[\ ]$ 안의 식을 다음과 같이 부분 분수 분해한다.

$$\frac{2}{s[(s+1)^2+36]} = \frac{a}{s} + \frac{b(s+1)+c}{(s+1)^2+36} = \frac{a[(s+1)^2+36]+s[b(s+1)+c]}{s[(s+1)^2+36]}$$

양변이 같아야 하므로 s 값에 상관 없이 다음 식이 성립한다.

$$2 = a[(s+1)^2+36]+s[b(s+1)+c]$$

$s=0$일 때, $2=37a$ 이므로 $a=\frac{2}{37}$.
s^2 항의 계수를 비교하면 $0=a+b$이므로 $b=-\frac{2}{37}$.
s 항의 계수를 비교하면 $0=2a+b+c$ 이므로 $c=-\frac{2}{37}$.

따라서 식 (14.24)으로부터

$$\begin{aligned} r(t) &= \mathscr{L}^{-1}\left[\frac{1}{37}\left(\frac{2}{s} - \frac{2(s+1)+2}{(s+1)^2+36}\right)\right] \\ &= \frac{1}{37}\mathscr{L}^{-1}\left[\frac{2}{s} - \frac{2(s+1)}{(s+1)^2+36} - \frac{2}{(s+1)^2+36}\right] \\ &= \frac{1}{37}\left(2 - 2e^{-t}\cos 6t - \frac{1}{3}e^{-t}\sin 6t\right)u(t) \end{aligned} \qquad (14.25)$$

연습문제

14.3. 선형 시불변 시스템의 전달함수 $H(s)$가 다음과 같이 주어질 때, 각 시스템에 대하여 임펄스 응답, 계단 응답, 램프 응답을 구하여라.

(a) $H(s) = \frac{6}{s+3}$, $\mathrm{Re}[s] > -3$.
(b) $H(s) = \frac{6}{(s+1)^2+36}$, $\mathrm{Re}[s] > -1$.
(c) $H(s) = \frac{2s}{(s+1)^2+36}$, $\mathrm{Re}[s] > -1$.
(d) $H(s) = \frac{6}{(s+2)(s+3)}$, $\mathrm{Re}[s] > -2$.
(e) $H(s) = \frac{6s}{(s+2)(s+3)}$, $\mathrm{Re}[s] > -2$.

Part VI
선형 대수

Chapter 15
행렬과 선형 연립 방정식

15.1 행렬의 정의

행렬(matrix)이란 숫자나 식을 직사각형 모양으로 배열하고 괄호로 묶어 놓은 것을 말한다. 예를 들면, 아래의 식 (15.1)에서 A, B, C, D는 모두 행렬이다.

$$A = \begin{bmatrix} 2 & 4 & 8 \\ 1 & 2 & 0 \end{bmatrix}, \quad B = \begin{bmatrix} x & e^x \\ 1 & 0 \end{bmatrix}, \quad C = [1\ 1\ 2], \quad D = \begin{bmatrix} 2 \\ 2 \end{bmatrix} \tag{15.1}$$

행렬의 가로 줄을 **행**(row)이라고 하고, 세로 줄을 **열**(column)이라고 한다. **행렬의 크기**(size)는 행의 갯수와 열의 갯수를 이용하여 나타낸다. 즉 어떤 행렬의 행의 갯수가 m개 이고, 열의 갯수가 n개일 때 그 행렬의 크기는 $m \times n$으로 나타낸다. 예를 들면 식 (15.1)에서 행렬 A의 크기는 2×3이고 행렬 B의 크기는 2×2이다.

A가 $m \times n$ 행렬일 때, A를 일반식으로 다음과 같이 나타낸다.

$$A = \begin{bmatrix} a_{11} & a_{12} & \dots & a_{1n} \\ a_{21} & a_{22} & \dots & a_{2n} \\ \vdots & \vdots & \vdots & \vdots \\ a_{m1} & a_{m2} & \dots & a_{mn} \end{bmatrix} \tag{15.2}$$

행렬을 구성하는 숫자나 식을 그 행렬의 **원소**(element)라고 부른다. 식 (15.2)에서 a_{ij}는 행렬 A의 i번째 행 j번째 열의 원소를 나타낸다. 식 (15.2)는 좀 더 간단한 기호로 다음과 같이 표시하기도 한다.

$$A = [a_{ij}]_{m \times n} \tag{15.3}$$

행렬 중에서 행이나 열을 한 개만 가지는 행렬은 **벡터**(vector)라고 부른다. 행이 한 개인 $1 \times n$ 행렬

$$[a_1\ a_2\ \dots\ a_n] \tag{15.4}$$

은 **행 벡터**(row vector)라 부르고, 열이 한 개인 $m \times 1$ 행렬

$$\begin{bmatrix} b_1 \\ b_2 \\ \vdots \\ b_m \end{bmatrix} \tag{15.5}$$

은 **열 벡터**(column vector)라고 부른다. 행렬은 알파벳 대문자를 사용하여 A, B, C 등으로 나타내지만, 벡터는 보통 알파벳 소문자 굵은 글씨를 사용하여 $\mathbf{a}, \mathbf{b}, \mathbf{c}$ 등으로 나타낸다.

행렬 중에서 행의 갯수와 열의 갯수가 같은 행렬은 **정사각 행렬**(square matrix)이라고 부른다. 예를 들면 앞 페이지의 식 (15.1)에서 행렬 B는 정사각 행렬이고 나머지 세 행렬은 정사각 행렬이 아니다. 행렬 A가 $n \times n$ 정사각 행렬

$$A = \begin{bmatrix} a_{11} & a_{12} & \dots & a_{1n} \\ a_{21} & a_{22} & \dots & a_{2n} \\ \vdots & \vdots & \vdots & \vdots \\ a_{n1} & a_{n2} & \dots & a_{nn} \end{bmatrix} \tag{15.6}$$

일 때, 왼쪽 위에서 오른 쪽 아래로 향하는 대각선에 위치한 원소들의 모임

$$[a_{11}\ a_{22}\ \dots\ a_{nn}]$$

을 행렬 A의 **주대각선**(main diagonal)이라고 부른다. 행렬 A의 주대각선 원소 $a_{11}, a_{22}, \dots, a_{nn}$의 합을 A의 **대각합**(trace)이라고 부른다.

예제 15.1 *다음 행렬의 크기, 주대각선, 대각합을 구하여라.*

$$A = \begin{bmatrix} 1 & 2 & 3 \\ 4 & 5 & 6 \\ 7 & 8 & 9 \end{bmatrix} \tag{15.7}$$

풀이 :

A의 크기는 3×3 이고, A의 주대각선은 $[1\ \ 5\ \ 9]$ 이며, A의 대각합은 $1 + 5 + 9 = 15$ 이다.

정사각 행렬 중에는 원소들의 구성이 특별한 구조를 갖는 것들이 있는데 이러한 행렬들 중에 자주 쓰이는 것들을 소개하면 다음과 같다.

대칭 행렬(symmetric matrix)

정사각 행렬 $A = [a_{ij}]_{n \times n}$가 모든 행 번호 i와 열번호 j에 대해 $a_{ij} = a_{ji}$를 만족시킬 때, 행렬 A를 **대칭 행렬**이라고 부른다. 즉 대칭 행렬은 주대각선을 기준으로 상하에 대칭 위치에 있는 원소들이 서로 같은 값을 갖는 행렬이다. 예를 들면,

$\begin{bmatrix} a & 2 & 3 \\ 2 & b & 4 \\ 3 & 4 & c \end{bmatrix}$ 은 대칭 행렬이고 $\begin{bmatrix} a & 2 & 3 \\ 2 & b & 4 \\ 3 & 5 & c \end{bmatrix}$ 는 대칭 행렬이 아니다.

반대칭 행렬(skew-symmetric matrix)

정사각 행렬 $A = [a_{ij}]_{n \times n}$가 서로 다른 모든 i, j에 대해 $a_{ij} = -a_{ji}$를 만족시킬 때, 행렬 A를 **반대칭 행렬**이라고 부른다. 즉 반대칭 행렬은 주대각선을 기준으로 상하에 대칭 위치에 있는 원소들이 서로 크기는 같고 부호는 반대인 값을 갖는 행렬이다. 예를 들면,

$\begin{bmatrix} a & 2 & 3 \\ 2 & b & 5 \\ 3 & 5 & c \end{bmatrix}$ 은 대칭 행렬이고 $\begin{bmatrix} a & -2 & 3 \\ 2 & b & -5 \\ -3 & 5 & c \end{bmatrix}$ 는 반대칭 행렬이다.

대각선 행렬(diagonal matrix)

대각선 행렬은 다음의 예와 같이 주대각선 원소들을 제외한 모든 원소들이 0 인 행렬을 말한다.

$$\begin{bmatrix} a & 0 & 0 \\ 0 & b & 0 \\ 0 & 0 & c \end{bmatrix}$$

단위 행렬(identity matrix)

단위 행렬은 다음의 예와 같이 주대각선 원소들을 모두 1이고 그 외의 다른 모든 원소들은 0 인 행렬을 말한다.

$$\begin{bmatrix} 1 & 0 & 0 \\ 0 & 1 & 0 \\ 0 & 0 & 1 \end{bmatrix}$$

단위 행렬은 보통은 기호 I로 나타내며, 행렬의 크기가 $n \times n$임을 강조하고자 할 때는 기호 $I_{n \times n}$으로 나타낸다.

삼각 행렬(triangular matrix)

주 대각선을 기준으로 윗쪽의 원소들이 모두 0 인 행렬을 **아래삼각행렬**(lower triangular matrix)이라 부르고, 아랫쪽의 원소들이 모두 0 인 행렬을 **위삼각행렬**(upper triangular matrix)라 부른다. 예를 들면

$\begin{bmatrix} a & 0 & 0 \\ d & b & 0 \\ e & f & c \end{bmatrix}$ 는 아래삼각행렬이고 $\begin{bmatrix} a & d & e \\ 0 & b & f \\ 0 & 0 & c \end{bmatrix}$ 는 위삼각행렬이다.

15.2 행렬의 연산

행렬의 상등

행렬 A와 B가 크기가 같으며, 같은 위치에 있는 원소끼리 서로 같을 때 '두 행렬 A와 B는 서로 같다'라고 말하고 $A=B$라고 쓴다. 즉 $A=[a_{ij}]_{m\times n}$, $B=[b_{ij}]_{m\times n}$ 라고 하면

$$A=B \iff a_{ij}=b_{ij} \quad \forall\ 1\le i\le m\ ,\ 1\le j\le n \tag{15.8}$$

예제 15.2 $A=\begin{bmatrix}1&0\\0&1\end{bmatrix}$ 이고 $B=\begin{bmatrix}x+y&x-y\\0&1\end{bmatrix}$ 이다. A와 B가 서로 같은 행렬일 때, x 와 y의 값을 구하여라.

풀이 :

$A=B$ 이므로 같은 위치에 있는 원소끼리 같다.

$$x+y=1$$
$$x-y=0$$

따라서 $x=\frac{1}{2}$, $y=\frac{1}{2}$ 이다.

행렬의 덧셈

크기가 같은 행렬 A, B의 덧셈 $A+B$는 각각의 행렬에서 같은 위치에 있는 원소끼리 더하는 연산으로 정의한다. 즉 $A=[a_{ij}]_{m\times n}$, $B=[b_{ij}]_{m\times n}$, $C=[c_{ij}]_{m\times n}$ 이라고 하면

$$C=A+B \iff c_{ij}=a_{ij}+b_{ij} \quad \forall\ 1\le i\le m\ ,\ 1\le j\le n \tag{15.9}$$

예제 15.3 $A=\begin{bmatrix}-4&6&3\\0&1&2\end{bmatrix}$ 이고 $B=\begin{bmatrix}5&-1&0\\3&1&0\end{bmatrix}$ 이다. $A+B$를 구하여라.

풀이 :

$$A+B=\begin{bmatrix}-4&6&3\\0&1&2\end{bmatrix}+\begin{bmatrix}5&-1&0\\3&1&0\end{bmatrix}=\begin{bmatrix}-4+5&6-1&3+0\\0+3&1+1&2+0\end{bmatrix}=\begin{bmatrix}1&5&3\\3&2&2\end{bmatrix}$$

행렬의 덧셈의 정의 식 (15.9)를 이용하면 행렬의 덧셈에서 다음 각 성질이 성립함을 손쉽게 증명할 수 있다.

$$A+B=B+A \tag{15.10}$$

$$(A+B)+C=A+(B+C) \tag{15.11}$$

$$A+O=O+A=A \tag{15.12}$$

$$A+(-A)=O \tag{15.13}$$

식 (15.10)–(15.11)은 행렬의 덧셈에 대해 교환 법칙과 결합 법칙이 성립함을 의미한다. 식 (15.12)–(15.13)에서 O는 영행렬(모든 원소가 0인 행렬)을, $-A$는 A의 모든 원소에 -1을 곱한 행렬을 나타낸다.

행렬의 뺄셈 $A-B$는 $A+(-B)$를 뜻한다. 따라서 크기가 같은 두 행렬의 뺄셈은 같은 위치에 있는 원소끼리 빼 주면 된다.

행렬과 스칼라의 곱셈

행렬 A와 스칼라(즉 숫자 1개) k의 곱셈 kA는 행렬 A 내의 모든 원소에 스칼라 k를 곱하는 연산으로 정의한다. 즉 $A=[a_{ij}]_{m\times n}$, $C=[c_{ij}]_{m\times n}$ 이라고 하면

$$C=kA \iff c_{ij}=ka_{ij} \quad \forall\ 1\leq i\leq m\ ,\ 1\leq j\leq n \tag{15.14}$$

예제 15.4 $A=\begin{bmatrix}1&2&3\\4&5&6\\7&8&9\end{bmatrix}$ *일 때, 2A 와 $-A$를 구하여라.*

풀이 :

$$2A=2\begin{bmatrix}1&2&3\\4&5&6\\7&8&9\end{bmatrix}=\begin{bmatrix}2&4&6\\8&10&12\\14&16&18\end{bmatrix}\quad,\quad -A=-\begin{bmatrix}1&2&3\\4&5&6\\7&8&9\end{bmatrix}=\begin{bmatrix}-1&-2&-3\\-4&-5&-6\\-7&-8&-9\end{bmatrix}$$

스칼라 곱의 정의 식 (15.14)를 이용하면 스칼라 곱에 대한 다음 각 성질을 손쉽게 증명할 수 있다.

$$k(A+B)=kA+kB \tag{15.15}$$

$$(k+m)A=kA+mA \tag{15.16}$$

$$k(mA)=(km)A \tag{15.17}$$

$$1A=A \tag{15.18}$$

식 (15.15)–(15.18)에서 A 와 B는 같은 크기의 행렬을, k 와 m은 임의의 두 스칼라를 나타낸다.

행렬의 곱셈

행렬 A와 B의 곱셈 AB는 그림 15.1에 보인 것처럼 A의 i행 원소들과 B의 j행 원소들을 서로 곱해서 더한 값이 AB의 i행 j열 원소가 되도록 하는 연산으로 정의한다.

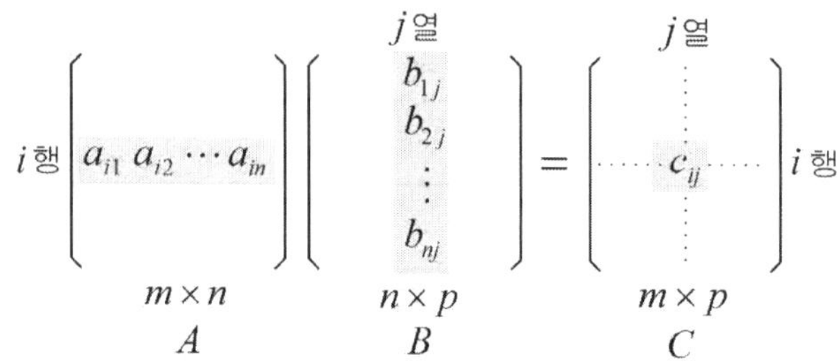

그림 15.1 행렬의 곱셈

즉 $A=[a_{ij}]_{m\times n}, B=[b_{ij}]_{n\times p}, C=[c_{ij}]_{m\times p}$ 라고 하면

$$C = AB \iff c_{ij} = \sum_{k=1}^{n} a_{ik}b_{kj} \quad \forall\ 1 \le i \le m\ ,\ 1 \le j \le p \tag{15.19}$$

따라서 행렬의 곱 AB는 A의 열 갯수와 B의 행 갯수가 같을 때만 정의된다. 즉 A가 $m\times n$ 행렬이고 B가 $r\times p$ 행렬일 때 만약 $n=r$이면 곱셈 AB가 가능하고 그 결과가 $m\times p$ 행렬이 되지만, 만약 $n\neq r$이면 곱셈 AB는 정의되지 않는다.

예제 15.5 다음을 계산하여라.

(a) $\begin{bmatrix}1&2\\3&6\end{bmatrix}\begin{bmatrix}-2&4\\1&-2\end{bmatrix}$ (b) $\begin{bmatrix}-2&4\\1&-2\end{bmatrix}\begin{bmatrix}1&2\\3&6\end{bmatrix}$ (c) $\begin{bmatrix}1&0\\0&2\end{bmatrix}\begin{bmatrix}1\\2\end{bmatrix}$

(d) $\begin{bmatrix}1&2\end{bmatrix}\begin{bmatrix}-2&4\\1&-2\end{bmatrix}$ (e) $\begin{bmatrix}1\\2\end{bmatrix}\begin{bmatrix}1&2\end{bmatrix}$ (f) $\begin{bmatrix}1&2\end{bmatrix}\begin{bmatrix}1\\2\end{bmatrix}$

풀이 :

(a) $\begin{bmatrix}1&2\\3&6\end{bmatrix}\begin{bmatrix}-2&4\\1&-2\end{bmatrix}=\begin{bmatrix}1\cdot(-2)+2\cdot1 & 1\cdot4+2\cdot(-2)\\3\cdot(-2)+6\cdot1 & 3\cdot4+6\cdot(-2)\end{bmatrix}=\begin{bmatrix}0&0\\0&0\end{bmatrix}$

(b) $\begin{bmatrix}-2&4\\1&-2\end{bmatrix}\begin{bmatrix}1&2\\3&6\end{bmatrix}=\begin{bmatrix}(-2)\cdot1+4\cdot3 & (-2)\cdot2+4\cdot6\\1\cdot1+(-2)\cdot3 & 1\cdot2+(-2)\cdot6\end{bmatrix}=\begin{bmatrix}10&20\\-5&-10\end{bmatrix}$

(c) $\begin{bmatrix}1&0\\0&2\end{bmatrix}\begin{bmatrix}1\\2\end{bmatrix}=\begin{bmatrix}1\cdot1+0\cdot2\\0\cdot1+2\cdot2\end{bmatrix}=\begin{bmatrix}1\\4\end{bmatrix}$

(d) $\begin{bmatrix}1&2\end{bmatrix}\begin{bmatrix}-2&4\\1&-2\end{bmatrix}=\begin{bmatrix}1\cdot(-2)+2\cdot1 & 1\cdot4+2\cdot(-2)\end{bmatrix}=\begin{bmatrix}0&0\end{bmatrix}$

(e) $\begin{bmatrix}1\\2\end{bmatrix}\begin{bmatrix}1 & 2\end{bmatrix} = \begin{bmatrix}1\cdot 1 & 1\cdot 2\\ 2\cdot 1 & 2\cdot 2\end{bmatrix} = \begin{bmatrix}1 & 2\\ 2 & 4\end{bmatrix}$

(f) $\begin{bmatrix}1 & 2\end{bmatrix}\begin{bmatrix}1\\2\end{bmatrix} = [1\cdot 1 + 2\cdot 2] = [5] = 5$

예제 15.5의 (a), (b)를 보면 행렬을 곱하는 순서에 따라 곱셈의 결과도 달라질 수 있음을 알 수 있다. 즉 행렬의 곱셈에서 교환 법칙은 성립하지 않는다.

$$AB \neq BA \tag{15.20}$$

행렬의 곱셈에서 교환 법칙은 성립하지 않지만, 다음과 같이 결합 법칙과 분배 법칙은 성립함을 쉽게 증명할 수 있다.

$$(kA)B = k(AB) = A(kB) \tag{15.21}$$

$$(AB)C = A(BC) \tag{15.22}$$

$$(A+B)C = AC+BC \tag{15.23}$$

$$A(B+C) = AB+AC \tag{15.24}$$

A가 정사각 행렬인 경우에는, A를 거듭해서 곱하는 것이 가능하다. 이 경우 거듭제곱 기호를 사용하여 나타낸다. 즉

$$A^1 = A \ , \ A^2 = AA \ , \quad \ldots \quad , \ A^n = AA\cdots A \quad (n \text{ 개의 곱}) \tag{15.25}$$

행렬의 전치(transpose)

행렬 A의 **전치**란 행렬 A의 행과 열을 서로 바꾸어 얻어지는 행렬을 말하며 기호로 A^T라 나타낸다. 즉

$$A = \begin{bmatrix} a_{11} & a_{12} & \ldots & a_{1n} \\ a_{21} & a_{22} & \ldots & a_{2n} \\ \vdots & \vdots & \vdots & \vdots \\ a_{m1} & a_{m2} & \ldots & a_{mn} \end{bmatrix} \quad \text{일 때}, \quad A^T = \begin{bmatrix} a_{11} & a_{21} & \ldots & a_{n1} \\ a_{12} & a_{22} & \ldots & a_{n2} \\ \vdots & \vdots & \vdots & \vdots \\ a_{1n} & a_{2n} & \ldots & a_{mn} \end{bmatrix} \tag{15.26}$$

예제 15.6 행렬 $A = \begin{bmatrix}1 & 2 & 3\\ 4 & 5 & 6\end{bmatrix}$ 의 전치를 구하여라.

풀이 :

$$A^T = \begin{bmatrix}1 & 4\\ 2 & 5\\ 3 & 6\end{bmatrix}$$

행렬의 전치의 정의 식 (15.26)를 이용하면 행렬의 전치에 대한 다음 각 성질을 어렵지 않게 증명할 수 있다.

$$\left(A^T\right)^T = A \tag{15.27}$$
$$(A+B)^T = A^T + B^T \tag{15.28}$$
$$(kA)^T = kA^T \tag{15.29}$$
$$(AB)^T = B^T A^T \tag{15.30}$$

연습 문제

15.1. $A = \begin{bmatrix} 2 & -1 \\ -7 & 4 \end{bmatrix}$, $\mathbf{x} = [1 - 1]$일 때 다음 계산을 하여라.

(a) $-2A$ (b) AA^T (c) A^TA (d) A^3
(e) $A\mathbf{x}$ (f) $\mathbf{x}^TA$ (g) $\mathbf{x}^T\mathbf{x}$ (h) $\mathbf{x}\mathbf{x}^T$

15.2. $A = \begin{bmatrix} 4 & 1 & 0 \\ 1 & 3 & 2 \\ 0 & 2 & 5 \end{bmatrix}$, $B = \begin{bmatrix} 0 & 2 & -8 \\ -2 & 0 & 6 \\ 8 & -6 & 0 \end{bmatrix}$, $\mathbf{x} = \begin{bmatrix} 2 \\ 1 \\ 4 \end{bmatrix}$, $\mathbf{y} = \begin{bmatrix} 9 \\ 0 \\ 5 \end{bmatrix}$ 일 때, 다음을 계산하여라.

(a) $A+B$ (b) $A-2B$ (c) AB (d) B^TA^T (e) A^2
(f) $A\mathbf{x}$ (g) $\mathbf{y}^TB$ (h) $\mathbf{x}^T\mathbf{y}$ (i) $\mathbf{x}\mathbf{y}^T$ (j) A 의 대각합(trace)

15.3 가우스 소거법

행렬의 가장 기본적이고 중요한 응용은 선형 연립 방정식의 해를 구하는 것이다. 선형 연립 방정식의 해를 구하는 방법은 여러 가지가 있는데 이 절에서는 가우스 소거법에 대하여 알아 본다.

선형 연립 방정식의 행렬 표현

일반적으로 선형 연립 방정식은 다음과 같이 n개의 미지수 $x_1, x_2, \ldots, x_n$에 대한 선형 방정식 m개가 연립되어 있는 형태를 갖는다.

$$\begin{aligned} a_{11}x_1 + a_{12}x_2 + \cdots + a_{1n}x_n &= b_1 \\ a_{21}x_1 + a_{22}x_2 + \cdots + a_{2n}x_n &= b_2 \\ \vdots \qquad \vdots \qquad\quad \vdots \quad &\quad \vdots \\ a_{m1}x_1 + a_{m2}x_2 + \cdots + a_{mn}x_n &= b_m \end{aligned} \tag{15.31}$$

식 (15.31)을 행렬 방정식으로 나타내면 다음과 같다.

$$\begin{bmatrix} a_{11} & a_{12} & \cdots & a_{1n} \\ a_{21} & a_{22} & \cdots & a_{2n} \\ \vdots & \vdots & & \vdots \\ a_{m1} & a_{m2} & \cdots & a_{mn} \end{bmatrix} \begin{bmatrix} x_1 \\ x_2 \\ \vdots \\ x_n \end{bmatrix} = \begin{bmatrix} b_1 \\ b_2 \\ \vdots \\ b_m \end{bmatrix} \tag{15.32}$$

계수 행렬 A와 미지수 벡터 $\mathbf{x}$, 우변 벡터 $\mathbf{b}$를 각각

$$A = \begin{bmatrix} a_{11} & a_{12} & \cdots & a_{1n} \\ a_{21} & a_{22} & \cdots & a_{2n} \\ \vdots & \vdots & & \vdots \\ a_{m1} & a_{m2} & \cdots & a_{mn} \end{bmatrix}, \quad \mathbf{x} = \begin{bmatrix} x_1 \\ x_2 \\ \vdots \\ x_n \end{bmatrix}, \quad \mathbf{b} = \begin{bmatrix} b_1 \\ b_2 \\ \vdots \\ b_m \end{bmatrix} \tag{15.33}$$

라고 하면, 식 (15.32)는 다음과 같이 간결하게 나타낼 수 있다.

$$A\mathbf{x} = \mathbf{b} \tag{15.34}$$

미지수 $x_1, x_2, \ldots, x_n$은 모든 연립 방정식에서 공통적인 것이므로 주어진 연립 방정식을 나타내기 위해서는 계수 행렬 A와 우변 벡터 $\mathbf{b}$만 알려 주면 충분하다. 즉 계수 행렬 A의 우측에 우변 벡터 $\mathbf{b}$를 첨부하여 만든 행렬

$$[A \ \mathbf{b}] = \begin{bmatrix} a_{11} & a_{12} & \cdots & a_{1n} & b_1 \\ a_{21} & a_{22} & \cdots & a_{2n} & b_2 \\ \vdots & \vdots & & \vdots & \vdots \\ a_{m1} & a_{m2} & \cdots & a_{mn} & b_m \end{bmatrix} \tag{15.35}$$

만 알면 원래의 주어진 방정식이 무엇인지 알 수 있다. 따라서 $[A \ \mathbf{b}]$는 주어진 선형 연립 방정식의 행렬 표현이다. 행렬 $[A \ \mathbf{b}]$를 **첨부 행렬**(augmented matrix)이라고 부른다.

예제 15.7 *미지수가 x_1, x_2, x_3, x_4인 선형 연립방정식*

$$\begin{aligned} x_1 - x_2 + x_3 + x_4 &= 0 \\ x_1 - x_2 - x_3 - x_4 &= 0 \\ 2x_1 + x_2 + 3x_3 \qquad &= 2 \\ 2x_1 + x_2 + 3x_3 + x_4 &= 6 \end{aligned} \tag{15.36}$$

을 $A\mathbf{x} = \mathbf{b}$ 꼴의 행렬 방정식으로 나타내고, 첨부 행렬 $[A \ \mathbf{b}]$를 구하여라.

풀이 :

$$\begin{bmatrix} 1 & -1 & 1 & 1 \\ 1 & -1 & -1 & -1 \\ 2 & 1 & 3 & 0 \\ 2 & 1 & 3 & 1 \end{bmatrix} \begin{bmatrix} x_1 \\ x_2 \\ x_3 \\ x_4 \end{bmatrix} = \begin{bmatrix} 0 \\ 0 \\ 2 \\ 6 \end{bmatrix} \tag{15.37}$$

계수 행렬 A와 미지수 벡터 $\mathbf{x}$, 우변 벡터 $\mathbf{b}$는

$$A = \begin{bmatrix} 1 & -1 & 1 & 1 \\ 1 & -1 & -1 & -1 \\ 2 & 1 & 3 & 0 \\ 2 & 1 & 3 & 1 \end{bmatrix}, \quad \mathbf{x} = \begin{bmatrix} x_1 \\ x_2 \\ x_3 \\ x_4 \end{bmatrix}, \quad \mathbf{b} = \begin{bmatrix} 0 \\ 0 \\ 2 \\ 6 \end{bmatrix} \tag{15.38}$$

따라서 주어진 선형 연립 방정식 (15.36)을 나타내는 첨부 행렬은

$$[A \ \mathbf{b}] = \begin{bmatrix} 1 & -1 & 1 & 1 & 0 \\ 1 & -1 & -1 & -1 & 0 \\ 2 & 1 & 3 & 0 & 2 \\ 2 & 1 & 3 & 1 & 6 \end{bmatrix} \tag{15.39}$$

가우스 소거법

선형 연립 방정식이

$$\begin{aligned} x_2 - 3x_3 &= 4 \\ x_1 + x_2 - 2x_3 &= 1 \\ x_1 + x_2 + 3x_3 &= 11 \end{aligned} \tag{15.40}$$

과 같이 주어진 경우, 그 해를 즉각적으로 파악하기는 쉽지 않다. 하지만 선형 연립 방정식이 만약

$$\begin{aligned} x_1 + x_2 - 2x_3 &= 1 \\ x_2 - 3x_3 &= 4 \\ x_3 &= 2 \end{aligned} \tag{15.41}$$

처럼 사다리꼴인 경우에는, 다음과 같이 **역방향 대입**(backward substitution)을 이용하여 바로 해를 구할 수가 있다.

$$\begin{aligned} x_3 &= 2 \\ x_2 &= 4 + 3x_3 = 10 \\ x_1 &= 1 - x_2 + 2x_3 = -5 \end{aligned} \tag{15.42}$$

따라서 임의의 형태의 선형 연립 방정식의 해를 구하려면, 주어진 선형 연립 방정식을 그것과 같은 해를 가지는 사다리꼴 선형 연립 방정식으로 변환하면 된다. 두 선형 연립 방정식이 같은 해를 가질 때, 그것들을 '동치'(equivalent) 또는 '행 동치'(row-equivalent)인 선형 연립 방정식이라고 부른다.

주어진 선형 연립 방정식을 동치인 사다리꼴 선형 연립 방정식으로 변환하기 위해서는 '방정식에 대한 기본 연산'이라고 불리는 다음의 세 가지 연산을 적절한 순서로 반복하여 적용하면 된다.

방정식에 대한 기본 연산 :

두 방정식의 위치를 서로 바꾼다. (15.43)

한 방정식에 0 아닌 상수를 곱한다. (15.44)

한 방정식에 0 아닌 상수를 곱해서 다른 방정식에 더한다. (15.45)

예를 들어 선형 연립 방정식 (15.40)은 일련의 기본 연산을 다음과 같이 적용함으로써 동치인 사다리꼴 선형 연립 방정식 (15.41)로 변환할 수 있다.

(첫째 방정식과 둘째 방정식의 위치 바꿈)

$$\begin{cases} x_2 - 3x_3 = 4 \\ x_1 + x_2 - 2x_3 = 1 \\ x_1 + x_2 + 3x_3 = 11 \end{cases} \longrightarrow \begin{cases} x_1 + x_2 - 2x_3 = 1 \\ x_2 - 3x_3 = 4 \\ x_1 + x_2 + 3x_3 = 11 \end{cases}$$

(첫째 방정식에 -1을 곱해서 셋째 방정식에 더함)

$$\longrightarrow \begin{cases} x_1 + x_2 - 2x_3 = 1 \\ x_2 - 3x_3 = 4 \\ 5x_3 = 10 \end{cases}$$

(셋째 방정식에 $\frac{1}{5}$을 곱함)

$$\longrightarrow \begin{cases} x_1 + x_2 - 2x_3 = 1 \\ x_2 - 3x_3 = 4 \\ x_3 = 2 \end{cases}$$

이와 같이 세 가지 기본 연산 (15.43)–(15.45)를 적절히 사용하여 주어진 선형 연립 방정식을 동치인 사다리꼴 선형 연립 방정식으로 변환하여 해를 구하는 방법을 **가우스 소거법**(Gauss elimination)이라고 한다.

선형 연립 방정식은 첨부 행렬로 나타낼 수 있으므로 가우스 소거법은 첨부 행렬에 적용할 수도 있다. 선형 연립 방정식을 첨부 행렬로 나타내는 경우, 각 방정식은 첨부 행렬의 각 행으로 표시되고, 방정식에 대한 기본 연산 (15.43)–(15.45)는 각각 '행렬에 대한 **기본 행 연산**(elementary row operation)'이라고 불리는 다음의 세 가지 연산으로 표시된다.

행렬에 대한 기본 행 연산 :

두 행의 위치를 서로 바꾼다. (15.46)

한 행에 0 아닌 상수를 곱한다. (15.47)

한 행에 0 아닌 상수를 곱해서 다른 행에 더한다. (15.48)

기본 행 연산을 적용하여 행렬을 변환하는 경우, 변환 전후의 두 행렬은 '행 동치'라고 말한다. 따라서 가우스 소거법은 세 가지 기본 행 연산(15.46)–(15.48)을 적절히 적용하여 주어진 첨부 행렬을 행 동치인 사다리꼴 첨부 행렬로 변환한 후에 역방향 대입을 이용하여 해를 구하는 것을 의미한다.

예제 15.8 다음 선형 연립 방정식을 가우스 소거법을 이용하여 풀어라.

$$\begin{aligned} x_1 - x_2 + x_3 + x_4 &= 0 \\ x_1 - x_2 - x_3 - x_4 &= 0 \\ 2x_1 + x_2 + 3x_3 &= 2 \\ 2x_1 + x_2 + 7x_3 + x_4 &= 6 \end{aligned} \tag{15.49}$$

풀이 :

주어진 선형 연립 방정식을 첨부 행렬로 나타내면 다음과 같다.

$$\begin{aligned} x_1 - x_2 + x_3 + x_4 &= 0 \\ x_1 - x_2 - x_3 - x_4 &= 0 \\ 2x_1 + x_2 + 3x_3 &= 2 \\ 2x_1 + x_2 + 7x_3 + x_4 &= 6 \end{aligned} \qquad \begin{bmatrix} 1 & -1 & 1 & 1 & 0 \\ 1 & -1 & -1 & -1 & 0 \\ 2 & 1 & 3 & 0 & 2 \\ 2 & 1 & 7 & 1 & 6 \end{bmatrix}$$

x_1의 소거 :

첫째 방정식의 x_1항을 주축(pivot)으로 그 아래의 x_1항들을 소거한다. 첫째 방정식에 -1을 곱해서 둘째 방정식에 더하고, 첫째 방정식에 -2를 곱해서 셋째 방정식에 더하고, 첫째 방정식에 -2를 곱해서 넷째 방정식에 더하면 된다.

(첨부 행렬에서 보면, 제1행의 a_{11}을 주축으로 그 아래의 원소들을 소거하는 과정이다. 제1행에 -1을 곱해서 제2행에 더하고, 제1행에 -2를 곱해서 제3행에 더하고, 제1행에 -2를 곱해서 제4행에 더하면 된다.)

$$\begin{aligned} x_1 - x_2 + x_3 + x_4 &= 0 \\ -2x_3 - 2x_4 &= 0 \\ 3x_2 + x_3 - 2x_4 &= 2 \\ 3x_2 + 5x_3 - x_4 &= 6 \end{aligned} \qquad \begin{bmatrix} 1 & -1 & 1 & 1 & 0 \\ 0 & 0 & -2 & -2 & 0 \\ 0 & 3 & 1 & -2 & 2 \\ 0 & 3 & 5 & -1 & 6 \end{bmatrix}$$

x_2의 소거 :

둘 째 방정식의 x_2항을 주축으로 하여 그 아래의 x_2항들을 소거하려고 하는데, 둘 째 방정식에 x_2항이 없다. 따라서 그 아래에서 x_2항이 있는 방정식을 찾아서 둘 째 방정식과 서로 위치를 바꾸어 준다. 둘 째 방정식과 셋째 방정식을 서로 바꾸어 주면 된다.

(첨부 행렬에서 보면 제2행의 a_{22}가 0이므로 그 아래에서 0 이 아닌 둘째열 원소를 가진 행을 찾아서 제2행과 서로 위치를 바꾸는 과정이다. 제2행과 제3행을 서로 바꾸면 된다.)

$$\begin{aligned} x_1 - x_2 + x_3 + x_4 &= 0 \\ 3x_2 + x_3 - 2x_4 &= 2 \\ -2x_3 - 2x_4 &= 0 \\ 3x_2 + 5x_3 - x_4 &= 6 \end{aligned} \qquad \begin{bmatrix} 1 & -1 & 1 & 1 & 0 \\ 0 & 3 & 1 & -2 & 2 \\ 0 & 0 & -2 & -2 & 0 \\ 0 & 3 & 5 & -1 & 6 \end{bmatrix}$$

이제 둘째 방정식의 x_2항을 주축으로 그 아래의 x_2항들을 소거한다. 둘째 방정식에 -1을 곱해서 넷째 방정식에 더하면 된다.

(첨부 행렬에서 보면, 제2행의 a_{22}를 주축으로 그 아래의 원소들을 소거하는 과정이다. 제2행에 -1을 곱해서 제4행에 더하면 된다.)

$$\begin{aligned} x_1 - x_2 + x_3 + x_4 &= 0 \\ 3x_2 + x_3 - 2x_4 &= 2 \\ -2x_3 - 2x_4 &= 0 \\ 4x_3 + x_4 &= 4 \end{aligned} \qquad \begin{bmatrix} 1 & -1 & 1 & 1 & 0 \\ 0 & 3 & 1 & -2 & 2 \\ 0 & 0 & -2 & -2 & 0 \\ 0 & 0 & 4 & 1 & 4 \end{bmatrix}$$

<u>x_3의 소거 :</u>

셋째 방정식의 x_3항을 주축(pivot)으로 그 아래의 x_3항들을 소거한다. 셋째 방정식에 2를 곱해서 넷째 방정식에 더하면 된다.

(첨부 행렬에서 보면, 제3행의 a_{33}을 주축으로 그 아래의 원소들을 소거하는 과정이다. 제3행에 2를 곱해서 제4행에 더하면 된다.)

$$\begin{aligned} x_1 - x_2 + x_3 + x_4 &= 0 \\ 3x_2 + x_3 - 2x_4 &= 2 \\ -2x_3 - 2x_4 &= 0 \\ -3x_4 &= 4 \end{aligned} \qquad \begin{bmatrix} 1 & -1 & 1 & 1 & 0 \\ 0 & 3 & 1 & -2 & 2 \\ 0 & 0 & -2 & -2 & 0 \\ 0 & 0 & 0 & -3 & 4 \end{bmatrix} \tag{15.50}$$

<u>역방향 대입 :</u>

이제 방정식이 사다리꼴로 표시되었으므로 다음과 같이 역방향 대입을 이용하여 해를 구한다.

$$\begin{aligned} x_4 &= \frac{4}{-3} = -\frac{4}{3} \\ x_3 &= \frac{0 + 2x_4}{-2} = \frac{4}{3} \\ x_2 &= \frac{2 - x_3 + 2x_4}{3} = -\frac{2}{3} \\ x_1 &= \frac{0 + x_2 - x_3 - x_4}{1} = -\frac{2}{3} \end{aligned}$$

행 사다리꼴

가우스 소거법의 적용을 마친 후에 얻어지는 첨부 행렬의 최종 모양을 '행 사다리꼴(row echelon form)'이라고 부른다. **행 사다리꼴 행렬**이란 다음과 같은 성질을 갖는 행렬로 정의된다.

1. 원소가 모두 0인 행이 있다면 그 행은 행렬의 맨 아래에 위치한다.
2. 한 행에 선행 원소(그 행에서 처음으로 나타나는 0이 아닌 원소)가 있는 경우, 그것은 반드시 그 윗 행의 선행 원소보다 오른 쪽에 있다.
3. 따라서 선행 원소 아래에 있는 모든 원소들은 0이다.

예를 들면

$$\begin{bmatrix} 1 & -1 & 1 & 1 & 0 \\ 0 & 3 & 1 & -2 & 2 \\ 0 & 0 & -2 & -2 & 0 \\ 0 & 0 & 0 & -3 & 4 \end{bmatrix} \qquad \begin{bmatrix} 1 & -1 & 1 & 1 & 0 \\ 0 & 0 & 1 & -2 & 2 \\ 0 & 0 & 0 & -2 & 0 \\ 0 & 0 & 0 & 0 & 0 \end{bmatrix} \qquad \begin{bmatrix} 1 & -1 & 1 & 1 & 0 \\ 0 & 0 & 0 & -2 & 2 \\ 0 & 0 & 0 & 0 & 0 \\ 0 & 0 & 0 & 0 & 0 \end{bmatrix}$$

은 모두 행 사다리꼴이지만,

$$\begin{bmatrix} 1 & -1 & 1 & 1 & 0 \\ 0 & 3 & 1 & -2 & 2 \\ 0 & 0 & 0 & 0 & 0 \\ 0 & 0 & 0 & -3 & 4 \end{bmatrix} \qquad \begin{bmatrix} 1 & -1 & 1 & 1 & 0 \\ 0 & 0 & 1 & -2 & 2 \\ 0 & 0 & 2 & -2 & 0 \\ 0 & 0 & 0 & 0 & 0 \end{bmatrix}$$

은 행 사다리꼴이 아니다.

선형 연립 방정식의 해의 갯수

선형 연립 방정식이 항상 유일한 해를 갖는 것은 아니다. 선형 연립 방정식은 예제 15.8에서처럼 유일한 해를 가질 수도 있지만, 경우에 따라서는 해가 없을 수도 있고, 무수히 많은 해를 가질 수도 있다.

한 예로 가우스 소거법을 적용한 결과 다음과 같은 행 사다리꼴로 변환되는 선형 연립 방정식을 고려해 보자.

$$\begin{aligned} x_1 - x_2 - x_3 + x_4 &= -1 \\ x_2 + x_3 - 2x_4 &= 2 \\ x_3 - x_4 &= 0 \\ 0 &= 1 \end{aligned} \qquad \begin{bmatrix} 1 & -1 & -1 & 1 & -1 \\ 0 & 1 & 1 & -2 & 2 \\ 0 & 0 & 1 & -1 & 0 \\ 0 & 0 & 0 & 0 & 1 \end{bmatrix} \tag{15.51}$$

위의 식 (15.51)에서 네번 째 방정식(제4행)은

$$0x_1 + 0x_2 + 0x_3 + 0x_4 = 1 \tag{15.52}$$

을 의미하는데, 어떤 x_1, x_2, x_3, x_4도 식 (15.52)를 만족시킬 수는 없다. 따라서 이 선형 연립 방정식은 해를 갖지 않는다.

또 다른 예로, 가우스 소거법을 적용한 결과 다음과 같은 행사다리꼴로 변환되는 선형 연립 방정식을 고려해 보자.

$$\begin{aligned} x_1 - x_2 - x_3 + x_4 &= -1 \\ x_2 + x_3 - 2x_4 &= 2 \\ x_3 - x_4 &= 0 \\ 0 &= 0 \end{aligned} \qquad \begin{bmatrix} 1 & -1 & -1 & 1 & -1 \\ 0 & 1 & 1 & -2 & 2 \\ 0 & 0 & 1 & -1 & 0 \\ 0 & 0 & 0 & 0 & 0 \end{bmatrix}$$

이 연립 방정식의 경우 역방향 대입을 하면

$$\begin{aligned} x_3 &= x_4 \\ x_2 &= 2 - x_3 + 2x_4 \\ x_1 &= -1 + x_2 + x_3 - x_4 \end{aligned}$$

따라서 변수 x_4의 값이 하나로 정해지면 그에 따라서 x_3, x_2, x_1 값이 정해진다. 그런데 변수 x_4의 값에는 어떤 제약 조건도 없으므로 어떤 값도 가능하다. 따라서 이 연립 방정식은 무수히 많은 해를 가진다.

일반적으로 미지수가 n개인 방정식 m개로 구성된 선형 연립 방정식은 $m \times (n+1)$ 크기의 첨부행렬로 표현된다. 이 행렬에 가우스 소거법을 적용한 결과 얻어지는 행 사다리꼴의 모양을 보면, 그것으로부터 주어진 선형 연립 방정식의 해의 갯수에 대해서 다음과 같이 3가지 경우를 구분할 수 있다.

<u>해가 없는 경우 :</u>

만약 첨부 행렬의 맨 마지막 열에 어떤 행의 선행 원소가 있으면, 주어진 선형 연립 방정식은 해를 갖지 않는다.

예를 들어, 행 사다리꼴이 다음과 같은 모양을 갖는 경우이다.

$$\begin{bmatrix} a_{11} & a_{12} & \cdots & a_{1n} & b_1 \\ & a_{22} & \cdots & a_{2n} & b_2 \\ & & \ddots & \vdots & \vdots \\ & & & & b_r \\ & & & & \\ & & & & \end{bmatrix} \tag{15.53}$$

이 경우 r 번째 행이 나타내는 방정식은

$$0x_1 + 0x_2 + \cdots + 0x_n = b_r \tag{15.54}$$

인데, $b_r \neq 0$이므로 어떤 $x_1, x_2, \ldots, x_n$도 식 (15.54)를 만족시킬 수는 없다. 따라서 이 경우 선형 연립 방정식은 해를 갖지 않는다.

해가 유일한 경우 :

만약 첨부 행렬의 맨 마지막 열에는 어떤 행의 선행 원소도 위치하지 않고 계수 부분(즉 $[A\ b]$에서 A 부분)의 모든 열에는 모두 선행 원소가 위치하면, 주어진 선형 연립 방정식은 유일한 해를 갖는다.

이 경우는 선행 원소가 있는 행의 갯수가 미지수의 갯수 n과 같은 경우로서 행 사다리꼴이 다음과 같은 모양을 갖는 경우이다.

$$\begin{bmatrix} a_{11} & a_{12} & \cdots & a_{1n} & b_1 \\ & a_{22} & \cdots & a_{2n} & b_2 \\ & & \ddots & \vdots & \vdots \\ & & & a_{nn} & b_n \\ & & & & \end{bmatrix} \tag{15.55}$$

따라서 다음과 같이 역방향 대입을 이용하여 유일한 해 $x_1, x_2, \ldots, x_n$ 을 구할 수 있다.

$$x_n = \frac{1}{a_{nn}} b_n$$

$$x_i = \frac{b_i - \sum_{j=i+1}^{n} a_{ij} x_j}{a_{ii}} \quad , \ i = 1, 2, \ldots, n-1$$

해가 무수히 많은 경우 :

만약 첨부 행렬의 맨 마지막 열에는 어떤 행의 선행 원소도 위치하지 않고 계수 부분의 열 중에서는 최소한 한 개의 열에 선행 원소가 위치하지 않으면, 주어진 선형 연립 방정식은 무수히 많은 해를 갖는다.

이 경우는 선행 원소가 있는 행의 갯수가 미지수의 갯수 n보다 작은 경우로서, 예를 들면 행 사다리꼴이 다음과 같은 모양을 갖는 경우이다.

$$\begin{bmatrix} a_{11} & a_{12} & & \cdots & a_{1n} & b_1 \\ & a_{22} & & \cdots & a_{2n} & b_2 \\ & & \ddots & & \vdots & \vdots \\ & & & a_{rr} \ \cdots & a_{rn} & b_r \\ & & & & & \end{bmatrix} \tag{15.56}$$

이 경우 $x_1, x_2, \ldots, x_r$은

$$x_i = \frac{b_i - \sum_{j=i+1}^{n} a_{ij} x_j}{a_{ii}} \quad , \ i = 1, 2, \ldots, r$$

인데 $x_{j+1}, \ldots, x_n$의 값은 어떤 값으로 정해도 상관이 없으므로, 무수히 많은 해가 존재함을 알 수 있다.

기약 행 사다리꼴

어떤 행렬이 제 272쪽에서 정의된 행 사다리꼴이면서 동시에 추가적으로 다음과 같은 성질을 가지는 경우, 그 행렬을 **기약 행 사다리꼴**(reduced row echelon form)이라고 부른다.

1. 선행 원소는 모두 1이다.
2. 선행 원소가 있는 열의 선행 원소 이외의 다른 모든 원소는 0이다.

예를 들면 다음 세 행렬은 모두 기약 행 사다리꼴이다.

$$\begin{bmatrix} 1 & 0 & 0 & 0 & 0 \\ 0 & 1 & 0 & 0 & 2 \\ 0 & 0 & 1 & 0 & 0 \\ 0 & 0 & 0 & 1 & 4 \end{bmatrix} \qquad \begin{bmatrix} 1 & 3 & 0 & 0 & 3 \\ 0 & 0 & 1 & 0 & 2 \\ 0 & 0 & 0 & 1 & 2 \\ 0 & 0 & 0 & 0 & 0 \end{bmatrix} \qquad \begin{bmatrix} 1 & 2 & 3 & 0 & 4 \\ 0 & 0 & 0 & 1 & 2 \\ 0 & 0 & 0 & 0 & 0 \\ 0 & 0 & 0 & 0 & 0 \end{bmatrix}$$

하지만 다음 세 행렬은 행 사다리꼴이긴 하되 기약 행 사다리꼴은 아니다.

$$\begin{bmatrix} 1 & -1 & 1 & 1 & 0 \\ 0 & 3 & 1 & -2 & 2 \\ 0 & 0 & -2 & -2 & 0 \\ 0 & 0 & 0 & -3 & 4 \end{bmatrix} \qquad \begin{bmatrix} 1 & -1 & 1 & 1 & 0 \\ 0 & 0 & 1 & -2 & 2 \\ 0 & 0 & 0 & -2 & 0 \\ 0 & 0 & 0 & 0 & 0 \end{bmatrix} \qquad \begin{bmatrix} 1 & -1 & 1 & 1 & 0 \\ 0 & 0 & 0 & -2 & 2 \\ 0 & 0 & 0 & 0 & 0 \\ 0 & 0 & 0 & 0 & 0 \end{bmatrix}$$

가우스 요르단 소거법

가우스 요르단 소거법(Gauss-Jordan elimination)은 앞에서 공부한 가우스 소거법을 약간 변형한 선형 연립 방정식의 해법이다. 가우스 소거법은 기본 행 연산을 수행하여 선형 연립 방정식을 행 사다리꼴로 변환한 후 역방향 대입을 수행하여 해를 구하는 방법이다. 가우스 요르단 소거법은 가우스 소거법에서 역방향 대입 과정을 없애고, 대신에 추가적인 기본 행 연산을 수행하여 가우스 소거 과정의 결과로 얻은 행 사다리꼴을 다시 기약 행 사다리꼴로 변환함으로써 해를 구하는 방법이다.

예제 15.9 다음 선형 연립 방정식의 해를 가우스 요르단 소거법을 이용하여 구하여라.

$$\begin{aligned} -x_1 + 4x_2 - 3x_3 &= -11 \\ x_1 + x_2 + 2x_3 &= 4 \\ 2x_1 - 3x_2 + x_3 &= 7 \end{aligned} \tag{15.57}$$

풀이 :

먼저 주어진 선형 연립 방정식을 첨부 행렬로 나타내면 다음과 같다.

$$\begin{bmatrix} -1 & 4 & -3 & -11 \\ 1 & 1 & 2 & 4 \\ 2 & -3 & 1 & 7 \end{bmatrix}$$

a_{11} 아래의 원소들을 소거한다. (제1행을 제2행에 더하고, 제1행에 2를 곱해서 제3행에 더한다.)

$$\begin{bmatrix} -1 & 4 & -3 & -11 \\ 0 & 5 & -1 & -7 \\ 0 & 5 & -5 & -15 \end{bmatrix}$$

a_{22} 아래의 원소를 소거한다. (제2행에 -1을 곱해서 제3행에 더한다.)

$$\begin{bmatrix} -1 & 4 & -3 & -11 \\ 0 & 5 & -1 & -7 \\ 0 & 0 & -4 & -8 \end{bmatrix}$$

가우스 소거법은 여기 까지 한 후에 역방향 대입을 사용하지만, 가우스 요르단 소거법은 역방향 대입을 하지 않고 대신 다음과 같이 기본 행 연산을 이용하여 소거를 계속한다.

각 행의 선행 원소를 모두 1로 만든다. (제1행에 -1을 곱하고, 제 2행에 $\frac{1}{5}$을 곱하고, 제 3행에 $-\frac{1}{4}$을 곱한다.

$$\begin{bmatrix} 1 & -4 & 3 & 11 \\ 0 & 1 & -\frac{1}{5} & -\frac{7}{5} \\ 0 & 0 & 1 & 2 \end{bmatrix}$$

a_{33} 위의 원소들을 소거한다(제3행에 $\frac{1}{5}$을 곱해서 제2행에 더하고, 제3행에 -3을 곱해서 제1행에 더한다).

$$\begin{bmatrix} 1 & -4 & 0 & 5 \\ 0 & 1 & 0 & -1 \\ 0 & 0 & 1 & 2 \end{bmatrix}$$

a_{22} 위의 원소들을 소거한다(제2행에 4를 곱해서 제1행에 더한다).

$$\begin{bmatrix} 1 & 0 & 0 & 1 \\ 0 & 1 & 0 & -1 \\ 0 & 0 & 1 & 2 \end{bmatrix}$$

식 (15.58)으로부터 해 $x_1 = 1, x_2 = -1, x_3 = 2$를 구할 수 있다.

연습 문제

15.3. 다음 각 선형 연립 방정식을 첨부행렬로 나타내고, 첨부 행렬에 가우스 소거법을 적용하여 해를 구하여라.

(a) $\begin{cases} x_1+x_2+2x_3=9 \\ 3x_1+6x_2-5x_3=0 \\ 2x_1+4x_2-3x_3=1 \end{cases}$ (b) $\begin{cases} x_1-2x_2+x_3= 0 \\ 3x_2-12x_3= 12 \\ -4x_1+5x_2+9x_3=-9 \end{cases}$

(c) $\begin{cases} x-y+z= 0 \\ 10y+25z=90 \\ 20x+10y=80 \end{cases}$ (d) $\begin{cases} 4y+3z=13 \\ x-2y+z= 3 \\ 3x+5y=11 \end{cases}$

(e) $\begin{cases} 5x+3y=22 \\ -4x+7y=20 \\ 9x-2y=15 \end{cases}$ (f) $\begin{cases} 7x-4y-2z=-6 \\ 16x+2y+z= 3 \end{cases}$

(g) $\begin{cases} 3x_1+7x_2-4x_3=-46 \\ 4x_1+8x_2+x_3+5x_4= 7 \\ 4x_2-2x_3+8x_4= 0 \\ 6x_1+2x_3-x_4= 13 \end{cases}$ (h) $\begin{cases} -x+4y+5z-2w= 11 \\ 3y-2z+7w=-10 \\ 2x+8y-6z= 34 \\ -13x-y+5z+5w=-49 \end{cases}$

15.4. 다음 각 선형 연립 방정식을 첨부행렬로 나타내고, 첨부 행렬에 가우스 요르단 소거법을 적용하여 해를 구하여라.

(a) $\begin{cases} x_1+x_2+2x_3=9 \\ 3x_1+6x_2-5x_3=0 \\ 2x_1+4x_2-3x_3=1 \end{cases}$ (b) $\begin{cases} -x_1+4x_2+5x_3=-5 \\ 3x_2-2x_3=7/2 \\ 2x_1+8x_2-6x_3= 14 \end{cases}$

15.4 역행렬

실수 a에 대하여 $ab=ba=1$을 만족시키는 실수 b가 존재하면 우리는 b를 곱셈에 대한 a의 역(inverse) 또는 역원이라고 부르며 기호로 $b=a^{-1}$로 나타낸다. 예를 들어 $a=4$이면, $b=\frac{1}{4}$이 a에 대한 역원이다.

주어진 행렬이 정사각 행렬인 경우에, 행렬에 대해서도 실수의 역원과 유사한 개념을 다음과 같이 정의할 수 있다.

$n\times n$ 행렬 A에 대하여 조건

$$AB=BA=I \quad (I\text{는 단위행렬}) \tag{15.58}$$

를 만족시키는 행렬 B가 존재하면, B를 A의 **역** 또는 **역행렬**이라고 부르고 기호로 $B=A^{-1}$로 나타낸다.

예제 15.10 행렬 $B = \begin{bmatrix} 5 & -2 \\ -2 & 1 \end{bmatrix}$는 행렬 $A = \begin{bmatrix} 1 & 2 \\ 2 & 5 \end{bmatrix}$의 역행렬인지 아닌지 정의를 이용하여 확인하여라.

풀이 :

$$AB = \begin{bmatrix} 1 & 2 \\ 2 & 5 \end{bmatrix} \begin{bmatrix} 5 & -2 \\ -2 & 1 \end{bmatrix} = \begin{bmatrix} 1 & 0 \\ 0 & 1 \end{bmatrix} = I$$

$$BA = \begin{bmatrix} 5 & -2 \\ -2 & 1 \end{bmatrix} \begin{bmatrix} 1 & 2 \\ 2 & 5 \end{bmatrix} = \begin{bmatrix} 1 & 0 \\ 0 & 1 \end{bmatrix} = I$$

따라서 B는 A의 역행렬이다.

실수 집합에서는 0을 제외한 모든 실수 a에 대해 역원 a^{-1}가 존재한다. 하지만 $n \times n$ 행렬의 집합에서는 영행렬이 아닌 모든 행렬 A에 대해서 역행렬 A^{-1}가 존재하는것은 아니다. 역행렬을 갖지 않는 행렬은 **특이 행렬**(singular matrix) 이라 부르고, 역행렬을 갖는 행렬은 **비특이 행렬**(non-singular matrix)이라고 부른다. 비특이 행렬은 다른 말로 **정칙 행렬**(regular matrix) 또는 **가역 행렬**(invertible matrix)이라고도 부른다.

역행렬의 성질

실수 집합에서는 주어진 실수 a에 대한 역원이 $a^{-1} = \frac{1}{a}$로 유일하게 결정된다. $n \times n$ 행렬 A가 역행렬을 가질 때, 역행렬 A^{-1}도 유일하게 결정될까? 이 질문에 대한 답은 다음과 같다.

성질 15.1 *행렬 A가 역행렬을 가질 때, 역행렬 A^{-1}는 유일하다.*

증명 :

B와 C가 A의 임의의 두 역행렬이라고 가정하자. 그러면 역행렬의 정의식 (15.58)에 의해 다음이 성립한다.

$$AB = BA = I \quad , \quad AC = CA = I$$

따라서

$$C = IC = (BA)C = B(AC) = BI = B$$

즉 A의 임의의 두 역행렬은 같다. 즉 A의 역행렬은 유일하다.

(증명 끝)

실수의 집합에서는 실수 a의 역원 $\frac{1}{a}$의 역원은 원래의 수 a이다. 행렬의 경우에도 역행렬의 역행렬이 원래의 행렬이 될까? 이 질문에 대한 답은 다음 성질에 보인 것과 같이 '예'이다.

성질 15.2 $\left(A^{-1}\right)^{-1}=A$

증명 :

A^{-1}가 A의 역행렬이므로, 정의 식 (15.58)에 의해 다음이 성립한다.

$$A^{-1}A=AA^{-1}=I$$

따라서 A는 A^{-1}의 역행렬이다. 따라서 $\left(A^{-1}\right)^{-1}=A$.

(증명 끝)

실수의 집합에서는 두 실수 a, b의 곱 ab의 역원 $\frac{1}{ab}$은 각각의 역원 $\frac{1}{a}$, $\frac{1}{b}$의 곱과 같다. 행렬의 경우에도 두 행렬의 곱의 역행렬을 각 행렬의 역행렬의 곱으로 나타낼 수 있을까? 이 질문에 대한 답은 다음 성질에 보인 것과 같이 '예'이다. 단 곱셈의 순서가 반대로 된다는 점에 주의하여야 한다.

성질 15.3 $(AB)^{-1}=B^{-1}A^{-1}$

증명 :

$$AB\left(B^{-1}A^{-1}\right)=A\left(BB^{-1}\right)A^{-1}=AIA^{-1}=AA^{-1}=I$$
$$\left(B^{-1}A^{-1}\right)AB=B^{-1}\left(A^{-1}A\right)B=B^{-1}IB=B^{-1}B=I$$

따라서 역행렬의 정의 식 (15.58)에 의해 $B^{-1}A^{-1}$은 AB의 역행렬이다.
즉 $(AB)^{-1}=B^{-1}A^{-1}$.

(증명 끝)

행렬의 전치를 먼저 구하고 그것의 역행렬을 구할 때와 역행렬을 먼저 구하고 그것의 전치를 구할 때, 같은 결과를 얻게 될까? 이 질문에 대한 답도 다음 성질에 보인 것과 같이 '예'이다.

성질 15.4 $\left(A^{T}\right)^{-1}=\left(A^{-1}\right)^{T}$

증명 :

전치의 성질 $(XY)^{T}=Y^{T}X^{T}$를 이용하면

$$\left(A^{-1}\right)^T A^T = \left(AA^{-1}\right)^T = I^T = I$$
$$A^T \left(A^{-1}\right)^T = \left(A^{-1}A\right)^T = I^T = I$$

따라서 정의에 의해 $\left(A^{-1}\right)^T$는 A^T의 역행렬이다. 즉 $\left(A^T\right)^{-1} = \left(A^{-1}\right)^T$.

(증명 끝)

역행렬에 의한 선형 연립 방정식의 해

미지수의 갯수와 방정식의 갯수가 모두 n개인 다음과 같은 선형 연립 방정식을 고려하자.

$$\begin{aligned}
a_{11}x_1 + a_{12}x_2 + \cdots + a_{1n}x_n &= b_1 \\
a_{21}x_1 + a_{22}x_2 + \cdots + a_{2n}x_n &= b_2 \\
\vdots \qquad \vdots \qquad\quad \vdots \quad &\quad \vdots \\
a_{n1}x_1 + a_{n2}x_2 + \cdots + a_{nn}x_n &= b_n
\end{aligned} \tag{15.59}$$

식 (15.59)를 행렬을 이용하여 나타내면 다음과 같다.

$$\begin{bmatrix} a_{11} & a_{12} & \cdots & a_{1n} \\ a_{21} & a_{22} & \cdots & a_{2n} \\ \vdots & \vdots & & \vdots \\ a_{n1} & a_{n2} & \cdots & a_{nn} \end{bmatrix} \begin{bmatrix} x_1 \\ x_2 \\ \vdots \\ x_n \end{bmatrix} = \begin{bmatrix} b_1 \\ b_2 \\ \vdots \\ b_n \end{bmatrix} \tag{15.60}$$

따라서 계수 행렬 A와 미지수 벡터 $\mathbf{x}$, 우변 벡터 $\mathbf{b}$를 각각

$$A = \begin{bmatrix} a_{11} & a_{12} & \cdots & a_{1n} \\ a_{21} & a_{22} & \cdots & a_{2n} \\ \vdots & \vdots & & \vdots \\ a_{n1} & a_{n2} & \cdots & a_{nn} \end{bmatrix}, \quad \mathbf{x} = \begin{bmatrix} x_1 \\ x_2 \\ \vdots \\ x_n \end{bmatrix}, \quad \mathbf{b} = \begin{bmatrix} b_1 \\ b_2 \\ \vdots \\ b_n \end{bmatrix} \tag{15.61}$$

라고 하면, 주어진 선형 연립 방정식은 다음과 같이 나타낼 수 있다.

$$A\mathbf{x} = \mathbf{b} \tag{15.62}$$

계수 행렬 A의 역행렬 A^{-1}가 존재하는 경우, A^{-1}을 식 (15.62)의 양변에 곱하면, 해 $\mathbf{x}$를 다음과 같이 역행렬 A^{-1}을 이용하여 나타낼 수 있다.

$$\begin{aligned}
A^{-1}A\mathbf{x} &= A^{-1}\mathbf{b} \\
I\,\mathbf{x} &= A^{-1}\mathbf{b} \\
\mathbf{x} &= A^{-1}\mathbf{b}
\end{aligned} \tag{15.63}$$

역행렬의 계산

역행렬을 구하는 방법에는 여러가지가 있는데 여기에서는 가우스 요르단 소거법을 이용하여 역행렬을 구하는 방법에 대하여 알아 보자.

$n \times n$ 행렬 A가 가역 행렬일 때, 역행렬을 X라고 하면 행렬 X는

$$AX = I \tag{15.64}$$

를 만족시키는 행렬이다. 행렬 $X = [x_{ij}]$의 각 열 벡터를 $\mathbf{x}_1, \mathbf{x}_2, \ldots, \mathbf{x}_n$이라고 하고, 행렬 I 의 각 열 벡터를 $\mathbf{e}_1, \mathbf{e}_2, \ldots, \mathbf{e}_n$이라고 하자. 즉

$$X = \begin{bmatrix} x_{11} & x_{12} & \cdots & x_{1n} \\ x_{21} & x_{22} & \cdots & x_{2n} \\ \vdots & \vdots & & \vdots \\ x_{n1} & x_{n2} & \cdots & x_{nn} \end{bmatrix} = [\mathbf{x}_1, \mathbf{x}_2, \ldots, \mathbf{x}_n] \quad , \quad I = \begin{bmatrix} 1 & 0 & \cdots & 0 \\ 0 & 1 & \cdots & 0 \\ \vdots & \vdots & & \vdots \\ 0 & 0 & \cdots & 1 \end{bmatrix} = [\mathbf{e}_1 \ \mathbf{e}_2 \ \cdots \ \mathbf{e}_n]$$

그러면, 식 (15.64)는 다음과 같이 다시 쓸 수 있다.

$$\begin{aligned} A[\mathbf{x}_1, \mathbf{x}_2, \ldots, \mathbf{x}_n] &= [\mathbf{e}_1 \ \mathbf{e}_2 \ \cdots \ \mathbf{e}_n] \\ [A\mathbf{x}_1, A\mathbf{x}_2, \ldots, A\mathbf{x}_n] &= [\mathbf{e}_1 \ \mathbf{e}_2 \ \cdots \ \mathbf{e}_n] \end{aligned} \tag{15.65}$$

따라서 방정식 (15.64)는 다음과 같은 n개의 선형 연립 방정식을 의미한다.

$$A\mathbf{x}_j = \mathbf{e}_j \ , \ j = 1, 2, \ldots, n \tag{15.66}$$

선형 연립 방정식 (15.66)의 해는 가우스 요르단 소거법을 적용하여 구할 수 있다. 즉 선형 연립 방정식 $A\mathbf{x}_j = \mathbf{e}_j$를 나타내는 첨부행렬 $[A \ \mathbf{e}_j]$에 가우스 요르단 소거법을 적용하여 A를 I로 변환 시키면, 원래 $\mathbf{e}_j$가 있던 열은 방정식의 해 $A^{-1}\mathbf{e}_j$가 된다. 따라서 n개의 선형 연립 방정식 (15.66)을 모두 묶어서 하나의 첨부행렬

$$[A \ \mathbf{e}_1 \ \mathbf{e}_2 \ \cdots \ \mathbf{e}_n] = [A \ I] \tag{15.67}$$

로 나타내고 여기에 가우스 요르단 소거법을 적용하여 A를 I로 변환 시키면, 우측의 $\mathbf{e}_1 \ \mathbf{e}_2 \ \cdots \ \mathbf{e}_n$이 있던 열들은

$$A^{-1}\mathbf{e}_1 \ A^{-1}\mathbf{e}_2 \ \cdots \ A^{-1}\mathbf{e}_n \tag{15.68}$$

이 된다. 그런데

$$[A^{-1}\mathbf{e}_1 \ A^{-1}\mathbf{e}_2 \ \cdots \ A^{-1}\mathbf{e}_n] = A^{-1}[\mathbf{e}_1 \ \mathbf{e}_2 \ \cdots \ \mathbf{e}_n] = A^{-1}I = A^{-1} \tag{15.69}$$

이므로 식 (15.67)의 첨부 행렬 $[A \ I]$에 가우스 요르단 소거법을 적용한 결과는

$$[I \ A^{-1}] \tag{15.70}$$

가 됨을 알 수 있다.

예제 15.11 가우스 요르단 소거법을 이용하여 다음 행렬의 역행렬을 구하여라.

$$A = \begin{bmatrix} -1 & 2 & -3 \\ 1 & 1 & 2 \\ 0 & -3 & 5 \end{bmatrix}$$

<u>풀이 :</u>

첨부 행렬 $[A\,I]$는 다음과 같다.

$$\begin{bmatrix} -1 & 2 & -3 & 1 & 0 & 0 \\ 1 & 1 & 2 & 0 & 1 & 0 \\ 0 & -3 & 5 & 0 & 0 & 1 \end{bmatrix}$$

가우스 요르단 소거법을 이용하여 좌측의 A 부분을 I로 변환하면, 우측의 I 부분은 A^{-1}로 변환된다.

a_{11} 아래의 원소를 소거한다. (제1행을 제2행에 더한다.)

$$\begin{bmatrix} -1 & 2 & -3 & 1 & 0 & 0 \\ 0 & 3 & -1 & 1 & 1 & 0 \\ 0 & -3 & 5 & 0 & 0 & 1 \end{bmatrix}$$

a_{22} 아래의 원소를 소거한다. (제2행을 제3행에 더한다.)

$$\begin{bmatrix} -1 & 2 & -3 & 1 & 0 & 0 \\ 0 & 3 & -1 & 1 & 1 & 0 \\ 0 & 0 & 4 & 1 & 1 & 1 \end{bmatrix}$$

각 행의 선행 원소를 1로 만든다. (제1행에 -1을 곱하고, 제 2행에 $\frac{1}{3}$을 곱하고, 제 3행에 $\frac{1}{4}$을 곱한다.

$$\begin{bmatrix} 1 & -2 & 3 & -1 & 0 & 0 \\ 0 & 1 & -\frac{1}{3} & \frac{1}{3} & \frac{1}{3} & 0 \\ 0 & 0 & 1 & \frac{1}{4} & \frac{1}{4} & \frac{1}{4} \end{bmatrix}$$

a_{33} 위의 원소들을 소거한다(제3행에 $\frac{1}{3}$을 곱해서 제2행에 더하고, 제3행에 -3을 곱해서 제1행에 더한다).

$$\begin{bmatrix} 1 & -2 & 0 & -\frac{7}{4} & -\frac{3}{4} & -\frac{3}{4} \\ 0 & 1 & 0 & \frac{5}{12} & \frac{5}{12} & \frac{1}{12} \\ 0 & 0 & 1 & \frac{1}{4} & \frac{1}{4} & \frac{1}{4} \end{bmatrix}$$

a_{22} 위의 원소를 소거한다(제2행에 2를 곱해서 제1행에 더한다).

$$\left[\begin{array}{ccc|ccc} 1 & 0 & 0 & -\frac{11}{12} & \frac{1}{12} & -\frac{7}{12} \\ 0 & 1 & 0 & \frac{5}{12} & \frac{5}{12} & \frac{1}{12} \\ 0 & 0 & 1 & \frac{1}{4} & \frac{1}{4} & \frac{1}{4} \end{array}\right]$$

좌측의 A 부분이 I로 변환되었으므로 우측 부분이 A^{-1}이다. 즉

$$A^{-1} = \begin{bmatrix} -\frac{11}{12} & \frac{1}{12} & -\frac{7}{12} \\ \frac{5}{12} & \frac{5}{12} & \frac{1}{12} \\ \frac{1}{4} & \frac{1}{4} & \frac{1}{4} \end{bmatrix}$$

연습 문제

15.5. $(A^2)^{-1} = (A^{-1})^2$ 임을 증명하여라.

15.6. $ad - bc \neq 0$ 일 때 2×2 행렬 $\begin{bmatrix} a & b \\ c & d \end{bmatrix}$ 의 역행렬이 $\frac{1}{ad-bc}\begin{bmatrix} d & -b \\ -c & a \end{bmatrix}$ 임을 증명하여라.

15.7. 연습 문제 15.6의 결과를 이용하여 다음 2×2 행렬의 역행렬을 구하여라.

(a) $\begin{bmatrix} 2 & 3 \\ 4 & 5 \end{bmatrix}$ (b) $\begin{bmatrix} 6 & 8 \\ 8 & -6 \end{bmatrix}$ (c) $\begin{bmatrix} \cos\theta & \sin\theta \\ -\sin\theta & \cos\theta \end{bmatrix}$

15.8. 가우스 요르단 소거법을 이용하여 다음 각 행렬이 가역행렬인지 아닌지 확인하고 가역행렬이면 역행렬을 구하여라.

(a) $\begin{bmatrix} 2 & 0 & -1 \\ -5 & -5 & 6 \\ -2 & 3 & 4 \end{bmatrix}$ (b) $\begin{bmatrix} -1 & 1 & 2 \\ 2 & -4 & 5 \\ 6 & 0 & -3 \end{bmatrix}$ (c) $\begin{bmatrix} 5 & 4 & 1 \\ 2 & 1 & 0 \\ 1 & 0 & 0 \end{bmatrix}$

(d) $\begin{bmatrix} 1 & 2 & -5 \\ 2 & 4 & 10 \\ 0 & -1 & 2 \end{bmatrix}$ (e) $\begin{bmatrix} 1 & 0 & 0 & 1 \\ 0 & -2 & 1 & 0 \\ 0 & 0 & 3 & -2 \\ 0 & 0 & -6 & 6 \end{bmatrix}$ (f) $\begin{bmatrix} 1 & 2 & 3 \\ -1 & 1 & 0 \\ 2 & 1 & 0 \end{bmatrix}$

15.5 행렬식

행렬식(determinant)은 정사각 행렬에 하나의 수를 대응시키는 함수이다. 행렬 A의 행렬식은 기호로

$$|A| \text{ 또는 } \det A$$

로 나타내며, 다음과 같이 정의된다.

<u>2×2 행렬의 행렬식</u>

$A=\begin{bmatrix} a_{11} & a_{12} \\ a_{21} & a_{22} \end{bmatrix}$ 의 행렬식은 다음과 같다.

$$|A|=\begin{vmatrix} a_{11} & a_{12} \\ a_{21} & a_{22} \end{vmatrix}=a_{11}a_{22}-a_{12}a_{21} \tag{15.71}$$

예제 15.12 행렬 $A=\begin{bmatrix} 1 & 2 \\ 3 & 4 \end{bmatrix}$의 *행렬식을 계산하여라.*

<u>풀이 :</u>

$$|A|=\begin{vmatrix} 1 & 2 \\ 3 & 4 \end{vmatrix}=1\cdot 4-2\cdot 3=4-6=-2$$

<u>소행렬식과 여인수</u>

$n\geq 3$일 때, $n\times n$ 행렬의 행렬식은 소행렬식 또는 여인수 전개를 이용하여 정의된다. 따라서 먼저 소행렬식과 여인수의 개념을 알아 본 후에 $n\times n$ 행렬의 행렬식으로 되돌아 가기로 하자.

$n\times n$ 행렬 $A=[a_{ij}]_{n\times n}$에서 원소 a_{ij}가 속해 있는 i행과 j열을 제외한 나머지 원소들로 구성된 $(n-1)\times(n-1)$ 행렬의 행렬식을 기호로 M_{ij}로 나타내고, 행렬 A의 i행 j열 원소에 대한 **소행렬식**(minor determinant)이라고 부른다. 그리고 소행렬식 M_{ij}에 $i+j$ 값에 의존하는 부호 $(-1)^{i+j}$를 붙인 값 $C_{ij}=(-1)^{i+j}M_{ij}$를 행렬 A의 i행 j열 원소에 대한 **여인수**(cofactor)라고 부른다.

예제 15.13 $A=\begin{bmatrix} a_{11} & a_{12} & a_{13} \\ a_{21} & a_{22} & a_{23} \\ a_{31} & a_{32} & a_{33} \end{bmatrix}$ *일 때 여인수* C_{11}, C_{12} *를 구하여라.*

<u>풀이 :</u>

$$C_{11}=(-1)^{1+1}M_{11}=\begin{vmatrix} a_{22} & a_{23} \\ a_{32} & a_{33} \end{vmatrix} \quad , \quad C_{12}=(-1)^{1+2}M_{12}=-\begin{vmatrix} a_{21} & a_{23} \\ a_{31} & a_{33} \end{vmatrix}$$

$n \times n$ 행렬의 행렬식

$n \geq 3$일 때, $n \times n$ 행렬 $A = [a_{ij}]_{n\times n}$의 행렬식은 다음과 같이 여인수를 이용하여 정의한다.

$$|A| = \begin{vmatrix} a_{11} & a_{12} & \dots & a_{1n} \\ a_{21} & a_{22} & \dots & a_{2n} \\ \vdots & \vdots & \vdots & \vdots \\ a_{n1} & a_{n2} & \dots & a_{nn} \end{vmatrix} = a_{i1}C_{i1} + a_{i2}C_{i2} + \cdots + a_{in}C_{in} \tag{15.72}$$

또는

$$= a_{1j}C_{1j} + a_{2j}C_{2j} + \cdots + a_{nj}C_{nj} \tag{15.73}$$

식 (15.72)를 i행을 기준으로 한 여인수 전개라고 부르고, 식 (15.73)은 j열을 기준으로 한 여인수 전개라고 부른다. 식 (15.72) 또는 (15.73)에서 i 또는 j의 값을 어떤 값으로 택하더라도 $|A|$는 같은 값을 갖는다(증명은 공학 응용의 관점에서 그다지 중요하지 않으므로 생략한다). 따라서 행렬식을 구할 때 아무거나 계산이 제일 편리한 행 또는 열을 선택하여 여인수 전개하면 된다.

예제 15.14 행렬 A와 행렬 B가 다음과 같이 주어진다.

$$A = \begin{bmatrix} 1 & 2 & 3 \\ 4 & 5 & 0 \\ 7 & 8 & 0 \end{bmatrix} \quad , \quad B = \begin{bmatrix} 1 & 2 & -1 & 0 \\ 2 & 0 & 0 & 3 \\ -3 & 4 & 4 & 0 \\ 0 & 1 & 0 & 1 \end{bmatrix}$$

행렬식 $|A|$와 $|B|$를 계산하여라.

풀이 :

$|A|$는 제3열에 0이 많으므로 제3열을 기준으로 잡아서 여인수 전개한다.

$$|A| = 3\begin{vmatrix} 4 & 5 \\ 7 & 8 \end{vmatrix} = 3(4\cdot 8 - 5\cdot 7) = -9$$

$|B|$는 제2행에 0이 많으므로 제2행을 기준으로 잡아서 여인수 전개한다.

$$\begin{aligned} |B| &= -2\begin{vmatrix} 2 & -1 & 0 \\ 4 & 4 & 0 \\ 1 & 0 & 1 \end{vmatrix} + 3\begin{vmatrix} 1 & 2 & -1 \\ -3 & 4 & 4 \\ 0 & 1 & 0 \end{vmatrix} \\ &= (-2)(1)\begin{vmatrix} 2 & -1 \\ 4 & 4 \end{vmatrix} + (3)(-1)\begin{vmatrix} 1 & -1 \\ -3 & 4 \end{vmatrix} \\ &= -24 - 3 = -27 \end{aligned}$$

예제 15.15 행렬식 $|A| = \begin{vmatrix} a_{11} & a_{12} & a_{13} \\ a_{21} & a_{22} & a_{23} \\ a_{31} & a_{32} & a_{33} \end{vmatrix}$ 를 제 1 행을 기준으로 잡아서 여인수 전개하여라.

풀이 :

$$\begin{vmatrix} a_{11} & a_{12} & a_{13} \\ a_{21} & a_{22} & a_{23} \\ a_{31} & a_{32} & a_{33} \end{vmatrix} = a_{11}C_{11} + a_{12}C_{12} + a_{13}C_{13}$$

$$= a_{11}(-1)^{1+1}M_{11} + a_{12}(-1)^{1+2}M_{12} + A_{13}(-1)^{1+3}M_{13}$$

$$= a_{11}\begin{vmatrix} a_{22} & a_{23} \\ a_{32} & a_{33} \end{vmatrix} - a_{12}\begin{vmatrix} a_{21} & a_{23} \\ a_{31} & a_{33} \end{vmatrix} + a_{13}\begin{vmatrix} a_{21} & a_{22} \\ a_{31} & a_{32} \end{vmatrix}$$

예제 15.16 행렬식 $|A| = \begin{vmatrix} 5 & 2 & 0 & 1 & -1 \\ 0 & 1 & 4 & 2 & 3 \\ 0 & 0 & 2 & -1 & 1 \\ 0 & 0 & 0 & 4 & 3 \\ 0 & 0 & 0 & 0 & 10 \end{vmatrix}$ 를 계산하여라.

풀이 :

제 5 행에 0이 많으므로 일단 제 5 행을 기준으로 잡아서 여인수 전개한 후에, 다시 같은 방법으로 반복적으로 여인수 전개한다.

$$|A| = 10\begin{vmatrix} 5 & 2 & 0 & 1 \\ 0 & 1 & 4 & 2 \\ 0 & 0 & 2 & -1 \\ 0 & 0 & 0 & 4 \end{vmatrix} = 10\cdot 4\begin{vmatrix} 5 & 2 & 0 \\ 0 & 1 & 4 \\ 0 & 0 & 2 \end{vmatrix} = 10\cdot 4\cdot 2\begin{vmatrix} 5 & 2 \\ 0 & 1 \end{vmatrix} = 10\cdot 4\cdot 2\cdot 5 = 400$$

행렬식의 성질

행렬식에는 행렬식의 계산이나 행렬 관련 증명에 활용할 수 있는 몇몇 유용한 성질들이 있는데, 아래에서 이러한 성질들에 대해서 알아 보자. 이 성질들에 대한 증명은 공학 응용의 관점에서는 그 다지 필요한 내용이 아니다. 따라서 증명 없이 그 결과만을 소개하고, 증명 대신에 3×3 행렬을 예로 들어서 그 의미를 설명하기로 한다.

성질 15.5 *행렬 A의 한 행(또는 열)의 원소들이 모두 0 이면 $|A| = 0$이다.*

예제 15.17 $A = \begin{bmatrix} a & b & c \\ 0 & 0 & 0 \\ d & e & f \end{bmatrix}$, $B = \begin{bmatrix} a & b & 0 \\ c & d & 0 \\ e & f & 0 \end{bmatrix}$ 일 때, $|A| = 0$, $|B| = 0$ 임을 보여라.

풀이 :

A는 제2행의 원소가 모두 0이다. 따라서 제2행을 기준으로 잡아서 여인수 전개하면

$$|A| = 0C_{21} + 0C_{22} + 0C_{23} = 0$$

B는 제3열의 원소가 모두 0이다. 따라서 제3열을 기준으로 잡아서 여인수 전개하면

$$|B| = 0C_{13} + 0C_{23} + 0C_{33} = 0$$

성질 15.6 *행렬 A와 그 전치 A^T의 행렬식은 같다. 즉 $|A^T| = |A|$ 이다.*

예제 15.18 행렬 A가 $A = \begin{bmatrix} a & b & c \\ d & e & f \\ g & h & i \end{bmatrix}$ 일 때, $|A|$와 $|A^T|$를 각각 구하여 $|A^T| = |A|$인지 확인하여라.

풀이 :

A를 제1행 기준으로 여인수 전개하면

$$|A| = a\begin{vmatrix} e & f \\ h & i \end{vmatrix} - b\begin{vmatrix} d & f \\ g & i \end{vmatrix} + c\begin{vmatrix} d & e \\ g & h \end{vmatrix}$$

$A^T = \begin{bmatrix} a & d & g \\ b & e & h \\ c & f & i \end{bmatrix}$ 를 제1열 기준으로 여인수 전개하면

$$|A^T| = a\begin{vmatrix} e & h \\ f & i \end{vmatrix} - b\begin{vmatrix} d & g \\ f & i \end{vmatrix} + c\begin{vmatrix} d & g \\ e & h \end{vmatrix} = a\begin{vmatrix} e & f \\ h & i \end{vmatrix} - b\begin{vmatrix} d & f \\ g & i \end{vmatrix} + c\begin{vmatrix} d & e \\ g & h \end{vmatrix} = |A|$$

성질 15.7 *행렬 A의 어떤 한 행(또는 열)에 스칼라 k를 곱해 얻어지는 행렬을 B라 하면 $|B| = k|A|$ 이다.*

예제 15.19 행렬 A, B가 각각 $A = \begin{bmatrix} a & b & c \\ d & e & f \\ g & h & i \end{bmatrix}$, $B = \begin{bmatrix} ka & kb & kc \\ d & e & f \\ g & h & i \end{bmatrix}$ 일 때, $|A|$와 $|B|$를 각각 구하여 $|B| = k|A|$인지 확인하여라.

풀이 :

A, B를 각각 제1행 기준으로 여인수 전개하면

$$|A| = a\begin{vmatrix} e & f \\ h & i \end{vmatrix} - b\begin{vmatrix} d & f \\ g & i \end{vmatrix} + c\begin{vmatrix} d & e \\ g & h \end{vmatrix}$$

$$|B| = ka\begin{vmatrix} e & f \\ h & i \end{vmatrix} - kb\begin{vmatrix} d & f \\ g & i \end{vmatrix} + kc\begin{vmatrix} d & e \\ g & h \end{vmatrix} = k|A|$$

성질 15.8 *행렬 A의 한 행이 다른 행에(또는 한 열이 다른 열에) 비례하는 경우 $|A| = 0$이다.*

예제 15.20 $A = \begin{bmatrix} a & b & c \\ d & e & f \\ kd & ke & kf \end{bmatrix}$ 일 때, $|A| = 0$임을 보여라.

풀이 :

$|A|$를 제1행을 기준으로 여인수 전개해서 $|A| = 0$이 되는지 확인해 보자.

$$\begin{aligned} |A| &= \begin{vmatrix} a & b & c \\ d & e & f \\ kd & ke & kf \end{vmatrix} = k\begin{vmatrix} a & b & c \\ d & e & f \\ d & e & f \end{vmatrix} \\ &= k\left(a\begin{vmatrix} e & f \\ e & f \end{vmatrix} - b\begin{vmatrix} d & f \\ d & f \end{vmatrix} + c\begin{vmatrix} d & e \\ d & e \end{vmatrix}\right) = 0 \end{aligned}$$

성질 15.9 *행렬 A의 어느 두 행(또는 열)의 자리를 서로 바꾸어 얻은 행렬을 B라 하면 $|B| = -|A|$ 이다.*

예제 15.21 행렬 $A = \begin{bmatrix} a & b & c \\ d & e & f \\ g & h & i \end{bmatrix}$의 제1,2행의 자리를 서로 바꾸면 행렬 $B = \begin{bmatrix} d & e & f \\ a & b & c \\ g & h & i \end{bmatrix}$가 된다. $|A|$, $|B|$를 각각 구하여 $|B| = -|A|$인지 확인하여라.

풀이 :

A를 제1행 기준으로 여인수 전개하면

$$|A| = a\begin{vmatrix} e & f \\ h & i \end{vmatrix} - b\begin{vmatrix} d & f \\ g & i \end{vmatrix} + c\begin{vmatrix} d & e \\ g & h \end{vmatrix}$$

B를 제2행 기준으로 여인수 전개하면 아래와 같이 부호만 뒤바뀜을 알 수 있다.

$$|B| = -a\begin{vmatrix} e & f \\ h & i \end{vmatrix} + b\begin{vmatrix} d & f \\ g & i \end{vmatrix} - c\begin{vmatrix} d & e \\ g & h \end{vmatrix}$$

따라서 $|B| = -|A|$.

성질 15.10 *행렬 A의 어느 한 행(또는 열)을 상수를 곱해서 다른 행(또는 열)에 더해 얻어지는 행렬을 B라 하면 $|B| = |A|$ 이다.*

예제 15.22 행렬 $A = \begin{bmatrix} a & b & c \\ d & e & f \\ g & h & i \end{bmatrix}$의 제2행에 k를 곱해서 제1행에 더하면 행렬 $B = \begin{bmatrix} a+kd & b+ke & c+kf \\ d & e & f \\ g & h & i \end{bmatrix}$가 된다. $|A|$, $|B|$를 각각 구하여 $|A| = |B|$인지 확인하여라.

풀이 :

B를 제1행 기준으로 여인수 전개하면

$$|B| = (a+kd)\begin{vmatrix} e & f \\ h & i \end{vmatrix} - (b+ke)\begin{vmatrix} d & f \\ g & i \end{vmatrix} + (c+kf)\begin{vmatrix} d & e \\ g & h \end{vmatrix}$$
$$= a\begin{vmatrix} e & f \\ h & i \end{vmatrix} - b\begin{vmatrix} d & f \\ g & i \end{vmatrix} + c\begin{vmatrix} d & e \\ g & h \end{vmatrix} + kd\begin{vmatrix} e & f \\ h & i \end{vmatrix} - ke\begin{vmatrix} d & f \\ g & i \end{vmatrix} + kf\begin{vmatrix} d & e \\ g & h \end{vmatrix}$$
$$= \begin{vmatrix} a & b & c \\ d & e & f \\ g & h & i \end{vmatrix} + \begin{vmatrix} kd & ke & kf \\ d & e & f \\ g & h & i \end{vmatrix} = \begin{vmatrix} a & b & c \\ d & e & f \\ g & h & i \end{vmatrix} + 0 = |A|$$

행렬식을 이용한 역행렬의 계산

역행렬을 여러 가지 방법으로 구할 수 있다. 앞 절에서는 가우스 요르단 소거법을 이용하여 역행렬을 구하는 방법을 알아 보았다. 여기에서는 행렬식과 수반 행렬(adjoint matrix)을 이용하여 역행렬을 구하는 방법에 대하여 알아 보자.

$n \times n$ 행렬 A의 **수반행렬**이란 A의 원소 a_{ij}에 대한 여인수 C_{ij}를 원소로 갖는 행렬 $[\,C_{ij}\,]_{n\times n}$의 전치를 말하며, 기호로 $\mathrm{adj}\,A$로 나타낸다. 즉

$$\mathrm{adj}\,A = \begin{bmatrix} C_{11} & C_{12} & \dots & C_{1n} \\ C_{21} & C_{22} & \dots & C_{2n} \\ \vdots & \vdots & \vdots & \vdots \\ C_{n1} & C_{n2} & \dots & C_{nn} \end{bmatrix}^T \tag{15.74}$$

$|A| \neq 0$일 때, A의 역행렬은 수반 행렬 $\mathrm{adj}\,A$와 행렬식 $|A|$를 이용하여 다음과 같은 식으로 나타낼 수 있다.

$$A^{-1} = \frac{\mathrm{adj}\,A}{|A|} \tag{15.75}$$

공식 (15.75)의 증명 :

$$A\,(\mathrm{adj}\,A) = \begin{bmatrix} a_{11} & a_{12} & \dots & a_{1n} \\ a_{21} & a_{22} & \dots & a_{2n} \\ \vdots & \vdots & \vdots & \vdots \\ a_{n1} & a_{n2} & \dots & a_{nn} \end{bmatrix} \begin{bmatrix} C_{11} & C_{21} & \dots & C_{n1} \\ C_{12} & C_{22} & \dots & C_{n2} \\ \vdots & \vdots & \vdots & \vdots \\ C_{1n} & C_{2n} & \dots & C_{nn} \end{bmatrix} \tag{15.76}$$

따라서

$$A\,(\mathrm{adj}\,A)\text{의 } i\text{행 } j\text{열 원소} = a_{i1}C_{j1} + a_{i2}C_{j2} + \cdots + a_{in}C_{jn} \tag{15.77}$$

그런데 식 (15.77)의 우변은 $i = j$일 때는 행렬 A의 행렬식을 나타내고, $i \neq j$일 때는 행렬 A에서 제 j행을 없애고 대신 제 i행을 제 j행에 복사해 넣은 행렬의 행렬식을 나타낸다. 즉 식 (15.77)의 값은 $i = j$일 때는 $|A|$이고, $i \neq j$일 때는 0이다. 따라서 식 (15.76)로부터

$$A\,(\mathrm{adj}\,A) = \begin{bmatrix} |A| & 0 & \ldots & 0 \\ 0 & |A| & \ldots & 0 \\ \vdots & \vdots & \vdots & \vdots \\ 0 & 0 & \ldots & |A| \end{bmatrix} = |A|I \ . \tag{15.78}$$

또 위에서와 마찬가지 방법으로 하면 다음 관계식도 쉽게 증명할 수 있다.

$$(\mathrm{adj}\,A)\,A = |A|I \ . \tag{15.79}$$

식 (15.78)–(15.79)로부터

$$A\frac{\mathrm{adj}\,A}{|A|} = \frac{\mathrm{adj}\,A}{|A|}A = I \tag{15.80}$$

따라서 역행렬의 정의에 의해

$$A^{-1} = \frac{\mathrm{adj}\,A}{|A|} \ .$$

(증명 끝)

예제 15.23 공식 (15.75)를 이용하여 2×2 행렬 $A = \begin{bmatrix} a_{11} & a_{12} \\ a_{21} & a_{22} \end{bmatrix}$의 역행렬을 구하여라.

풀이 :

$$\begin{aligned} A^{-1} &= \frac{\mathrm{adj}\,A}{|A|} \\ &= \frac{1}{|A|}\begin{bmatrix} a_{22} & -a_{21} \\ -a_{12} & a_{11} \end{bmatrix}^T \\ &= \frac{1}{a_{11}a_{22} - a_{12}a_{21}}\begin{bmatrix} a_{22} & -a_{12} \\ -a_{21} & a_{11} \end{bmatrix} \end{aligned}$$

예제 15.24 공식 (15.75)를 이용하여 3×3 행렬 $A=\begin{bmatrix}1&2&0\\3&0&4\\5&6&0\end{bmatrix}$의 역행렬을 구하여라.

풀이 :

A의 행렬식은

$$|A|=\begin{vmatrix}1&2&0\\3&0&4\\5&6&0\end{vmatrix}=-4\begin{vmatrix}1&2\\5&6\end{vmatrix}=-4(1\cdot 6-2\cdot 5)=16\ .$$

A의 여인수를 구하면

$$C_{11}=\begin{vmatrix}0&4\\6&0\end{vmatrix}=-24\quad C_{12}=-\begin{vmatrix}3&4\\5&0\end{vmatrix}=20\quad C_{13}=\begin{vmatrix}3&0\\5&6\end{vmatrix}=18$$

$$C_{21}=-\begin{vmatrix}2&0\\6&0\end{vmatrix}=0\quad C_{22}=\begin{vmatrix}1&0\\5&0\end{vmatrix}=0\quad C_{23}=-\begin{vmatrix}1&2\\5&6\end{vmatrix}=4$$

$$C_{31}=\begin{vmatrix}2&0\\0&4\end{vmatrix}=8\quad C_{32}=-\begin{vmatrix}1&0\\3&4\end{vmatrix}=-4\quad C_{33}=\begin{vmatrix}1&2\\3&0\end{vmatrix}=-6$$

따라서 A의 역행렬은 다음과 같다.

$$\begin{aligned}A^{-1}&=\frac{\operatorname{adj}A}{|A|}\\&=\frac{1}{16}\begin{bmatrix}C_{11}&C_{12}&C_{13}\\C_{21}&C_{22}&C_{23}\\C_{31}&C_{32}&C_{33}\end{bmatrix}^T\\&=\frac{1}{16}\begin{bmatrix}-24&20&18\\0&0&4\\8&-4&-6\end{bmatrix}^T\\&=\frac{1}{16}\begin{bmatrix}-24&0&8\\20&0&-4\\18&4&-6\end{bmatrix}\\&=\begin{bmatrix}-\frac{3}{2}&0&\frac{1}{2}\\\frac{5}{4}&0&-\frac{1}{4}\\\frac{9}{8}&\frac{1}{4}&-\frac{3}{8}\end{bmatrix}\end{aligned}$$

크레이머(Cramer) 공식

크레이머 공식은 선형 연립 방정식의 해를 행렬식을 이용하여 구할 수 있도록 해주는 유용한 공식으로서 다음과 같다.

미지수의 갯수와 방정식의 갯수가 모두 n개인 선형 연립 방정식

$$\begin{aligned} a_{11}x_1 + a_{12}x_2 + \cdots + a_{1n}x_n &= b_1 \\ a_{21}x_1 + a_{22}x_2 + \cdots + a_{2n}x_n &= b_2 \\ \vdots \quad\quad \vdots \quad\quad\quad \vdots \quad &\quad \vdots \\ a_{n1}x_1 + a_{n2}x_2 + \cdots + a_{nn}x_n &= b_n \end{aligned} \tag{15.81}$$

의 계수 행렬 $A = [a_{ij}]$의 j번째 열을 우변 벡터 $\mathbf{b} = [b_1, b_2, \ldots, , b_n]^T$로 대치해서 얻은 행렬을 A_j라 할 때, 만약 $|A| \neq 0$ 이면 이 연립 방정식의 해는 다음과 같은 공식을 이용하여 구할 수 있다.

$$x_j = \frac{|A_j|}{|A|} \quad , \quad j = 1, 2, \ldots, n \tag{15.82}$$

식 (15.82)를 **크레이머 공식**이라고 한다.

크레이머 공식 (15.82)의 증명 :

계수 행렬 A, 미지수 벡터 $\mathbf{x} = [x_1, x_2, \ldots, x_n]^T$, 우변 벡터 $\mathbf{b}$를 이용하여, 연립 방정식 (15.81)을 나타내면

$$A\mathbf{x} = \mathbf{b}$$

이다. 따라서 연립 방정식 (15.81)의 해는

$$\mathbf{x} = A^{-1}\mathbf{b} = \frac{1}{|A|}(\text{adj}\, A)\mathbf{b} \tag{15.83}$$

계수 행렬 A의 원소 a_{ij}에 대한 여인수를 C_{ij}라고 하면, 식 (15.83)으로부터

$$\mathbf{x} = \frac{1}{|A|}\begin{bmatrix} C_{11} & C_{21} & \ldots & C_{n1} \\ C_{12} & C_{22} & \ldots & C_{n2} \\ \vdots & \vdots & \vdots & \vdots \\ C_{1n} & C_{2n} & \ldots & C_{nn} \end{bmatrix} \begin{bmatrix} b_1 \\ b_2 \\ \vdots \\ b_n \end{bmatrix} = \frac{1}{|A|}\begin{bmatrix} b_1C_{11} + b_2C_{21} + \cdots + b_nC_{n1} \\ b_1C_{12} + b_2C_{22} + \cdots + b_nC_{n2} \\ \vdots \\ b_1C_{1n} + b_2C_{2n} + \cdots + b_nC_{nn} \end{bmatrix}$$

따라서

$$x_j = \frac{b_1C_{1j} + b_2C_{2j} + \cdots + b_nC_{nj}}{|A|} \quad , \quad j = 1, 2, \ldots, n \tag{15.84}$$

그런데 행렬 A와 행렬 A_j는 j번째 열을 제외하고는 동일한 원소를 가지므로 두 행렬 A와 A_j의 j번째 열 원소에 대한 여인수는 서로 같다. 따라서 식 (15.84)의 분자에 있는

$$b_1C_{1j}+b_2C_{2j}+\cdots+b_nC_{nj}$$

는 행렬 A_j의 행렬식 $|A_j|$를 j번째 열에 대해 여인수 전개 로 표현한 식이다. 즉 식 (15.84)로부터

$$x_j=\frac{|A_j|}{|A|} \quad , \quad j=1,2,\ldots,n \tag{15.85}$$

(증명 끝)

예제 15.25 크레이머 공식을 이용하여 다음 선형 연립 방정식의 해를 구하여라.

$$\begin{aligned} x_1+2x_2+x_3 &= 1 \\ 3x_1+x_2-x_3 &= -2 \\ -x_1-2x_2+2x_3 &= 14 \end{aligned}$$

풀이 :

계수 행렬 A와 우변 벡터 $\mathbf{b}$는 다음과 같다.

$$A=\begin{bmatrix} 1 & 2 & 1 \\ 3 & 1 & -1 \\ -1 & -2 & 2 \end{bmatrix} \quad , \quad \mathbf{b}=\begin{bmatrix} 1 \\ -2 \\ 14 \end{bmatrix}$$

따라서

$$|A|=\begin{vmatrix} 1 & 2 & 1 \\ 3 & 1 & -1 \\ -1 & -2 & 2 \end{vmatrix}=\begin{vmatrix} 1 & -1 \\ -2 & 2 \end{vmatrix}-2\begin{vmatrix} 3 & -1 \\ -1 & 2 \end{vmatrix}+\begin{vmatrix} 3 & 1 \\ -1 & -2 \end{vmatrix}=-15$$

$$|A_1|=\begin{vmatrix} 1 & 2 & 1 \\ -2 & 1 & -1 \\ 14 & -2 & 2 \end{vmatrix}=\begin{vmatrix} 1 & -1 \\ -2 & 2 \end{vmatrix}-2\begin{vmatrix} -2 & -1 \\ 14 & 2 \end{vmatrix}+\begin{vmatrix} -2 & 1 \\ 14 & -2 \end{vmatrix}=-30$$

$$|A_2|=\begin{vmatrix} 1 & 1 & 1 \\ 3 & -2 & -1 \\ -1 & 14 & 2 \end{vmatrix}=\begin{vmatrix} -2 & -1 \\ 14 & 2 \end{vmatrix}-\begin{vmatrix} 3 & -1 \\ -1 & 2 \end{vmatrix}+\begin{vmatrix} 3 & -2 \\ -1 & 14 \end{vmatrix}=45$$

$$|A_3|=\begin{vmatrix} 1 & 2 & 1 \\ 3 & 1 & -2 \\ -1 & -2 & 14 \end{vmatrix}=\begin{vmatrix} 1 & -2 \\ -2 & 14 \end{vmatrix}-2\begin{vmatrix} 3 & -2 \\ -1 & 14 \end{vmatrix}+\begin{vmatrix} 3 & 1 \\ -1 & -2 \end{vmatrix}=-75$$

크레이머 공식을 적용하면 연립방정식의 해는 다음과 같다.

$$x_1 = \frac{|A_1|}{|A|} = \frac{-30}{-15} = 2$$
$$x_2 = \frac{|A_2|}{|A|} = \frac{45}{-15} = -3$$
$$x_3 = \frac{|A_3|}{|A|} = \frac{-75}{-15} = 5$$

연습 문제

15.9. 다음 각 행렬식을 계산하여라.

(a) $\begin{vmatrix} 3 & -1 \\ -4 & 7 \end{vmatrix}$ (b) $\begin{vmatrix} \sin\theta & -\cos\theta \\ \cos\theta & \sin\theta \end{vmatrix}$ (c) $\begin{vmatrix} 3 & 4 & -1 \\ 2 & 0 & 7 \\ 1 & -3 & 2 \end{vmatrix}$

(d) $\begin{vmatrix} 1 & 4 & -3 \\ -5 & 2 & 6 \\ -1 & -4 & 2 \end{vmatrix}$ (e) $\begin{vmatrix} 3 & 2 & 0 & 0 \\ 6 & 8 & 0 & 0 \\ 0 & 0 & 4 & 7 \\ 0 & 0 & 2 & 5 \end{vmatrix}$ (f) $\begin{vmatrix} 12 & 6 & 1 & 11 \\ 4 & 4 & 1 & 4 \\ 7 & 4 & 3 & 7 \\ 8 & 2 & 3 & 9 \end{vmatrix}$

15.10. $\begin{vmatrix} a & b & c \\ x & y & z \\ p & q & r \end{vmatrix} = 3$ 일 때, $\begin{vmatrix} 2a & 3b & c \\ 2x & 3y & z \\ 2p & 3q & r \end{vmatrix}$ 의 값은 얼마인가?

15.11. 행렬 $\begin{bmatrix} 4 & -2 & 5 \\ -7 & 4 & 7 \\ 6 & 0 & -4 \end{bmatrix}$ 의 수반 행렬을 구하여라.

15.12. 공식 (15.75)을 이용하여 다음 각 행렬의 역행렬을 구하여라.

(a) $\begin{bmatrix} 4 & 7 & 6 \\ -2 & 4 & 0 \\ 5 & 7 & 4 \end{bmatrix}$ (b) $\begin{bmatrix} -1 & 1 & 2 \\ 3 & -1 & 1 \\ -1 & 3 & 4 \end{bmatrix}$ (c) $\begin{vmatrix} 3 & 4 & -1 \\ 2 & 0 & 7 \\ 1 & -3 & 2 \end{vmatrix}$

15.13. 크레이머 공식을 이용하여 다음 각 선형 연립 방정식의 해를 구하여라.

(a) $\begin{cases} x_1 + x_2 + 2x_3 = 9 \\ 3x_1 + 6x_2 - 5x_3 = 0 \\ 2x_1 + 4x_2 - 3x_3 = 1 \end{cases}$ (b) $\begin{cases} x_1 + 2x_3 = 6 \\ -3x_1 + 4x_2 + 6x_3 = 30 \\ -x_1 - 2x_2 + 3x_3 = 8 \end{cases}$

Chapter 16
행렬의 고유값과 그 응용

16.1 행렬의 고유값과 고유 벡터

A가 $n \times n$ 정사각 행렬일 때, 선형 연립 방정식

$$A\mathbf{x} = \lambda \mathbf{x} \tag{16.1}$$

를 만족하는 스칼라 λ와 영벡터 ($\mathbf{0}$)가 아닌 벡터 $\mathbf{x}$가 존재하는 경우, λ를 행렬 A의 **고유값**(eigenvalue)이라 하고, 벡터 $\mathbf{x}$를 행렬 A의 **고유벡터**(eigenvector)라고 한다. 행렬의 고유값과 고유벡터를 구하는 문제는 '**고유값 문제**'라고 부르는데 전기회로 해석, 진동 해석, 구조 해석 등의 다양한 공학 응용 분야에서 널리 응용된다.

행렬의 고유값과 고유벡터를 구하는 방법은 다음과 같다. 식 (16.1)로부터

$$A\mathbf{x} - \lambda \mathbf{x} = \mathbf{0}$$
$$(A - \lambda I)\mathbf{x} = \mathbf{0} \tag{16.2}$$

선형 연립 방정식 (16.2)는 $|A - \lambda I| \neq 0$ 일 땐 유일한 해 $\mathbf{x} = \mathbf{0}$을 가진다. 따라서 선형 연립 방정식 (16.2)가 영벡터가 아닌 해 $\mathbf{x}$를 가지려면 다음 조건을 만족하여야 한다.

$$|A - \lambda I| = 0 \tag{16.3}$$

방정식 (16.3)의 좌변에 있는 행렬식 $|A - \lambda I|$는 λ에 대한 n차 다항식으로서 A의 특성 다항식이라고 부르며, 방정식 (16.3)은 행렬 A의 특성 방정식이라고 부른다. 특성 방정식 (16.3)의 해 $\lambda = \lambda_1, \lambda_2, \ldots, \lambda_n$을 구하면, 바로 이 값들이 행렬 A의 고유값이다. 각각의 고유값 λ_i에 대응하는 고유벡터를 구하려면, $\lambda = \lambda_i$를 식 (16.1)에 대입한 식

$$A\mathbf{x} = \lambda_i \mathbf{x}$$

로부터 영벡터가 아닌 해 $\mathbf{x}$를 구하면 된다.

예제 16.1 행렬 $A = \begin{bmatrix} 2 & 1 \\ 1 & 2 \end{bmatrix}$의 고유값과 고유벡터를 구하여라.

<u>풀이 :</u>

<u>A의 고유값 구하기 :</u>

$$A - \lambda I = \begin{bmatrix} 2 & 1 \\ 1 & 2 \end{bmatrix} - \lambda \begin{bmatrix} 1 & 0 \\ 0 & 1 \end{bmatrix} = \begin{bmatrix} 2-\lambda & 1 \\ 1 & 2-\lambda \end{bmatrix}$$

따라서 특성 방정식은

$$|A - \lambda I| = \begin{vmatrix} 2-\lambda & 1 \\ 1 & 2-\lambda \end{vmatrix} = \lambda^2 - 4\lambda + 3 = 0$$

즉 $(\lambda - 1)(\lambda - 3) = 0$ 이고, 따라서 A의 고유값은 $\lambda = 1, 3$ 이다.

<u>A의 고유벡터 구하기 :</u>

$\mathbf{x} = [x_1\ x_2]^T$라 하고, 식 $A\mathbf{x} = \lambda\mathbf{x}$를 다시 쓰면

$$\begin{bmatrix} 2 & 1 \\ 1 & 2 \end{bmatrix} \begin{bmatrix} x_1 \\ x_2 \end{bmatrix} = \lambda \begin{bmatrix} x_1 \\ x_2 \end{bmatrix} \tag{16.4}$$

식 (16.4)을 만족하는 영벡터가 아닌 해 $[x_1\ x_2]^T$가 고유벡터이다.

$\lambda = 1$일 때, 식 (16.4)로부터

$$\begin{bmatrix} 2 & 1 \\ 1 & 2 \end{bmatrix} \begin{bmatrix} x_1 \\ x_2 \end{bmatrix} = \begin{bmatrix} x_1 \\ x_2 \end{bmatrix} \quad \text{즉} \quad \begin{aligned} x_1 + x_2 &= 0 \\ x_1 + x_2 &= 0 \end{aligned}$$

따라서 $x_1 = -x_2$를 만족하는 모든 $[x_1\ x_2]^T$가 고유값 $\lambda = 1$에 대응하는 고유벡터이다. $x_2 = c\ (c \neq 0)$라 두면 $x_1 = -c$이므로, $\lambda = 1$에 대응하는 고유벡터는 $\begin{bmatrix} -c \\ c \end{bmatrix}$ 이고, 특히 $c = 1$로 선택하면 $\begin{bmatrix} -1 \\ 1 \end{bmatrix}$ 이다.

$\lambda = 3$일 때, 식 (16.4)로부터

$$\begin{bmatrix} 2 & 1 \\ 1 & 2 \end{bmatrix} \begin{bmatrix} x_1 \\ x_2 \end{bmatrix} = 3 \begin{bmatrix} x_1 \\ x_2 \end{bmatrix} \quad \text{즉} \quad \begin{aligned} -x_1 + x_2 &= 0 \\ x_1 - x_2 &= 0 \end{aligned}$$

따라서 $x_1 = x_2$를 만족하는 모든 $[x_1\ x_2]^T$가 고유값 $\lambda = 3$에 대응하는 고유벡터이다. $x_2 = c\ (c \neq 0)$라 두면 $x_1 = c$이므로, $\lambda = 3$에 대응하는 고유벡터는 $\begin{bmatrix} c \\ c \end{bmatrix}$ 이고, 특히 $c = 1$로 선택하면 $\begin{bmatrix} 1 \\ 1 \end{bmatrix}$ 이다.

예제 16.2 행렬 $A = \begin{bmatrix} 2 & -3 & 1 \\ 1 & -2 & 1 \\ 1 & -3 & 2 \end{bmatrix}$ 의 고유값과 고유벡터를 구하여라.

풀이 :

A의 고유값 구하기 :

$$A - \lambda I = \begin{bmatrix} 2 & -3 & 1 \\ 1 & -2 & 1 \\ 1 & -3 & 2 \end{bmatrix} - \lambda \begin{bmatrix} 1 & 0 & 0 \\ 0 & 1 & 0 \\ 0 & 0 & 1 \end{bmatrix} = \begin{bmatrix} 2-\lambda & -3 & 1 \\ 1 & -2-\lambda & 1 \\ 1 & -3 & 2-\lambda \end{bmatrix}$$

따라서 특성 방정식은

$$\begin{aligned} |A - \lambda I| &= \begin{vmatrix} 2-\lambda & -3 & 1 \\ 1 & -2-\lambda & 1 \\ 1 & -3 & 2-\lambda \end{vmatrix} \\ &= (2-\lambda)\begin{vmatrix} -2-\lambda & 1 \\ -3 & 2-\lambda \end{vmatrix} - (-3)\begin{vmatrix} 1 & 1 \\ 1 & 2-\lambda \end{vmatrix} + \begin{vmatrix} 1 & -2-\lambda \\ 1 & -3 \end{vmatrix} \\ &= (2-\lambda)(\lambda^2 - 1) + 3(1-\lambda) + (\lambda - 1) \\ &= -(\lambda)(\lambda - 1)^2 = 0 \end{aligned}$$

따라서 A의 고유값은 $\lambda = 0, 1$ 이다.

A의 고유벡터 구하기 :

$\mathbf{x} = [x_1\ x_2\ x_3]^T$라 하고, 식 $A\mathbf{x} = \lambda\mathbf{x}$를 다시 쓰면

$$\begin{bmatrix} 2 & -3 & 1 \\ 1 & -2 & 1 \\ 1 & -3 & 2 \end{bmatrix} \begin{bmatrix} x_1 \\ x_2 \\ x_3 \end{bmatrix} = \lambda \begin{bmatrix} x_1 \\ x_2 \\ x_3 \end{bmatrix} \tag{16.5}$$

식 (16.5)를 만족하는 영벡터가 아닌 해 $[x_1\ x_2\ x_3]^T$가 고유벡터이다.

$\lambda = 0$일 때, 식 (16.5)로부터

$$\begin{bmatrix} 2 & -3 & 1 \\ 1 & -2 & 1 \\ 1 & -3 & 2 \end{bmatrix} \begin{bmatrix} x_1 \\ x_2 \\ x_3 \end{bmatrix} = \begin{bmatrix} 0 \\ 0 \\ 0 \end{bmatrix} \quad \text{즉} \quad \begin{aligned} 2x_1 - 3x_2 + x_3 &= 0 \\ x_1 - 2x_2 + x_3 &= 0 \\ x_1 - 3x_2 + 2x_3 &= 0 \end{aligned}$$

가우스 소거법을 적용하여 풀면

$$\begin{aligned} x_1 - x_2 &= 0 \\ x_2 - x_3 &= 0 \end{aligned}$$

따라서 $x_1 = x_2 = x_3$를 만족하는 모든 $[x_1\ x_2\ x_3]^T$가 고유값 $\lambda = 0$에 대응하는 고유벡터이다. $x_3 = c\ (c \neq 0)$라 두면 $x_1 = x_2 = c$이므로, $\lambda = 0$에 대응하는 고유벡터는

$$\begin{bmatrix} c \\ c \\ c \end{bmatrix} = c \begin{bmatrix} 1 \\ 1 \\ 1 \end{bmatrix}$$

이고, 특히 $c = 1$로 선택하면 고유벡터 $\begin{bmatrix} 1 \\ 1 \\ 1 \end{bmatrix}$를 얻을 수 있다.

$\lambda = 1$일 때, 식 (16.5)로부터

$$\begin{bmatrix} 2 & -3 & 1 \\ 1 & -2 & 1 \\ 1 & -3 & 2 \end{bmatrix} \begin{bmatrix} x_1 \\ x_2 \\ x_3 \end{bmatrix} = \begin{bmatrix} x_1 \\ x_2 \\ x_3 \end{bmatrix} \quad \text{즉} \quad \begin{aligned} x_1 - 3x_2 + x_3 &= 0 \\ x_1 - 3x_2 + x_3 &= 0 \\ x_1 - 3x_2 + x_3 &= 0 \end{aligned}$$

따라서 $x_1 - 3x_2 + x_3 = 0$를 만족하는 모든 $[x_1\ x_2\ x_3]^T$가 고유값 $\lambda = 1$에 대응하는 고유벡터이다. $x_2 = c,\ x_3 = d$라 두면 (단 c, d는 동시에 0은 아님) $x_1 = 3c - d$이므로, $\lambda = 1$에 대응하는 고유벡터는

$$\begin{bmatrix} 3c - d \\ c \\ d \end{bmatrix} = c \begin{bmatrix} 3 \\ 1 \\ 0 \end{bmatrix} + d \begin{bmatrix} -1 \\ 0 \\ 1 \end{bmatrix}$$

이다. 특히 $(c = 1, d = 0)$ 과 $(c = 0, d = 1)$로 선택하면 다음과 같이 서로 독립인 두개의 고유벡터를 얻을 수 있다.

$$\begin{bmatrix} 3 \\ 1 \\ 0 \end{bmatrix} \quad \text{와} \quad \begin{bmatrix} -1 \\ 0 \\ 1 \end{bmatrix}$$

연습 문제

16.1. 다음 각 행렬의 고유값과 고유벡터를 계산하여라.

(a) $\begin{bmatrix} 3 & 0 \\ 8 & -1 \end{bmatrix}$ (b) $\begin{bmatrix} 1 & 4 \\ 3 & 2 \end{bmatrix}$ (c) $\begin{bmatrix} -1 & 6 \\ 0 & 5 \end{bmatrix}$

(d) $\begin{bmatrix} -1 & 0 \\ 1 & -5 \end{bmatrix}$ (e) $\begin{vmatrix} -2 & 2 & -3 \\ 2 & 1 & -6 \\ -1 & -2 & 0 \end{vmatrix}$ (f) $\begin{vmatrix} 0 & 1 & 0 \\ 0 & 0 & 1 \\ 2 & 1 & -2 \end{vmatrix}$

16.2 행렬의 대각화

주어진 정사각 행렬 A에 대하여 행렬 $P^{-1}AP$를 대각 행렬로 만드는 가역 행렬 P가 존재하는 경우, 행렬 A는 '**대각화 가능하다**(diagonalizable)'라고 하며, 행렬 A로부터 대각 행렬 $P^{-1}AP$를 구하는 과정을 **대각화**(diagonalization)라고 한다. 고유값과 고유벡터는 다음과 같이 행렬의 대각화에 이용할 수 있다.

정리 16.1 *2×2 행렬 A가 서로 다른 고유값 λ_1, λ_2와 대응하는 고유벡터 $\mathbf{x}_1$, $\mathbf{x}_2$를 가질 때, 행렬 P가 고유벡터 $\mathbf{x}_1$, $\mathbf{x}_2$를 열로 가지는 행렬이라고 하면, 행렬 P는 가역 행렬이고*

$$P^{-1}AP = \begin{bmatrix} \lambda_1 & 0 \\ 0 & \lambda_2 \end{bmatrix} \tag{16.6}$$

증명 :

P가 가역 행렬임을 보이려면, 미지수 $\mathbf{z} = [z_1\ z_2]^T$에 대한 선형 연립 방정식

$$P\mathbf{z} = \mathbf{0} \tag{16.7}$$

이 유일한 해 $\mathbf{z} = \mathbf{0}$을 가짐을 보이면 된다. 연립 방정식 (16.7)의 해를 구해 보자. $P = [\mathbf{x}_1\ \mathbf{x}_2]$이므로 식 (16.7)을 다시 쓰면 $[\mathbf{x}_1\ \mathbf{x}_2]\begin{bmatrix} z_1 \\ z_2 \end{bmatrix} = \mathbf{0}$, 즉

$$z_1\mathbf{x}_1 + z_2\mathbf{x}_2 = \mathbf{0} \tag{16.8}$$

이다. 식 (16.8)의 양변에 행렬 A를 곱하면 $z_1A\mathbf{x}_1 + z_2A\mathbf{x}_2 = \mathbf{0}$, 즉

$$z_1\lambda_1\mathbf{x}_1 + z_2\lambda_2\mathbf{x}_2 = \mathbf{0} \tag{16.9}$$

이 된다. 식 (16.8)에 $-\lambda_1$을 곱해서 식 (16.9)에 더하면

$$z_2(\lambda_2 - \lambda_1)\mathbf{x}_2 = \mathbf{0}$$

인데, $\lambda_1 \neq \lambda_2$이고 $\mathbf{x}_2 \neq \mathbf{0}$이므로 $z_2 = 0$ 이다. $z_2 = 0$을 식 (16.8)에 대입하면

$$z_1\mathbf{x}_1 = \mathbf{0}$$

인데 $\mathbf{x}_1 \neq \mathbf{0}$ 이므로 $z_1 = 0$ 이다. 즉 선형 연립 방정식 (16.7)은 유일한 해 $\mathbf{z} = \mathbf{0}$을 가진다. 따라서 그 계수 행렬 P는 가역 행렬이다.

이제 식 (16.6)을 증명하자. 먼저 AP를 구해 보면

$$AP = A[\mathbf{x}_1\ \mathbf{x}_2] = [A\mathbf{x}_1\ A\mathbf{x}_2] = [\lambda_1\mathbf{x}_1\ \lambda_2\mathbf{x}_2] = [\mathbf{x}_1\ \mathbf{x}_2]\begin{bmatrix} \lambda_1 & 0 \\ 0 & \lambda_2 \end{bmatrix} = P\begin{bmatrix} \lambda_1 & 0 \\ 0 & \lambda_2 \end{bmatrix}.$$

따라서

$$P^{-1}AP = P^{-1}P\begin{bmatrix}\lambda_1 & 0\\ 0 & \lambda_2\end{bmatrix} = \begin{bmatrix}\lambda_1 & 0\\ 0 & \lambda_2\end{bmatrix}.$$

(증명 끝)

행렬의 대각화는 행렬의 거듭제곱 A^n을 계산하는데 응용할 수 있다. 즉, 만약 $P^{-1}AP = \begin{bmatrix}\lambda_1 & 0\\ 0 & \lambda_2\end{bmatrix}$ 이면 $A = P\begin{bmatrix}\lambda_1 & 0\\ 0 & \lambda_2\end{bmatrix}P^{-1}$ 이므로, A^n을 다음과 같이 계산할 수 있다.

$$\begin{aligned} A^n &= P\begin{bmatrix}\lambda_1 & 0\\ 0 & \lambda_2\end{bmatrix}P^{-1}P\begin{bmatrix}\lambda_1 & 0\\ 0 & \lambda_2\end{bmatrix}P^{-1}\cdots P\begin{bmatrix}\lambda_1 & 0\\ 0 & \lambda_2\end{bmatrix}P^{-1} \quad (n\text{번 곱하기})\\ &= P\begin{bmatrix}\lambda_1 & 0\\ 0 & \lambda_2\end{bmatrix}^n P^{-1}\\ &= P\begin{bmatrix}\lambda_1^n & 0\\ 0 & \lambda_2^n\end{bmatrix}P^{-1} \end{aligned}$$

예제 16.3 행렬 $A = \begin{bmatrix}-1 & 4\\ 0 & 3\end{bmatrix}$ 에 대하여 (a) 고유값과 고유벡터를 구하고, (b) 대각화 행렬 P를 구하고, (c) 대각화를 이용하여 A^{99}을 계산하여라.

풀이 :

(a) 고유값과 고유벡터 구하기 :

특성 방정식은

$$|A-\lambda I| = \begin{vmatrix}-1-\lambda & 4\\ 0 & 3-\lambda\end{vmatrix} = -(1+\lambda)(3-\lambda) = 0$$

따라서 A의 고유값은 $\lambda = -1, 3$이다.

고유값 $\lambda = -1$에 대응하는 고유벡터를 $\mathbf{x}_1 = [x_1\ x_2]^T$라 하고, $\lambda = -1$과 $\mathbf{x} = \mathbf{x}_1$을 식 $A\mathbf{x} = \lambda\mathbf{x}$에 대입하면

$$\begin{bmatrix}-1 & 4\\ 0 & 3\end{bmatrix}\begin{bmatrix}x_1\\ x_2\end{bmatrix} = -\begin{bmatrix}x_1\\ x_2\end{bmatrix} \qquad \text{즉} \qquad \begin{aligned}4x_2 &= 0\\ 4x_2 &= 0\end{aligned}$$

따라서 $x_2 = 0$를 만족하는 $[x_1\ x_2]^T$가 고유벡터 $\mathbf{x}_1$이다. $x_1 = 1, x_2 = 0$으로 선택하면 고유값 $\lambda = -1$에 대응하는 고유벡터는 $\mathbf{x}_1 = \begin{bmatrix}1\\ 0\end{bmatrix}$.

고유값 $\lambda = 3$에 대응하는 고유벡터를 $\mathbf{x}_2 = [x_1\ x_2]^T$라 하고, $\lambda = 3$과 $\mathbf{x} = \mathbf{x}_2$를 식 $A\mathbf{x} = \lambda\mathbf{x}$에 대입하면

$$\begin{bmatrix} -1 & 4 \\ 0 & 3 \end{bmatrix}\begin{bmatrix} x_1 \\ x_2 \end{bmatrix} = 3\begin{bmatrix} x_1 \\ x_2 \end{bmatrix} \qquad \text{즉} \qquad \begin{aligned} -4x_1 + 4x_2 &= 0 \\ 0 &= 0 \end{aligned}$$

따라서 $x_1 = x_2$를 만족하는 $[x_1\ x_2]^T$가 고유벡터 $\mathbf{x}_2$이다. $x_1 = x_2 = 1$ 로 선택하면 $\lambda = 3$에 대응하는 고유벡터는 $\mathbf{x}_2 = \begin{bmatrix} 1 \\ 1 \end{bmatrix}$.

(b) P와 P^{-1} 구하기 :

$$P = [\mathbf{x}_1\ \mathbf{x}_2] = \begin{bmatrix} 1 & 1 \\ 0 & 1 \end{bmatrix}, \quad P^{-1} = \begin{bmatrix} 1 & -1 \\ 0 & 1 \end{bmatrix}$$

(c) A^{99} 구하기 :

$$P^{-1}AP = \begin{bmatrix} -1 & 0 \\ 0 & 3 \end{bmatrix} \text{ 이므로 } A = P\begin{bmatrix} -1 & 0 \\ 0 & 3 \end{bmatrix}P^{-1} \text{ 이다. 따라서}$$

$$\begin{aligned} A^{99} &= P\begin{bmatrix} (-1)^{99} & 0 \\ 0 & 3^{99} \end{bmatrix}P^{-1} = \begin{bmatrix} 1 & 1 \\ 0 & 1 \end{bmatrix}\begin{bmatrix} -1 & 0 \\ 0 & 3^{99} \end{bmatrix}\begin{bmatrix} 1 & -1 \\ 0 & 1 \end{bmatrix} \\ &= \begin{bmatrix} -1 & 3^{99} \\ 0 & 3^{99} \end{bmatrix}\begin{bmatrix} 1 & -1 \\ 0 & 1 \end{bmatrix} = \begin{bmatrix} -1 & 3^{99}+1 \\ 0 & 3^{99} \end{bmatrix} \end{aligned}$$

지금까지 2×2 행렬의 대각화에 대해서 알아 보았다. 임의의 $n \times n$ 행렬에 대해서도 계산은 조금 더 복잡하지만 방법은 같은 방법으로 대각화가 가능하다. 아래의 정리 16.2는 임의의 $n \times n$ 행렬의 경우에도 고유벡터를 이용하여 대각화가 가능함을 보여 준다. 증명은 생략한다.

정리 16.2 *$n \times n$ 행렬 A가 서로 다른 고유값 $\lambda_1, \lambda_2, \ldots, \lambda_n$과 대응하는 고유벡터 $\mathbf{x}_1, \mathbf{x}_2, \ldots, \mathbf{x}_n$을 가질 때, 행렬 P가 고유벡터 $\mathbf{x}_1, \mathbf{x}_2, \ldots, \mathbf{x}_n$을 열로 가지는 행렬이라고 하면, 행렬 P는 가역 행렬이고*

$$P^{-1}AP = \begin{bmatrix} \lambda_1 & 0 & \cdots & 0 \\ 0 & \lambda_2 & \cdots & 0 \\ \vdots & \vdots & & \vdots \\ 0 & 0 & \cdots & \lambda_n \end{bmatrix} \tag{16.10}$$

연습 문제

16.2. 다음 각 행렬 A에 대하여 고유값과 고유벡터 및 대각화 행렬 P를 구하고, 대각화를 이용하여 A^{100}을 계산하여라.

(a) $\begin{bmatrix} -1 & 0 \\ 1 & -5 \end{bmatrix}$ (b) $\begin{bmatrix} 2 & -3 \\ 4 & -5 \end{bmatrix}$

16.3. 다음의 3×3 행렬 A에 대하여 대각화 행렬 P를 구하고, 대각 행렬 $P^{-1}AP$를 구하여라.

$$\begin{bmatrix} 0 & 0 & -2 \\ 1 & 2 & 1 \\ 1 & 0 & 3 \end{bmatrix} \tag{16.11}$$

16.3 1계 선형 연립 미분 방정식의 풀이

이 절에서는 고유값을 응용하여 1계 선형 연립 미분 방정식의 해를 구하는 방법을 예제를 통하여 알아 보자. 1계 선형 연립 미분 방정식은 자동 제어 이론이나 전기 회로 해석 등의 공학 응용 분야에서 종종 접하는 방정식으로서, 간단한 예를 들어 보면

$$\begin{aligned} x_1' &= 2x_1 + 3x_2 \\ x_2' &= 2x_1 + x_2 \end{aligned} \tag{16.12}$$

와 같은 형태를 갖는다. 식 (16.12)에서 각각의 x_i는 변수 t의 함수이고, x_i'는 미분 $\frac{dx_i}{dt}$를 의미한다.

1계 선형 연립 미분 방정식은 다음 두 예제에 보인 것과 같이 하나의 고계 선형 미분 방정식을 변형함으로써 얻을 수 있다.

예제 16.4 다음의 2계 선형 미분 방정식을 1계 선형 연립 미분 방정식으로 나타내어라.

$$2y'' - 3y' + y = 0 \ , \ y(0) = 6 \ , \ y'(0) = -1 \ . \tag{16.13}$$

풀이 :

함수 $x_1(t)$와 $x_2(t)$를 다음과 같이 정의하자.

$$x_1(t) = y(t) \ , \ x_2(t) = y'(t) \ . \tag{16.14}$$

식 (16.14)를 t에 관해서 미분하고, 식 (16.13)를 이용하면

$$x_1' = y' = x_2$$
$$x_2' = y'' = -\frac{1}{2}y + \frac{3}{2}y' = -\frac{1}{2}x_1 + \frac{3}{2}x_2$$

이고,

$$x_1(0) = y(0) = 6 \ , \ x_2(0) = y'(0) = -1$$

이다. 따라서 2계 선형 미분 방정식 (16.13)는 1계 선형 연립 방정식

$$\begin{cases} x_1' = x_2 & , \ x_1(0) = 6 \\ x_2' = -\frac{1}{2}x_1 + \frac{3}{2}x_2 & , \ x_2(0) = -1 \end{cases} \tag{16.15}$$

으로 나타낼 수 있다. 식 (16.15)을 행렬 방정식으로 나타내면 다음과 같다.

$$\begin{bmatrix} x_1' \\ x_2' \end{bmatrix} = \begin{bmatrix} 0 & 1 \\ -\frac{1}{2} & \frac{3}{2} \end{bmatrix} \begin{bmatrix} x_1 \\ x_2 \end{bmatrix} \quad , \quad \begin{bmatrix} x_1(0) \\ x_2(0) \end{bmatrix} = \begin{bmatrix} 6 \\ -1 \end{bmatrix} \ .$$

예제 16.5 다음의 3계 선형 미분 방정식을 1계 선형 연립 미분 방정식으로 나타내어라.

$$y''' + 3y'' - y' + 8y = 0 \ , \tag{16.16}$$
$$y(0) = 1 \ , \ y'(0) = 2 \ , \ y''(0) = 3 \ . \tag{16.17}$$

풀이 :

함수 $x_1(t), x_2(t), x_3(t)$를 각각 다음과 같이 정의하자.

$$x_1(t) = y(t) \ , \ x_2(t) = y'(t) \ , \ x_3(t) = y''(t) \ . \tag{16.18}$$

식 (16.18)을 t에 관해서 미분하고, 식 (16.16)를 이용하면

$$x_1' = y' = x_2$$
$$x_2' = y'' = x_3$$
$$x_3' = y''' = -8y + y' - 3y'' = -8x_1 + x_2 - 3x_3$$

이고, 초기조건은

$$x_1(0) = y(0) = 1 \ , \ x_2(0) = y'(0) = 2 \ , \ x_3(0) = y''(0) = 3$$

이다. 따라서 3계 선형 미분 방정식 (16.16)는 1계 선형 연립 방정식

$$\begin{cases} x_1' = x_2 & , \ x_1(0) = 1 \\ x_2' = x_3 & , \ x_2(0) = 2 \\ x_3' = -8x_1 + x_2 - 3x_3 & , \ x_3(0) = 3 \end{cases} \tag{16.19}$$

으로 나타낼 수 있다. 식 (16.19)를 행렬 방정식으로 나타내면 다음과 같다.

$$\begin{bmatrix} x_1' \\ x_2' \\ x_3' \end{bmatrix} = \begin{bmatrix} 0 & 1 & 0 \\ 0 & 0 & 1 \\ -8 & 1 & -3 \end{bmatrix} \begin{bmatrix} x_1 \\ x_2 \\ x_3 \end{bmatrix} \quad , \quad \begin{bmatrix} x_1(0) \\ x_2(0) \\ x_3(0) \end{bmatrix} = \begin{bmatrix} 1 \\ 2 \\ 3 \end{bmatrix}$$

일반적으로 미지 함수가 n개인 1계 선형 연립 방정식은

$$\begin{aligned} x_1' &= a_{11}x_1 + a_{12}x_2 + \cdots + a_{1n}x_n \\ x_2' &= a_{21}x_1 + a_{22}x_2 + \cdots + a_{2n}x_n \\ &\vdots \\ x_n' &= a_{n1}x_1 + a_{n2}x_2 + \cdots + a_{nn}x_n \end{aligned} \tag{16.20}$$

와 같은 형태를 갖는다. 식 (16.20)에서 행렬 A와 벡터 $\mathbf{x}, \mathbf{x}'$를 각각

$$A = \begin{bmatrix} a_{11} & a_{12} & \cdots & a_{1n} \\ a_{21} & a_{22} & \cdots & a_{2n} \\ \vdots & \vdots & & \vdots \\ a_{n1} & a_{n2} & \cdots & a_{nn} \end{bmatrix} \quad , \quad \mathbf{x} = \begin{bmatrix} x_1 \\ x_2 \\ \vdots \\ x_n \end{bmatrix} \quad , \quad \mathbf{x}' = \begin{bmatrix} x_1' \\ x_2' \\ \vdots \\ x_n' \end{bmatrix} \tag{16.21}$$

라고 하면, 식 (16.21)는 다음과 같이 간결하게 나타낼 수 있다.

$$\mathbf{x}' = A\mathbf{x} \tag{16.22}$$

계수 행렬 A가 대각선 행렬인 경우 연립 미분 방정식 (16.22)는 n개의 서로 독립적인 1계 선형 상미분 방정식을 나타낸다. 따라서 다음 예제에 보인 것처럼 제 8 장에서 공부한 방법을 이용하여 즉각적으로 해를 구할 수가 있다.

예제 16.6 1계 선형 연립 미분 방정식

$$\begin{cases} x_1' = 4x_1 & , \ x_1(0) = 1 \\ x_2' = -x_2 & , \ x_2(0) = 3 \\ x_3' = 2x_3 & , \ x_3(0) = 5 \end{cases} \tag{16.23}$$

의 해를 구하여라.

풀이 :

식 (16.23)은 서로 독립적인 3개의 1계 선형 상미분 방정식이다. 제 8 장으로부터 우리는

$$y' = ky \quad (k\text{는 상수})$$

꼴의 1계 상미분 방정식의 일반해는

$$y = ce^{kt} \quad (c\text{는 임의의 상수})$$

임을 알고 있다. 따라서 연립 미분 방정식 (16.23)의 일반해는

$$\begin{aligned} x_1 &= c_1e^{4t} \\ x_2 &= c_2e^{-t} \\ x_3 &= c_3e^{2t} \;. \end{aligned} \tag{16.24}$$

상수 c_1, c_2, c_3의 값은 초기 조건 $x_1(0) = 1, x_2(0) = 3, x_3(0) = 5$을 이용하여 구하면 $c_1 = 1, c_2 = 3, c_3 = 5$. 따라서 초기 조건을 만족하는 특수해는

$$\begin{aligned} x_1 &= e^{4t} \\ x_2 &= 3e^{-t} \\ x_3 &= 5e^{2t} \;. \end{aligned} \tag{16.25}$$

예제 16.6의 연립 미분 방정식 (16.23)을 행렬 방정식 $\mathbf{x}' = A\mathbf{x}$ 꼴로 나타내면

$$\begin{bmatrix} x_1' \\ x_2' \\ x_3' \end{bmatrix} = \begin{bmatrix} 4 & 0 & 0 \\ 0 & -1 & 0 \\ 0 & 0 & 2 \end{bmatrix} \begin{bmatrix} x_1 \\ x_2 \\ x_3 \end{bmatrix}$$

이므로, 계수 행렬 A는

$$A = \begin{bmatrix} 4 & 0 & 0 \\ 0 & -1 & 0 \\ 0 & 0 & 2 \end{bmatrix}$$

이고 행렬 A의 고유값은 $\lambda_1 = 4, \lambda_2 = -1, \lambda_3 = 2$이다. 즉 식 (16.24)에서 구한 일반해 $x_i = c_ie^{\lambda_i t}$의 지수 t의 계수는 A의 고유값 λ_i이다.

일반적으로 행렬 A가 $n \times n$ 대각선 행렬인 경우, 1계 선형 연립 방정식

$$\mathbf{x}' = A\mathbf{x}$$

의 일반해는 행렬 A의 고유값 $\lambda_1, \lambda_2, \ldots, \lambda_n$을 이용하여 예제 16.6에서 처럼 구할 수 있다. 즉 이경우 일반해는

$$x_i = c_ie^{\lambda_i t} \quad , \; i = 1, 2, \ldots, n$$

이다.

행렬 A가 대각선 행렬이 아닌 경우에는 A를 대각화하는 행렬 P를 구하여 $\mathbf{x} = P\mathbf{w}$, $\mathbf{x}' = P\mathbf{w}'$ 으로 변수 치환을 하면

$$\mathbf{x}' = A\mathbf{x} \implies P\mathbf{w}' = AP\mathbf{w} \implies \mathbf{w}' = P^{-1}AP\mathbf{w}$$

가 되어 $P^{-1}AP$가 대각선 행렬이 된다. 따라서 $\mathbf{w}$를 앞의 예제 16.6에서 처럼 구한 후에 이를 이용하여 $\mathbf{x}$를 구할 수 있다.

예제 16.7 1계 선형 연립 미분 방정식

$$\begin{cases} x_1' = 4x_1 + 2x_2 & , \; x_1(0) = 1 \\ x_2' = -x_1 + x_2 & , \; x_2(0) = 0 \end{cases} \tag{16.26}$$

의 해를 구하여라.

풀이 :

Step 1: A를 대각화하는 행렬 P 구하기

특성 방정식이

$$|A - \lambda I| = \begin{vmatrix} 4-\lambda & 2 \\ -1 & 1-\lambda \end{vmatrix} = (\lambda - 3)(\lambda - 2) = 0$$

이므로 A의 고유값은 $\lambda_1 = 3$, $\lambda_2 = 2$.

고유값 $\lambda_1 = 3$에 대응하는 고유 벡터를 $\mathbf{v_1} = [x\,y]^T$라 하면

$$\begin{bmatrix} 4 & 2 \\ -1 & 1 \end{bmatrix} \begin{bmatrix} x \\ y \end{bmatrix} = 3 \begin{bmatrix} x \\ y \end{bmatrix} \quad \text{즉} \quad \begin{matrix} x + 2y = 0 \\ x + 2y = 0 \end{matrix}$$

따라서 고유값 $\lambda_1 = 3$에 대응하는 고유 벡터는 $\mathbf{v_1} = \begin{bmatrix} -2 \\ 1 \end{bmatrix}$.

고유값 $\lambda_2 = 2$에 대응하는 고유 벡터를 $\mathbf{v_2} = [x\,y]^T$라 하면

$$\begin{bmatrix} 4 & 2 \\ -1 & 1 \end{bmatrix} \begin{bmatrix} x \\ y \end{bmatrix} = 2 \begin{bmatrix} x \\ y \end{bmatrix} \quad \text{즉} \quad \begin{matrix} x + y = 0 \\ x + y = 0 \end{matrix}$$

따라서 고유값 $\lambda_2 = 2$에 대응하는 고유 벡터는 $\mathbf{v_2} = \begin{bmatrix} 1 \\ -1 \end{bmatrix}$.

따라서 대각화 행렬 P는

$$P = [\mathbf{v}_1 \;\; \mathbf{v}_2] = \begin{bmatrix} -2 & 1 \\ 1 & -1 \end{bmatrix}$$

이고

$$P^{-1}AP = \begin{bmatrix} 3 & 0 \\ 0 & 2 \end{bmatrix}$$

Step 2: 대각화한 연립 미분 방정식 $\mathbf{w}' = P^{-1}AP\mathbf{w}$의 해 구하기

$\mathbf{x} = P\mathbf{w}$, $\mathbf{x}' = P\mathbf{w}'$로 치환하여 얻은 연립 미분 방정식 $\mathbf{w}' = P^{-1}AP\mathbf{w}$는 다음과 같은 형태를 갖는다.

$$\begin{bmatrix} w_1' \\ w_2' \end{bmatrix} = \begin{bmatrix} 3 & 0 \\ 0 & 2 \end{bmatrix} \begin{bmatrix} w_1 \\ w_2 \end{bmatrix} \quad \text{즉} \quad \begin{cases} w_1' = 3w_1 \\ w_2' = 2w_2 \end{cases}$$

이 연립 미분 방정식의 일반해는

$$\begin{aligned} w_1 &= c_1 e^{3t} \\ w_2 &= c_2 e^{2t} \ . \end{aligned} \tag{16.27}$$

Step 3: 치환하기 전의 원래의 변수에 대한 일반해 구하기

$\mathbf{x} = P\mathbf{w}$로부터

$$\begin{bmatrix} x_1 \\ x_2 \end{bmatrix} = \begin{bmatrix} -2 & 1 \\ 1 & -1 \end{bmatrix} \begin{bmatrix} w_1 \\ w_2 \end{bmatrix} \tag{16.28}$$

즉

$$\begin{aligned} x_1 &= -2w_1 + w_2 = -2c_1 e^{3t} + c_2 e^{2t} \\ x_2 &= w_1 - w_2 = c_1 e^{3t} - c_2 e^{2t} \ . \end{aligned} \tag{16.29}$$

Step 4: 초기 조건 만족하는 특수해 구하기

초기 조건 $x_1(0) = 1, x_2(0) = 0$ 을 식 (16.29)에 대입하면

$$\begin{aligned} 1 &= -2c_1 + c_2 \\ 0 &= c_1 - c_2 \ . \end{aligned} \tag{16.30}$$

따라서 $c_1 = c_2 = -1$이고, 초기 조건을 만족하는 특수해는

$$\begin{aligned} x_1 &= 2e^{3t} - e^{2t} \\ x_2 &= -e^{3t} + e^{2t} \ . \end{aligned} \tag{16.31}$$

일반적으로 $n \times n$ 행렬 A가 서로 다른 n개의 고유값 λ_i $(i = 1, 2, \ldots, n)$를 갖는 경우, 고유값에 대응하는 서로 다른 n개의 고유 벡터를 $\mathbf{v}_i$ $(i = 1, 2, \ldots, n)$이라 하면 대각화 행렬 P는

$$P = [\mathbf{v}_1 \ \mathbf{v}_2 \cdots \mathbf{v}_n]$$

이고 대각화된 행렬 $P^{-1}AP$는

$$P^{-1}AP = \begin{bmatrix} \lambda_1 & 0 & \cdots & 0 \\ 0 & \lambda_2 & \cdots & 0 \\ \vdots & \vdots & & \vdots \\ 0 & 0 & \cdots & \lambda_n \end{bmatrix}$$

이다. 따라서 $\mathbf{x} = P\mathbf{w}$, $\mathbf{x}' = P\mathbf{w}'$로 변수 치환하여 얻은 연립 미분 방정식

$$\mathbf{w}' = P^{-1}AP\mathbf{w}$$

의 일반해는

$$w_i = c_i e^{\lambda_i t} \quad (i = 1, 2, \ldots, n)$$

이고, 변수 치환하기 전의 원래의 연립 미분 방정식

$$\mathbf{x}' = A\mathbf{x}$$

의 일반해는 다음과 같다.

$$\begin{aligned} \mathbf{x} &= P\mathbf{w} \\ &= [\mathbf{v}_1 \ \ \mathbf{v}_2 \cdots \mathbf{v}_n] \begin{bmatrix} c_1 e^{\lambda_1 t} \\ c_2 e^{\lambda_2 t} \\ \vdots \\ c_n e^{\lambda_n t} \end{bmatrix} \\ &= c_1 e^{\lambda_1 t}\mathbf{v}_1 + c_2 e^{\lambda_2 t}\mathbf{v_2} + \cdots + c_n e^{\lambda_n t}\mathbf{v}_n \ . \end{aligned} \tag{16.32}$$

행렬 A가 중복도가 2 이상인 고유값을 갖는 경우(특성 방정식 $|A - \lambda I| = 0$이 중근, 3중근, ...을 갖는 경우) 선형 연립 방정식의 일반해는 식 (16.32)로는 구할 수 없고 약간의 수정이 필요한데 여기서는 더 이상 다루지 않기로 한다.

연습 문제

16.4. 1계 선형 연립 미분 방정식

$$\begin{cases} x_1' = 3x_1 + 2x_2 & , \ x_1(0) = 1 \\ x_2' = 6x_1 - x_2 & , \ x_2(0) = 0 \end{cases}$$

의 해를 구하여라.

16.5. 1계 선형 연립 미분 방정식

$$\begin{cases} x_1' = 1x_1 + 2x_2 & , \ x_1(0) = 0 \\ x_2' = 3x_1 + 2x_2 & , \ x_2(0) = -4 \end{cases}$$

의 해를 구하여라.

Part VII
푸리에 해석

Chapter 17
푸리에 급수

17.1 주기 함수

함수 $x(t)$가 어떤 한 양수 T에 대하여 그리고 모든 t에 대하여

$$x(t+T) = x(t) \tag{17.1}$$

를 만족시킬 때, 함수 $x(t)$를 주기가 T인 **주기 함수**라고 부른다. 즉 주기 함수는 함수값이 일정한 주기 T 마다 반복되는 함수를 말한다.

예를 들면 정현파 함수 $\sin t$와 $\cos t$는 각각

$$\sin(t+2\pi) = \sin t\,, \quad \cos(t+2\pi) = \cos t$$

를 만족시키므로 주기가 $T = 2\pi$인 주기 함수이다. 따라서 $\sin \omega t$와 $\cos \omega t$는 주기가 $T = \frac{2\pi}{\omega}$인 주기 함수이고, 복소 지수 함수

$$e^{j\omega t} = \cos \omega t + j \sin \omega t \tag{17.2}$$

역시 주기 $T = \frac{2\pi}{\omega}$인 주기 신호이다. 또 그림 17.1 에 보인 직사각파 함수와 톱니파 함수도 각각 주기가 T인 주기 함수이다.

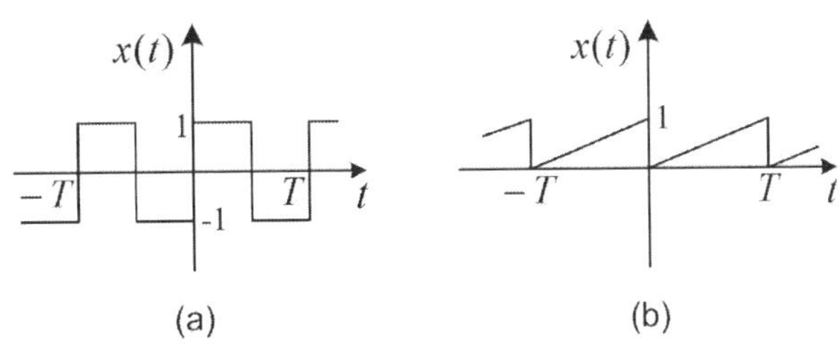

그림 **17.1** 주기 함수의 예.
(a) 직사각파, (b) 톱니파

주기의 역수 $\frac{1}{T}$은 **주파수**라고 부르며 단위 Hz를 사용하여 나타낸다. 만약 변수 t가 시간을 나타낸다면, 주기 함수의 **주기** T는 함수값이 한 번 반복되는 데 걸리는 시간 간격(초)을 의미한다. 따라서 주파수 $\frac{1}{T}$은 단위 시간(초) 당 반

복 횟수를 나타낸다. 예를 들면, 주파수가 10 (Hz)라는 말은 함수가 1 초에 10번 반복되며, 한 번 반복되는데 걸리는 시간이 1/10 초라는 것을 의미한다. 함수 $\sin 2\pi ft$와 $\cos 2\pi ft$는 주기가 $T = \frac{1}{f}$인 주기 함수이므로 주파수는 $\frac{1}{T} = f$ (Hz)이다. 마찬가지로 복소 지수 함수

$$e^{j2\pi ft} = \cos 2\pi ft + j\sin 2\pi ft \tag{17.3}$$

역시 주기가 $T = \frac{1}{f}$ 인 주기 함수이므로, 주파수가 f (Hz) 이다.

17.2 푸리에 급수

푸리에 급수(Fourier series)는 주기 함수를 서로 다른 주파수를 가진 복소 지수 함수의 합으로 표현하는 방법이다. 즉 함수 $x(t)$가 주기 T인 주기 함수일 때, $x(t)$를 복소 지수 함수 $e^{j2\pi\frac{n}{T}t}$ $(n = 0, \pm 1, \pm 2, \ldots)$의 선형합

$$x(t) = \sum_{n=-\infty}^{\infty} X_n e^{j2\pi\frac{n}{T}t} \tag{17.4}$$

으로 나타내는 것을 함수 $x(t)$의 **푸리에 급수** 표현이라고 부른다.

식 (17.4)에서 계수 X_n은 함수 $x(t)$의 **푸리에 급수 계수**라고 부른다. 식 (17.4)의 무한 급수가 수렴한다는 가정 하에 푸리에 급수 계수 X_n은 다음과 같이 구할 수 있다. 식 (17.4)의 양변에 $e^{-j2\pi\frac{k}{T}t}$를 곱한 후 한 주기 $0 < t < T$ 범위에 대해 적분하면

$$\begin{aligned}\int_0^T x(t)e^{-j2\pi\frac{k}{T}t}dt &= \int_0^T \left(\sum_{n=-\infty}^{\infty} X_n e^{j2\pi\frac{n}{T}t} e^{-j2\pi\frac{k}{T}t}\right)dt \\ &= \sum_{n=-\infty}^{\infty} X_n \int_0^T e^{j2\pi\frac{n-k}{T}t}dt \ .\end{aligned} \tag{17.5}$$

그런데

$$\int_0^T e^{j2\pi\frac{n-k}{T}t}dt = \begin{cases} \left[\dfrac{e^{j2\pi\frac{n-k}{T}t}}{j2\pi\frac{n-k}{T}}\right]_0^T = 0 & (n \neq k\text{일 때}) \\ \int_0^T dt = [t]_0^T = T & (n = k\text{일 때}) \end{cases}$$

이므로, 식 (17.5)로부터

$$\int_0^T x(t)e^{-j2\pi\frac{k}{T}t}dt = X_k T \ . \tag{17.6}$$

식 (17.6)에서 X_k를 구한 후 k를 n으로 바꾸면

$$X_n = \frac{1}{T}\int_0^T x(t)e^{-j2\pi\frac{n}{T}t}dt \quad . \tag{17.7}$$

식 (17.4)와 식 (17.7)을 한 눈에 보기 쉽게 정리하여 다시 쓰면 다음과 같이 나타낼 수 있다.

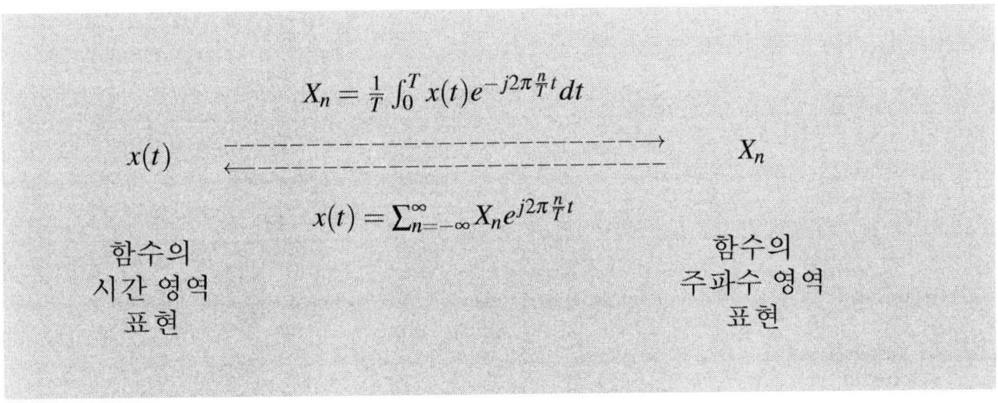

주기 함수 $x(t)$가 주어지면 식 (17.7)을 이용하여 푸리에 급수 계수 X_n을 구할 수 있고, 역으로 푸리에 급수 계수 X_n이 주어지면 식 (17.4)를 이용하여 원래의 주기 함수 $x(t)$를 구할 수 있다. 따라서 $x(t)$ 와 X_n 은 하나의 함수를 나타내는 두 가지 서로 다른 표현 방법이라고 생각할 수 있다. $x(t)$는 함수의 **시간 영역 표현**이라고 부르고, X_n은 함수의 **주파수 영역 표현**이라고 부른다.

푸리에 급수 계수 X_n을 함수의 주파수 영역 표현이라고 부르는 이유는 그것이 함수를 구성하고 있는 주파수별 성분들의 크기를 나타내기 때문이다. 식 (17.4)에 의하면, 함수 $x(t)$는 복소지수함수 $e^{j2\pi\frac{n}{T}t}$ $(n = \pm1, \pm2, \ldots)$의 합으로 구성된다. 따라서 각각의 복소지수함수 $e^{j2\pi\frac{n}{T}t}$는 함수 $x(t)$를 구성하는 성분이라고 불린다. 복소지수함수 $e^{j2\pi\frac{n}{T}t}$는 주파수가 $\frac{n}{T}$ (Hz) 이다. 따라서 식 (17.4)에서 X_n은 주파수가 $\frac{n}{T}$인 성분이 얼마나 많이 들어 있는지를 나타내는 가중치에 해당된다. X_n 이 큰 값이면 주파수가 $\frac{n}{T}$인 성분이 많이 들어 있다는 뜻이고, X_n 이 0이면 주파수가 $\frac{n}{T}$인 성분이 들어 있지 않다는 뜻이다. 즉 X_n은 함수 $x(t)$를 구성하고 있는 주파수별 성분들의 크기를 나타낸다. 따라서 푸리에 급수 계수 X_n을 함수 $x(t)$의 **주파수 스펙트럼**(frequency spectrum)이라고 부른다. 일반적으로 X_n은 복소수이다. 따라서 X_n을 극좌표를 이용하여

$$X_n = |X_n|e^{j\angle X_n} \tag{17.8}$$

과 같이 나타낼 수 있다. 이 때, $|X_n|$을 신호 $x(t)$의 **진폭 스펙트럼**(magnitude spectrum)이라 부르고, $\angle X_n$을 **위상 스펙트럼**(phase spectrum)이라고 부른다.

앞에서 푸리에 급수 계수 X_n을 구하는 공식 (17.7)을 유도할 때, 우리는 푸리에 급수 (17.4)가 수렴하는 것으로 가정하였다. 그런데 사실 모든 주기 함수에 대해서 푸리에 급수가 수렴하는 것은 아니다. 어떤 경우에는 식 (17.7)의 적분이 발산하여 푸리에 급수 계수를 구할 수 없는 경우가 있다. 또 식 (17.7)에 의해 푸리에 급수 계수를 구할 수는 있지만 이 값들을 식 (17.4)에 대입했을 때, 우변이 원래의 함수 $x(t)$에 수렴하지 않을 수도 있다. 따라서 푸리에 급수를 응

용하기 위해서는 어떤 조건 하에서 푸리에 급수 표현이 가능한지를 알고 있을 필요가 있다.

주기 함수의 푸리에 급수 표현이 수렴할 충분 조건은 디리끄레(Dirichlet) 조건이라고 알려져 있다. **디리끄레 조건**은 다음과 같다.

1. 함수 $x(t)$는 한 주기 내에서 절대적분이 가능하여야 한다. 즉

$$\int_0^T |x(t)|dt < \infty$$

2. 한 주기 내에서 $x(t)$의 국부 최대점과 최소점의 개수는 유한하여야 한다.
3. 한 주기 내에서 $x(t)$의 불연속점의 개수는 유한하여야 한다.

디리끄레 조건을 만족하지 못하는 함수는 일반적으로 함수값이 무한히 크거나 또는 특이한 점을 무수히 많이 갖고 있는 함수로서 공학적 응용의 관점에서는 그다지 흥미의 대상이 아니다. 따라서 공학 응용에서는 관심의 대상이 되는 대부분의 모든 주기 함수가 푸리에 급수로 표현 가능한 것으로 보아도 큰 문제가 없다.

예제 17.1 함수 $x(t) = \sin 2\pi f_0 t$를 푸리에 급수로 표현하고, 그 진폭 스펙트럼과 위상 스펙트럼을 스케치하여라.

풀이 :

함수 $x(t)$는 주기가 $T = \frac{1}{f_0}$, 즉 주파수가 f_0 (Hz)인 주기 함수이다.

$$\begin{aligned} X_n &= \frac{1}{T}\int_0^T \sin(2\pi f_0 t)\, e^{-j2\pi \frac{n}{T}t} dt \\ &= \frac{1}{T}\int_0^T \frac{e^{j2\pi\frac{1}{T}t} - e^{-j2\pi\frac{1}{T}t}}{j2}\, e^{-j2\pi\frac{n}{T}t} dt \\ &= \frac{1}{j2T}\left[\int_0^T e^{j2\pi\frac{1-n}{T}t}dt - \int_0^T e^{-j2\pi\frac{1+n}{T}t}dt\right] \end{aligned}$$

그런데

$$\int_0^T e^{j2\pi\frac{1-n}{T}t}dt = \begin{cases} 0 & (n \neq 1\text{일 때}) \\ T & (n = 1\text{일 때}) \end{cases}$$

$$\int_0^T e^{-j2\pi\frac{1+n}{T}t}dt = \begin{cases} 0 & (n \neq -1\text{일 때}) \\ T & (n = -1\text{일 때}) \end{cases}$$

이므로

$$X_{-1} = -\frac{1}{j2}\ ,\ X_1 = \frac{1}{j2}\ ,\ X_n = 0 \quad (n \neq \pm 1)$$

따라서 $x(t)$의 푸리에 급수 표현은

$$x(t) = \sum_{n=-\infty}^{\infty} X_n e^{j2\pi \frac{n}{T} t} = -\frac{1}{j2} e^{-j2\pi f_0 t} + \frac{1}{j2} e^{j2\pi f_0 t} \quad .$$

한편 $-\frac{1}{j2} = j\frac{1}{2}$, $\frac{1}{j2} = -j\frac{1}{2}$ 이므로, $|X_{-1}| = |X_1| = \frac{1}{2}$이고, $\angle X_{-1} = \pi/2$, $\angle X_1 = -\pi/2$이다. 따라서 진폭 스펙트럼과 위상 스펙트럼은 그림 17.2에 보인 것과 같다. 그림 17.2에서 $n = 1, 2, \ldots$는 주파수 $f = f_0, 2f_0, \ldots$를 의미한다.

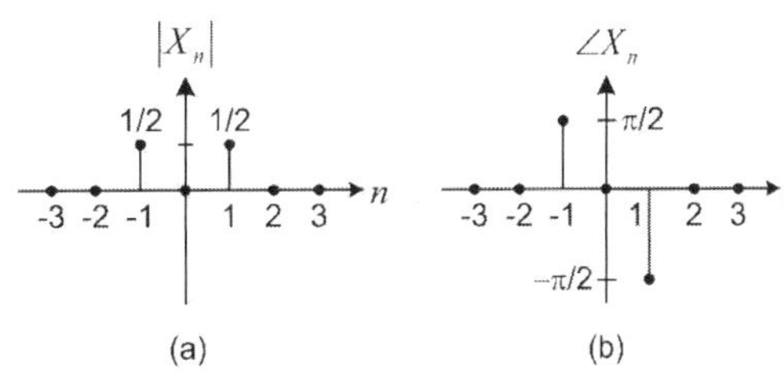

그림 17.2 예제 17.1. (a) 진폭 스펙트럼 (b) 위상 스펙트럼

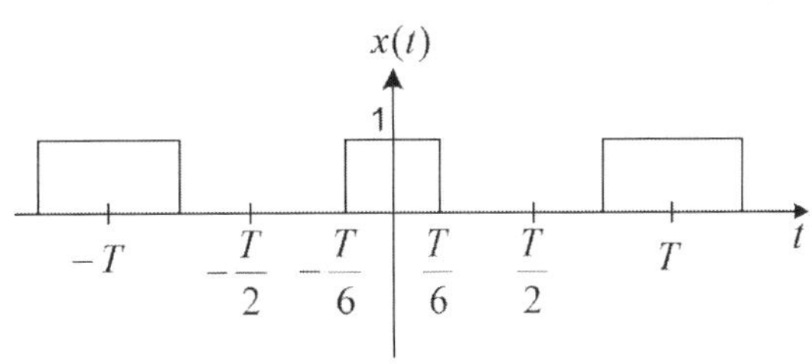

그림 17.3 예제 17.2. 직사각 펄스 파형

예제 17.2 $x(t)$는 그림 17.3에 보인 직사각 펄스 파형이다. 즉 $x(t)$는 주기 T인 주기 함수로서, 한 주기 $-\frac{T}{2} \le t \le \frac{T}{2}$ 내에서는 다음과 같이 정의된다.

$$x(t) = \begin{cases} 1 \ , & |t| < T/6 \\ 0 \ , & T/6 < |t| < T/2 \end{cases}$$

함수 $x(t)$를 푸리에 급수로 표현하고, 함수 $x(t)$의 진폭 스펙트럼을 스케치하여라.

풀이 :

푸리에 계수 X_n을 구하기 위한 식 (17.7)에서 피적분 함수 $x(t)e^{-j2\pi \frac{n}{T} t}$는 주기 T인 주기 함수이다. 따라서 적분 구간을 $[0\ ,\ T]$ 대신 $[-T/2\ ,\ T/2]$로 하여도 한 주기 만큼 적분하는 것은 마찬가지이므로 적분 결과는 같다.

$$
\begin{aligned}
X_n &= \frac{1}{T}\int_0^T x(t)e^{-j2\pi\frac{n}{T}t}dt \\
&= \frac{1}{T}\int_{-T/2}^{T/2} x(t)e^{-j2\pi\frac{n}{T}t}dt \\
&= \frac{1}{T}\int_{-T/6}^{T/6} e^{-j2\pi\frac{n}{T}t}dt \ .
\end{aligned}
$$

따라서 $n \neq 0$일 땐

$$X_n = \frac{1}{T}\left[\frac{e^{-j2\pi\frac{n}{T}t}}{-j2\pi\frac{n}{T}}\right]_{-T/6}^{T/6} = \frac{e^{-j\pi\frac{n}{3}} - e^{j\pi\frac{n}{3}}}{-j2\pi n} = \frac{\sin\pi\frac{n}{3}}{\pi n} = \frac{1}{3}\frac{\sin\pi\frac{n}{3}}{\pi\frac{n}{3}} \tag{17.9}$$

이고, $n = 0$일 땐

$$X_n = \frac{1}{T}\int_{-T/6}^{T/6} dt = [t]_{-T/6}^{T/6} = \frac{1}{3} \tag{17.10}$$

이다. 함수 $\operatorname{sinc}(x)$를

$$\operatorname{sinc}(x) = \begin{cases} \frac{\sin\pi x}{\pi x} & ,\ x \neq 0 \\ 1 & ,\ x = 0 \end{cases} \tag{17.11}$$

로 정의하면, 식 (17.9)-(17.10)을 하나의 식으로 다음과 같이 쓸 수 있다.

$$X_n = \frac{1}{3}\operatorname{sinc}\left(\frac{n}{3}\right) \ . \tag{17.12}$$

따라서 함수 $x(t)$의 푸리에 급수 표현은

$$x(t) = \sum_{n=-\infty}^{\infty} \frac{1}{3}\operatorname{sinc}\left(\frac{n}{3}\right) e^{j2\pi\frac{n}{T}t} \ . \tag{17.13}$$

진폭 스펙트럼 $|X_n| = \left|\frac{1}{3}\operatorname{sinc}\left(\frac{n}{3}\right)\right|$ 의 그래프는 그림 17.4에 보인 것과 같다.

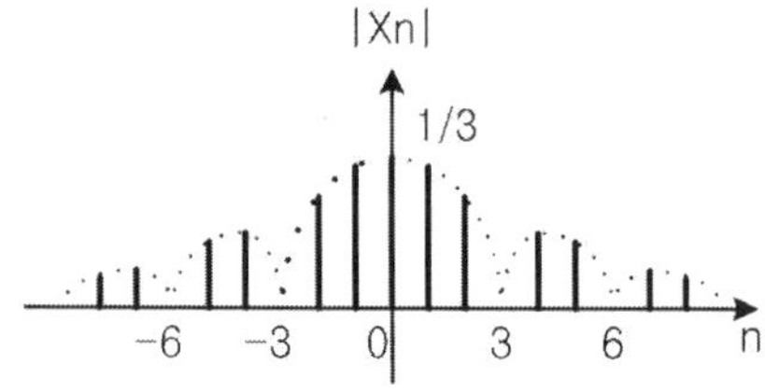

그림 17.4 예제 17.2. 진폭 스펙트럼

연습 문제

17.1. 함수 $x(t) = 100\sin 120\pi t$를 푸리에 급수로 표현하고, 그 진폭 스펙트럼과 위상 스펙트럼을 스케치하여라.

17.2. 함수 $x(t) = \cos 2\pi f_0 t$를 푸리에 급수로 표현하고, 그 진폭 스펙트럼과 위상 스펙트럼을 스케치하여라.

17.3. $x(t)$가 그림 17.5에 보인 직사각 파형일 때, $x(t)$를 푸리에 급수로 표현하고, 그 진폭 스펙트럼과 위상 스펙트럼을 스케치하여라.

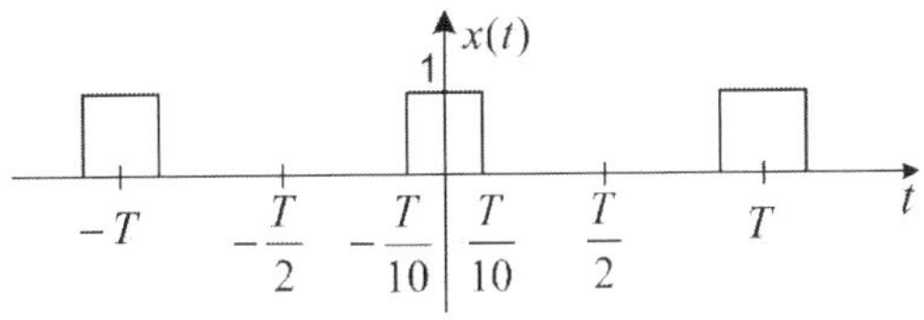

그림 17.5 연습 문제 17.3.

17.4. $x(t)$가 그림 17.1 (a)의 직사각파일 때, $x(t)$를 푸리에 급수로 표현하여라.

17.5. $x(t)$가 그림 17.1 (b)의 톱니 파일 때, $x(t)$를 푸리에 급수로 표현하여라.

17.6. $x(t)$가 주기 4인 주기 함수이고, 한 주기 $[-2\,, 2]$ 내에서는

$$x(t) = \begin{cases} 5 & , \ (-1 \le t \le 1) \\ 0 & , \ (-2 \le t \le -1\,,\ 1 \le t \le 2) \end{cases}$$

일 때, $x(t)$를 푸리에 급수로 나타내어라.

17.7. $x(t)$가 주기 1인 주기 함수이고, 한 주기 $[0\,, 1]$ 내에서는

$$x(t) = t \ , \ (0 \le t \le 1)$$

일 때, $x(t)$를 푸리에 급수로 나타내어라.

17.3 삼각 푸리에 급수

앞절의 식 (17.4)와 같이 복소 지수 함수를 이용하여 나타낸 푸리에 급수를 지수 푸리에 급수라고 부른다. 지수 푸리에 급수는 함수 $x(t)$가 실수값 함수인 경우 뿐 아니라 복소값 함수인 경우에도 적용가능한 가장 일반적인 형태의 푸리에 급수 표현이다.

푸리에 급수 표현의 다른 방법으로 식 (17.4)에서처럼 복소 지수 함수의 합으로 나타내는 대신 사인과 코사인 함수의 합으로 나타내는 방법이 있다. 이

방법은 **삼각 푸리에 급수**라고 불리는데 실수 함수의 경우에만 사용한다. 삼각 푸리에 급수는 지수 푸리에 급수 (17.4)로부터 얻을 수 있다. 식 (17.4)로부터

$$\begin{aligned} x(t) &= \sum_{n=-\infty}^{\infty} X_n e^{j2\pi \frac{n}{T} t} \\ &= \sum_{n=-\infty}^{\infty} X_n (\cos 2\pi \frac{n}{T} t + j \sin 2\pi \frac{n}{T} t) \\ &= X_0 + \sum_{n=1}^{\infty} (X_n + X_{-n}) \cos 2\pi \frac{n}{T} t + j(X_n - X_{-n}) \sin 2\pi \frac{n}{T} t \end{aligned} \tag{17.14}$$

이므로, 계수 a_0, a_n, b_n을

$$\begin{aligned} a_0 &= X_0 \\ a_n &= X_n + X_{-n} \ , \ n = 1, 2, \ldots \\ b_n &= j(X_n - X_{-n}) \ , \ n = 1, 2, \ldots \end{aligned} \tag{17.15}$$

이라고 정의하면, 식 (17.14)로부터 다음과 같은 형태의 푸리에 급수 표현식을 얻을 수 있다.

$$x(t) = a_0 + \sum_{n=1}^{\infty} a_n \cos\left(2\pi \frac{n}{T} t\right) + b_n \sin\left(2\pi \frac{n}{T} t\right) \ . \tag{17.16}$$

푸리에 급수 계수 a_0, a_n, b_n은 식 (17.7)과 식 (17.15)를 이용하여 구할 수 있다. 함수 $x(t)$가 실수 함수일 때, 계수 X_n과 X_{-n} 사이에

$$X_{-n} = \frac{1}{T} \int_0^T x(t) e^{j2\pi \frac{n}{T} t} dt = \left[\frac{1}{T} \int_0^T x(t) e^{-j2\pi \frac{n}{T} t} dt \right]^* = X_n^* \tag{17.17}$$

의 관계가 성립한다는 사실을 이용하여 식 (17.15)를 다시 쓰면 다음과 같다.

$$\begin{aligned} a_0 &= X_0 \\ a_n &= X_n + X_n^* = 2\mathrm{Re}\,(X_n) \\ b_n &= j(X_n - X_n^*) = -2\mathrm{Im}\,(X_n) \ . \end{aligned} \tag{17.18}$$

따라서 식 (17.7)을 식 (17.18)에 대입하면 푸리에 급수 계수 a_0, a_n, b_n을 다음과 같이 구할 수 있다.

$$a_0 = \frac{1}{T} \int_0^T x(t) dt \tag{17.19}$$

$$a_n = \frac{2}{T} \int_0^T x(t) \cos\left(2\pi \frac{n}{T} t\right) dt \tag{17.20}$$

$$b_n = \frac{2}{T} \int_0^T x(t) \sin\left(2\pi \frac{n}{T} t\right) dt \ . \tag{17.21}$$

우함수와 기함수의 삼각 푸리에 급수

우함수란 좌우 대칭인 그래프를 갖는 함수를 말하며 기함수란 원점에 대해 대칭인 그래프를 갖는 함수를 말한다. 즉 **우함수**란 모든 t에 대해 조건

$$f(-t) = f(t) \tag{17.22}$$

를 만족시키는 함수 $f(t)$를 말하며, **기함수**란 모든 t에 대해 조건

$$f(-t) = -f(t) \tag{17.23}$$

를 만족시키는 함수 $f(t)$를 말한다. 예를 들면 함수 $\cos t$는

$$\cos(-t) = \cos t$$

를 만족시키므로 우함수이고, 함수 $\sin t$는

$$\sin(-t) = -\sin t$$

를 만족시키므로 기함수이다. 마찬가지 이유로 함수 $\cos 2\pi\frac{n}{T}t$는 우함수이고, 함수 $\sin 2\pi\frac{n}{T}t$는 기함수이다. 원점을 중심으로 좌우 대칭인 구간 $[-k, k]$에 대하여 함수 $f(t)$를 적분할 때, $f(t)$가 우함수이면

$$\int_{-k}^{k} f(t)dt = 2\int_{0}^{k} f(t)dt \tag{17.24}$$

이고, $f(t)$가 기함수이면

$$\int_{-k}^{k} f(t)dt = 0 \tag{17.25}$$

이다. 이와 같은 성질을 이용하면 주어진 함수가 우함수 또는 기함수인 경우에 푸리에 급수 계수를 좀 더 쉽게 계산할 수 있다.

성질 (17.24)–(17.25)을 이용하기 위해 푸리에 급수 계산 식 (17.19)–(17.21)에서 적분 구간을 $[-T/2, T/2]$로 바꾸어 보자. 식 (17.19)–(17.21)에서 피적분 함수는 모두 주기 T인 주기함수이므로 적분 구간을 $[0, T]$ 대신 $[-T/2, T/2]$로 바꾸어 적분하여도 적분 결과는 같다. 따라서

$$a_0 = \frac{1}{T}\int_{-T/2}^{T/2} x(t)dt \tag{17.26}$$

$$a_n = \frac{2}{T}\int_{-T/2}^{T/2} x(t)\cos\left(2\pi\frac{n}{T}t\right)dt \tag{17.27}$$

$$b_n = \frac{2}{T}\int_{-T/2}^{T/2} x(t)\sin\left(2\pi\frac{n}{T}t\right)dt \tag{17.28}$$

만약 함수 $x(t)$가 우함수라면 $x(t)\cos\left(2\pi\frac{n}{T}t\right)$는 우함수이고, $x(t)\sin\left(2\pi\frac{n}{T}t\right)$는 기함수이다. 따라서 $x(t)$가 우함수일 때는

$$b_n = 0 \tag{17.29}$$

이므로 푸리에 급수가 다음과 같이 사인 함수를 포함하지 않는다.

$$x(t) = a_0 + \sum_{n=1}^{\infty} a_n \cos\left(2\pi\frac{n}{T}t\right) \tag{17.30}$$

만약 함수 $x(t)$가 기함수라면 $x(t)\cos\left(2\pi\frac{n}{T}t\right)$는 기함수이고, $x(t)\sin\left(2\pi\frac{n}{T}t\right)$는 우함수이다. 따라서 $x(t)$가 기함수일 때는

$$a_n = 0 \tag{17.31}$$

이므로 푸리에 급수가 다음과 같이 상수항과 코사인 함수를 포함하지 않는다.

$$x(t) = \sum_{n=1}^{\infty} b_n \sin\left(2\pi\frac{n}{T}t\right) \tag{17.32}$$

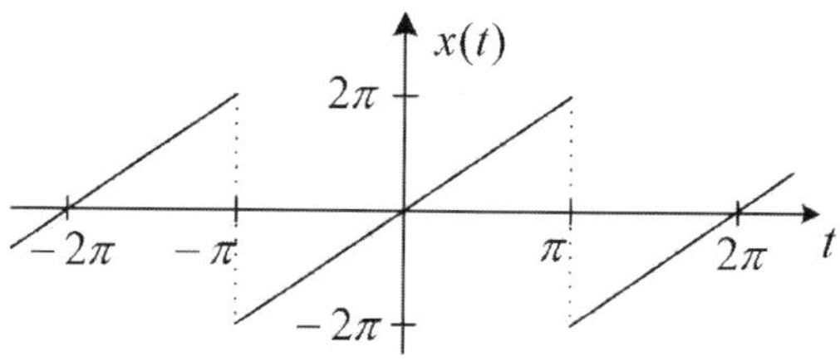

그림 17.6 예제 17.3의 함수.

예제 17.3 *$x(t)$가 그림 17.6에 보인 주기함수일 때, $x(t)$를 삼각 푸리에 급수로 표현하여라.*

풀이 :

함수 $x(t)$는 주기 $T = 2\pi$인 주기 함수로서, 한 주기 $[-\pi, \pi]$ 안에서는 $x(t) = 2t$, $(-\pi < t < \pi)$로 주어진다. $x(t)$는 기함수이므로 식 (17.26)에서

$$a_0 = 0 \ . \tag{17.33}$$

$x(t)\cos\left(2\pi\frac{n}{T}t\right)$도 기함수이므로 식 (17.27)에서

$$a_n = 0 \ . \tag{17.34}$$

$x(t)\sin\left(2\pi\frac{n}{T}t\right)$는 우함수이므로 식 (17.28)에서

$$
\begin{aligned}
b_n &= \frac{4}{T}\int_0^{T/2} x(t)\sin\left(2\pi\frac{n}{T}t\right)dt = \frac{4}{2\pi}\int_0^{\pi} 2t\sin\left(2\pi\frac{n}{2\pi}t\right)dt \\
&= \frac{4}{\pi}\int_0^{\pi} t\sin nt\,dt = \frac{4}{\pi}\left[\frac{-t\cos nt}{n} - \int\left(\frac{-\cos nt}{n}\right)dt\right]_0^{\pi} \\
&= \frac{4}{\pi}\left[\frac{-t\cos nt}{n} + \frac{\sin nt}{n^2}\right]_0^{\pi} \\
&= -\frac{4}{n}\cos n\pi \ . \qquad (17.35)
\end{aligned}
$$

식 (17.33)–(17.35을 이용하면 $x(t)$의 푸리에 급수 표현은 다음과 같다.

$$
\begin{aligned}
x(t) &= \sum_{n=1}^{\infty} \frac{-4\cos n\pi}{n}\sin nt \\
&= 4\left(\sin t - \frac{1}{2}\sin 2t + \frac{1}{3}\sin 3t - \frac{1}{4}\sin 4t + - \cdots\right)
\end{aligned}
$$

예제 17.4 *$x(t)$가 제 317 쪽의 그림 17.3에 보인 직사각 펄스 파형일 때, $x(t)$를 삼각 푸리에 급수로 표현하여라.*

풀이 :

한 주기 $[-T/2\,,\,T/2]$ 안에서 $x(t)$의 값은 다음과 같다.

$$
x(t) = \begin{cases} 1\ , & |t| < T/6 \\ 0\ , & T/6 < |t| < T/2 \end{cases}
$$

식 (17.26)–(17.28) 이용하여 푸리에 급수를 구해 보자. 식 (17.26)으로부터

$$
a_0 = \frac{1}{T}\int_{-T/2}^{T/2} x(t)dt = \frac{1}{T}\int_{-T/6}^{T/6} dt = \frac{1}{3}\ . \qquad (17.36)
$$

식 (17.27)로부터

$$
\begin{aligned}
a_n &= \frac{2}{T}\int_{-T/6}^{T/6} \cos\left(2\pi\frac{n}{T}t\right)dt = \frac{4}{T}\int_0^{T/6} \cos\left(2\pi\frac{n}{T}t\right)dt \\
&= \frac{4}{T}\left[\frac{\sin\left(2\pi\frac{n}{T}t\right)}{2\pi\frac{n}{T}}\right]_0^{T/6} \\
&= \frac{2}{3}\frac{\sin \pi\frac{n}{3}}{\pi\frac{n}{3}} = \frac{2}{3}\operatorname{sinc}\left(\frac{n}{3}\right)\ . \qquad (17.37)
\end{aligned}
$$

주어진 함수 $x(t)$가 우함수이므로 $x(t)\sin\left(2\pi\frac{n}{T}t\right)$는 기함수이다. 따라서 식 (17.28)에서

$$b_n = 0 \ . \tag{17.38}$$

식 (17.36)–(17.38)를 이용하면 $x(t)$의 푸리에 급수 표현은 다음과 같다.

$$x(t) = \frac{2}{3} + \sum_{n=1}^{\infty} \frac{2}{3}\mathrm{sinc}\left(\frac{n}{3}\right)\cos\left(2\pi\frac{n}{T}t\right) \tag{17.39}$$

연습 문제

17.8. $x(t)$가 그림 17.7에 보인 직사각 파형일 때, $x(t)$를 삼각 푸리에 급수로 표현하여라.

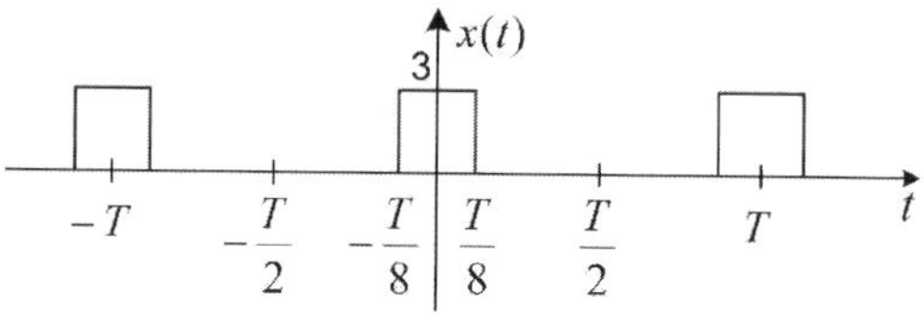

그림 17.7 연습 문제 17.8.

17.9. $x(t)$가 그림 17.8에 보인 주기 함수일 때 $x(t)$를 삼각 푸리에 급수로 표현하여라.

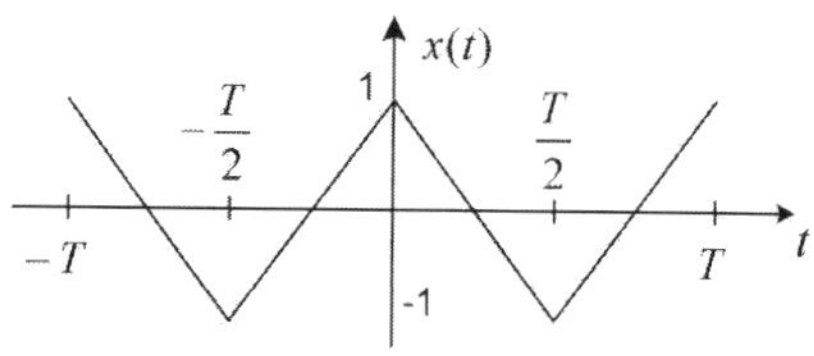

그림 17.8 연습 문제 17.9.

17.10. $x(t)$가 한 주기 $[-\pi\ ,\ \pi]$에서 $x(t)=t^2$으로 주어지며, 주기가 2π인 주기 함수이다. $x(t)$를 삼각 푸리에 급수로 표현하여라.

17.11. $x(t)$가 한 주기 $[-\pi/2\ ,\ \pi/2]$에서 $x(t)=\cos t$로 주어지며, 주기가 π인 주기 함수이다. $x(t)$를 삼각 푸리에 급수로 표현하여라.

17.12. $x(t)$가 한 주기 $[-\pi/2\ ,\ \pi/2]$에서 $x(t)=\sin t$로 주어지며, 주기가 π인 주기 함수이다. $x(t)$를 삼각 푸리에 급수로 표현하여라.

Chapter 18
푸리에 변환

18.1 푸리에 변환의 정의

제 17 장에서는 푸리에 급수를 이용하여 주기 함수를 서로 다른 주파수 성분의 합으로 표현하는 방법에 대하여 알아 보았다. 이 장에서는 비주기 함수를 서로 다른 주파수 성분의 합으로 표현하는 방법에 대하여 알아 보자. 만약 어떤 주기 함수의 주기가 무한히 크다면, 그 함수는 반복되지 않을 것이며 따라서 비주기 함수이다. 즉 비주기 함수는 주기가 무한히 큰 주기함수라고 할 수 있다. 따라서 비주기 함수를 주파수 성분의 합으로 나타내려면 비주기 함수를 주기 함수로 간주하고 푸리에 급수를 적용한 후에 주기를 무한히 크게 할 때의 결과를 알아 보면 된다.

그림 18.1에 예를 들은 것처럼 주어진 비주기 함수 $x(t)$를 주기 T마다 반복시켜서 얻은 주기 함수를 $\tilde{x}(t)$라고 하자. 즉 주기 함수 $\tilde{x}(t)$는 한 주기 안에서는 $\tilde{x}(t) = x(t) \quad (-T/2 \leq t \leq T/2)$라 두고, 이 것을 매 주기 T마다 반복시켜서 만든 함수이다. 따라서 $\tilde{x}(t)$는 $x(t)$를 이용하여

$$\tilde{x}(t) = \sum_{k=-\infty}^{\infty} x(t+kT)$$

로 나타낼 수 있고, 역으로 $T \to \infty$로 하면 주기 함수 $\tilde{x}(t)$는 비주기 함수 $x(t)$가 된다.

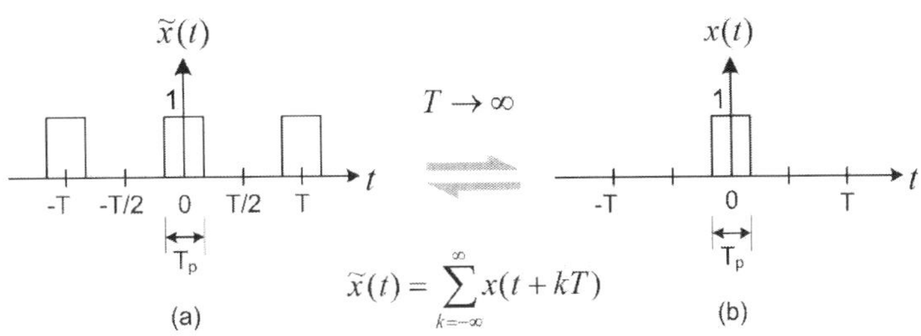

그림 18.1 (a) 주기 함수 (b) 비주기 함수

주기 함수 $\tilde{x}(t)$를 푸리에 급수로 나타내면 다음과 같다.

$$\tilde{x}(t) = \sum_{n=-\infty}^{\infty} \tilde{X}_n e^{j2\pi \frac{n}{T} t} \tag{18.1}$$

$$\tilde{X}_n = \frac{1}{T} \int_{-T/2}^{T/2} \tilde{x}(t) e^{-j2\pi \frac{n}{T} t} dt \tag{18.2}$$

구간 $[-T/2\,,\ T/2]$에서는 $\tilde{x}(t) = x(t)$이고, 이 구간 밖에서는 $x(t) = 0$이므로 식 (18.2)는 다음과 같이 다시 쓸 수 있다.

$$\tilde{X}_n = \frac{1}{T} \int_{-T/2}^{T/2} x(t) e^{-j2\pi \frac{n}{T} t} = \frac{1}{T} \int_{-\infty}^{\infty} x(t) e^{-j2\pi \frac{n}{T} t} dt \tag{18.3}$$

f의 함수 $X(f)$를 다음과 같이 정의하자.

$$X(f) = \int_{-\infty}^{\infty} x(t) e^{-j2\pi f t} dt \tag{18.4}$$

그러면 식 (18.3)에서

$$\tilde{X}_n = \frac{1}{T} X\left(\frac{n}{T}\right) \tag{18.5}$$

식 (18.5)를 식 (18.1)에 대입하면

$$\tilde{x}(t) = \sum_{n=-\infty}^{\infty} \frac{1}{T} X\left(\frac{n}{T}\right) e^{j2\pi \frac{n}{T} t} \quad . \tag{18.6}$$

그림18.2에 나타낸 것처럼 f축을 각각의 길이가 $\Delta f = \frac{1}{T}$인 무수히 많은 부분 구간으로 나누고, 그 n 번째의 경계점을 $f_n = \frac{n}{T}$라고 하면, 식 (18.6)은 다음과 같이 다시 쓸 수 있다.

$$\tilde{x}(t) = \sum_{n=-\infty}^{\infty} X(f_n) e^{j2\pi f_n t} \Delta f \tag{18.7}$$

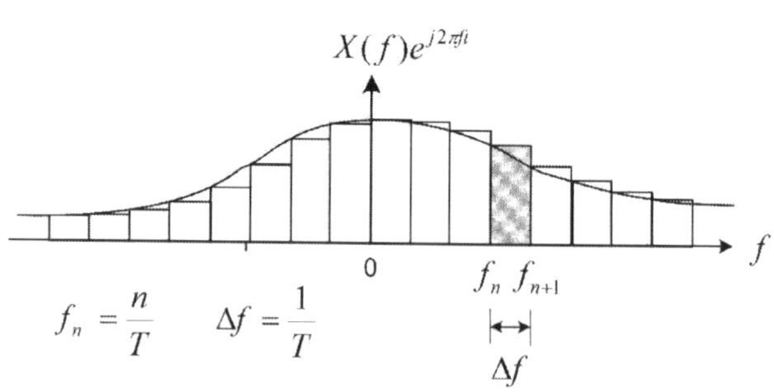

그림 18.2 식 18.7의 설명

식 (18.7)의 우변의 $\sum$ 안의 각 항은 높이가 함수 $X(f)e^{j2\pi ft}$의 $f = f_n$일 때의 함수값이고, 밑변의 너비가 Δf인 직사각형의 면적(그림18.2의 빗금친 면적)을 나타낸다. 만약 $T \to \infty$이면, $\Delta f \to 0$ 이고, 따라서 적분의 정의에 의해 식 (18.7)의 우변은 적분

$$\int_{-\infty}^{\infty} X(f)e^{j2\pi ft}df \tag{18.8}$$

에 수렴한다. 한편 $T \to \infty$일 때 식 (18.7)의 좌변 $\tilde{x}(t)$는 $x(t)$가 된다. 따라서 $T \to \infty$ 일 때, 식 (18.7)은 다음과 같이 다시 쓸 수 있다.

$$x(t) = \int_{-\infty}^{\infty} X(f)e^{j2\pi ft}df \tag{18.9}$$

$$X(f) = \int_{-\infty}^{\infty} x(t)e^{-j2\pi ft}dt \tag{18.10}$$

식 (18.10)을 이용하여 주어진 함수 $x(t)$로부터 $X(f)$를 구하는 과정을 **푸리에 변환**(Fourier transform)이라고 부르고, 식 (18.9)를 이용하여 $X(f)$로부터 원래의 함수 $x(t)$를 구하는 과정을 **역푸리에 변환**(inverse Fourier transform)이라고 부른다. 함수 $x(t)$와 그것의 푸리에 변환 $X(f)$는 **푸리에 변환쌍**이라고 부르며, 이 변환쌍 관계를

$$\mathscr{F}[x(t)] = X(f) \tag{18.11}$$

또는

$$x(t) \longleftrightarrow X(f) \tag{18.12}$$

와 같은 기호로 나타낸다.

식 (18.9)와 식 (18.10)를 한 눈에 보기 쉽게 정리하여 다시 쓰면 다음과 같이 나타낼 수 있다.

$X(f) = \int_{-\infty}^{\infty} x(t)e^{-j2\pi ft}dt$

$x(t)$ ⟶ $X(f)$

$x(t)$ ⟵ $X(f)$

$x(t) = \int_{-\infty}^{\infty} X(f)e^{j2\pi ft}df$

함수의 시간 영역 표현 | 함수의 주파수 영역 표현

함수 $x(t)$가 주어지면 식 (18.10)을 이용하여 푸리에 변환 $X(f)$를 구할 수 있고, 역으로 푸리에 변환 $X(f)$가 주어지면 식 (18.9)를 이용하여 원래의 함수 $x(t)$를 구할 수 있다. 따라서 $x(t)$ 와 $X(f)$는 하나의 함수를 나타내는 두 가지 서로 다른 표현 방법이라고 생각할 수 있다. $x(t)$는 함수의 **시간 영역 표현**이라고 부르고, $X(f)$는 함수의 **주파수 영역 표현**이라고 부른다.

푸리에 변환 $X(f)$를 함수의 주파수 영역 표현이라고 부르는 이유는 그것이 함수를 구성하고 있는 성분의 주파수별 분포를 보여 주기 때문이다. 식 (18.9)에 의하면, 함수 $x(t)$는 복소지수함수 $e^{j2\pi ft}$ $(-\infty < f < \infty)$의 합(적분)으로 구성된다. 따라서 각각의 복소지수함수 $e^{j2\pi ft}$는 함수 $x(t)$를 구성하는 성분이다. 그런데 복소지수함수 $e^{j2\pi ft}$는 주파수가 f (Hz)인 함수이다. 따라서 식 (18.9)에서 $X(f)$는 주파수가 f인 성분이 얼마나 많이 들어 있는지를 나타내는 가중치에 해당된다. $X(f)$가 큰 값이면 주파수가 f인 성분이 많이 들어 있다는 뜻이고, $X(f)$가 0이면 주파수가 f인 성분이 들어 있지 않다는 뜻이다. 즉 $X(f)$는 함수 $x(t)$를 구성하고 있는 주파수별 성분들의 크기를 나타낸다. 따라서 $X(f)$를 함수 $x(t)$의 **주파수 스펙트럼**(frequency spectrum)이라고 부른다. 일반적으로 $X(f)$는 복소수이다. 따라서 $X(f)$를 극좌표를 이용하여

$$X(f) = |X(f)|e^{j\angle X(f)} \tag{18.13}$$

과 같이 나타낼 수 있다. 이 때, $|X(f)|$를 신호 $x(t)$의 **진폭 스펙트럼**(magnitude spectrum)이라 부르고, $\angle X(f)$를 **위상 스펙트럼**(phase spectrum)이라고 부른다.

푸리에 변환은 주파수 f의 함수 대신 각주파수 ω의 함수로 나타내기도 한다. 각주파수 ω와 주파수 f 사이에는 $\omega = 2\pi f$의 관계가 있다. 따라서 $df = \frac{1}{2\pi}d\omega$이므로, 식 (18.9)–(18.10)는 각주파수 ω를 이용하면 다음과 같이 나타낼 수 있다.

$$x(t) = \frac{1}{2\pi}\int_{-\infty}^{\infty} X(\omega)e^{j\omega t}d\omega \tag{18.14}$$

$$X(\omega) = \int_{-\infty}^{\infty} x(t)e^{-j\omega t}dt \tag{18.15}$$

예제 18.1 함수 $rect(t)$는 다음과 같이 정의된다.

$$\text{rect}(t) = \begin{cases} 1\ , & |t| < \frac{1}{2} \\ 0\ , & |t| > \frac{1}{2} \end{cases}$$

함수 $x(t) = \text{rect}(t)$의 푸리에 변환을 구하고, 함수 $x(t)$의 진폭 스펙트럼과 위상 스펙트럼을 스케치하여라.

풀이 :

$$X(f) = \int_{-\infty}^{\infty} x(t)e^{-j2\pi ft}dt = \int_{-1/2}^{1/2} e^{-j2\pi ft}dt$$

따라서 $f \neq 0$일 땐,

$$X(f) = \left[\frac{e^{-j2\pi ft}}{-j2\pi f}\right]_{-1/2}^{1/2} = \frac{e^{j\pi f} - e^{-j\pi f}}{j2\pi f} = \frac{\sin \pi f}{\pi f} = \text{sinc}\,(f)$$

이고, $f=0$일 땐,

$$X(f)=\int_{-1/2}^{1/2} dt=[t]_{-1/2}^{1/2}=1=\mathrm{sinc}\,(0)$$

따라서 모든 f에 대하여

$$X(f)=\mathrm{sinc}\,(f)\ .$$

진폭 스펙트럼 $|X(f)|$와 위상 스펙트럼 $\angle X(f)$의 그래프는 그림 18.3에 보인 것과 같다.

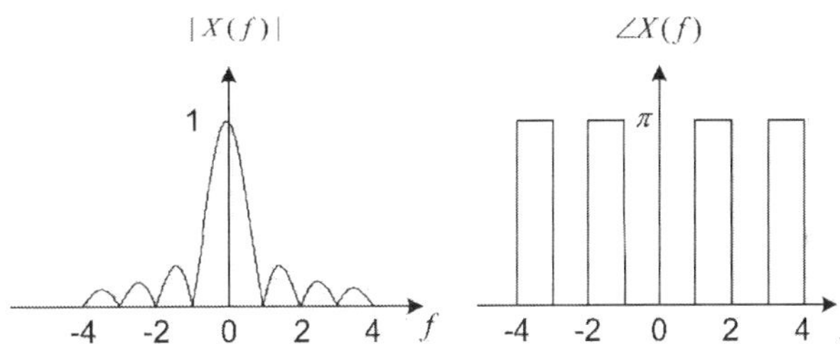

그림 18.3 예제 18.1. 함수 $\mathrm{rect}\,(t)$의 스펙트럼.

예제 18.2 $a>0$일 때, 함수 $x(t)=e^{-at}u(t)$와 함수 $y(t)=e^{at}u(-t)$의 푸리에 변환을 구하여라.

풀이 :

$$\begin{aligned}X(f)&=\int_{-\infty}^{\infty}x(t)e^{-j2\pi ft}dt=\int_{0}^{\infty}e^{-at}e^{-j2\pi ft}dt\\&=\int_{0}^{\infty}e^{-(a+j2\pi f)t}dt=\left[\frac{e^{-(a+j2\pi f)t}}{-(a+j2\pi f)}\right]_{0}^{\infty}\\&=\frac{1}{a+j2\pi f}\end{aligned}\tag{18.16}$$

$$\begin{aligned}Y(f)&=\int_{-\infty}^{\infty}y(t)e^{-j2\pi ft}dt=\int_{-\infty}^{0}e^{at}e^{-j2\pi ft}dt\\&=\int_{-\infty}^{0}e^{(a-j2\pi f)t}dt=\left[\frac{e^{(a-j2\pi f)t}}{(a-j2\pi f)}\right]_{-\infty}^{0}\\&=\frac{1}{a-j2\pi f}\end{aligned}\tag{18.17}$$

연습 문제

18.1. 다음 각 함수의 푸리에 변환을 구하여라.

(a) $x(t) = \begin{cases} k &, (0 < t < 1) \\ 0 &, (\text{다른 } t) \end{cases}$

(b) $x(t) = \begin{cases} e^{3t} &, (t < 0) \\ 0 &, (\text{다른 } t) \end{cases}$

(c) $x(t) = \begin{cases} k &, (-1 < t < 1) \\ 0 &, (\text{다른 } t) \end{cases}$

(d) $x(t) = \begin{cases} t &, (-1 < t < 1) \\ 0 &, (\text{다른 } t) \end{cases}$

(e) $x(t) = \begin{cases} t &, (0 < t < 1) \\ 0 &, (\text{다른 } t) \end{cases}$

(f) $x(t) = \begin{cases} e^{j2t} &, (-1 < t < 1) \\ 0 &, (\text{다른 } t) \end{cases}$

(g) $x(t) = \begin{cases} te^{-t} &, (-1 < t < 0) \\ 0 &, (\text{다른 } t) \end{cases}$

(h) $x(t) = \begin{cases} -2 &, (-1 < t < 0) \\ 2 &, (0 < t < 1) \\ 0 &, (\text{다른 } t) \end{cases}$

18.2 푸리에 변환의 성질

이 절에서는 푸리에 변환의 여러 가지 성질에 대해서 알아 보자. 각 성질은 다양한 함수의 푸리에 변환을 좀 더 쉽게 구하는 데 활용될 수 있다.

선형성

성질 18.1 만약 $\mathscr{F}[x(t)] = X(f)$ 이고 $\mathscr{F}[y(t)] = Y(f)$ 이면,

$$\mathscr{F}[ax(t) + by(t)] = aX(f) + bY(f) \tag{18.18}$$

증명 :

$$\begin{aligned} \mathscr{F}[ax(t) + by(t)] &= \int_{-\infty}^{+\infty} [ax(t) + by(t)]\, e^{-j2\pi ft} dt \\ &= a\int_{-\infty}^{+\infty} x(t)e^{-j2\pi ft} dt + b\int_{-\infty}^{+\infty} y(t)e^{-j2\pi ft} dt \\ &= aX(f) + bY(f) \end{aligned}$$

(증명 끝)

성질 18.1는 선형성(linearity)이라고 불리는 성질으로서 어떤 함수에 상수를 곱한 것의 푸리에 변환은 그 함수의 푸리에 변환에 같은 상수를 곱하면 얻

을 수 있고, 어떤 두 함수를 더한 것의 푸리에 변환은 각각의 함수의 푸리에 변환을 더하면 얻을 수 있다는 것을 말해준다.

예제 18.3 $a > 0$일 때, 함수 $x(t) = e^{-a|t|}$의 푸리에 변환을 구하여라.

풀이 :

예제 18.2의 식 (18.16)–(18.17)으로부터

$$\mathscr{F}\left[e^{-at}u(t)\right] = \frac{1}{a+j2\pi f} \quad , \quad \mathscr{F}\left[e^{at}u(-t)\right] = \frac{1}{a-j2\pi f} \quad . \tag{18.19}$$

따라서 함수 $e^{-a|t|}$를 $e^{-at}u(t)$와 $e^{at}u(-t)$의 합으로 나타낸 후에 성질 18.1를 적용하면

$$\begin{aligned}\mathscr{F}\left[e^{-a|t|}\right] &= \mathscr{F}\left[e^{-at}u(t) + e^{at}u(-t)\right] \\ &= \mathscr{F}\left[e^{-at}u(t)\right] + \mathscr{F}\left[e^{at}u(-t)\right] \\ &= \frac{1}{a+j2\pi f} + \frac{1}{a-j2\pi f} \\ &= \frac{2a}{a^2+4\pi^2 f^2}\end{aligned} \tag{18.20}$$

시간 축 척도 조절

성질 18.2 만약 $\mathscr{F}[x(t)] = X(f)$ 이면,

$$\mathscr{F}[x(at)] = \frac{1}{|a|}X(\frac{f}{a}) \tag{18.21}$$

증명 :

$$\mathscr{F}[x(at)] = \int_{-\infty}^{+\infty} x(at)e^{-j2\pi ft}dt \tag{18.22}$$

(1) $a > 0$ 일 때, 식 (18.22)에서 $at = \tau$로 치환하면

$$\mathscr{F}[x(at)] = \int_{-\infty}^{\infty} x(\tau)e^{-j2\pi f\frac{\tau}{a}}\frac{1}{a}d\tau$$
$$= \frac{1}{a}\int_{-\infty}^{\infty} x(\tau)e^{-j2\pi\frac{f}{a}\tau}d\tau = \frac{1}{a}X(\frac{f}{a})$$

(2) $a < 0$ 일 때, 식 (18.22)에서 $at = \tau$로 치환하면

$$\mathscr{F}[x(at)] = \int_{\infty}^{-\infty} x(\tau)e^{-j2\pi f\frac{\tau}{a}}\frac{1}{a}d\tau$$
$$= -\frac{1}{a}\int_{-\infty}^{\infty} x(\tau)e^{-j2\pi\frac{f}{a}\tau}d\tau = -\frac{1}{a}X(\frac{f}{a})$$

(1) 과 (2) 의 결과를 종합하여 한 식으로 쓰면 바로 식 (18.21) 이다.

(증명 끝)

성질 18.2는 함수를 시간축에서 $1/a$배로 압축하면, 그 함수의 푸리에 변환은 주파수축에서 a배로 확장된다는 것을 말해준다.

예제 18.4 함수 rect(t)와 함수 rect$\left(\frac{t}{T}\right)$는 그림 18.4에 보인 직사각 펄스 함수이다. 즉

$$\text{rect}(t) = \begin{cases} 1\ , & |t| < \frac{1}{2} \\ 0\ , & |t| > \frac{1}{2} \end{cases} \quad , \quad \text{rect}\left(\frac{t}{T}\right) = \begin{cases} 1\ , & |t| < \frac{T}{2} \\ 0\ , & |t| > \frac{T}{2} \end{cases}$$

예제 18.1에서 구한 함수 rect(t)의 푸리에 변환을 이용하여 함수 rect$\left(\frac{t}{T}\right)$의 푸리에 변환을 구하여라.

풀이 :

예제 18.1로부터

$$\mathscr{F}[\text{rect}(t)] = \text{sinc}(f) \ . \tag{18.23}$$

식 (18.23)에 성질 18.2을 적용하면

$$\mathscr{F}\left[\text{rect}\left(\frac{t}{T}\right)\right] = T\,\text{sinc}(Tf) \ . \tag{18.24}$$

그림 18.5(b)는 $T = 3$인 경우에 대해서 함수 rect$\left(\frac{t}{T}\right)$의 스펙트럼을 보인 것이다. 그림 18.5의 (a)와 (b)를 비교해 보면, rect$\left(\frac{t}{T}\right)$의 스펙트럼은 rect(t)의 스펙트럼을 주파수축에서 $1/T$배로 압축한 것임을 알 수 있다.

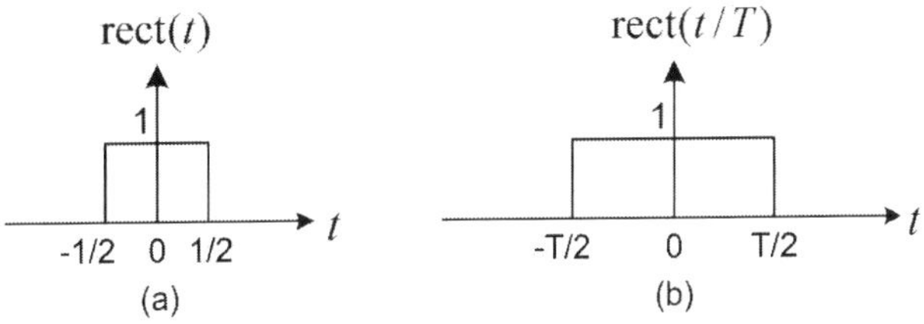

그림 18.4 예제 18.4. 함수 rect(t)와 rect(t/T)

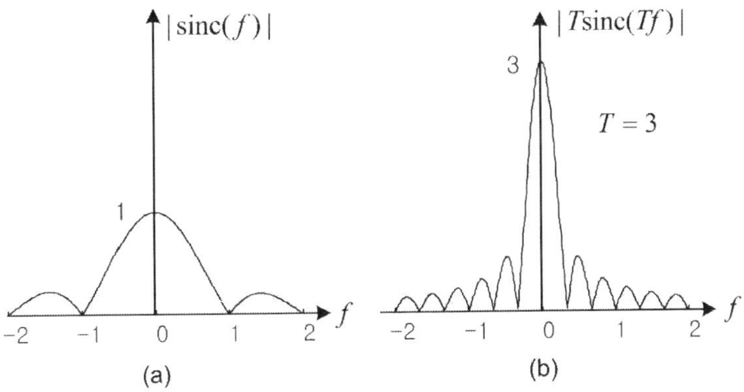

그림 18.5 예제 18.4. 함수 rect(t)와 rect(t/T)의 진폭 스펙트럼

쌍대성

성질 18.3 만약 $\mathscr{F}[x(t)] = X(f)$ 이면,

$$\mathscr{F}[X(t)] = x(-f)$$

증명:

푸리에 변환의 정의

$$x(t) = \int_{-\infty}^{\infty} X(f) e^{j2\pi ft} df$$

에 t 대신 $-t$를 대입하면

$$x(-t) = \int_{-\infty}^{\infty} X(f) e^{-j2\pi ft} df \ .$$

변수 t와 f를 서로 바꾸면

$$x(-f) = \int_{-\infty}^{\infty} X(t) e^{-j2\pi ft} dt \ .$$

따라서

$$\mathscr{F}[X(t)] = x(-f) \ .$$

(증명 끝)

예제 18.5 함수 $A\mathrm{sinc}(2Wt)$의 푸리에 변환을 구하여라.

풀이 :

예제 18.1로부터

$$\mathscr{F}[\mathrm{rect}(t)] = \mathrm{sinc}(f) \ . \tag{18.25}$$

식 (18.25)에 성질 18.3을 적용한 후에, 함수 $\mathrm{rect}(f)$가 $f = 0$축에 대칭이라는 사실을 이용하면

$$\mathscr{F}[\mathrm{sinc}(t)] = \mathrm{rect}(-f) = \mathrm{rect}(f) \ . \tag{18.26}$$

식 (18.26)에 성질 18.2와 성질 18.1을을 적용하면

$$\mathscr{F}[A\mathrm{sinc}(2Wt)] = \frac{A}{2W}\mathrm{rect}\left(\frac{f}{2W}\right) \ . \tag{18.27}$$

시간 이동

성질 18.4 만약 $\mathscr{F}[x(t)] = X(f)$ 이면,

$$\mathscr{F}[x(t-t_0)] = X(f)e^{-j2\pi f t_0}$$

증명 :

$t - t_0 = \tau$로 치환하면

$$\begin{aligned}
\mathscr{F}[x(t-t_0)] &= \int_{-\infty}^{\infty} x(t-t_0)e^{-j2\pi f t}dt \\
&= \int_{-\infty}^{\infty} x(\tau)e^{-j2\pi f(\tau+t_0)}d\tau \\
&= e^{-j2\pi f t_0}\int_{-\infty}^{\infty} x(\tau)e^{-j2\pi f \tau}d\tau \\
&= e^{-j2\pi f t_0}X(f)
\end{aligned}$$

(증명 끝)

성질 18.4는 시간축에서 t_0 만큼 이동한 함수의 푸리에 변환은 원래 함수의 푸리에 변환에 $e^{j2\pi f t_0}$곱한 것이 됨을 의미한다. 즉 시간 이동은 푸리에 변환의 진폭은 변화시키지 않고 위상만 $2\pi f t_0$ 만큼 변화시킨다.

예제 18.1. 함수 $x(t) = \begin{cases} 1 & (0 \le t \le 1) \\ 0 & (\text{다른 모든 } t) \end{cases}$ 의 푸리에 변환을 구하여라.

풀이 :

예제 18.1로부터

$$\mathscr{F}[\text{rect}(t)] = \text{sinc}(f) \ . \tag{18.28}$$

함수 $x(t)$를 함수 $\text{rect}(t)$를 이용하여 나타내면 $x(t) = \text{rect}\left(t - \frac{1}{2}\right)$이므로. 식 (18.28) 에 성질 18.4를 적용하면

$$\begin{aligned} \mathscr{F}[x(t)] &= \mathscr{F}\left[\text{rect}\left(t - \frac{1}{2}\right)\right] \\ &= e^{-j2\pi f(1/2)} \mathscr{F}[\text{rect}(t)] \qquad (18.29) \\ &= e^{-j\pi f} \text{sinc}(f) \ . \qquad (18.30) \end{aligned}$$

주파수 이동

성질 18.5 만약 $\mathscr{F}[x(t)] = X(f)$ 이면,

$$\mathscr{F}\left[e^{j2\pi f_0 t} x(t)\right] = X(f - f_0) \tag{18.31}$$

증명 :

$$\begin{aligned} \mathscr{F}\left[e^{j2\pi f_0 t} x(t)\right] &= \int_{-\infty}^{\infty} e^{j2\pi f_0 t} x(t) e^{-j2\pi f t} dt \\ &= \int_{-\infty}^{\infty} x(t) e^{-j2\pi (f - f_0) t} dt \\ &= X(f - f_0) \ . \end{aligned}$$

(증명 끝)

성질 18.5은 주어진 함수에 지수 함수 $e^{j2\pi f_0 t}$를 곱한 것의 푸리에 변환은 원래 함수의 변환을 주파수축에서 f_0만큼 이동한 것이 됨을 의미한다. 이와 같이 주어진 푸리에 변환, 즉 스펙트럼을 주파수 축에서 다른 곳으로 이동 시키는 과정을 변조(modulation)라고 부른다. 다음 예제에 보인 것과 같이 주어진 함수에 $\cos(2\pi f_0 t)$를 곱해도 변조가 된다. 함수에 $\cos(2\pi f_0 t)$를 곱하면 스펙트럼이 좌우로 동시에 f_0만큼 이동하게 된다.

예제 18.2. 함수 $x(t)$는 직사각 펄스 $\mathrm{rect}(t/T)$에 $\cos(2\pi f_0 t)$를 곱해서 얻어지는 함수이다. 즉,

$$x(t) = \cos(2\pi f_0 t)\mathrm{rect}\left(\frac{t}{T}\right) = \begin{cases} \cos(2\pi f_c t) & , \ (-T/2 \le t \le T/2) \\ 0 & , \ (\text{다른 모든 } t) \end{cases} .$$

함수 $x(t)$의 푸리에 변환을 구하여라.

풀이 :

예제 18.4로부터

$$\mathscr{F}\left[\mathrm{rect}\left(\frac{t}{T}\right)\right] = T\,\mathrm{sinc}\,(Tf) \ . \tag{18.32}$$

식 (18.32)에 성질 18.5을 적용하면

$$\mathscr{F}\left[e^{j2\pi f_0 t}\mathrm{rect}\left(\frac{t}{T}\right)\right] = T\,\mathrm{sinc}\,(T(f-f_0)) \tag{18.33}$$

$$\mathscr{F}\left[e^{j2\pi f_0 t}\mathrm{rect}\left(\frac{t}{T}\right)\right] = T\,\mathrm{sinc}\,(T(f+f_0)) \ . \tag{18.34}$$

따라서 함수 $x(t)$의 푸리에 변환은 다음과 같다.

$$\begin{aligned} X(f) = \mathscr{F}[x(t)] &= \mathscr{F}\left[\cos(2\pi f_0 t)\mathrm{rect}\left(\frac{t}{T}\right)\right] \\ &= \mathscr{F}\left[\frac{e^{j2\pi f_0 t} + e^{-j2\pi f_0 t}}{2}\mathrm{rect}\left(\frac{t}{T}\right)\right] \\ &= \frac{1}{2}\mathscr{F}\left[e^{j2\pi f_0 t}\mathrm{rect}\left(\frac{t}{T}\right)\right] + \frac{1}{2}\mathscr{F}\left[e^{-j2\pi f_0 t}\mathrm{rect}\left(\frac{t}{T}\right)\right] \\ &= \frac{1}{2}T\,\mathrm{sinc}\,(T(f-f_0)) + \frac{1}{2}T\,\mathrm{sinc}\,(T(f+f_0)) \ . \end{aligned} \tag{18.35}$$

만약 $f_0 T \gg 1$이라면 $X(f)$를 다음과 같이 근사적으로 표현할 수 있다.

$$X(f) = \begin{cases} \frac{1}{2}T\,\mathrm{sinc}\,(T(f+f_0)) & , \ (f<0) \\ 0 & , \ (f=0) \\ \frac{1}{2}T\,\mathrm{sinc}\,(T(f-f_0)) & , \ (f>0) \end{cases} \tag{18.36}$$

그림 18.6의 (a)와 (c)는 함수 $\mathrm{rect}(t/T)$와 함수 $x(t) = \cos(2\pi f_0 t)\mathrm{rect}(t/T)$의 그래프를 각각 나타낸 것이고, (b)와 (d)는 그 두 함수의 스펙트럼을 각각 나타낸 것이다. 주어진 직사각 펄스에 $cos(2\pi f_0 t)$를 곱한 효과는 그림 (b)의 스펙트럼이 그림 (d) 처럼 좌우로 f_0 만큼 이동한 것임을 알 수 있다. 이와 같이 스펙트럼을 주파수 축에서 이동시키는 것을 변조라고 한다.

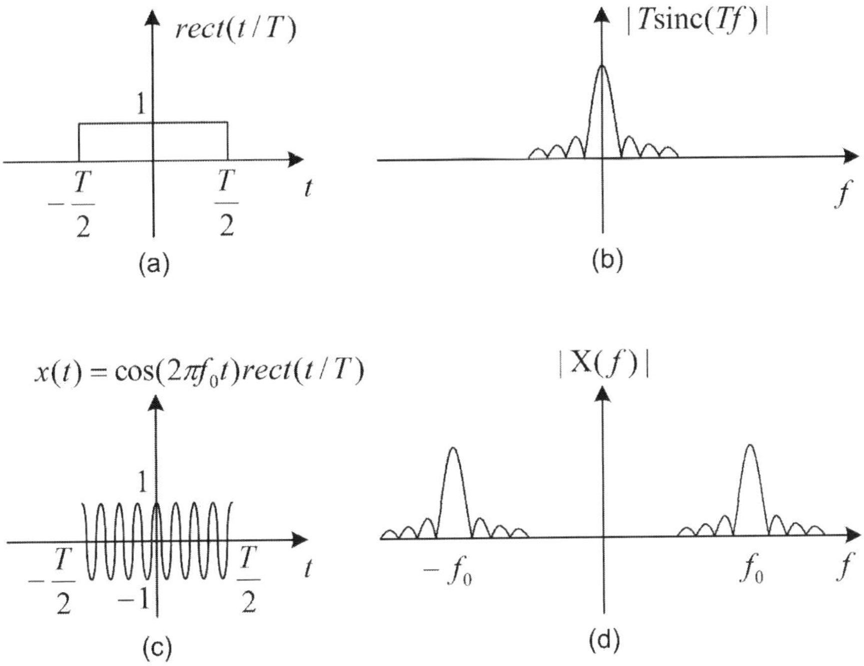

그림 18.6 예제 18.2. 함수 함수 $\mathrm{rect}(t/T)$와 $cos(2\pi f_0 t)\mathrm{rect}(t/T)$의 스펙트럼

시간 영역에서의 미분

성질 18.6 만약 $\mathscr{F}[x(t)] = X(f)$ 이고 $x'(t)$의 푸리에 변환이 존재한다면,

$$\mathscr{F}\left[x'(t)\right] = j2\pi f X(f) \tag{18.37}$$

증명 :

역푸리에 변환 공식

$$x(t) = \int_{-\infty}^{\infty} X(f)e^{j2\pi ft}df$$

의 양변을 t에 대해 미분하면

$$x'(t) = \frac{d}{dt}\int_{-\infty}^{\infty} X(f)e^{j2\pi ft}df \ . \tag{18.38}$$

$x'(t)$의 푸리에 변환이 존재하면, 식 (18.38)의 적분이 수렴한다. 따라서 미분과 적분의 순서를 바꿀 수 있다.

$$\begin{aligned} x'(t) &= \int_{-\infty}^{\infty} X(f)\frac{d}{dt}e^{j2\pi ft}df \\ &= j2\pi f\int_{-\infty}^{\infty} X(f)e^{j2\pi ft}df \\ &= j2\pi fX(f) \ . \end{aligned}$$

(증명 끝)

콘벌루션

성질 18.7 만약 $\mathscr{F}[x(t)] = X(f)$, $\mathscr{F}[y(t)] = Y(f)$ 이면,

$$\mathscr{F}[x(t) * y(t)] = X(f)Y(f) \tag{18.39}$$

증명 :

$$\begin{aligned} \mathscr{F}[x(t) * y(t)] &= \int_{-\infty}^{\infty} \{x(t) * y(t)\}e^{-j2\pi ft}dt \\ &= \int_{-\infty}^{\infty} \left\{\int_{-\infty}^{\infty} x(\tau)y(t-\tau)d\tau\right\} e^{-j2\pi ft}dt \\ &= \int_{-\infty}^{\infty}\int_{-\infty}^{\infty} x(\tau)e^{-j2\pi f\tau}y(t-\tau)e^{-j2\pi f(t-\tau)}d\tau\, dt \end{aligned} \tag{18.40}$$

식 (18.40)에서 적분 변수 τ와 t의 순서를 바꾼 후에 안 쪽 적분에서 $t-\tau = t'$으로 치환하면

$$
\begin{aligned}
\mathscr{L}[x(t)*y(t)] &= \int_{-\infty}^{\infty} x(\tau)e^{-j2\pi f\tau}\left\{\int_{-\infty}^{\infty} y(t-\tau)e^{-j2\pi f(t-\tau)}dt\right\}d\tau \\
&= \int_{-\infty}^{\infty} x(\tau)e^{-j2\pi f\tau}\left\{\int_{-\infty}^{\infty} y(t')e^{-j2\pi ft'}dt'\right\}d\tau \\
&= \int_{-\infty}^{\infty} x(\tau)e^{-j2\pi f\tau}d\tau\cdot Y(f) \\
&= X(f)Y(f)
\end{aligned}
$$

(증명 끝)

성질 18.7은 시간 영역에서 두 함수를 콘벌루션한 것의 푸리에 변환은 각각의 함수의 푸리에 변환을 곱한 것과 같다는 것을 말해준다. 두함수의 콘벌루션은 일반적으로 매우 복잡한 연산이지만, 푸리에 변환하였을 때는 두 변환의 곱하기라는 단순한 연산으로 대치된다.

표 18.1은 이 절에서 공부한 푸리에 변환의 성질을 한 눈에 보기 쉽게 정리한 것이다.

표 18.1 푸리에 변환의 성질

번호	명칭	성질	비고
18.1	선형성	$ax(t)+by(t) \longleftrightarrow aX(f)+bY(f)$	
18.2	시간축의 척도 조절	$x(at) \longleftrightarrow \frac{1}{\lvert a\rvert}X\left(\frac{f}{a}\right)$	
18.3	쌍대성	$X(t) \longleftrightarrow x(-f)$	
18.4	시간 이동	$x(t-t_0) \longleftrightarrow e^{-j2\pi ft_0}X(f)$	t_0 상수
18.5	주파수 이동	$e^{j2\pi f_0 t}x(t) \longleftrightarrow X(f-f_0)$	f_0 상수
18.6	미분	$x'(t) \longleftrightarrow j2\pi fX(f)$	
18.7	콘벌루션	$x(t)*y(t) \longleftrightarrow X(f)Y(f)$	

연습 문제

18.2. 함수 $x(t)$의 푸리에 변환이 $X(f)$임을 알고 있을 때, 다음 각 함수의 푸리에 변환을 $X(f)$를 이용하여 나타내어라.

(a) $x(t)e^{j120\pi t}$ (b) $x(t-\frac{1}{2})$
(c) $x(t-\frac{1}{2})\sin(8\pi t-4\pi)$ (d) $x(t)\cos 8\pi t$

18.3. 예제 18.3으로부터 우리는 $a>0$일 때

$$\mathscr{F}\left[e^{-a|t|}\right] = \frac{2a}{a^2+4\pi^2f^2}$$

임을 알고 있다. 이 사실과 푸리에 변환의 성질을 이용하여 다음 함수의 푸리에 변환을 구하여라.

$$x(t) = \frac{1}{a^2 + 4\pi^2 t^2} \ .$$

18.4. 다음 각 함수의 푸리에 변환을 구하여라.

(a) $\mathrm{rect}(10t)$

(b) $\mathrm{sinc}(10t)$

(c) $x(t) = \mathrm{sinc}(10t)\cos(100\pi t)$

(d) $x(t) = \begin{cases} 2 \ , & (-10 < t < 0) \\ 0 \ , & (\text{다른 } t) \end{cases}$

18.3 단위 임펄스 함수의 푸리에 변환과 그 응용

제 18.1 절에서 푸리에 변환을 정의할 때, 푸리에 변환이 존재(수렴)한다는 가정하에서 정의를 하였다. 하지만 엄밀하게 따지면 모든 함수에 대해서 푸리에 변환이 존재하는 것은 아니다. 함수의 푸리에 변환이 존재하기 위해서는 함수가 디리끄레(Dirichlet) 조건을 만족하면 충분하다는 것이 잘 알려져 있다. 푸리에 변환이 존재하기 위한 디리끄레 조건은 다음의 세 가지이다.

1. 함수 $x(t)$는 절대적분이 가능하여야 한다. 즉

$$\int_{-\infty}^{\infty} |x(t)|dt < \infty \ .$$

2. 유한한 구간 내에서 $x(t)$의 극대점과 극소점의 개수가 유한하여야 한다.
3. 유한한 구간 내에서 $x(t)$의 불연속점의 개수가 유한하여야 한다.

우리가 자주 접하는 대부분의 함수는 모두 디리끄레 조건을 만족하므로 푸리에 변환이 존재한다.

디리끄레 조건은 충분 조건이지 필요 조건은 아니다. 따라서 디리끄레 조건을 만족하지 않는 함수에 대해서도 푸리에 변환이 존재할 수 있다. 예를 들면, 단위 임펄스 함수, 시그넘 함수, 단위 계단 함수, 주기 함수 등은 디리끄레 조건을 만족하진 않지만 푸리에 변환을 정의함으로써 공학적으로 유용하게 응용할 수 있는 함수이다.

단위 임펄스 함수 $\delta(t)$는 다음과 같은 조건을 만족시키는 함수로 정의된다.

$$1.\quad \delta(t) = \begin{cases} \infty \ , & t = 0 \\ 0 \ , & t \neq 0 \end{cases} \tag{18.41}$$

$$2.\quad \int_{-\infty}^{\infty} \delta(t)dt = 1 \tag{18.42}$$

$$3.\quad \int_{-\infty}^{\infty} x(t)\delta(t)dt = x(0) \tag{18.43}$$

즉 함수 $\delta(t)$는 $t = 0$ 을 제외한 모든 t 에서 값이 0 이고, $t = 0$ 에서는 값이 무한히 크며, 전체 t 범위에서 그래프 아래의 면적이 1인 함수이다. 따라서 단위 임펄스 함수 $\delta(t)$의 푸리에 변환은 다음과 같이 구할 수 있다.

$$\begin{aligned}\mathscr{F}[\delta(t)] &= \int_{-\infty}^{\infty} \delta(t) e^{-j2\pi ft} dt \\ &= 1\end{aligned} \tag{18.44}$$

따라서 다음과 같은 푸리에 변환쌍을 얻을 수 있다.

$$\delta(t) \longleftrightarrow 1 \tag{18.45}$$

이제 식 (18.45)에 푸리에 변환의 성질을 적절히 적용함으로써 상수 함수, 복소 지수 함수, 삼각 함수의 푸리에 변환을 구해 보자.

예제 18.6 다음 각 함수의 푸리에 변환을 구하여라.

(a) 1 (b) $e^{j2\pi f_0 t}$ (c) $\cos(2\pi f_0 t)$ (d) $\sin(2\pi ft)$

풀이 :

(a) 식 (18.45)에 푸리에 변환의 성질 18.3 (쌍대성)을 적용하면

$$1 \overset{FT}{\longleftrightarrow} \delta(-f) \tag{18.46}$$

$\delta(-f) = \delta(f)$이므로 식 (18.46)으로부터

$$1 \overset{FT}{\longleftrightarrow} \delta(f) \tag{18.47}$$

(b) 식 (18.47)에 푸리에 변환의 성질 18.5 (주파수 이동)을 적용하면

$$e^{j2\pi f_0 t} \longleftrightarrow \delta(f - f_0) \tag{18.48}$$

(c) 오일러의 공식을 이용하면 $\cos(2\pi f_0 t)$를 다음과 같이 쓸 수 있다.

$$\cos(2\pi f_0 t) = \frac{1}{2}\left\{e^{j2\pi f_0 t} + e^{-j2\pi f_0 t}\right\}$$

푸리에 변환의 성질 18.1 (선형성)과 식 (18.48)을 적용하면

$$\begin{aligned}\mathscr{F}\left[\frac{1}{2}\left\{e^{j2\pi f_0 t} + e^{-j2\pi f_0 t}\right\}\right] &= \frac{1}{2}\left\{\mathscr{F}\left[e^{j2\pi f_0 t}\right] + \mathscr{F}\left[e^{-j2\pi f_0 t}\right]\right\} \\ &= \frac{1}{2}\left\{\delta(f - f_0) + \delta(f + f_0)\right\}\end{aligned}$$

즉 $$\cos(2\pi f_0 t) \longleftrightarrow \frac{1}{2}\left\{\delta(f - f_0) + \delta(f + f_0)\right\}. \tag{18.49}$$

(d) 오일러의 공식을 이용하면 $\sin(2\pi f_0 t)$를 다음과 같이 쓸 수 있다.

$$\sin(2\pi f_0 t) = \frac{1}{2j}\left[e^{j2\pi f_0 t} - e^{-j2\pi f_0 t}\right]$$

푸리에 변환의 성질 18.1 (선형성)과 식 (18.48)을 적용하면

$$\mathscr{F}\left[\frac{1}{2j}\left\{e^{j2\pi f_0 t}-e^{-j2\pi f_0 t}\right\}\right] = \frac{1}{2j}\left\{\mathscr{F}\left[e^{j2\pi f_0 t}\right]-\mathscr{F}\left[e^{-j2\pi f_0 t}\right]\right\}$$

$$= \frac{1}{2j}\{\delta(f-f_0)-\delta(f+f_0)\}$$

즉

$$\sin(2\pi f_0 t) \longleftrightarrow \frac{1}{2j}\{\delta(f-f_0)-\delta(f+f_0)\} \tag{18.50}$$

주기 함수의 푸리에 변환

단위 임펄스 함수를 이용하면 주기 함수에 대해서도 푸리에 변환을 정의할 수 있다. 주기 T_0인 주기 함수 $x(t)$의 푸리에 급수 계수가 X_n이라고 하자. 그러면

$$x(t) = \sum_{n=-\infty}^{\infty} X_n e^{j2\pi \frac{n}{T_0} t}$$

따라서

$$\begin{aligned} X(f) &= \mathscr{F}[x(t)] \\ &= \mathscr{F}\left[\sum_{n=-\infty}^{\infty} X_n e^{j2\pi \frac{n}{T_0} t}\right] \\ &= \sum_{n=-\infty}^{\infty} X_n \mathscr{F}\left[e^{j2\pi \frac{n}{T_0} t}\right] \\ &= \sum_{n=-\infty}^{\infty} X_n \delta\left(f-\frac{n}{T_0}\right). \end{aligned}$$

시그넘 함수와 단위 계단 함수의 푸리에 변환

시그넘 함수 $sgn(t)$는 그림 18.7에 실선으로 나타낸 것처럼 $t>0$일 땐 값이 1이고 $t<0$일 땐 값이 -1인 함수이다. 즉

$$sgn(t) = \begin{Bmatrix} 1 & ,t>0 \\ 0 & ,t=0 \\ -1 & ,t<0 \end{Bmatrix}$$

시그넘 함수는 디리끄레 조건을 만족하지 않으므로 식 (18.10)을 이용하여 푸리에 변환을 구할 수는 없다. 하지만 시그넘 함수를 그림 18.7에 점선으로 나타낸 이중 지수 함수

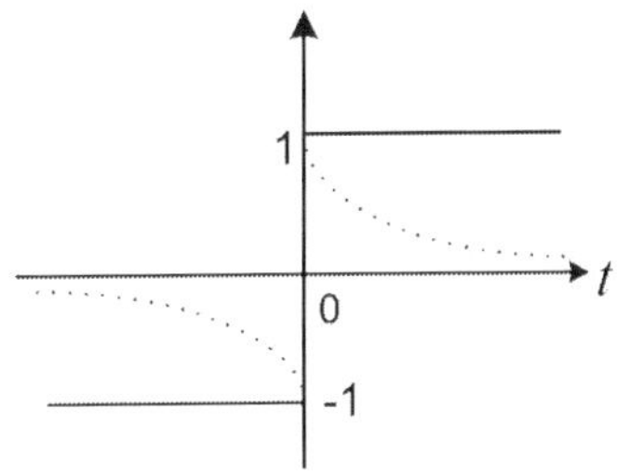

그림 18.7 시그넘 함수(실선)와 이중지수 함수(점선)

$$x(t) = \begin{cases} e^{-at} & ,t > 0 \\ 0 & ,t = 0 \\ -e^{at} & ,t < 0 \end{cases}$$

의 $a \to 0$일 때의 극한이라고 생각하면, 시그넘 함수의 푸리에 변환은 $X(f)$의 $a \to 0$일 때의 극한이 될 것이다. 예제 18.2에서

$$\mathscr{F}\left[e^{-at}u(t)\right] = \frac{1}{a + j2\pi f} \quad , \quad \mathscr{F}\left[e^{at}u(-t)\right] = \frac{1}{a - j2\pi f}$$

이므로, 함수 $x(t)$의 푸리에 변환은 다음과 같이 구할 수 있다.

$$\begin{aligned} X(f) &= \mathscr{F}[x(t)] \\ &= \mathscr{F}\left[e^{-at}u(t) - e^{at}u(-t)\right] \\ &= \mathscr{F}\left[e^{-at}u(t)\right] - \mathscr{F}\left[e^{at}u(-t)\right] \\ &= \frac{1}{a + j2\pi f} - \frac{1}{a - j2\pi f} \\ &= \frac{-j4\pi f}{a^2 + 4\pi^2 f^2} \end{aligned}$$

따라서 $a \to 0$일 때의 $X(f)$의 극한 형태를 구하면

$$\begin{aligned} \mathscr{F}[sgn(t)] &= \lim_{a \to 0} X(f) \\ &= \frac{1}{j\pi f} \end{aligned}$$

즉

$$sgn(t) \longleftrightarrow \frac{1}{j\pi f} \quad . \tag{18.51}$$

한편 단위 계단 함수

$$u(t) = \left\{ \begin{array}{ll} 1 & ,t > 0 \\ 1/2 & ,t = 0 \\ 0 & ,t < 0 \end{array} \right\}$$

의 푸리에 변환은 시그넘 함수의 푸리에 변환을 이용하여 다음과 같이 구할 수 있다.

$$\begin{aligned}\mathscr{F}[u(t)] &= \mathscr{F}\left[\frac{1}{2}\{sgn(t)+1\}\right] \\ &= \frac{1}{2}\{\mathscr{F}[sgn(t)]+\mathscr{F}[1]\} \\ &= \frac{1}{j2\pi f}+\frac{1}{2}\delta(f)\end{aligned}$$

연습 문제 해답

제 1 장 연습 문제

1.1 (b) $t^2 - 1$ (d) $(x-5)^2 - 1$

1.2 (b) $x^2 + h$ (d) $x + 2h$

1.3 $y = 8/x$

1.4 $r = \sqrt{s/\pi}$

1.5 (b)

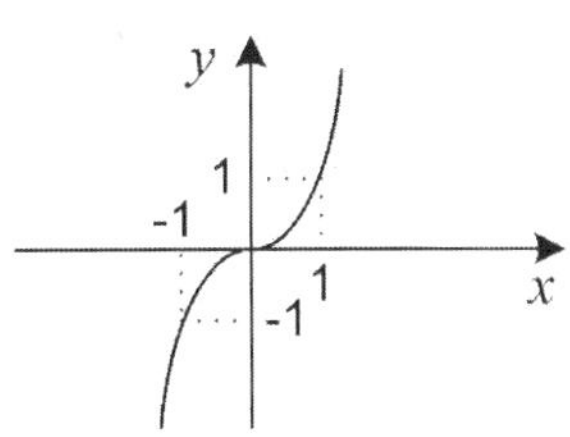

(d)

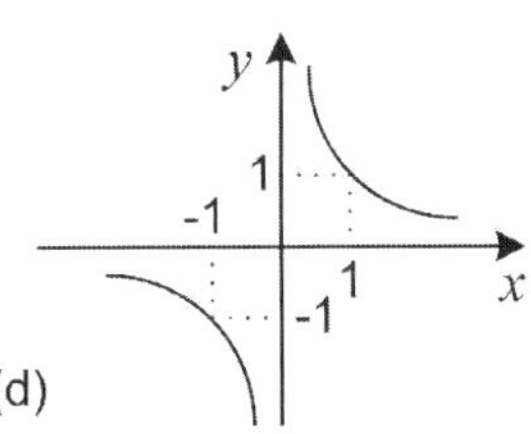

1.6 (b)

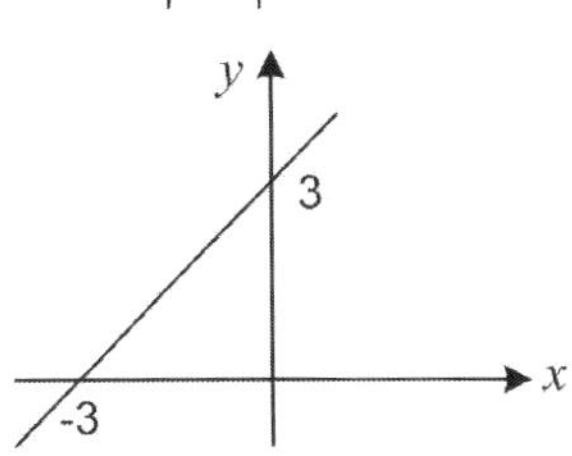

1.7 (b)

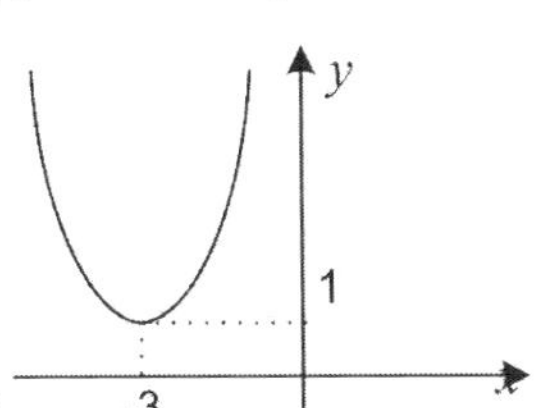

1.8 (b)

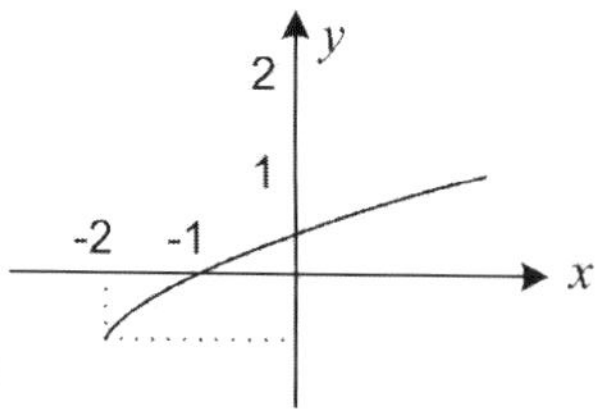

1.9 (b)

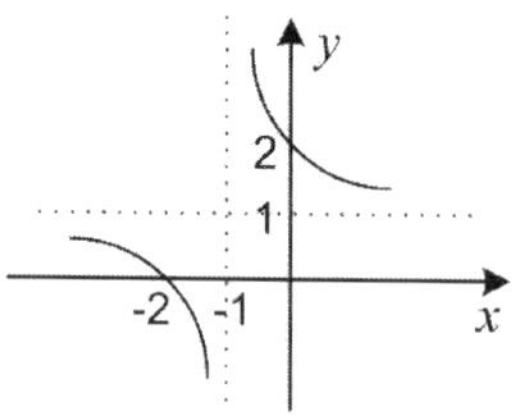

1.10 (b)

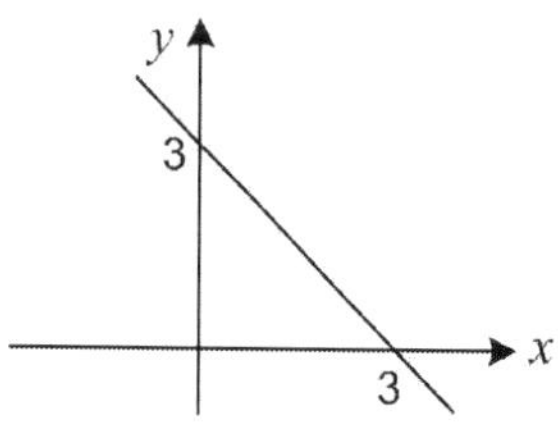

1.11 (b)

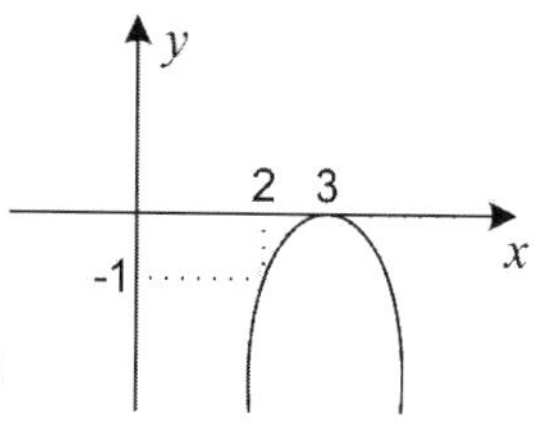

1.12 (b)

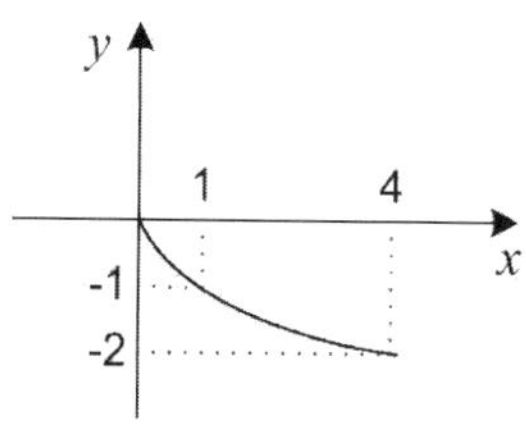

(d)

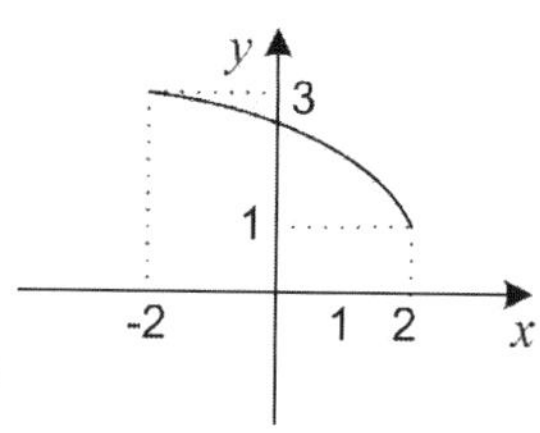

1.13 (b)

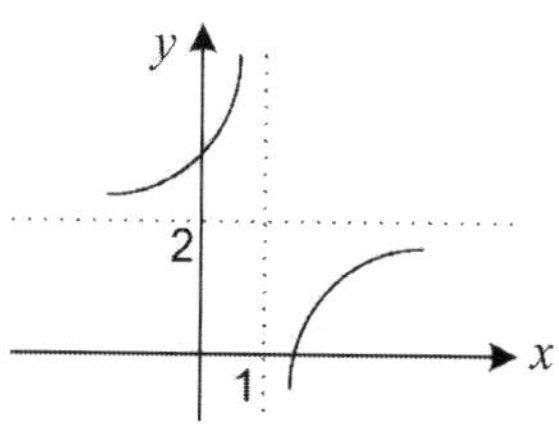

1.14 (b)

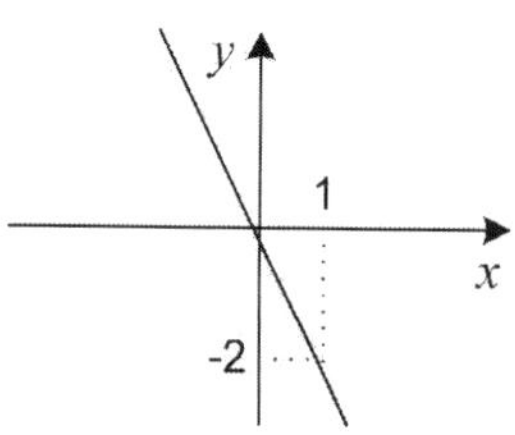

1.15 (b)

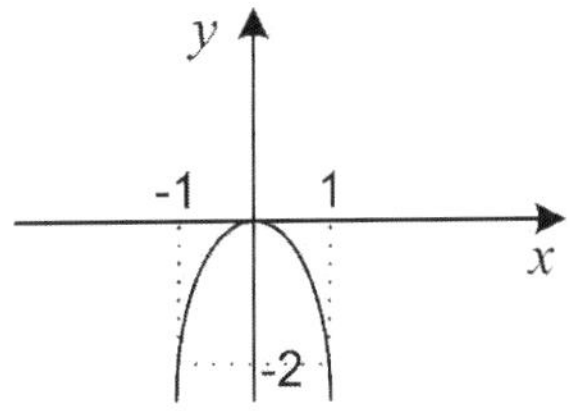

(d)

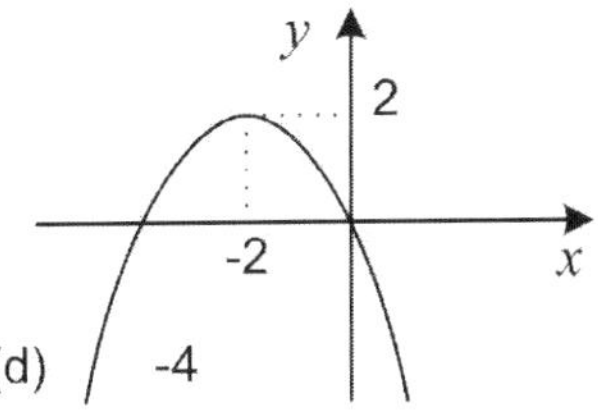

1.16 (b)

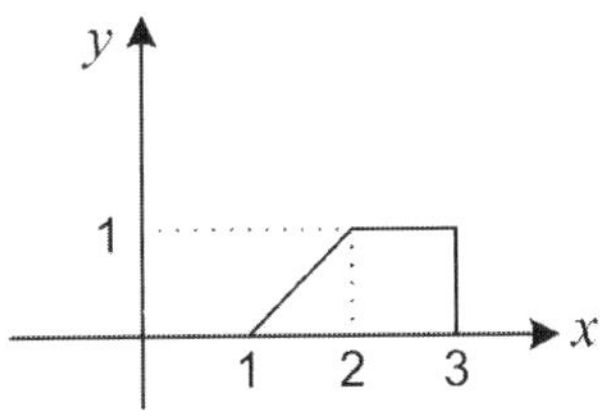

(d)

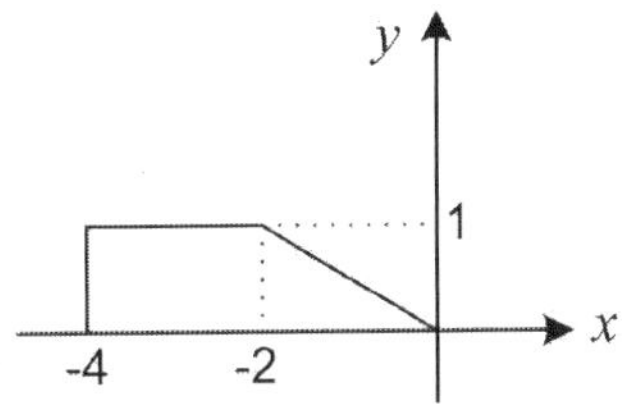

1.17 (b)

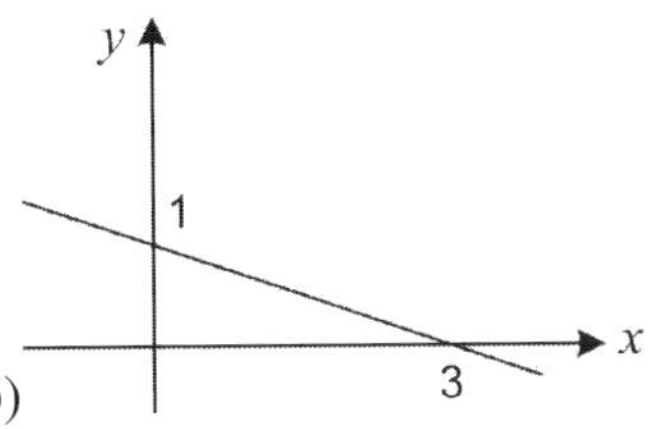

1.18 (b)

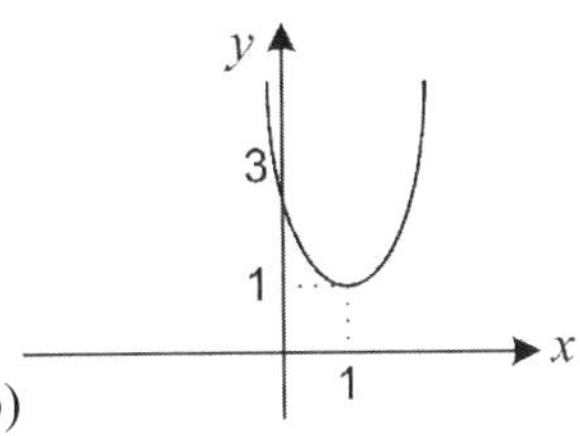

1.19 (b)

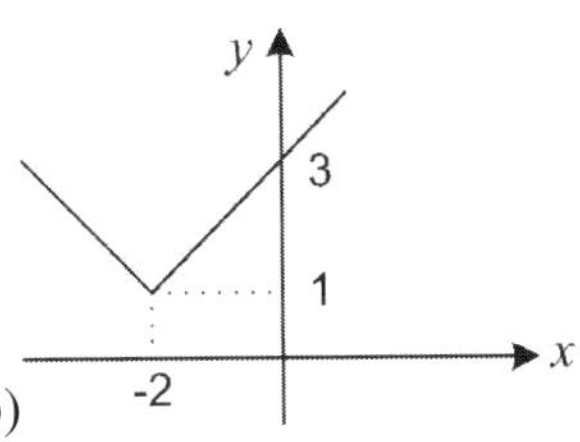

제 2 장 연습 문제

2.1 (b) $\frac{5}{3}\pi$ (d) 210° (f) $\left(\frac{11}{\pi}180\right)^\circ$

2.4 (b) $\sin\theta = 40/41$, $\tan\theta = 40/9$

2.5 (b) 0.8 (d) $5/4$ (f) $-3/4$

2.7 (b) $-\cos\theta$ (d) $\cos\theta$ (f) $\cot\theta$
(h) $\sin\theta$ (j) $-\cos\theta$ (l) $\cot\theta$

2.8 (b) 0.8 (d) -0.6 (f) -0.8

2.9 (b) -0.28 (d) 0.28

2.10 (b)

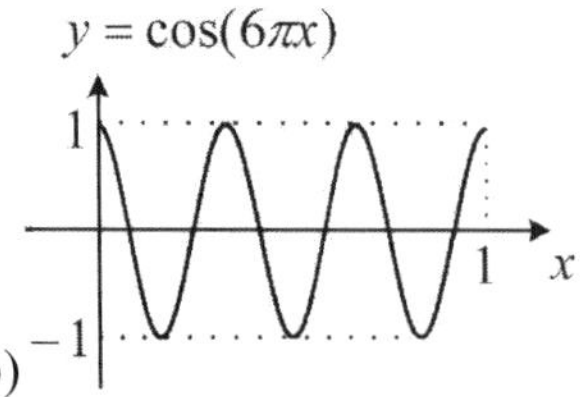

2.11 (b)

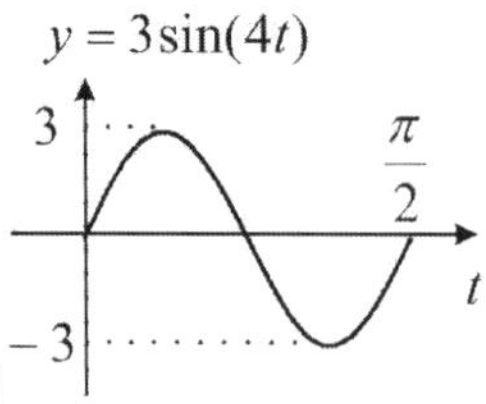

2.12 (b) 100 (d) 200π

제 3 장 연습 문제

3.1 (b) 9 (d) $125/64$ (f) 2 (h) 36

3.2 (b) $a^{5/3}$

3.3 (b) 8

3.4 10^5

3.5 $a > 1$일 때, 함수 $y = a^x$은 a값이 클수록 증가할 때 더 급격히 증가하므로 그래프가 y축에 가까워진다.

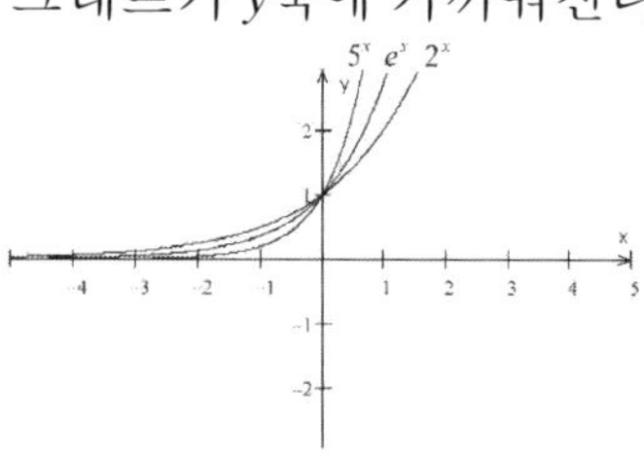

3.6 $0 < a < 1$일 때, 함수 $y = a^x$은 a값이 작을수록 감소할 때 더 급격히 감소하므로 그래프가 y축에 가까워진다.

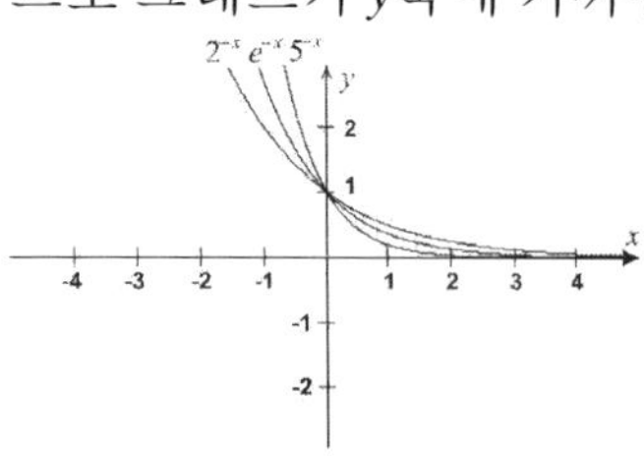

3.9 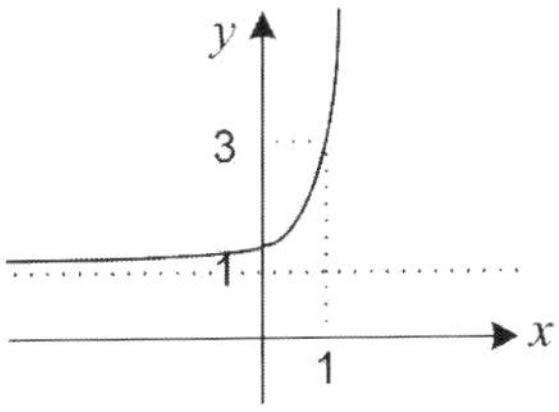

3.10 (b) -3 (d) $1/6$

3.11 (b) $x=8$ (d) $x=1/16$ (f) $t=8$

3.12 (b) L가 10, 20, 30, 40 dB일 때 p_1/p_0는 각각 10, 100, 1000, 10000.

3.13 (b) G가 10, 20, 30, 40 dB일 때 v_1/v_0는 각각 $\sqrt{10}$, 10, $10\sqrt{10}$, 100.

3.14 (b) L_1이 10, 20, 30, 50, 80 dBm일 때 p_1은 각각 10, 10^2, 10^3, 10^5, 10^8 mW.

3.15 (b) 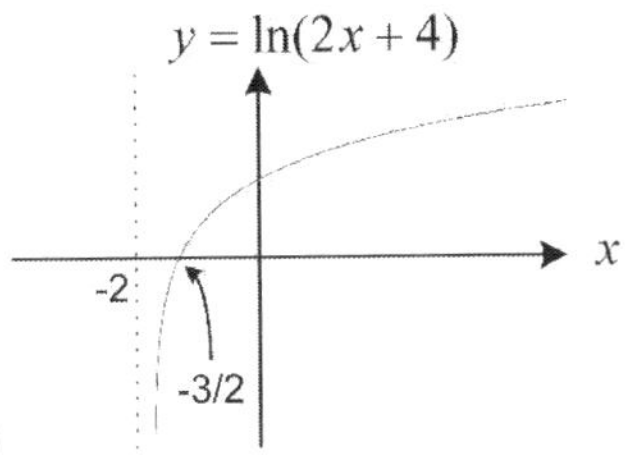

제 4 장 연습 문제

4.1 (b) $\frac{3}{2}$ (d) $\frac{1}{2}$ (f) 1

4.2 $\lim_{x\to 1} f(x)$가 존재하지 않으므로 불연속이다.

제 5 장 연습 문제

5.1 (b) $f'(x)=\lim_{h\to 0}\frac{(x+h)^3-x^3}{h}=\lim_{h\to 0}(3x^2+3xh+h^2)=3x^2$
(d) $f'(x)=\lim_{h\to 0}\left\{\frac{1}{x+h}-\frac{1}{x}\right\}/h=\lim_{h\to 0}\frac{-1}{(x+h)x}=-\frac{1}{x^2}$

5.2 (b) $f'(x)=-\frac{1}{x^2}$ 이므로 $f'(1)=-1$.

5.3 (b) $(2x-2)\sqrt{x}+\frac{x^2-2x}{2\sqrt{x}}$ (d) $\frac{(2x-2)\sqrt{x}-\frac{x^2-2x}{2\sqrt{x}}}{x}$

5.4 (b) $-\frac{(x^2-2x)'}{(x^2-2x)^2}=-\frac{2x-2}{(x^2-2x)^2}$ (d) $-\frac{h'(x)}{[h(x)]^2}$

5.5 (b) $2xe^{3x}+3x^2e^{3x}$ (d) $\frac{-2e^x}{(e^x-1)^2}$

5.6 (b) $3e^{(x^2-4)}(x^2-4)'=3e^{(x^2-4)}\cdot 2x$ (d) $\frac{1}{(-x)}(-x)'=\frac{1}{x}$

5.7 (b) $e^x \sin x + e^x \cos x$ (d) $\frac{(\sec^2 x)x - \tan x}{x^2}$ (f) $-csc^2 x$

5.8 (b) $\sec^2(\sqrt{x})\frac{1}{2\sqrt{x}}$ (d) $\sec(9x^2)\tan(9x^2)\cdot 18x$ (f) $[2^{\cos x}\ln 2](-\sin x)$

5.9 $y'' = e^{-2t}(-5\sin 3t - 12\cos 3t)$

5.10 $\frac{dh}{dt} = \frac{5}{400\pi}$ m/s

5.11 (b) $e^x \sin y$, $e^x \cos y$ (d) $12\cos 3x \cos 2y$, $-8\sin 3x \sin 2y$ (f) $1/y$, $-x/y^2$

5.12 (b) $e^{-x}\sin y$, $-e^x \sin y$, $-e^x \cos y$, $-e^x \cos y$. (d) 8 , 18 , −12, −12.
(f) $\sinh x \cosh 2y$, $4\sinh x \cosh 2y$, $2\cosh x \sinh 2y$.

제 6 장 연습 문제

6.1 (b) $-\frac{2}{x}+c$ (d) $8x+c$ (f) $\frac{3}{2}x^2+\frac{2}{3}x^3-5x+c$ (h) $-\frac{20}{9}t^{1/4}+c$

6.2 (b) $2\theta^{1/2}+\frac{4}{3}\theta^{3/2}+\frac{2}{5}\theta^{5/2}+c$ (d) $-\frac{1}{t}+4t+\frac{4}{3}t^3+c$

6.3 (b) $(\csc x)' = -\csc x \cot x$ $\int \frac{1}{2}\csc x \cot x dx = -\frac{1}{2}\csc x + c$

6.4 (b) $2x-3=u$로 치환. $\frac{1}{2}\int u^7 du = \frac{1}{16}u^8+c = \frac{1}{16}(2x-3)^8+c$
(d) $4x^2+1=u$로 치환. $\frac{3}{8}\int u^5 du = \frac{1}{16}u^6+c = \frac{1}{16}(4x^2+1)^6+c$
(f) $2\theta-5=x$로 치환. $\frac{3}{2}\int \sin x dx = -\frac{3}{2}\cos x + c = -\frac{3}{2}\cos(2\theta-5)+c$
(h) $-4t^3=u$로 치환. $-\frac{1}{12}\int e^u du = -\frac{1}{12}e^u+c = -\frac{1}{12}e^{-4t^3}+c$
(j) $5x^4=u$로 치환. $\frac{1}{20}\int \cos u du = \frac{1}{20}\sin u + c = \frac{1}{20}\sin(5x^4)+c$
(l) $4x^2-1=u$로 치환. $\frac{1}{2}\int \frac{1}{2\sqrt{u}}du = \frac{1}{2}\sqrt{u}+c = \frac{1}{2}\sqrt{4x^2-1}+c$

6.5
(b) $\cos 2t = u$로 치환. $3\int \frac{\sin 2t}{\cos 2t}dt = -\frac{3}{2}\int \frac{du}{u} = -\frac{3}{2}\ln|u|+c = -\frac{3}{2}\ln|\cos 2t|+c$
(d) $x = a\tan\theta$로 치환. $\int \frac{1}{a^2+x^2}dx = \int \frac{a\sec^2\theta}{a^2(1+\tan^2\theta)}d\theta = \int \frac{d\theta}{a} = \frac{1}{a}\theta + c = \frac{1}{a}\tan^{-1}\frac{x}{a}+c$
(f) $x = 4\sin\theta$로 치환. $\int \frac{4\cos\theta}{\sqrt{16-16\sin^2\theta}}d\theta = \int d\theta = \theta + c = \sin^{-1}\frac{x}{4}+c$

6.6 (b) $\frac{3}{2}te^{2t}-\frac{3}{4}e^{2t}+c$ (d) $-\frac{4}{3}xe^{-3x}-\frac{4}{9}e^{-3x}+c$
(f) $\frac{x^2}{2}\ln x - \frac{x^2}{4}+c$ (h) $\frac{1}{3}x^3\ln x - \frac{1}{9}x^3+c$

6.7 (b) $\frac{1}{4}(3-5x)\sin 4x - \frac{5}{16}\cos 4x + c$ (d) $x\arcsin(3x)+\frac{1}{3}\sqrt{1-9x^2}+c$
(f) $-\frac{1}{125}(25x^2+35x+7)e^{-5x}$ (h) $\frac{1}{13}e^{-3x}(2\sin 2x - 3\cos 2x)$

제 7 장 연습 문제

7.1 (b) 0 (d) $8+\ln 3$ (f) $2(e^4-e^2)$ (h) $-\frac{1}{4}(\cot 8 - \cot 4)$

7.2 (b) $\frac{3}{4}(e-e^{-1})$ (d) 3 (f) $\pi/2$

7.3 $S=\int_0^{\pi/6}\cos 3x dx=\frac{1}{3}$

7.4 $S=\int_0^3(\sqrt{x}-\frac{1}{4}x)dx=2\sqrt{3}-\frac{9}{8}$

7.5 $S=\int_{-4}^1\left[7-3x-(x^2+3)\right]dx=\frac{125}{6}$

7.6 $\int_0^1\left(3x-\frac{x}{3}\right)dx+\int_1^3\left[(4-x)-\frac{x}{3}\right]=4$

제 8 장 연습 문제

8.1 (b) $y=4e^{-x}\sin 3x$를 대입하면 방정식이 성립한다. 따라서 해이다.

8.2 (b) 일반해 $y=\frac{1}{2}xe^{2x}-\frac{1}{4}e^{2x}+c$. 특수해 $y=\frac{1}{2}xe^{2x}-\frac{1}{4}e^{2x}+\frac{5}{4}$.

8.3 (b) $y=c\sqrt{1+x^2}$. (d) $y=ce^{\frac{1}{4}x^2}$ (f) $y=\frac{1}{x^5+c}$ (h) $y=\frac{1}{kx+c}$

8.4 (b) $y^2=\frac{1}{-4e^x+8}$ (d) $3e^{2\theta}=4e^{3t}-1$.

8.5 (b) $\frac{1}{2}\left(\frac{y}{x}\right)^2=\ln|x|+c$ (d) $\ln(x^2+y^2)+2\tan^{-1}(y/x)=c$.
(f) $\sin(x^2y^2)=ce^x$. (h) $\frac{(1+y+2x)^2}{2}=3x+c$. (j) $1+\frac{y^2}{x^2}=\frac{c}{x}$

8.6 (b) 일반해 $\frac{1}{2}\left(\frac{y}{x}\right)^2=\sin x^2+c$ 특수해 $\frac{1}{2}\left(\frac{y}{x}\right)^2=\sin x^2$.

8.7 $g'(y)=h'(x)$

8.8 (b) $\frac{y}{x}=c$ (d) $\frac{1}{2}x^2+\frac{9}{2}y^2=c$ (f) $re^{3\theta}=c$ (h) $x\cot y+\frac{1}{3}x^3=c$

8.9 (b) 일반해는 $-\cos 2x\sinh y=c$. 특수해는 $-\cos 2x\sinh y=\sinh 1$.

8.10 (b) $F=x^2y$를 곱하면 $3x^2y^2dx+2x^3ydy=0\ \rightarrow\ d\left(x^3y^2\right)=0\ \rightarrow\ x^3y^2=c$.

8.11 (b) $F=1/x^2$. $\rightarrow$ $x-\frac{y^2}{x}=c$ (d) $F=x$. $\rightarrow$ $x^3e^y+x^2y=c$
(f) $F=y^2$. $\rightarrow$ $y^3\sin x=c$ (h) $F=e^{-2x}$. $\rightarrow$ $-(2+y)e^{-2x}=c$

8.12 (b) 선형이 아니다. (d) 선형이 아니다.

8.13 (d) y_1이 (8.120)의 해이므로 $y_1'+py_1=r$이고 y_2가 (8.121)의 해이므로 $y_2'+py_2=0$이다. $\rightarrow$ 두 식을 변변 더하면 $y_1'+y_2'+p(y_1+y_2)=r$. $\rightarrow$ 미분의 성질에 의해 $(y_1+y_2)'+p(y_1+y_2)=r$. $\rightarrow$ y_1+y_2는 (8.120)의 해이다.

8.14 (b) $y=ce^{-x}+x^2+1$ (d) $y=\frac{3}{2}+\frac{c}{x^2}$

8.15 (b) $u=y^{-1}$으로 치환하면 $u'-u=-1$. $\rightarrow$ $u=ce^x+1$. $\rightarrow$ $y=\frac{1}{ce^x+1}$.
(d) $u=y^{-1}$으로 치환하면 $u'+Au=B$. $\rightarrow$ $u=ce^{-Ax}+\frac{B}{A}$. $\rightarrow$ $y=\frac{1}{ce^{-Ax}+\frac{B}{A}}$.

제 9 장 연습 문제

9.2 시간 t일 때 온도 $T(t) = 60e^{\frac{1}{2}\ln\frac{2}{3}t} + 20$. $T(t) = 40$이려면 $t = 2\frac{\ln(1/3)}{\ln(2/3)} \approx 5.4$(분)

9.4 사망시간을 $t = 0$라 하면, 시간 t일 때 온도 $T(t) = 25e^{(\ln 3/5)t} + 15$. 사망시간은 8시에서 $\ln\frac{1}{5}/\ln\frac{3}{5} \approx 3.15$ 시간 전 즉 약 4시51분.

9.5 시간 t일 때 소금양 $y(t) = 100e^{-\frac{1}{2500}t}$. 1분 후 소금양 $y(60) = 100e^{-\frac{1}{2500}60}$.

9.10 $i(t) = 2(1 - e^{-3t})$

9.11 $i(t) = \frac{4}{5}e^{-3t} + \frac{3}{5}\sin 4t - \frac{4}{5}\cos 4t$

9.12 $v(t) = 10(1 - e^{-\frac{1}{10}t})$

9.13 $v(t) = \frac{2}{5}e^{-2t} + \frac{4}{5}\sin t - \frac{2}{5}\cos t$

제 10 장 연습 문제

10.1 (b) 일반해 $y = c_1\cos 3x + c_2\sin 3x$. 특수해 $y = \frac{1}{3}\sin 3x$.

10.2 (b) 일반해 $y = (c_1 + c_2x)e^{2x}$. 특수해 $y = -3xe^{2x}$.
(d) 일반해 $y = e^{-x}(c_1\cos x + c_2\sin x)$. 특수해 $y = e^{-x}(\cos x + \sin x)$.

10.3 (b) 일반해 $\theta = e^{-2t}(c_1\cos 6t + c_2\sin 6t)$. 특수해 $\theta = e^{-2t}(0.3\cos 6t + 0.1\sin 6t)$.
(d) 일반해 $v = c_1\cos 10t + c_2\sin 10t$. 특수해 $y = 2\cos 10t$.

10.4 (b) 일반해 $y = c_1x^3 + c_2x^2$

10.5 (b) 일반해 $y = (c_1 + c_2\ln x)x^3$. 특수해 $y = (5 + 3\ln x)x^3$.

10.7 (b) $y = c_1 + c_2e^{3x} - 3x$. (d) $y = c_1e^{\frac{1}{2}x} + c_2e^{-3x} - 2$.
(f) $y = (c_1 + c_2x)e^{-3x} + \frac{1}{9}x^2 - \frac{4}{27}x + \frac{2}{27}$. (h) $\theta = (c_1 + c_2t)e^{-2t} + 2$.

10.8 (b) $y = c_1e^{\frac{3}{2}x} + c_2e^{-x} + xe^{\frac{3}{2}x}$. (d) $y = c_1e^{3x} + c_2e^{-2x} - \frac{1}{3}e^x$.
(f) $y = c_1\cos 3x + c_2\sin 3x + 2e^{2x}$. (h) $y = (c_1 + c_2t)e^{3t} + 2t^2e^{3t}$.

10.9 (b) $y = c_1e^{\frac{3}{2}x} + c_2e^{-x} - \frac{11}{5}\sin 2x + \frac{2}{5}\cos 2x$.
(d) $y = c_1e^x + c_2e^{-\frac{5}{2}x} - \frac{78}{205}\sin 2x - \frac{36}{205}\cos 2x$.
(f) $y = c_1e^{4x} + c_2e^{-x} - \frac{15}{34}\sin x + \frac{9}{34}\cos x$.

10.10 (b) $y = e^x(c_1\cos x + c_2\sin x) - e^x\cos 2x$.
(d) $y = c_1e^{2x} + c_2e^x + \frac{1}{2}\sin 2x + \frac{1}{2}\cos 2x$.
(f) $y = e^x(c_1\cos x + c_2\sin x) - \frac{1}{2}xe^x\cos x$.

10.11 (b) $y = 2e^{-2x} + 4e^x + x^2 - 6$.
(d) $y = 0.002\cos x + 1.5\sin x + 0.001x^2 - 0.002$.
(f) $y = 10e^{-x}\sin 2x + 0.16e^{0.5x} + 2\sin 10x$.

10.12 (b) $y_p = -\frac{4}{3}e^{-x}$. (d) $y_p = \frac{1}{6}x(\ln x)^3$.

10.13 (b) $y = c_1x^2 + c_2x - x\sin x$. (d) $y = (c_1 + c_2\ln x)x^{\frac{7}{2}} - 4x^5$.

10.14 (a) $i = -\frac{5}{99}\cos 10t + \frac{5}{99}\cos t$. (b) $i = -\frac{4}{125}\sin 5t + \frac{4}{25}t$

10.15 (a) $i = 5e^{-2t}\sin t$. (b) $i = e^{-3t}(-4\cos 4t + 3\sin 4t) + 4\cos 5t$

10.16 $v = e^{-\frac{1}{4}t}(-20\cos\frac{\sqrt{3}}{4}t - \frac{20\sqrt{3}}{3}\sin\frac{\sqrt{3}}{4}t) + 20$

제 11 장 연습 문제

11.1 (b) $j0.6$ (d) $j\sqrt{a}$

11.2 (b) $-j$ (d) j (f) $-j$ (h) $-j$ (j) -1

11.3 (b) $\frac{-3\pm j\sqrt{7}}{2}$ (d) $\frac{-3\pm j\sqrt{31}}{4}$

11.4 (b) $-2 + j2$ (d) $3 - j4$

11.5 (b) $\frac{9}{25} + j\frac{13}{25}$ (d) $5 - j85$

11.6 (b) $14 - j8$ (d) $\frac{16}{13}$

11.7 (b) 2 (d) $57 + j24$

11.8 (b) y^3

11.9 (b) $x = 4, y = -7$ (d) $x = \frac{3}{2}, y = -\frac{1}{2}$

11.10 (b) $3 - j\sqrt{3}$

11.11 (b) $5\sqrt{2}e^{-j3\pi/4}$ (d) $3e^{j\pi/2}$

11.13 (b) $30\angle 52^\circ$

11.14 (b) 0

11.15 (b) $\sqrt{2}/4$

11.16 (b) $\sqrt[6]{2}e^{j\frac{\pi}{4}}$, $\sqrt[6]{2}e^{j\frac{11\pi}{12}}$, $\sqrt[6]{2}e^{j\frac{19\pi}{12}}$

11.17 (b) $\pm(1+j), \pm(2+j3)$.

11.18 $X = 10\angle 30^\circ, Y = 2\angle(\theta + \pi), Z = 3\angle(-\frac{\pi}{2})$

11.19 (b) $v(t) = 10\cos(120\pi t + 30^\circ)$ (d) $v(t) = 10\cos(120\pi t + \pi)$.

11.20 (b) $v(t) \approx 6.4\cos(\omega t + 51^\circ)$

11.21 (a) $R = 4\ \Omega, L = 22.3$ mH (b) $R = 0\ \Omega, C = 159.2\ \mu$F

11.22 (b) $C = 31.83\ \mu$F (d) $2.058\angle 59^\circ 2'$ A

11.23 $Z \approx 8 + j6\ \Omega$, $i(t) \approx 10\cos(377t - 6.9°)$ A

11.24 $Z \approx 10 + j17.3\ \Omega$, $i(t) \approx 50\cos(377t)$ A

11.25 $Z \approx 2.88 + j3.84\ \Omega$, $i(t) \approx 20.8\cos(377t - 23.1°)$ A

11.25 $Z \approx 8.12 - j3.91\ \Omega$, $i(t) \approx 11.1\cos(314t + 25.7°)$ A

11.27 $Z \approx 10 - j3.3$, $i \approx 10.5\cos(6280t + 18.3°)$, $v_c \approx 167\cos(6280t - 71.7°)$

11.28 $Z \approx 9.74 + j1.60\ \Omega$, $i(t) \approx 11.1\cos(2\pi \times 10^3 t - 9.35°)$

11.29 $Z \approx 100 + j150\ \Omega$, $i(t) \approx 5.6\cos(4\pi \times 10^4 t + 56.3°)$ mA

제 12 장 연습 문제

12.1 (b) j

12.2 (b) $u = \frac{x^2+y^2-1}{(x+1)^2+y^2}$, $v = \frac{2y}{(x+1)^2+y^2}$

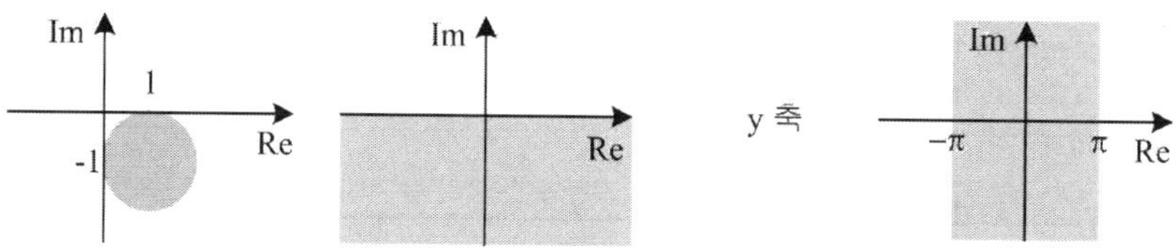

12.3 (b) (d) (f) (h)

12.4 $f'(z) = \lim_{\Delta z \to 0} \frac{(z+\Delta z)^3 - z^3}{\Delta z} = \lim_{\Delta z \to 0}[3z^2 + 3z\Delta z + (\Delta z)^2] = 3z^2$

12.5 $f'(z) = \lim_{\Delta z \to 0} \frac{\mathrm{Re}[z+\Delta z] - \mathrm{Re}[z]}{\Delta z} = \lim_{\Delta x, \Delta y \to 0} \frac{\Delta x}{\Delta x + i\Delta y} = \begin{cases} 0, \Delta x \to 0 \text{ 먼저일 때} \\ 1, \Delta y \to 0 \text{ 먼저일 때} \end{cases}$

12.6 $\frac{20z}{(z^2+1)^2}$

12.8 $f(z) = x + jy + x - jy = 2x.$ $\to$ $\frac{\partial u}{\partial x} = 2 \neq \frac{\partial v}{\partial y} = 0.$ $\to$ 해석적이 아님.

12.9 (b) $u = \tan^{-1}\frac{y}{x}$, $v = 0$. 해석적 아님(모든 z)
(d) $u = \ln\sqrt{x^2+y^2}$, $v = \tan^{-1}\frac{y}{x}$. 해석적($z = 0$ 제외).

12.10 (b) $u\cosh y\cos x$, $v = -\sinh y \sin x.$ $\to$ $\frac{\partial u}{\partial x} = -\sin x\cosh y = \frac{\partial v}{\partial y}$,
$\frac{\partial u}{\partial y} = \cos x\sinh y = -\frac{\partial v}{\partial x}$ 모든 점에서 CR 방정식이 성립.

12.11 (b) $-j$ (d) $\cosh(4)\sin\sqrt{2} - j\sinh(4)\cos\sqrt{2}$ (f) $\ln 100 + j\pi$
(h) $= \ln 10 + i(\theta + 2n\pi)$, $\theta = \tan^{-1}\frac{-6}{8}$, $-\frac{\pi}{2} < \theta < 0$, $n = 0, \pm1, \pm2, \ldots$

12.12 (b) $x > 0$ 즉 RHP 위의 모든 z. (d) $z = e^4 e^{i(-3+2n\pi)}$, $n = 0, \pm1, \pm2, \ldots$

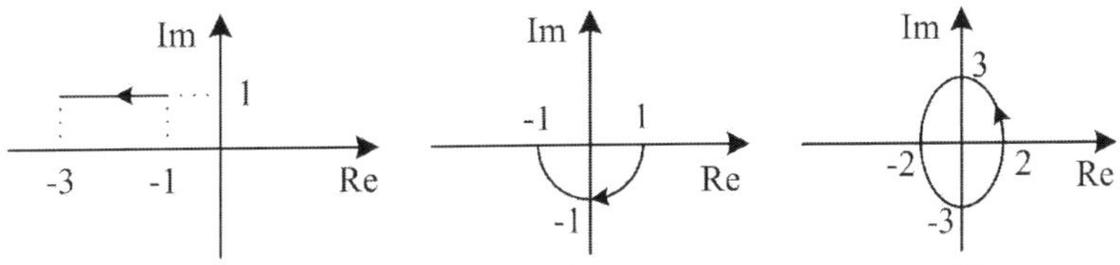

12.13 (b) (d) (f)

12.14 (b) $8 + j24$ (d) $7/3 - j5/3$ (f) 0

12.15 (b) $j3\pi$ (d) 0 (f) $-j\pi$ (h) $j8\pi$ (j) $2\sinh(1/2)$

12.16 (b) $-j2\pi$

12.17 (b) $j\pi$

제 13 장 연습 문제

13.1 (a) $\frac{2e^{3s}}{s}$ $(\text{Re}(s) > 0)$ (c) $\frac{e^{-s}}{s} + \frac{e^{-s}}{s^2}$ $(\text{Re}(s) > 0)$
(e) $-\frac{1}{s-1} + \frac{1}{s+1}$ $(-1 < \text{Re}(s) < 1)$ (g) $\frac{e^{-2(s+2)} - e^{-4(s+2)}}{s+2}$ (모든 s)

13.2 (a) $\frac{1}{s-a}$ $(\text{Re}(s) > a)$ (c) $\frac{s}{s^2-a^2}$ $(\text{Re}(s) > |a|)$
(e) $\frac{s+\alpha}{(s+\alpha)^2+\beta^2}$ $(\text{Re}(s) > -\alpha)$

13.3 (a) $\frac{1}{(s-a)^2}$ $(\text{Re}(s) > a)$ (b) $\frac{2}{(s-a)^3}$ $(\text{Re}(s) > a)$

13.4 (a) $\frac{2\omega s}{(s^2+\omega^2)^2}$ $(\text{Re}(s) > 0)$ (c) $\frac{2a^3}{(s^2+a^2)^2}$ $(\text{Re}(s) > a)$
(e) $\frac{e^{-(s-a)T}}{s-a}$ $(\text{Re}(s) > a)$ (g) $\frac{s\sin(b)+a\cos(b)}{s^2+a^2}$ (i) $\frac{-e^{-(s-a)T}}{s-a}$ $(\text{Re}(s) < a)$

13.5 (a) $\frac{1}{3}\sin 3t\, u(t)$ (c) $\frac{1}{2}t^3 u(t)$ (e) $\frac{3}{\sqrt{7}}\sinh\sqrt{7}t\, u(t)$
(g) $e^{2t}\sin 3t\, u(t)$ (i) $\frac{5}{2}e^{-t}\sinh 2t\, u(t)$ (i) $\frac{5}{2}\cos 3t\, u(t)$

13.6 (a) $(e^{2t} + 3e^{-t})u(t)$ (c) $(2e^{-3t} + 3\cos t - \sin t)u(t)$
(e) $e^{-t}(3\cosh 2t + 7\sinh 2t)u(t)$

13.7 (a) $-(e^{-t} + e^t + e^{3t})u(-t)$ (c) $(e^{-t} + +e^t)u(t) - e^{3t}u(-t)$

13.8 $e^{-3t}u(t) - 3e^{-t}u(-t)$

제 14 장 연습 문제

14.1 (a) $y(t) = 2(1 - e^{-5t})u(t)$ (c) $y(t) = \frac{5}{2}(e^{-5t} - \cos 5t + \sin 5t)u(t)$
(e) $y(t) = (2 - 6e^{-3t} + 4e^{-2t})u(t)$ (g) $y(t) = (3\cos 4t + \sin 4t + \frac{5}{4}t\sin t)u(t)$

14.2 (a) $x(t) = (3+5e^{-2t})u(t)$, $y(t) = (1-e^{-2t})u(t)$
(c) $x(t) = (2+\frac{1}{2}t^2)u(t)$, $y(t) = (-1-\frac{1}{2}t^2)u(t)$

14.3 $h(t)$: 임펄스 응답, $s(t)$: 스텝 응답, $r(t)$: 램프 응답
(a) $h(t) = 6e^{-3t}u(t)$, $s(t) = (2-2e^{-3t})u(t)$, $r(t) = -\frac{2}{3}(1-3t-e^{-3t})u(t)$
(c) $h(t) = \frac{1}{3}e^{-t}(6\cos 6t - \sin 6t)u(t)$, $s(t) = \frac{1}{3}e^{-t}\sin 6tu(t)$
$r(t) = \frac{1}{111}(6-6e^{-t}\cos 6t - e^{-t}\sin 6t)u(t)$
(e) $h(t) = 6(-2e^{-2t}+3e^{-3t})u(t)$, $s(t) = 6(e^{-2t}-e^{-3t})u(t)$,
$r(t) = (1-3e^{-2t}+2e^{-3t})u(t)$

제 15 장 연습 문제

15.1 (b) $\begin{bmatrix} 5 & -18 \\ -18 & 65 \end{bmatrix}$ (d) $\begin{bmatrix} 64 & -35 \\ -245 & 134 \end{bmatrix}$ (f) 정의되지 않음. (h) 2

15.2 (b) $\begin{bmatrix} 4 & -3 & 16 \\ 5 & 3 & -10 \\ -16 & 14 & 5 \end{bmatrix}$ (d) $\begin{bmatrix} -2 & 10 & 36 \\ 8 & -10 & -30 \\ -26 & 10 & 12 \end{bmatrix}$ (f) $\begin{bmatrix} 9 \\ 13 \\ 22 \end{bmatrix}$ (h) 38 (j) 12

15.3 (b) $x_1 = 29, x_2 = 16, x_3 = 3$ (d) $x = 2, y = 1, z = 3$ (f) 무수히 많은 해
$x = 0$, $y =$ 임의의 수, $z = 3-2y$ (h) $x = 2, y = 3, z = -1, w = -3$

15.4 (b) $x_1 = 2, x_2 = 0.5, x_3 = -1$

15.5 성질 15.3로부터 $(A^2)^{-1} = (AA)^{-1} = A^{-1}A^{-1} = (A^{-1})^2$.

15.6 $\begin{bmatrix} a & b \\ c & d \end{bmatrix}$ 와 $\frac{1}{ad-bc}\begin{bmatrix} d & -b \\ -c & a \end{bmatrix}$ 를 곱하면 I 가 된다.

15.7 (b) $-\frac{1}{100}\begin{bmatrix} -6 & -8 \\ -8 & 6 \end{bmatrix}$

15.8 (b) $\begin{bmatrix} 1/6 & 1/24 & 13/72 \\ 1/2 & -1/8 & 1/8 \\ 1/3 & 1/12 & 1/36 \end{bmatrix}$ (d) $\begin{bmatrix} 9/10 & 1/20 & 2 \\ -1/5 & 1/10 & -1/10 \\ -1/10 & 1/20 & 0 \end{bmatrix}$ (f) $\begin{bmatrix} 0 & -1/3 & 1/3 \\ 0 & 2/3 & 1/3 \\ 1/3 & -1/3 & -1/3 \end{bmatrix}$

15.9 (b) 1 (d) -22 (f) 72

15.10 18

15.11 $\begin{bmatrix} -16 & -8 & -34 \\ 14 & -46 & -63 \\ -24 & -12 & 2 \end{bmatrix}$

15.12 (b) $\begin{bmatrix} -0.7 & 0.2 & 0.3 \\ -1.3 & -0.2 & 0.7 \\ 0.8 & 0.2 & -0.2 \end{bmatrix}$

15.13 (b) $x_1 = -10/11$, $x_2 = 18/11$, $x_3 = 38/11$

제 16 장 연습 문제

16.1 (b) $\lambda_1 = 5, \lambda_2 = -2, \mathbf{x}_1 = [1\ \ 1]^T, \mathbf{x}_2 = [-4\ \ 3]^T$.
(d) $\lambda_1 = 5, \lambda_2 = -3$ (중근), $\mathbf{x}_1 = [1\ 2\ -1]^T, \mathbf{x}_2 = [-2\ 1\ 0]^T, \mathbf{x}_2 = [3\ 0\ 1]^T$.

16.2 (b) $\lambda_1, \lambda_2 = -1, -2, \mathbf{x}_1, \mathbf{x}_2 = \begin{bmatrix} 1 \\ 1 \end{bmatrix}, \begin{bmatrix} 3 \\ 4 \end{bmatrix}, P = \begin{bmatrix} 1 & 3 \\ 1 & 4 \end{bmatrix}, A^{100} = \begin{bmatrix} 4-3\cdot 2^{100} & -3+3\cdot 2^{100} \\ 4-4\cdot 2^{100} & -3+4\cdot 2^{100} \end{bmatrix}$

16.3 $P = \begin{bmatrix} -2 & -1 & 0 \\ 1 & 0 & 1 \\ 1 & 1 & 0 \end{bmatrix}, P^{-1}AP = \begin{bmatrix} 1 & 0 & 0 \\ 0 & 1 & 0 \\ 0 & 0 & 1 \end{bmatrix}$

16.5 $\mathbf{x} = -\frac{8}{5}e^{-t}\begin{bmatrix} -1 \\ 1 \end{bmatrix} - \frac{4}{5}e^{4t}\begin{bmatrix} 2 \\ 3 \end{bmatrix}$

제 17 장 연습 문제

17.1 $X_1 = -50j, X_{-1} = 50j, X_n = 0\ (n \neq \pm 1)$

17.2 $X_1 = \frac{1}{2}, X_{-1} = \frac{1}{2}, X_n = 0\ (n \neq \pm 1)$

17.3 $X_n = \frac{1}{5}\mathrm{sinc}\left(\frac{n}{5}\right)$

17.4 $X_0 = 0, X_n = -j\frac{1}{\pi n} + j\frac{\cos n\pi}{\pi n}$

17.5 $X_0 = \frac{1}{2}, X_n = j\frac{1}{2\pi n}$

17.6 $X_n = \frac{5}{2}\mathrm{sinc}\left(\frac{n}{2}\right)$

17.7 $X_0 = \frac{1}{2}, X_n = j\frac{1}{2\pi n}$

17.8 $x(t) = \frac{3}{4} + \sum_{n=1}^{\infty} \frac{3}{2}\mathrm{sinc}\left(\frac{n}{4}\right)\cos(2\pi\frac{n}{T}t)$

17.9 $x(t) = \sum_{n=1}^{\infty} \frac{-2n\pi\sin n\pi + 4(1-\cos n\pi)}{(n\pi)^2}\cos(2\pi\frac{n}{T}t)$

17.10 $x(t) = \frac{\pi^2}{3} + \sum_{n=1}^{\infty} \frac{4}{n^2}\cos(n\pi)\cos(nt)$

17.11 $x(t) = \frac{2}{\pi} + \sum_{n=1}^{\infty} \left(-\frac{2}{\pi}\right)\frac{2\cos n\pi}{(2n+1)(2n-1)}\cos(2nt)$

17.12 $x(t) = \sum_{n=1}^{\infty} \left(-\frac{2}{\pi}\right)\frac{4n\cos n\pi}{(2n+1)(2n-1)}\sin(2nt)$

제 18 장 연습 문제

18.1 (b) $\frac{1}{3-j2\pi f}$ (d) $j\frac{2\pi f\cos 2\pi f - \sin 2\pi f}{2(\pi f)^2}$ (f) $2\mathrm{sinc}\left(2f - \frac{2}{\pi}\right)$
(h) $-j4\mathrm{sinc}(f)\sin(\pi f)$

18.2 (b) $e^{-j\pi f}X(f)$ (d) $\frac{1}{2}X(f-4)+\frac{1}{2}X(f+4)$

18.3 $\frac{1}{2a}e^{-a|f|}$

18.4 (b) $\frac{1}{10}\text{rect}\left(\frac{f}{10}\right)$ (d) $20e^{j10\pi f}\text{sinc}(10f)$

찾아보기

공업수학

1판 1쇄 발행 2014년 05월 01일
1판 5쇄 발행 2023년 03월 10일
저　　자　이상민
발 행 인　이범만
발 행 처　**21세기사** (제406-00015호)
경기도 파주시 산남로 72-16 (10882)
Tel. 031-942-7861　　Fax. 031-942-7864
E-mail : 21cbook@naver.com
Home-page : www.21cbook.co.kr
ISBN 978-89-8468-536-9

정가 20,000원